灵境蓝图

MySQL
快速入门到精通

明日科技　编著

U0209870

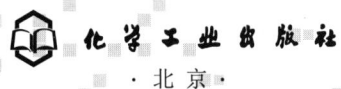
化学工业出版社
·北京·

内容简介

《MySQL 快速入门到精通》是一本侧重编程基础 + 实践的 MySQL 开发图书。为了保证读者可以学以致用，本书在实践方面循序渐进地进行3个层次的设计——基础知识实践、进阶应用实践和综合应用实践。全面介绍了使用 MySQL 进行数据库管理的必备知识，从学习到实践的角度出发，帮助读者快速掌握 MySQL 数据库的技能，拓宽职场的道路。本书通过各种示例将学习与应用相结合，做到轻松学习，零压力学习，通过案例对所学知识进行综合应用，通过开发实际项目将 MySQL 开发的各项技能应用到实际工作中。

全书共 24 章，主要分为三篇（基础篇、实战篇、强化篇），其中基础篇包括初识 MySQL，数据库操作，MySQL 表结构管理，表数据的增、删、改操作，简单数据查询，多表数据查询，常用函数，数据完整性约束，索引，视图，存储过程与存储函数，触发器，事务处理与锁，数据库的备份与恢复，MySQL 优化，用户和权限管理；实战篇包括各种编程语言连接 MySQL 数据库、操作数据表、数据查询、数据汇总、多表查询的应用、处理重复数据；强化篇包括 Python+MySQL 实现在线学习笔记、Struts 2+Spring+Hibernate+MySQL 实现网络商城。

本书提供丰富的资源，包含多个实例、两个项目，力求为读者打造一本基础 + 应用 + 实践一体化精彩的 MySQL 数据库开发实例图书。

本书不仅适合初学者、编程爱好者、准备毕业设计的学生、参加实习的"菜鸟"程序员，而且适合初、中级程序开发人员以及程序测试和维护人员阅读。

图书在版编目（CIP）数据

MySQL 快速入门到精通/明日科技编著 . 一北京：化学工业出版社，2023.7

ISBN 978-7-122-43265-0

Ⅰ.①M… Ⅱ.①明… Ⅲ.① SQL 语言 - 数据库管理系统 Ⅳ.① TP311.132.3

中国国家版本馆 CIP 数据核字（2023）第 062842 号

责任编辑：周　红
责任校对：边　涛
文字编辑：师明远
装帧设计：王晓宇

出版发行：化学工业出版社
　　　　　（北京市东城区青年湖南街13号　邮政编码100011）
印　　刷：三河市航远印刷有限公司
装　　订：三河市宇新装订厂
787mm×1092mm　1/16　印张22$\frac{1}{2}$　字数559千字
2023年9月北京第1版第1次印刷

购书咨询：010-64518888
售后服务：010-64518899
网　　址：http://www.cip.com.cn
凡购买本书，如有缺损质量问题，本社销售中心负责调换。

定　　价：108.00元

目前，讲解 MySQL 数据库技术的书籍有很多，但是真正从初学者的角度出发，把技术及应用讲解透彻的并不是很多。本书从初学者的角度出发，为想要学习 MySQL 数据库、想要进行数据库开发的初中级开发人员、编程爱好者、大学师生精心策划，所讲内容从技术应用的角度出发，结合实际应用进行讲解。本书侧重 MySQL 数据库的编程基础与实践，为保证读者学以致用，在实践方面循序渐进地进行 3 个层次的篇章介绍：基础篇、实战篇和强化篇。

本书内容

全书共分为 24 章，主要通过"基础篇（16 章）+ 实战篇（6 章）+ 强化篇（2 章）" 3 大维度一体化的讲解方式，具体的学习结构如下图所示。

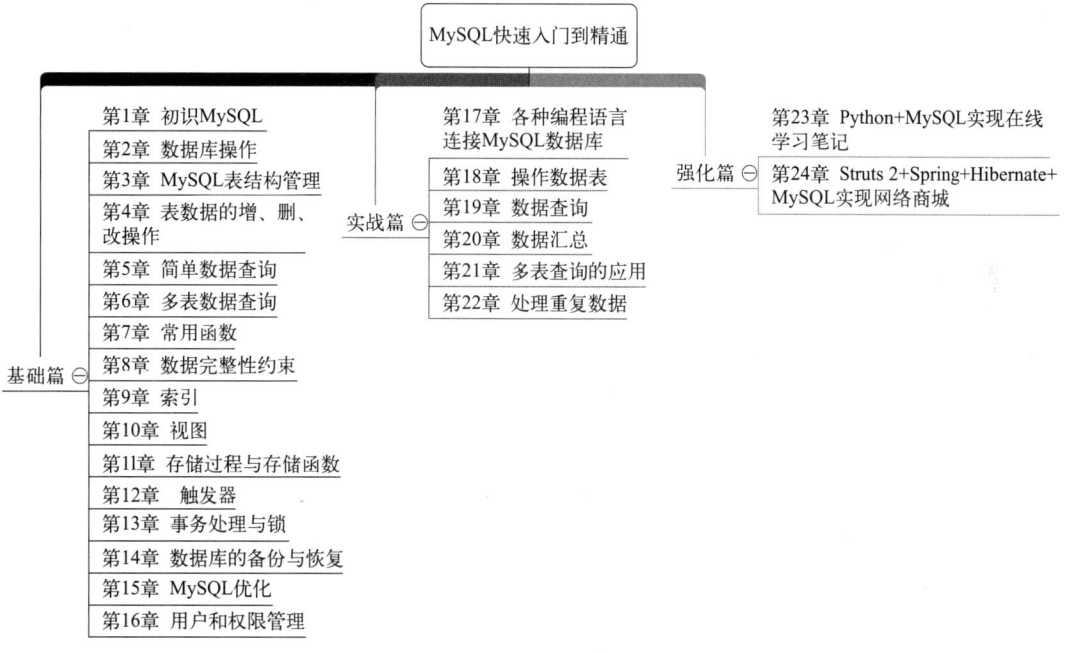

本书特色

1. 突出重点、学以致用

书中每个知识点都结合了简单易懂的示例代码以及非常详细的注释信息，力求使读者能够快速理解所学知识，提升学习效率，缩短学习路径。

2. 提升思维、综合运用

本书以知识点综合运用的方式，带领读者制作各种趣味性较强的应用案例，使读者不断提升编写 MySQL 数据库的思维，还可以快速提升对知识点的综合运用能力，使读者能够回顾以往所学的知识点，并结合新的知识点进行综合应用。

3. 综合技术、实际项目

本书在强化篇中提供了两个贴近实际应用的项目，力求通过实际应用使读者更容易地掌握 MySQL 技术与对应业务的需求。两个项目都是根据实际开发经验总结而来，包含了在实际开发中所遇到的各种问题。项目结构清晰、扩展性强，读者可根据个人需求进行扩展开发。

4. 精彩栏目、贴心提示

本书根据实际学习的需要，设置了"注意""说明"等许多贴心的小栏目，辅助读者轻松理解所学知识，规避编程陷阱。

本书读者对象

☑ 编程爱好者
☑ 参加毕业设计的学生
☑ 相关培训机构的老师和学生
☑ 大中专院校的老师和学生
☑ 各阶段程序开发人员
☑ 需要进行查阅和参考资料的开发人员

读者服务

为方便解决读者在学习本书过程中遇到的疑难问题及获取更多图书配套资源，我们在明日学院网站提供了社区服务和配套学习服务支持。此外，我们还提供了质量反馈信箱及售后服务电话等，如图书有质量问题，可以及时联系我们，我们将竭诚为您服务。

✓ 质量反馈信箱：mingrisoft@mingrisoft.com
✓ 售后服务电话：4006751066
✓ 售后服务 QQ 群：162973740
✓ 微信公众号：明日 IT 部落

致 读 者

本书由明日科技的 .NET 开发团队策划并组织编写，主要编写人员有周佳星、王小科、张鑫、刘书娟、何平、赵宁、李磊、王国辉、高春艳、赛奎春、葛忠月、宋万勇、杨丽、刘媛媛、依莹莹等。在编写本书的过程中，我们本着科学、严谨的态度，力求精益求精，但疏漏之处在所难免，敬请广大读者批评斧正。

感谢您阅读本书，希望本书能成为您编程路上的领航者。

祝您读书快乐！

编著者

如何使用本书

本书资源下载及在线交流服务

方法 1：使用微信立体学习系统获取配套资源。用手机微信扫描下方二维码，根据提示关注"易读书坊"公众号，选择您需要的资源和服务，点击获取。微信立体学习系统提供的资源包括：

➢ 视频讲解：快速掌握编程技巧
➢ 源码下载：全书代码一键下载
➢ 配套答案：自主检测学习效果
➢ 学习打卡：学习计划及进度表
➢ 拓展资源：术语解释指令速查

扫码享受
全方位沉浸式学习

操作步骤指南：①微信扫描本书二维码。②根据提示关注"易读书坊"公众号。③选取您需要的资源，点击获取。④如需重复使用可再次扫码。

方法 2：推荐加入 QQ 群：591403903（若此群已满，请根据提示加入相应的群），可在线交流学习，作者会不定时在线答疑解惑。

方法 3：使用学习码获取配套资源。

（1）激活学习码，下载本书配套的资源。

第一步：打开图书封三，查看并确认本书学习码（如图 1 所示），用手机扫描下方二维码（如图 2 所示），进入如图 3 所示的登录页面，单击图 3 页面中的"立即注册"成为明日学院会员。

图 1　图书封三的学习码

图 2　手机扫描二维码

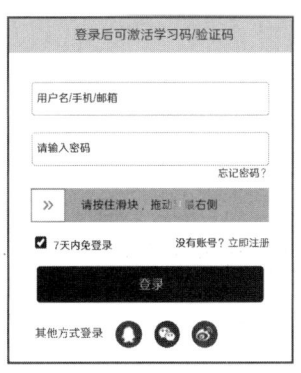

图 3　扫描后弹出的登录页面

第二步：登录后，进入如图 4 所示的激活页面，在"激活图书 VIP 会员"文本框输入后勒口的学习码（如图），单击"立即激活"，成为本书的"图书 VIP 会员"，专享明日学院为您提供的有关本书的服务。

第三步：学习码激活成功后，还可以查看您的激活记录。如果您需要下载本书的资源，请单击如图 5 所示的云盘资源地址，输入密码后即可进行下载。

图4 输入图书学习码

图5 学习码激活成功页面

（2）打开下载到的资源包，找到源码资源。本书共计 24 章，源码文件夹主要包括：实例源码（＜包括综合案例＞）、实战练习源码、案例源码、项目源码，具体文件夹结构如下图所示。

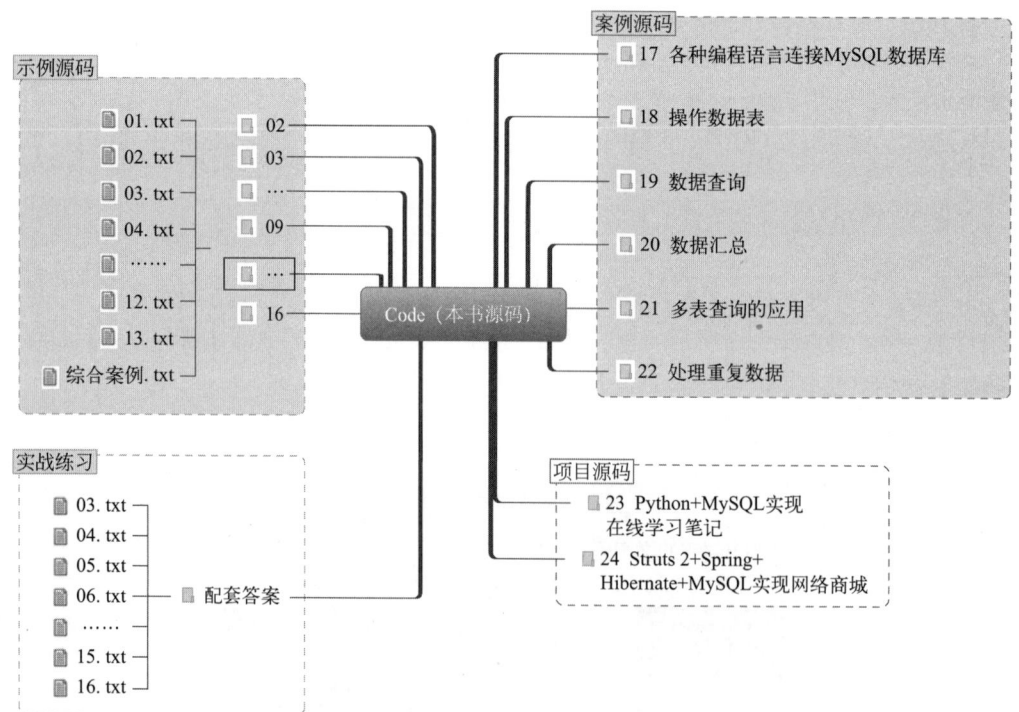

（3）打开 .txt 文件，将需要的 SQL 代码复制到 MySQL 控制台中运行。

本书约定

本书推荐系统及开发工具			
系统（Win7、Win10 兼容）	MySQL 8.0	PyCharm	Eclipse for Java EE 4.7
Windows 10	MySQL	PC	eclipse

目 录

第1篇 基础篇
001

第1章 初识 MySQL ………………………………………………………………… 002

1.1 了解 MySQL …………………………………………………………… 002

1.2 MySQL 8.0 的新特性 ………………………………………………… 003

1.3 MySQL 服务器的安装与配置 ……………………………………… 004

　　1.3.1 MySQL 下载 ……………………………………………………… 005

　　1.3.2 MySQL 环境安装 ………………………………………………… 007

　　1.3.3 启动、连接、断开和停止 MySQL 服务器 ………………… 015

第2章 数据库操作 ……………………………………………………………… 020

2.1 认识数据库 …………………………………………………………… 020

　　2.1.1 数据库基本概念 ………………………………………………… 020

　　2.1.2 数据库常用对象 ………………………………………………… 021

　　2.1.3 系统数据库 ……………………………………………………… 022

2.2 创建数据库 …………………………………………………………… 022

2.3 查看数据库 …………………………………………………………… 025

2.4 选择数据库 …………………………………………………………… 026

2.5 修改数据库 …………………………………………………………… 026

2.6 删除数据库 …………………………………………………………… 027

2.7 数据库存储引擎的应用 ……………………………………………… 028

　　2.7.1 查询 MySQL 中支持的存储引擎 …………………………… 029

　　2.7.2 InnoDB 存储引擎 ……………………………………………… 030

　　2.7.3 MyISAM 存储引擎 …………………………………………… 031

　　2.7.4 MEMORY 存储引擎 …………………………………………… 032

　　2.7.5 如何选择存储引擎 ……………………………………………… 032

2.8 综合案例——创建测试数据库 ……………………………………… 033

第3章 MySQL 表结构管理 …………………………………………………… 035

3.1 MySQL 数据类型 …………………………………………………… 035

2 第2篇
实战篇   **217**

3 第3篇
强化篇
279

扫码享受
全方位沉浸式学习

第 1 篇
基础篇

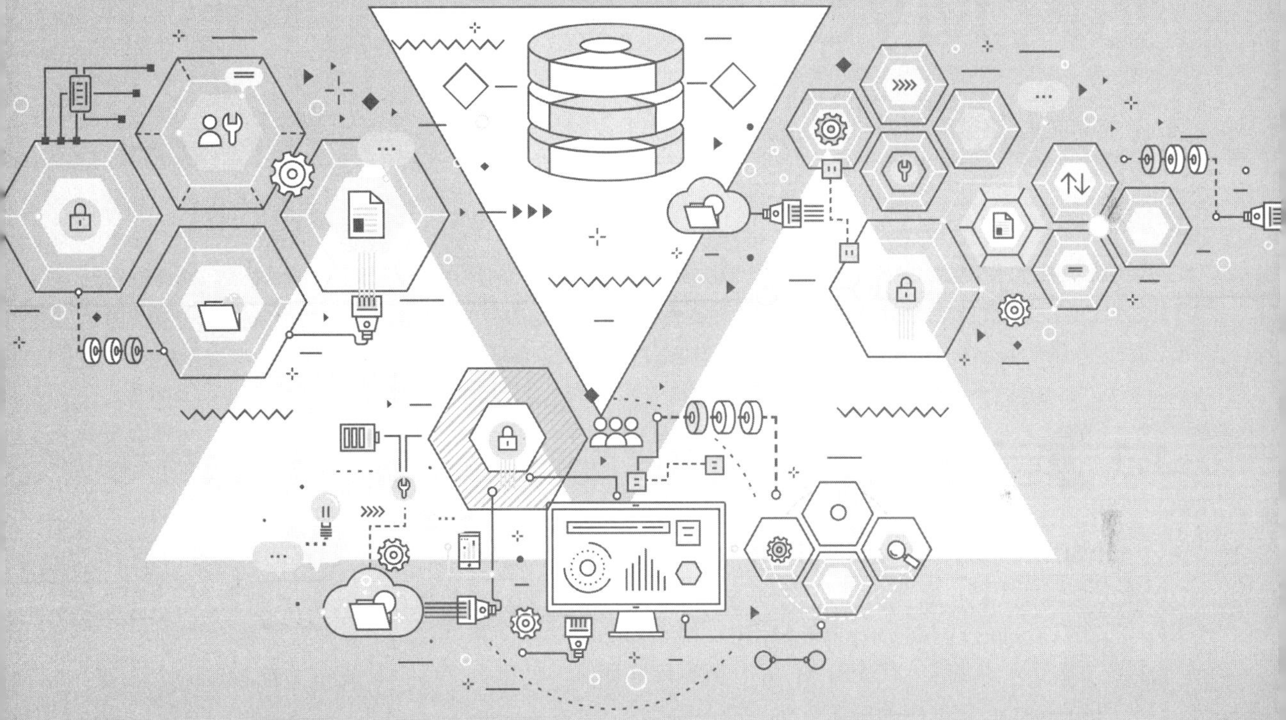

第1章
初识 MySQL

扫码享受
全方位沉浸式学习

MySQL 数据库可以称得上是目前运行速度最快的 SQL 数据库。除了具有许多其他数据库所不具备的功能和选择之外，MySQL 数据库还是一种完全免费的产品，用户可以直接从网上下载使用，不必支付任何费用。另外，MySQL 数据库的跨平台性也是一大优势。本章将对 MySQL 数据库的概念、特性、应用环境，以及如何安装、配置、启动、连接、断开和停止 MySQL 服务器进行详细介绍。

1.1 了解 MySQL

MySQL 是目前最为流行的开放源代码的数据库管理系统，是完全网络化的、跨平台的关系型数据库系统，它是由瑞典的 MySQL AB 公司开发的，该公司被 Sun 公司收购，而 Sun 公司又被 Oracle 公司收购，现在 MySQL 属于 Oracle 公司。MySQL 的象征符号是一只名为 Sakila（塞拉）的海豚，代表着 MySQL 数据库和团队的速度、能力、精确和优秀本质。

（1）MySQL 数据库的概念

数据库（Database）就是一个存储数据的仓库。为了方便数据的存储和管理，它将数据按照特定的规律存储在磁盘上。通过数据库管理系统，可以有效地组织和管理存储在数据库中的数据。MySQL 就是这样的一个关系型数据库管理系统（RDBMS），它可以称得上是目前运行速度最快的 SQL 数据库管理系统。

（2）MySQL 的优势

MySQL 是一款自由软件，任何人都可以从其官方网站下载。MySQL 是一个真正的多用户、多线程 SQL 数据库服务器。它是以客户 / 服务器结构实现的，由一个服务器守护程序 mysqld 和很多不同的客户程序与库组成。它能够快捷、有效和安全地处理大量的数据。相对于 Oracle 等数据库来说，MySQL 在使用时非常简单。MySQL 的主要目标是快捷、便捷和易用。

MySQL 被广泛地应用在中小型网站中。由于其体积小、速度快、总体拥有成本低，尤其是开放源代码这一特点，使其成为多数中小型网站为了降低网站总体拥有成本而选择的重要指标。

（3）MySQL 的发展史

MySQL 的原开发者为瑞典的 MySQL AB 公司，它是一种完全免费的产品，用户可以直接从网上下载使用，不必支付任何费用。

2008 年 1 月 16 日，Sun 电脑公司（Sun Microsystems）正式收购 MySQL。

2009 年 4 月 20 日，甲骨文公司（Oracle）收购 Sun 电脑公司。

2013 年 6 月 18 日，甲骨文公司修改 MySQL 授权协议，移除了 GPL，将 MySQL 分为社区版和商业版。社区版依然可以免费使用，但是功能更全的商业版需要付费使用。

2015 年 12 月，MySQL 5.7 发布，它比 MySQL 5.6 快 3 倍，同时还提高了可用性、可管理性和安全性。

2016 年 9 月，MySQL 发布了 8.0 版本，Oracle 宣称该版本的速度是 MySQL 5.7 的 2 倍，性能更加优秀。

MySQL 从无到有，到技术的不断更新、版本的不断升级，经历了一个漫长的过程，这个过程是实践的过程，是 MySQL 成长的过程。

1.2 　 MySQL 8.0 的新特性

MySQL 是一个真正的多用户、多线程 SQL 数据库服务器。SQL（结构化查询语言）是世界上最流行的和标准化的数据库语言。MySQL 的特性如下。

① 使用 C 和 C++ 语言编写，并使用了多种编译器进行测试，保证源代码的可移植性。

② 支持 AIX、FreeBSD、HP-UX、Linux、Mac OS、Novell Netware、OpenBSD、OS/2 Wrap、Solaris、Windows 等多种操作系统。

③ 为多种编程语言提供了 API。这些编程语言包括 C、C++、Python、Java、Perl、PHP、Eiffel、Ruby 和 Tcl 等。

④ 支持多线程，充分利用 CPU 资源。

⑤ 优化的 SQL 查询算法，有效地提高查询速度。

⑥ 既能够作为一个单独的应用程序应用在客户端服务器网络环境中，也能够作为一个库而嵌入其他软件中提供多语言支持，常见的编码如中文的 GB2312、BIG5，日文的 Shift_JIS 等都可以用作数据表名和数据列名。

⑦ 提供 TCP/IP、ODBC 和 JDBC 等多种数据库连接途径。

⑧ 提供用于管理、检查、优化数据库操作的管理工具。

⑨ 可以处理拥有上千万条记录的大型数据库。

目前的最新版本是 MySQL 8.0，它比上一个版本（MySQL 5.7）具备更多新的特性。

① 性能：MySQL 8.0 的速度要比 MySQL 5.7 快 2 倍。MySQL 8.0 在以下方面带来了更好的性能：读 / 写工作负载、IO 密集型工作负载以及高竞争（"hot spot"热点竞争问题）工作负载。

MySQL 8.0 与 MySQL 5.6、MySQL 5.7 的性能对比如图 1.1 所示。

② NoSQL：MySQL 从 5.7 版本开始提供 NoSQL 存储功能，目前在 8.0 版本中这部分功能也得到了更大的改进。该项功能消除了对独立的 NoSQL 文档数据库的需求，而 MySQL 文档存储也为 schema-less 模式的 JSON 文档提供了多文档事务支持和完整的 ACID 合规性。

③ 窗口函数 (Window Functions)：从 MySQL 8.0 开始，新增了一个叫窗口函数的概念，它可以用来实现若干新的查询方式。窗口函数与 SUM()、COUNT() 这种集合函数类似，但它不会将多行查询结果合并为一行，而是将结果放回多行当中，即窗口函数不需要 GROUP BY。

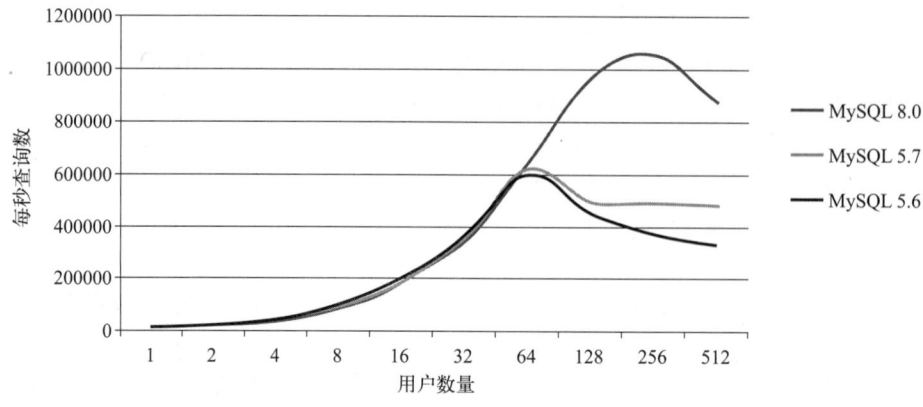

图1.1　MySQL 8.0 与 MySQL 5.6、MySQL 5.7 的性能对比

④ 隐藏索引：在 MySQL 8.0 中，索引可以被"隐藏"和"显示"。当对索引进行隐藏时，它不会被查询优化器所使用。我们可以将这个特性用于性能调试，例如我们先隐藏一个索引，然后观察其对数据库的影响。如果数据库性能有所下降，说明这个索引是有用的，然后将其"恢复显示"即可；如果数据库性能看不出变化，说明这个索引是多余的，可以考虑删掉。

⑤ 降序索引：MySQL 8.0 为索引提供按降序方式进行排序的支持，在这种索引中的值也会按降序的方式进行排序。

⑥ 通用表表达式（Common Table Expressions, CTE）：在复杂的查询中使用嵌入式表时，使用 CTE 使得查询语句更清晰。

⑦ UTF-8 编码：从 MySQL 8.0 开始，使用 utf8mb4 作为 MySQL 的默认字符集。

⑧ JSON：MySQL 8.0 大幅改进了对 JSON 的支持，添加了基于路径查询参数从 JSON 字段中抽取数据的 JSON_EXTRACT() 函数，以及用于将数据分别组合到 JSON 数组和对象中的 JSON_ARRAYAGG() 和 JSON_OBJECTAGG() 聚合函数。

⑨ 可靠性：InnoDB 现在支持表 DDL 的原子性，也就是 InnoDB 表上的 DDL 也可以实现事务完整性了，要么失败回滚，要么成功提交，不会出现部分成功的问题，此外还支持 crash-safe 特性，元数据存储在单个事务数据字典中。

⑩ 高可用性（High Availability）：InnoDB 集群为数据库提供集成的原生 HA 解决方案。

⑪ 安全性：提高数据库的安全性和性能，能够更灵活地进行账户管理工作。

1.3 ▶ MySQL 服务器的安装与配置

　　MySQL 是目前非常流行的开放源码的数据库，是完全网络化的跨平台的关系型数据库系统。任何人都能从 Internet 上下载 MySQL 的社区版本，而无须支付任何费用，并且"开放源代码"意味着任何人都可以使用和修改该软件。

　　MySQL 与其他大型数据库（如 Oracle、DB2、SQL Server 等）相比，确有不足之处，如规模小、功能有限等，但是这丝毫也没有减小它受欢迎的程度。对于个人使用者和中小型企业来说，MySQL 提供的功能已经绰绰有余，而且由于 MySQL 是开放源代码软件，因此可以大大降低总体拥有成本。

　　目前主流的网站构架方式是 LAMP（Linux+Apache+MySQL+PHP），即使用 Linux 作为

操作系统，Apache 作为 Web 服务器，MySQL 作为数据库，PHP 作为服务器端脚本解释器。由于这 4 个软件都是免费或开放源代码软件（FLOSS），因此使用这种方式不用花一分钱（除人工成本）就可以建立起一个稳定、免费的网站系统。

此外，Python、Java 和 JavaScript 等编程语言都可以方便地连接并管理 MySQL 数据库。

1.3.1　MySQL 下载

MySQL 服务器的安装包可以到 https://www.mysql.com/downloads/ 下载。下载 MySQL 的具体步骤如下：

① 在浏览器的地址栏中输入 URL 地址 https://www.mysql.com/downloads/，进入 MySQL 下载页面，如图 1.2 所示。

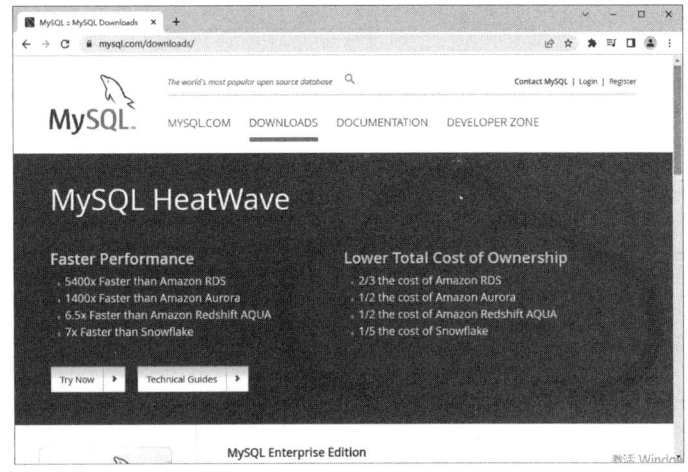

图 1.2　MySQL 下载页面

② 在如图 1.2 所示的网页中，将鼠标向下滚动，找到"MySQL Community (GPL) Downloads"链接，如图 1.3 所示。

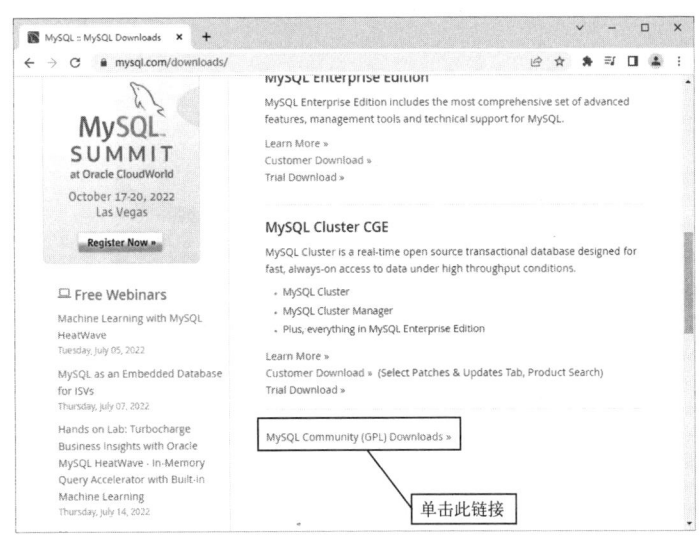

图 1.3　MySQL Downloads 页面

③ 单击"MySQL Community (GPL) Downloads"超链接，进入 MySQL Community Downloads 页面，如图 1.4 所示。

④ 单击"MySQL Community Server"链接，将进入 Download MySQL Community Server 页面，如图 1.5 所示。

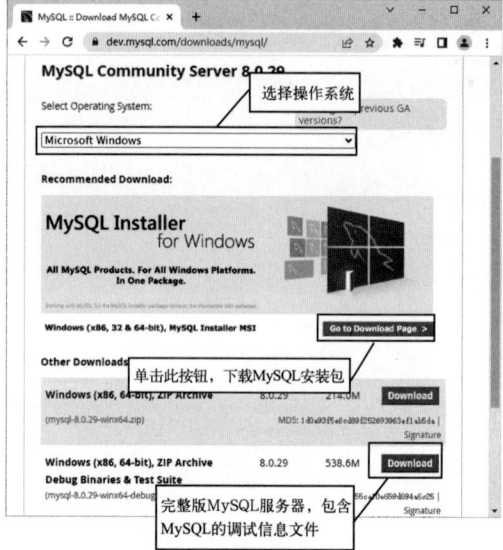

图 1.4　MySQL Community Downloads 页面　　图 1.5　Download MySQL Community Server 页面

⑤ 根据自己操作系统来选择合适的安装文件，单击"Go to Download Page"按钮进入 Download MySQL Installer 页面，如图 1.6 所示。

⑥ 在 Download MySQL Installer 页面，单击下面的按钮，进行 MySQL 安装包的下载，进入 Begin Your Download 页面，如图 1.7 所示。

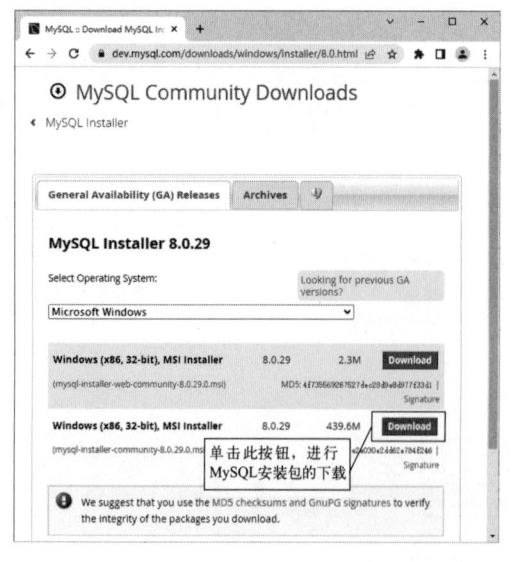

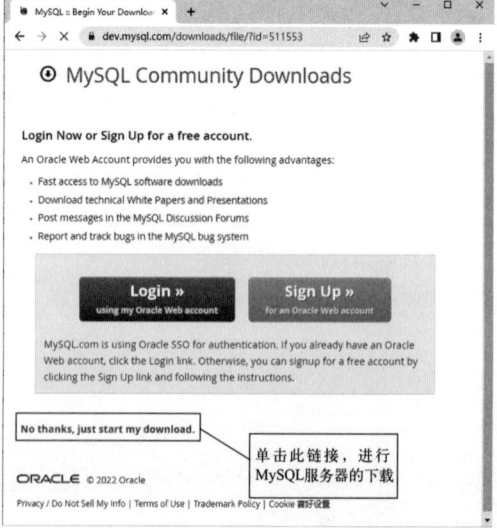

图 1.6　Download MySQL Installer 页面　　图 1.7　Begin Your Download 页面

⑦ 单击"No thanks, just start my download."链接，进行下载 MySQL 安装包，如图 1.8 所示。

图 1.8　开始下载 MySQL 安装包

1.3.2　MySQL 环境安装

下载 MySQL 服务器的安装文件以后，将得到一个名称为 mysql-installer-community-8.0.29.0.msi 的安装文件，双击该文件可以进行 MySQL 服务器的安装，具体的安装步骤如下：

① 双击下载后的 mysql-installer-community-8.0.29.0.msi 文件，打开安装向导对话框，如果没有打开安装向导对话框，而是弹出如图 1.9 所示的对话框，那么还需要先安装 .NET 4.5 框架，再重新安装双击下载后的安装文件，打开安装向导对话框，如图 1.10 所示。

② 在打开的安装向导对话框中，单击 "Install MySQL Products" 超链接，将打开 "License Agreement" 对话框，询问是否接受协议，选中 "I accept the license terms" 复选框，接受协议，如图 1.10 所示。

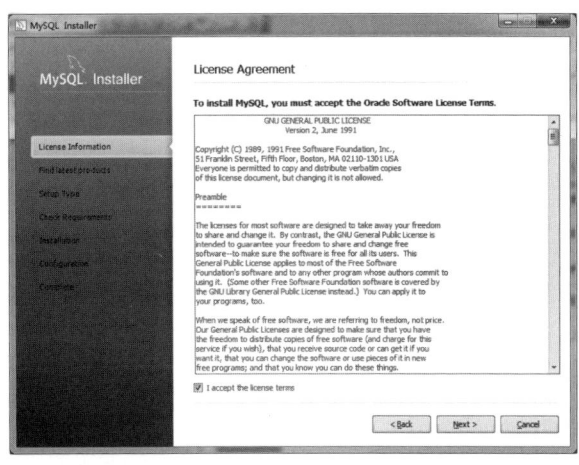

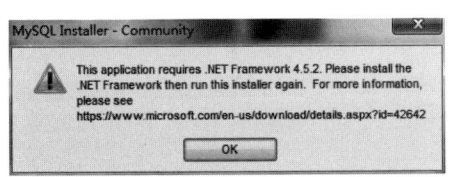

图 1.9　打开需要安装 .NET 4.5 框架的
提示对话框

图 1.10　"License Agreement" 对话框

③ 单击 "Next" 按钮，将打开 "Choosing a Setup Type" 对话框。在该对话框中，选中 "Developer Default"，安装全部产品，单击 "Next" 按钮，如图 1.11 所示。

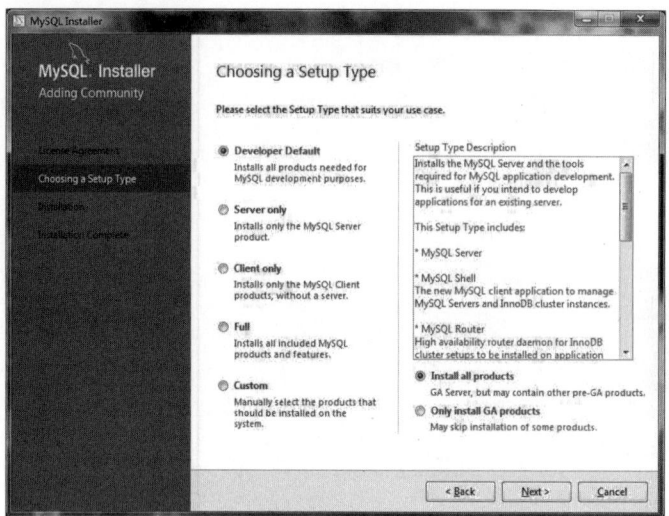

图 1.11 "Choosing a Setup Type" 对话框

④ 单击"Next"按钮，将打开"Check Requirements"对话框，在该对话框中检查系统是否具备安装所必需的插件，如图 1.12 所示。

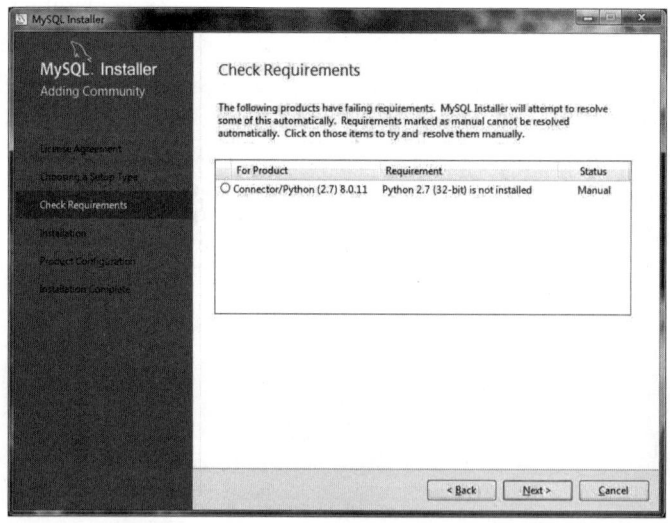

图 1.12 "Check Requirements" 对话框

⑤ 单击"Next"按钮，将打开如图 1.13 所示对话框，单击"Yes"按钮，将在线安装所需插件，安装完成后，将显示如图 1.14 所示的对话框。

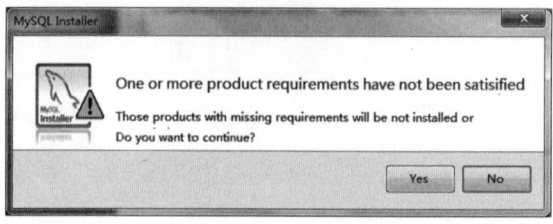

图 1.13 提示缺少安装所需插件的对话框

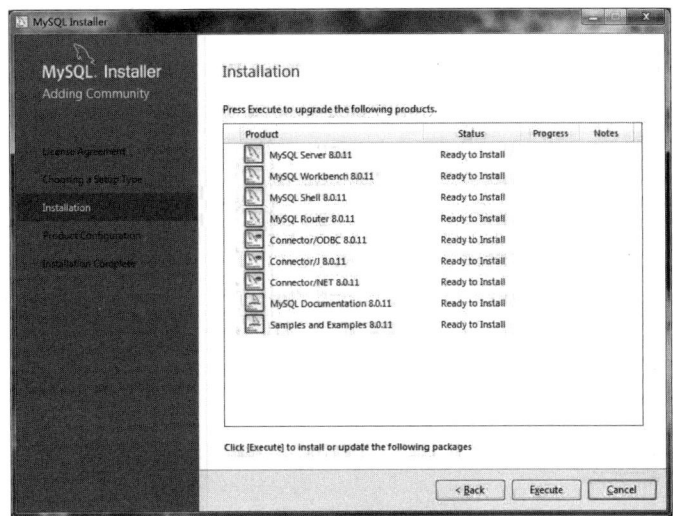

图 1.14　预备安装界面

⑥ 单击"Execute"按钮，将开始安装，并显示安装进度。安装完成后，将显示如图 1.15 所示的对话框。

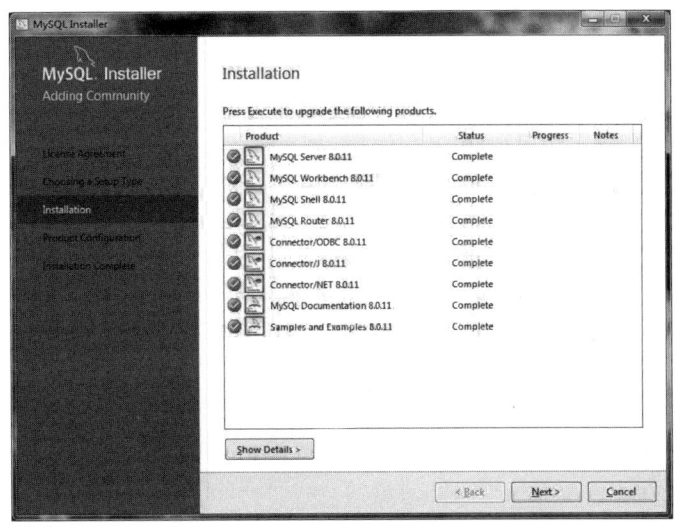

图 1.15　未安装完成的"Installation"对话框

⑦ 单击"Next"按钮，将打开如图 1.16 所示"Product Configuration"对话框，对数据库进行配置。

⑧ 单击"Next"按钮，将打开"Group Replication"组复制对话框，这里有两种 MySQL 服务的类型。Standalone MySQL Server/Classic MySQL Replication：独立的 MySQL 服务器 / 经典的 MySQL 复制；Sandbox InnoDB Cluster Setup (for testing only)：InnoDB 集群沙箱设置（仅用于测试）。这里我们选择第一项，如图 1.17 所示。

⑨ 单击"Next"按钮，将打开"Type and Networking"对话框，在这个对话框中，可以设置服务器类型以及网络连接选项，最重要的是端口的设置，这里我们保持默认的 3306 端口，如图 1.18 所示。单击"Next"按钮，将打开如图 1.19 所示"Authentication Method"认

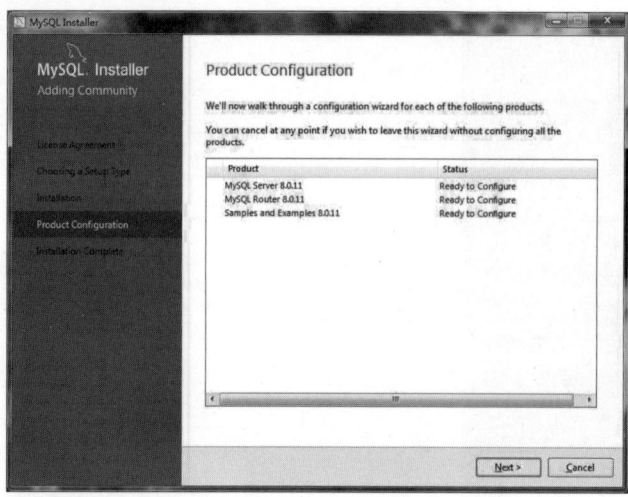

图1.16 "Product Configuration"对话框

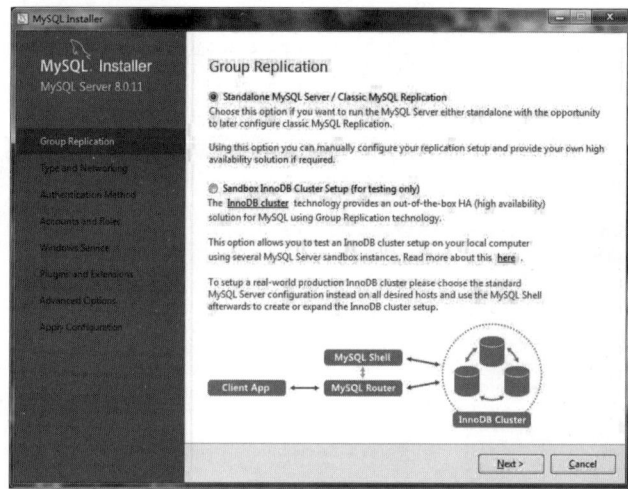

图1.17 "Group Replication"组复制对话框

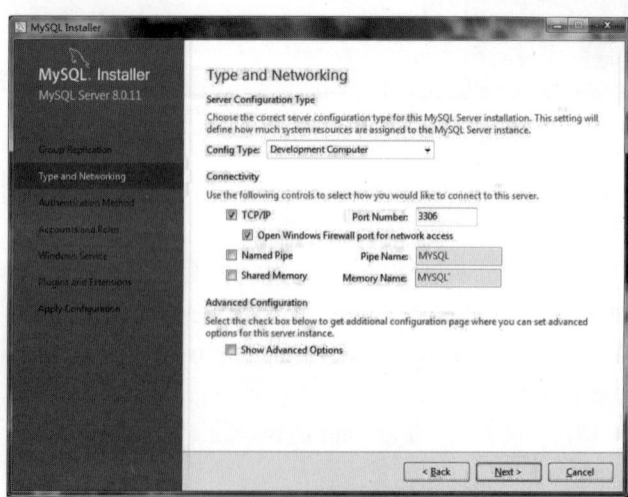

图1.18 "Type and Networking"设置服务器类型和网络连接选项的对话框

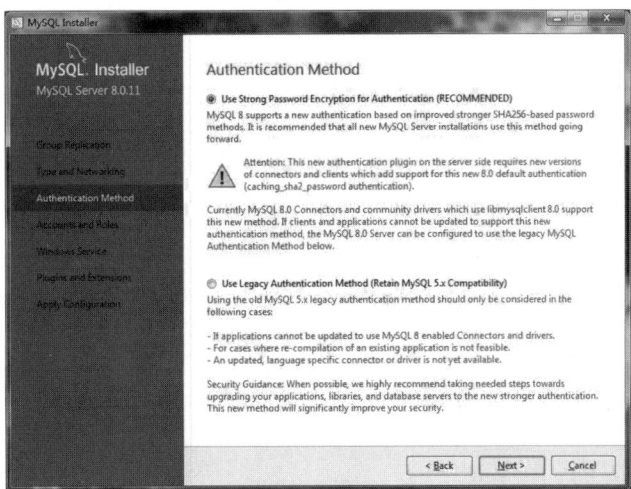

图 1.19　"Authentication Method"认证方式对话框

证方式对话框。

说明　MySQL 使用的默认端口是 3306，在安装时，可以修改为其他的，例如 3307。但是一般情况下，不要修改默认的端口号，除非 3306 端口已经被占用。

⑩ 单击"Next"按钮，将打开"Accounts and Roles"对话框，在这个对话框中，可以设置 root 用户的登录密码，也可以添加新用户，这里只设置 root 用户的登录密码为 root，其他采用默认，如图 1.20 所示。

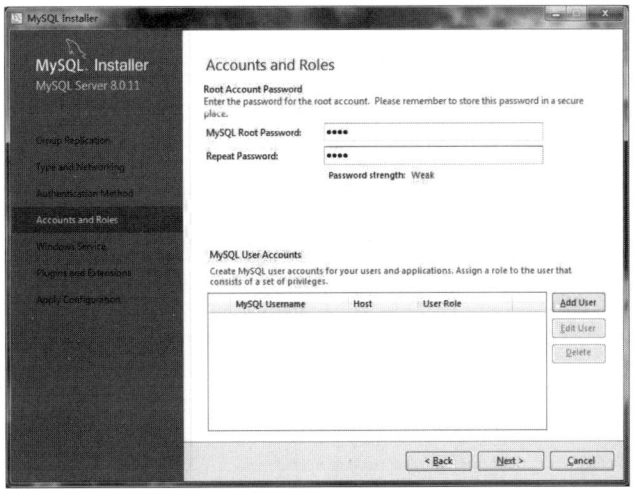

图 1.20　"Accounts and Roles"设置用户安全的账户和角色对话框

⑪ 单击"Next"按钮，将打开"Windows Service"对话框，开始配置 MySQL 服务器，这里采用默认设置，如图 1.21 所示。

⑫ 单击"Next"按钮，将显示如图 1.22 所示的"Plugins and Extensions"配置插件和扩展对话框。

⑬ 单击"Next"按钮，进入"Apply Configuration"应用配置对话框，将显示如图 1.23

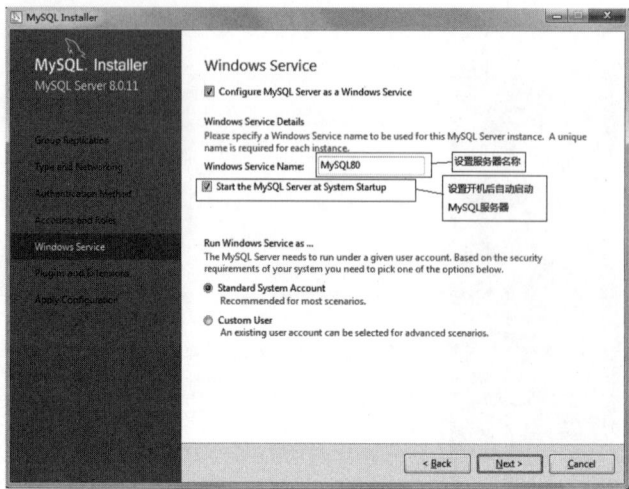

图 1.21 "Windows Service" 配置 MySQL 服务器

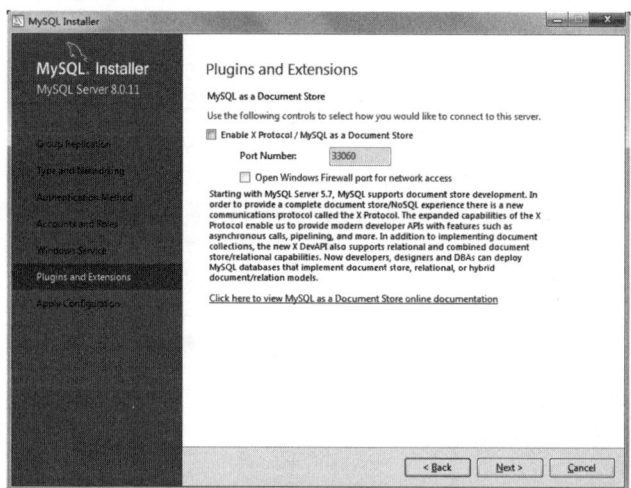

图 1.22 "Plugins and Extensions" 配置插件和扩展对话框

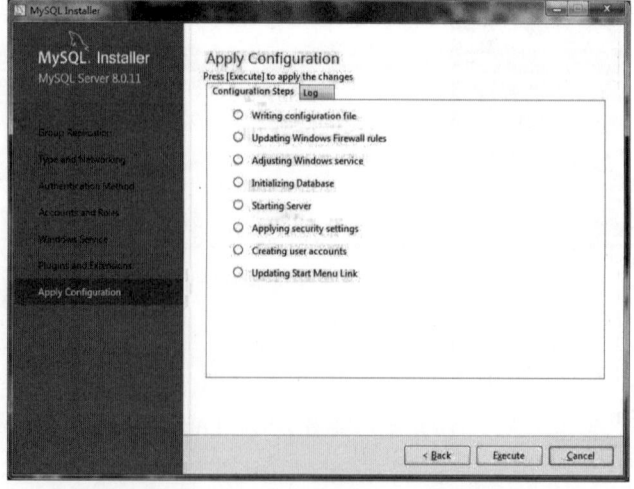

图 1.23 "Apply Configuration" 应用配置对话框

所示的界面。单击"Execute"按钮，进行应用配置，配置完成后如图 1.24 所示。

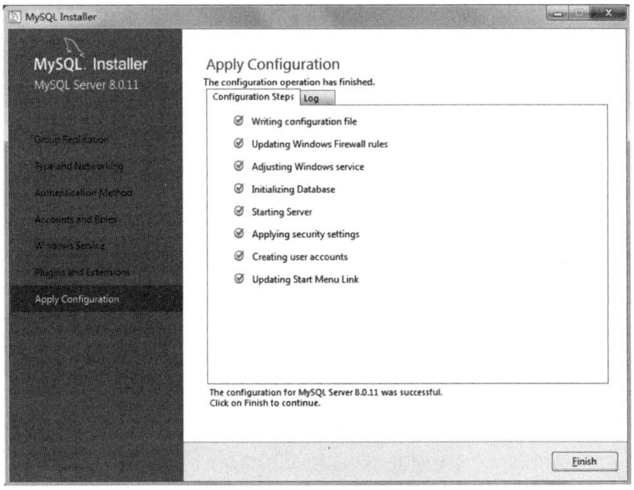

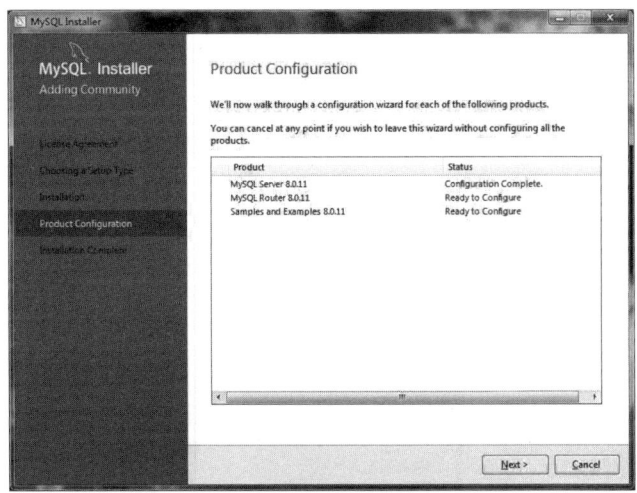

图 1.24　配置完成界面

⑭ 单击"Finish"按钮，安装程序又回到了如图 1.25 所示的 Product Configuration 界面，此时我们看到 MySQL Server 安装成功的提示。

图 1.25　"Product Configuration"对话框

⑮ 单击"Next"按钮，打开如图 1.26 所示的"MySQL Router Configuration"对话框，在这个对话框中可以配置路由。

⑯ 单击"Finish"按钮，打开"Connect To Server"对话框，输入数据库用户名 root，密码 root，单击"Check"按钮，进行 MySQL 连接测试，如图 1.27 所示，可以看到数据库测试连接成功。

⑰ 单击"Next"按钮，继续回到如图 1.28 所示"Apply Configuration"对话框，单击"Execute"按钮进行配置，此过程需等待几分钟。

⑱ 运行完毕后，出现如图 1.29 所示界面，单击"Finish"按钮，打开如图 1.30 所示界面，单击"Finish"按钮，至此安装完毕。

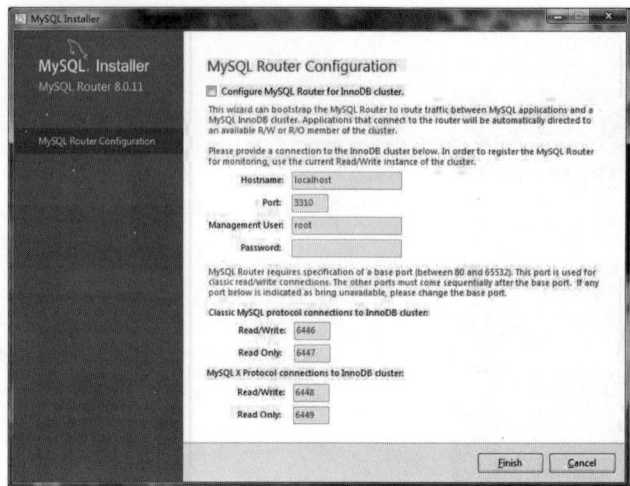

图 1.26 "MySQL Router Configuration" 对话框

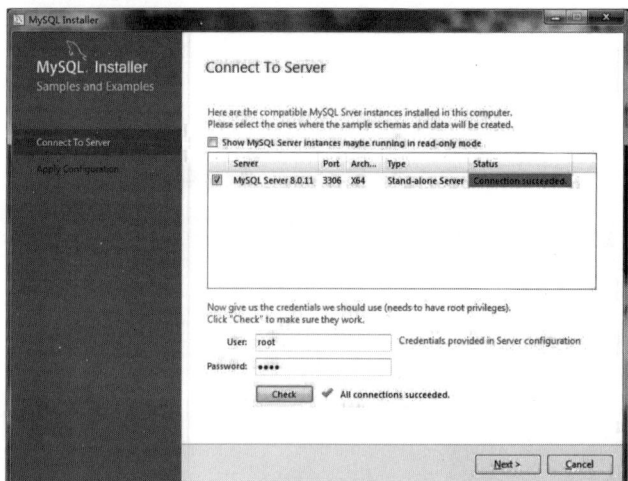

图 1.27 "Connect To Server" 对话框

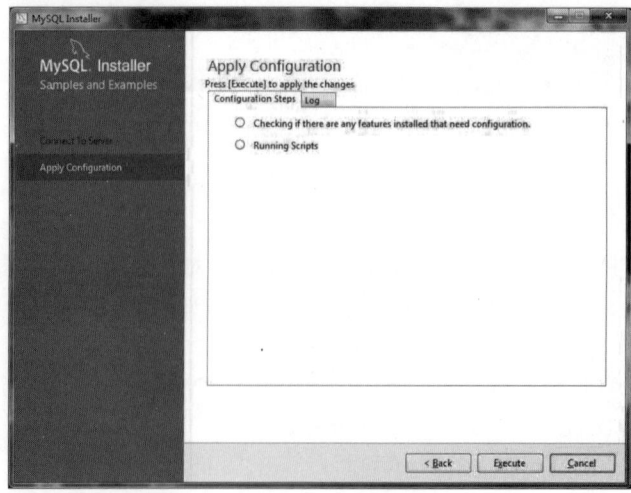

图 1.28 "Apply Configuration" 对话框

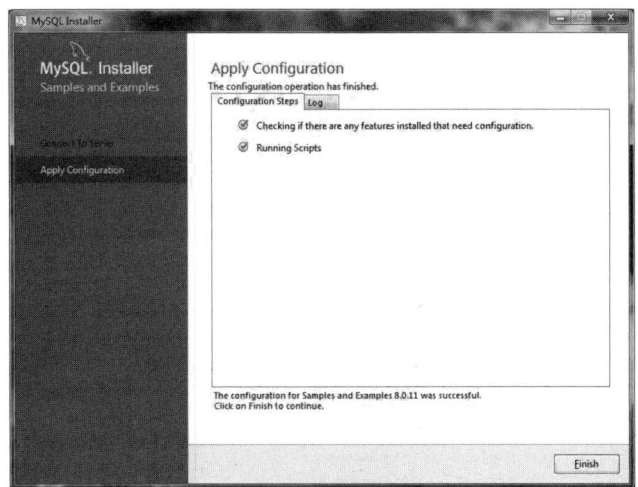

图 1.29　配置完成

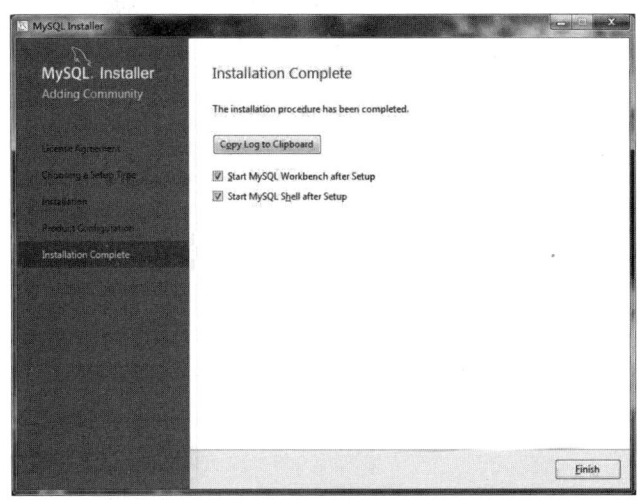

图 1.30　安装完毕

1.3.3　启动、连接、断开和停止 MySQL 服务器

通过系统服务器和命令提示符（DOS）都可以启动、连接和关闭 MySQL，操作非常简单。下面以 Windows 10 操作系统为例，讲解其具体的操作流程。通常情况下不要停止 MySQL 服务器，否则数据库将无法使用。

（1）启动、停止 MySQL 服务器

启动、停止 MySQL 服务器的方法有两种：系统服务器和命令提示符（DOS）。

① 通过系统服务器启动、停止 MySQL 服务器。如果 MySQL 设置为 Windows 服务，则可以通过选择"开始"/"控制面板"/"系统和安全"/"管理工具"/"服务"命令打开 Windows 服务管理器。在服务器的列表中找到 mysql 服务并右键单击，在弹出的快捷菜单中，完成 MySQL 服务的各种操作（启动、重新启动、停止、暂停和恢复），如图 1.31 所示。

② 在命令提示符下启动、停止 MySQL 服务器。单击"开始"菜单，在出现的命令输入框中，输入 cmd 命令，按"Enter"键打开 DOS 窗口。在命令提示符下输入：

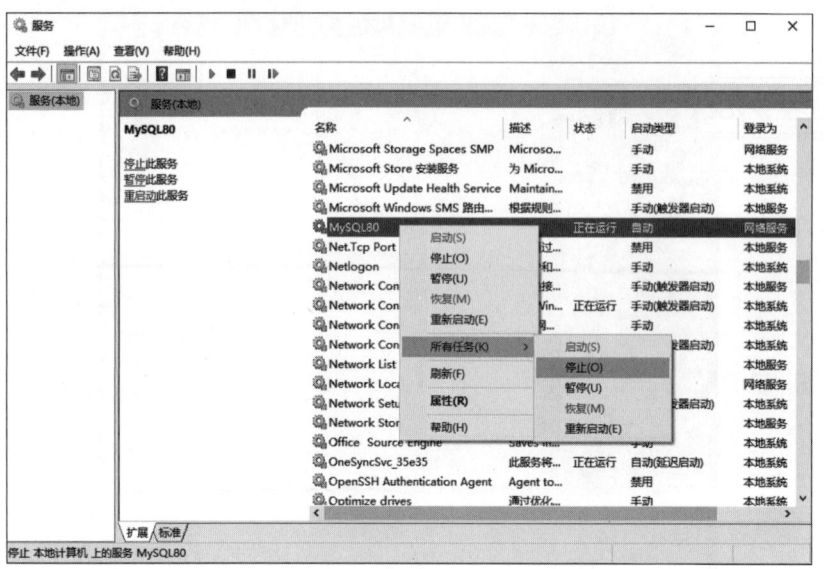

图 1.31　通过系统服务启动、停止 MySQL 服务器

```
net start mysql
```

此时再按"Enter"键，启用 MySQL 服务器。

在命令提示符下输入：

```
net stop mysql
```

按"Enter"键，即可停止 MySQL 服务器。在命令提示符下启动、停止 MySQL 服务器的运行效果如图 1.32 所示。

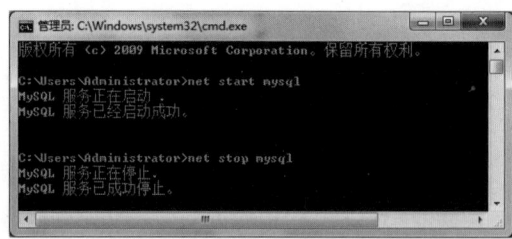

图 1.32　在命令提示符下启动、停止 MySQL 服务器

（2）连接和断开 MySQL 服务器

下面分别介绍连接和断开 MySQL 服务器的方法。

① 连接 MySQL 服务器。连接 MySQL 服务器通过 mysql 命令实现。在 MySQL 服务器启动后，选择"开始"/"运行"命令，在弹出的"运行"窗口中输入"cmd"命令，按"Enter"键后进入 DOS 窗口，在命令提示符下输入：

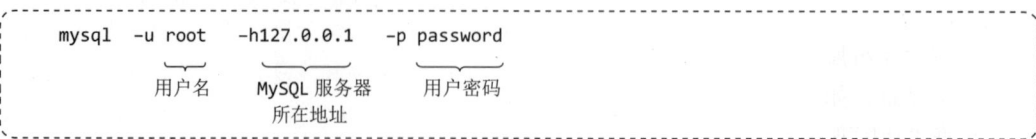

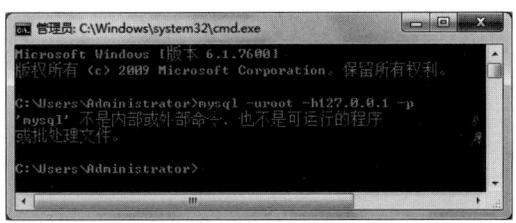

注意

在连接 MySQL 服务器时，MySQL 服务器所在地址（如 -h127.0.0.1）可以省略不写。

输入完命令语句后，按"Enter"键即可连接 MySQL 服务器，如图 1.33 所示。

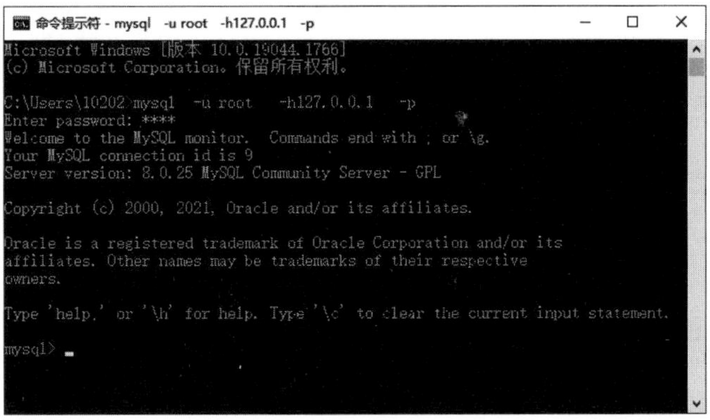

图 1.33　连接 MySQL 服务器

说明

为了保护 MySQL 数据库的密码，可以采用如图 1.33 所示的密码输入方式。如果密码在 -p 后直接给出，那么密码就以明文显示，例如：

```
mysql -u root -h127.0.0.1 -p root
```

按"Enter"键后再输入密码（以加密的方式显示），然后按"Enter"键即可成功连接 MySQL 服务。

如果用户在使用 mysql 命令连接 MySQL 服务器时弹出如图 1.34 所示的信息，那么说明用户未设置系统的环境变量。也就是说没有将 MySQL 服务器的 bin 文件夹位置添加到 Windows 的"环境变量"/"系统变量"/"path"中，从而导致命令不能执行。

图 1.34　连接 MySQL 服务器出错

下面介绍环境变量的设置方法。其步骤如下：

a. 右键单击"计算机"图标，在弹出的快捷菜单中选择"属性"命令，在弹出的对话框中选择"高级系统设置"，弹出"系统属性"对话框，如图 1.35 所示。

b. 在"系统属性"对话框中，选择"高级"选项，单击"环境变量"按钮，弹出"环境变量"对话框，如图 1.36 所示。

c. 在"环境变量"对话框中，定位到"系统变量"中的"path"选项，单击"编辑"按钮，

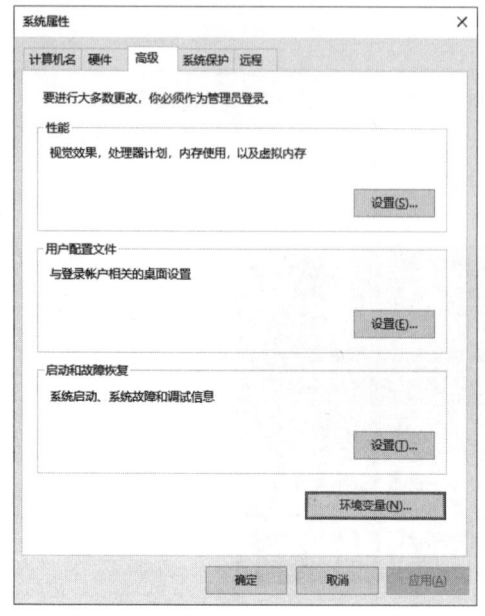

图 1.35 "系统属性"对话框

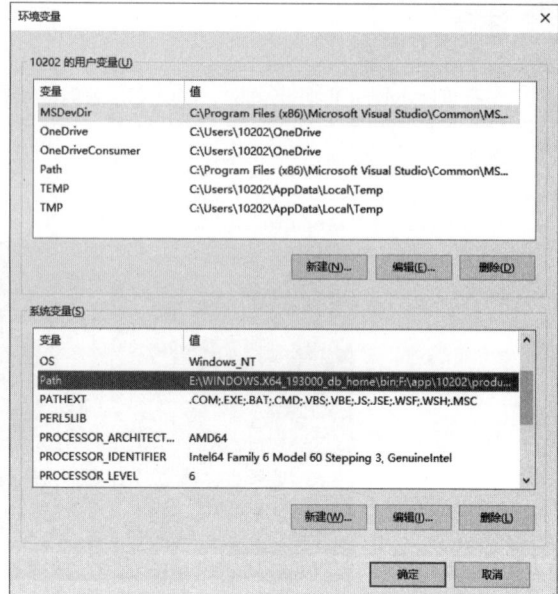

图 1.36 "环境变量"对话框

将弹出"编辑环境变量"对话框，如图 1.37 所示。

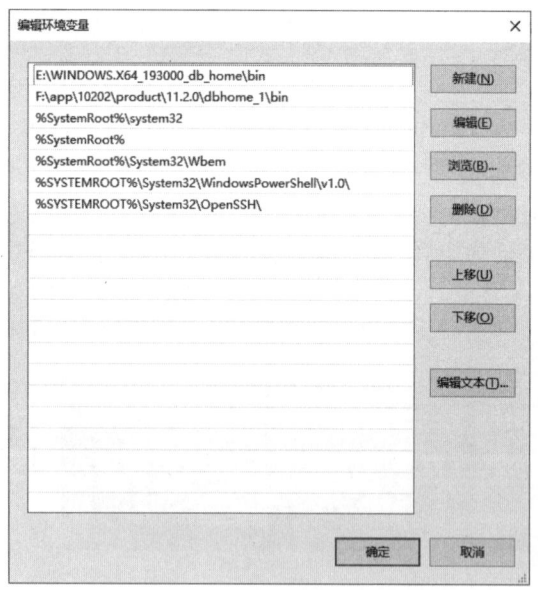

图 1.37 "编辑环境变量"对话框

d. 在"编辑环境变量"对话框中，单击"新建"按钮，将 MySQL 服务器的 bin 文件夹位置（C:\Program Files\MySQL\MySQL Server 8.0\bin）添加到变量值文本框中，如图 1.38 所示。最后单击"确定"按钮。

环境变量设置完成后，再使用 mysql 命令即可成功连接 MySQL 服务器。

② 断开 MySQL 服务器。连接到 MySQL 服务器后，可以通过在 MySQL 提示符下输入"exit"或者"quit"命令断开 MySQL 连接，格式如下：

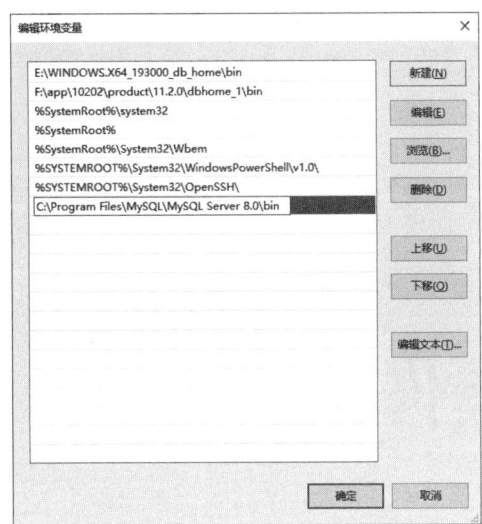

图 1.38　添加 MySQL 系统变量

```
mysql> quit;
```

小结　　　　本章介绍了数据库和 MySQL 的基础知识。通过本章的学习，希望读者对数据库、MySQL 数据库和 SQL 等知识有所了解。而且，希望读者能够了解常用的数据库系统。

第 2 章
数据库操作

扫码享受
全方位沉浸式学习

　　启动并连接 MySQL 服务器后，即可对 MySQL 数据库进行操作，操作 MySQL 数据库的方法非常简单。本章中将对操作 MySQL 数据库中的创建数据库、修改数据库、查看数据库、选择数据库和删除数据库进行详细介绍。

2.1　认识数据库

　　在进行数据库操作前，首先需要对其有一个基本的了解。本节将对数据库的基本概念、数据库对象及其相关知识进行详细的介绍。

2.1.1　数据库基本概念

　　要想认识数据库，就必须首先了解与数据库技术密切相关的 4 个基本概念，即数据、数据库、数据库管理系统和数据库系统。

　　① 数据（Data）：描述事物的符号记录称为数据。

　　② 数据库（Database，DB）：存放数据的仓库，所有的数据在计算机存储设备上按照一定的格式进行保存。

　　③ 数据库管理系统（Database Management System，DBMS）：科学地组织和存储数据，高效地获取和维护数据。

　　④ 数据库系统（Database System，DBS）：在计算机系统中引入数据库后的系统。

　　（1）数据

　　描述事物的符号记录称为数据，数据是数据库中存储的基本对象。除了基本的数字之外，像图书的名称、价格、作者等都可以称为数据。

　　数据的表现形式还不能完全表达其内容，需要经过解释。例如，30 代表一个数字，可以表示出某个人的年龄，也可以表示某个人的编号，或者是一个班级的人数，所以数据的解释是指对数据含义的说明，数据的含义称为数据的定义，数据与其定义是不可分的。

　　（2）数据库

　　当人们收集到了大量的信息后，就需要应用数据库将这些信息保存，以供进一步加工处理（统计销售量、总额等），这样可以避免手工处理数据所带来的困难。而且严格来讲，数据库是长期存储在计算机内有组织的、可共享的大量数据的集合。数据库中的数据按一定的数据模型组织、描述和存储，具有较小的冗余度、较高的数据独立性和易扩展性，并可为各种用户共享，所以数据库具有以下三个基本特点：永久存储、有组织、可共享。

（3）数据库管理系统

数据库管理系统是数据库系统的一个重要组成部分，是位于用户与操作之间的一层数据管理软件，负责数据库中的数据组织、数据操纵、数据维护和数据服务等，主要具有如下功能。

① 数据存取的物理构建：为数据模式的物理存取与构建提供有效的存取方法与手段。

② 数据操纵功能：为用户使用数据库的数据提供方便，如查询、插入、修改、删除等以及简单的算术运算和统计。

③ 数据定义功能：用户可以通过数据库管理系统提供的数据定义语言（Data Definition Language，DDL）方便地对数据库中的对象进行定义。

④ 数据库的运行管理：数据库管理系统统一管理数据库的运行和维护，以保障数据的安全性、完整性、并发性和故障的系统恢复性。

⑤ 数据库的建立和维护功能：数据库管理系统能够完成初始数据的输入和转换、数据库的转储和恢复、数据库的性能监视和分析等任务。

（4）数据库系统

数据库系统一般由数据库、数据库管理系统（及其开发工具）、应用系统、数据库管理员（负责数据库的建立、使用、维护）构成。

在不引起混淆的情况下，常常把数据库系统简称为数据库。

另外，介绍下关系数据库。关系数据库是支持关系模型的数据库。关系模型由关系数据结构、关系操作集合和完整性约束 3 部分组成。

① 关系数据结构：在关系模型中数据结构单一，现实世界的实体以及实体间的联系均用关系来表示，实际上关系模型中数据结构就是一张二维表。

② 关系操作集合：关系操作分为关系代数、关系演算、具有关系代数和关系演算双重特点的语言（SQL）。

③ 完整性约束：完整性约束包括实体完整性、参照完整性和用户定义完整性。

2.1.2　数据库常用对象

在 MySQL 的数据库中，表、视图、存储过程和索引等具体存储数据或对数据进行操作的实体都被称为数据库对象。下面介绍几种常用的数据库对象。

（1）表

表是包含数据库中所有数据的数据库对象，由行和列组成，用于组织和存储数据。

（2）字段

表中每列称为一个字段，字段具有自己的属性，如字段类型、字段大小等。其中，字段类型是字段最重要的属性，它决定了字段能够存储哪种数据。

SQL 规范支持 5 种基本字段类型：字符型、文本型、数值型、逻辑型和日期时间型。

（3）索引

索引是一个单独的、物理的数据库结构。它是依赖于表建立的，在数据库中索引使数据库程序无须对整个表进行扫描，就可以在其中找到所需的数据。

（4）视图

视图是从一张或多张表中导出的表（也称虚拟表），是用户查看数据表中数据的一种方式。表中包括几个被定义的数据列与数据行，其结构和数据建立在对表的查询基础之上。

（5）存储过程

存储过程（Stored Procedure）是一组为了完成特定功能的 SQL 语句集合（包含查询、插入、删除和更新等操作），经编译后以名称的形式存储在 SQL Server 服务器端的数据库中，由用户通过指定存储过程的名字来执行。当这个存储过程被调用执行时，这些操作也会同时执行。

2.1.3　系统数据库

系统数据库是指安装完 MySQL 服务器后，会附带一些数据库。例如，在默认安装的 MySQL 中，会默认创建如图 2.1 所示的 4 个数据库，这些数据库就称为系统数据库。系统数据库会记录一些必需的信息，用户是不能直接修改这些系统数据库的。下面将对图 2.1 中所列的系统数据库分别进行介绍。

① information_schema 数据库　information_schema 数据库主要用于存储 MySQL 服务器所有数据库的信息，比如数据库的名、数据库的表、访问权限、数据库表的数据类型，数据库索引的信息等。

② performance_schema 数据库　performance_schema 数据库主要用于收集数据库服务器性能参数，可用于监控服务器在一个较低级别的运行过程中的资源消耗、资源等待等情况。

③ sys 数据库　sys 数据库中所有的数据源来自 performance_schema，目标是把 performance_schema 的复杂度降低，让 DBA 能更好地阅读这个库里的内容，让 DBA 更快地了解 DB 的运行情况。

④ mysql 数据库　mysql 数据库是 MySQL 的核心数据库，主要负责存储数据库的用户、权限设置、关键字等 MySQL 自己需要使用的控制和管理信息。

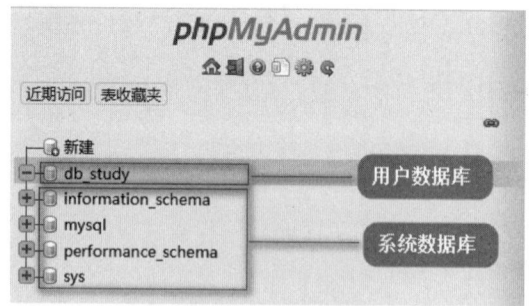

图 2.1　系统数据库

2.2　创建数据库

在 MySQL 中，可以使用 CREATE DATABASE 语句和 CREATE SCHEMA 语句创建 MySQL 数据库，其语法如下。

```
CREATE  {DATABASE|SCHEMA}  [IF NOT EXISTS] 数据库名
[
[DEFAULT] CHARACTER SET [=] 字符集 |
[DEFAULT] COLLATE [=] 校对规则名称
];
```

 说明 在语法中，花括号"{}"表示必选项；中括号"[]"表示可选项；竖线"|"表示分隔符两侧的内容为"或"的关系。在上面的语法中，{DATABASE|SCHEMA} 表示要么使用关键字 DATABASE，要么使用 SCHEMA，但不能全不使用。

参数说明如下。

☑ [IF NOT EXISTS]：可选项，表示在创建数据库前进行判断，只有该数据库目前尚未存在时才执行创建语句。

☑ 数据库名：必须指定的，在文件系统中，MySQL 的数据存储区将以目录方式表示 MySQL 数据库。因此，这里的数据库名必须符合操作系统文件夹的命名规则，而在 MySQL 中是不区分大小写的。

☑ [DEFAULT]：可选项，表示指定默认值。

☑ CHARACTER SET [=] 字符集：可选项，用于指定数据库的字符集。如果不想指定数据库所使用的字符集，那么就可以不使用该项，这时 MySQL 会根据 MySQL 服务器默认使用的字符集来创建该数据库。这里的字符集可以是 GB 2312 或者 GBK（简体中文）、UTF-8（针对 Unicode 的可变长度的字符编码，也称万国码）、BIG5（繁体中文）、Latin1（拉丁文）等。其中最常用的就是 UTF-8 和 GBK。

☑ COLLATE [=] 校对规则名称：可选项，用于指定字符集的校对规则，例如 utf8_bin 或者 gbk_chinese_ci。

在创建数据库时，数据库命名有以下几项规则。

① 不能与其他数据库重名，否则将发生错误。

② 名称可以由任意字母、阿拉伯数字、下画线（_）和"$"组成，可以使用上述的任意字符开头，但不能使用单独的数字，否则会造成它与数值相混淆。

③ 名称最长可为 64 个字符，而别名最多可长达 256 个字符。

④ 不能使用 MySQL 关键字作为数据库名、表名。

⑤ 默认情况下，在 Windows 下数据库名、表名的大小写是不敏感的，而在 Linux 下数据库名、表名的大小写是敏感的。为了便于数据库在平台间进行移植，建议读者采用小写来定义数据库名和表名。

（1）通过 CREATE DATABASE 语句创建基本数据库

实例 2.1 通过 CREATE DATABASE 语句创建一个名称为 db_mydatabase 的数据库。（实例位置：资源包 \Code\02\01）

具体代码及运行效果如图 2.2 所示。

（2）通过 CREATE SCHEMA 语句创建基本数据库

上面介绍的是最基本的创建数据库的方法，实际上，还可以通过语法中给出的 CREATE SCHEMA 来创建数据库，两者的功能是一样的。

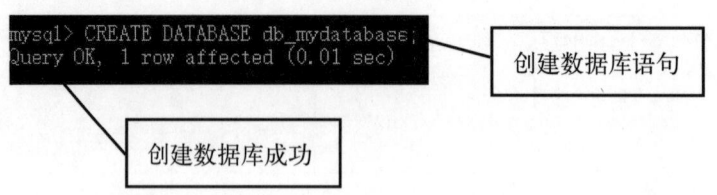

图 2.2　通过 CREATE DATABASE 语句创建 MySQL 数据库

实例 2.2　通过 CREATE SCHEMA 语句创建一个名称为 db_mydatabase1 的数据库。（实例位置：资源包 \Code\02\02）

具体代码及运行效果如图 2.3 所示。

```
mysql> CREATE SCHEMA db_mydatabase1;
Query OK, 1 row affected (0.01 sec)
```

图 2.3　通过 CREATE SCHEMA 语句创建 MySQL 数据库

（3）创建指定字符集的数据库

在创建数据库时，如果不指定其使用的字符集或者是字符集的校对规则，那么将根据 my.ini 文件中指定的 default-character-set 变量的值来设置其使用的字符集。从创建数据库的基本语法中可以看出，在创建数据库时，还可以指定数据库所使用的字符集，下面将通过一个具体的例子来演示如何在创建数据库时指定字符集。

实例 2.3　通过 CREATE DATABASE 语句创建一个名称为 db_mydatabase2 的数据库，并指定其字符集为 UTF-8。（实例位置：资源包 \Code\02\03）

具体代码及运行效果如图 2.4 所示。

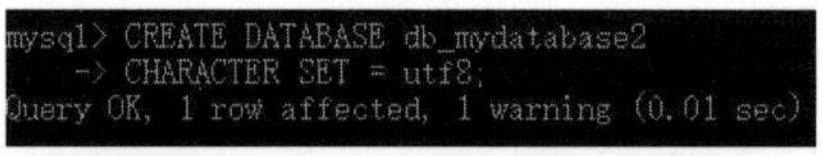

```
mysql> CREATE DATABASE db_mydatabase2
    -> CHARACTER SET = utf8;
Query OK, 1 row affected, 1 warning (0.01 sec)
```

图 2.4　创建使用 UTF-8 字符集的 MySQL 数据库

（4）创建数据库前判断是否存在同名数据库

在 MySQL 中，不允许同一系统中存在两个相同名称的数据库，如果要创建的数据库名称已经存在，那么系统将给出错误信息。例如，创建数据库 db_mydatabase，因为在前面的实例中已经创建了 db_mydatabase，所以再使用 CREATE 语句创建同名数据库时，就会出现如下错误。

```
ERROR 1007 (HY000): Can't create database 'db_mydatabase'; database exists
```

为了避免错误的发生，在创建数据库时，可以使用 IF NOT EXISTS 选项来实现在创建数据库前判断该数据库是否存在，只有不存在时才会进行创建。

实例 2.4　通过 CREATE DATABASE 语句创建一个名称为 db_test 的数据库，并在创建前判断该数据库名称是否存在，只有不存在时才进行创建。（实例位置：资源包 \Code\02\04）

具体代码及运行效果如图 2.5 所示。

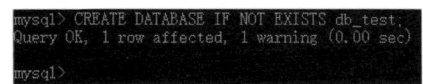

图 2.5　创建数据库前判断是否存在同名数据库

在创建数据库时，使用 IF NOT EXISTS 选项判断其要创建的数据库在系统中是否存在。

执行创建数据库语句，不使用 IF NOT EXISTS 选项，将不会创建数据库 db_test，显示效果如图 2.6 所示。

图 2.6　创建已经存在的数据库的效果

结果显示错误，因为数据库 db_test 已经存在，不能再创建同名数据库。

2.3　查看数据库

成功创建数据库后，可以使用 SHOW 命令查看 MySQL 服务器中的所有数据库信息，语法如下。

```
SHOW  {DATABASES|SCHEMAS}
[LIKE '模式' WHERE 条件]
;
```

参数说明如下。

☑ {DATABASES|SCHEMAS}：表示必须有一个是必选项，用于列出当前用户权限范围内所能查看到的所有数据库名称。这两个选项的结果是一样的，使用哪个都可以。

☑ LIKE：可选项，用于指定匹配模式。

☑ WHERE：可选项，用于指定数据库名称查询范围的条件。

实例 2.5　查看 MySQL 服务器中的所有数据库名称。（实例位置：资源包 \Code\02\05）

代码及运行结果如图 2.7 所示。

图 2.7　查看数据库

从图 2.7 运行的结果可以看出，通过 SHOW 命令查看 MySQL 服务器中的所有数据库，结果显示 MySQL 服务器中有 8 个数据库，这 8 个数据库包括系统数据库。

如果 MySQL 服务器中的数据库比较多，也可以通过指定匹配模式来筛选想要得到的数据库，下面将通过一个具体的实例来演示如何通过 LIKE 关键字筛选要查看的数据库。

实例 2.6 筛选以 db_ 开头的数据库名称。（实例位置：资源包 \Code\02\06）

代码及运行效果如图 2.8 所示。

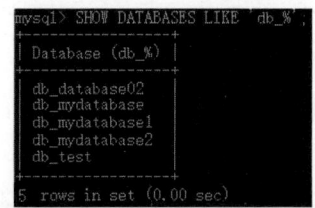

图 2.8 筛选以 db_ 开头的数据库名称

2.4 选择数据库

在 MySQL 中，使用 CREATE DATABASE 语句创建数据库后，该数据库并不会自动成为当前数据库。如果想让它成为当前数据库，需要使用 MySQL 提供的 USE 语句来实现，USE 语句可以实现选择一个数据库，使其成为当前数据库。只有使用 USE 语句指定某个数据库为当前数据库后，才能对该数据库及其存储的数据对象执行操作。USE 语句的语法格式如下。

```
USE  数据库名；
```

说明 使用 USE 语句将数据库指定为当前数据库后，当前数据库在当前工作会话关闭（即断开与该数据库的连接）或再次使用 USE 语句指定数据库时，结束工作状态。

实例 2.7 选择名称为 db_mydatabase 的数据库，设置其为当前默认的数据库。
（实例位置：资源包 \Code\02\07）

具体代码及运行结果如图 2.9 所示。

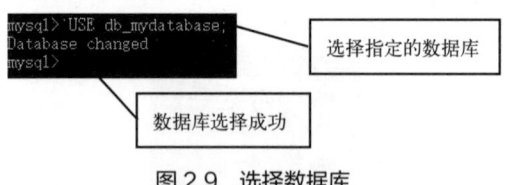

图 2.9 选择数据库

2.5 修改数据库

在 MySQL 中，创建一个数据库后，还可以对其进行修改，不过这里的修改是指可以修改被创建数据库的相关参数，并不能修改数据库名。修改数据库名不能使用这个语句。修改数据库可以使用 ALTER DATABASES 或者 ALTER SCHEMAS 语句来实现。修改数据库语句的语法格式如下。

```
ALTER {DATABASES | SCHEMAS} [ 数据库名 ]
    [DEFAULT] CHARACTER SET [=] 字符集
 | [DEFAULT] COLLATER [=] 校对规则名称
```

参数说明如下。

☑ {DATABASES|SCHEMAS}：表示必须有一个是必选项，这两个选项的结果是一样的，使用哪个都可以。

☑ [数据库名]：可选项，如果不指定要修改的数据库，那么将表示修改当前（默认）的数据库。

☑ [DEFAULT]：可选项，表示指定默认值。

☑ CHARACTER SET [=] 字符集：可选项，用于指定数据库的字符集。如果不想指定数据库所使用的字符集，那么就可以不使用该项，这时 MySQL 会根据 MySQL 服务器默认使用的字符集来创建该数据库。这里的字符集可以是 GB 2312 或者 GBK（简体中文）、UTF-8（针对 Unicode 的可变长度的字符编码，也称万国码）、BIG5（繁体中文）、Latin1（拉丁文）等。其中最常用的就是 UTF-8 和 GBK。

☑ COLLATE [=] 校对规则名称：可选项，用于指定字符集的校对规则，例如 utf8_bin 或者 gbk_chinese_ci。

📘 注意

在使用 ALTER DATABASES 或者 ALTER SCHEMAS 语句时，用户必须具有对数据库进行修改的权限。

实例 2.8 修改数据库 db_mydatabase，设置默认字符集和校对规则。（实例位置：资源包 \Code\02\08）

具体代码及运行结果如图 2.10 所示。

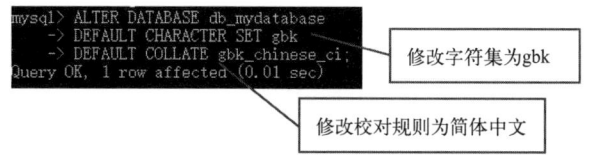

图 2.10　设置默认字符集和校对规则

2.6 ▶ 删除数据库

在 MySQL 中，可以通过使用 DROP DATABASES 语句或者 DROP SCHEMAS 语句来删除已经存在的数据库。使用该命令删除数据库的同时，该数据库中的表以及表中的数据也将永久删除，因此，在使用该语句删除数据库时一定要小心，以免误删除有用的数据库。DROP DATABASES 或者 DROP SCHEMAS 语句的语法格式如下。

```
DROP {DATABASES|SCHEMAS} [IF EXISTS] 数据库名 ;
```

参数说明如下。

☑ {DATABASES|SCHEMAS}：表示必须有一个是必选项，这两个选项的结果是一样的，使用哪个都可以。

☑ [IF EXISTS]：用于指定在删除数据前，先判断该数据库是否已经存在，只有已经存在时，才会执行删除操作，这样可以避免删除不存在的数据库时产生异常。

实例 2.9 通过 DROP DATABASES 语句删除名为 db_mydatabase2 的数据库。
（实例位置：资源包 \code\02\09）

代码及运行效果如图 2.11 所示。

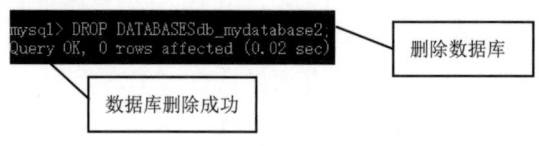

图 2.11　删除数据库

当使用上面的命令删除数据库时，如果指定的数据库不存在，将产生错误信息。例如再次执行上面的删除命令，将产生如图 2.12 所示的错误信息。

```
mysql> DROP DATABASESdb_mydatabase2;
ERROR 1008 (HY000): Can't drop database 'db_mydatabase2'; database doesn't exist
mysql>
```

图 2.12　删除不存在的数据库出错

为了解决这一问题，可以在 DROP DATABASES 语句中使用 IF EXISTS 语句来保证只有当数据库存在时才执行删除数据库的操作。

📁 注意

> MySQL 安装后，系统会自动创建两个名称分别为 performance_schema 和 mysql 的系统数据库，MySQL 把与数据库相关的信息存储在这两个系统数据库中，如果删除了这两个数据库，那么 MySQL 将不能正常工作，所以这两个数据库一定不能删除。

2.7 数据库存储引擎的应用

MySQL 中的数据用各种不同的技术存储在文件（或者内存）中。这些技术中的每一种技术都使用不同的存储机制、索引技巧、锁定水平并且最终提供广泛的、不同的功能和能力。通过选择不同的技术，能够获得额外的速度或者功能，从而改善应用的整体功能。

这些不同的技术以及配套的相关功能在 MySQL 中被称作存储引擎（也称作表类型）。MySQL 默认配置了许多不同的存储引擎，可以预先设置或者在 MySQL 服务器中启用。可以选择适用于服务器、数据库和表格的存储引擎，以便在选择如何存储信息、如何检索这些信息以及需要的数据结合什么性能和功能的时候为其提供最大的灵活性。

2.7.1　查询 MySQL 中支持的存储引擎

（1）查询支持的全部存储引擎

在 MySQL 中，可以使用 SHOW ENGINES 语句查询 MySQL 中支持的存储引擎。其查询语句如下。

```
SHOW ENGINES;
```

SHOW ENGINES 语句可以用 ";" 结束，也可以用 "\g"（或者 "\G"）结束。"\g" 与 ";" 的作用是相同的，"\G" 可以让结果显示得更加美观。

 注意

> 使用 "\G" 时不要使用 ";"，两者作用相同，选其一作为语句结尾即可。

使用 SHOW ENGINES \g 语句查询的结果如图 2.13 所示。

```
mysql> SHOW ENGINES \g
| Engine             | Support | Comment                                                        | Transactions | XA   | Savepoints |
| MEMORY             | YES     | Hash based, stored in memory, useful for temporary tables      | NO           | NO   | NO         |
| MRG_MYISAM         | YES     | Collection of identical MyISAM tables                          | NO           | NO   | NO         |
| CSV                | YES     | CSV storage engine                                             | NO           | NO   | NO         |
| FEDERATED          | NO      | Federated MySQL storage engine                                 | NULL         | NULL | NULL       |
| PERFORMANCE_SCHEMA | YES     | Performance Schema                                             | NO           | NO   | NO         |
| MyISAM             | YES     | MyISAM storage engine                                          | NO           | NO   | NO         |
| InnoDB             | DEFAULT | Supports transactions, row-level locking, and foreign keys     | YES          | YES  | YES        |
| BLACKHOLE          | YES     | /dev/null storage engine (anything you write to it disappears) | NO           | NO   | NO         |
| ARCHIVE            | YES     | Archive storage engine                                         | NO           | NO   | NO         |
9 rows in set (0.00 sec)
```

图 2.13　使用 SHOW ENGINES\g 语句查询 MySQL 中支持的存储引擎

使用 SHOW ENGINES \G 语句查询的结果如图 2.14 所示。

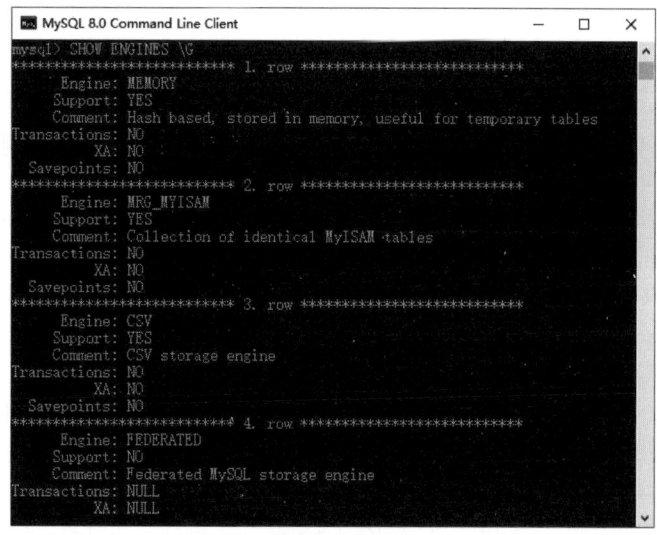

图 2.14　使用 SHOW ENGINES\G 语句查询 MySQL 中支持的存储引擎

查询结果中的 Engine 参数指的是存储引擎的名称；Support 参数指的是 MySQL 是否支持该类引擎，YES 表示支持；Comment 参数指对该引擎的评论。

MySQL 支持多个存储引擎，其中 InnoDB 为默认存储引擎。

（2）查询默认的存储引擎

如果想要知道当前 MySQL 服务器采用的默认存储引擎是什么，可以通过执行 SHOW VARIABLES 命令来查看。查询默认的存储引擎的 SQL 语句如下。

```
SHOW VARIABLES LIKE 'storage_engine%';
```

实例 2.10 查询默认的存储引擎。（实例位置：资源包 \Code\02\10）

代码及运行效果如图 2.15 所示。

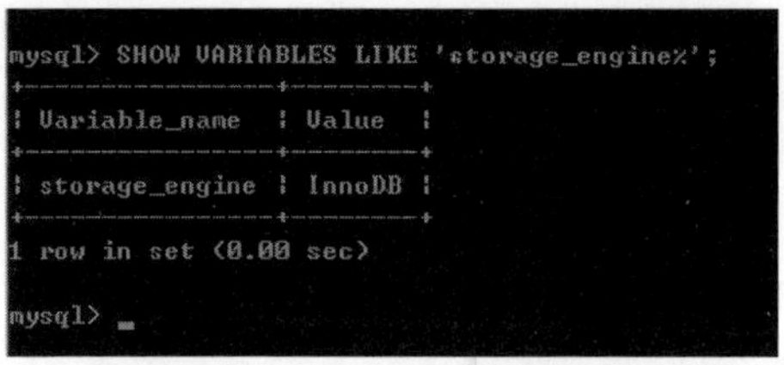

图 2.15　查询默认的存储引擎

从图 2.15 中可以看出，当前 MySQL 服务器采用的默认存储引擎是 InnoDB。

有些表根本不用来存储长期数据，实际上用户需要完全在服务器的 RAM 或特殊的临时文件中创建和维护这些数据，以确保高性能，但这样也存在很高的不稳定风险。还有一些表只是为了简化对一组相同表的维护和访问，为同时与所有这些表交互提供一个单一接口。另外，还有其他一些特别用途的表，但重点是：MySQL 支持很多类型的表，每种类型都有自己特定的作用、优点和缺点。MySQL 还相应地提供了很多不同的存储引擎，可以以最适合于应用需求的方式存储数据。MySQL 有多个可用的存储引擎，下面主要介绍 InnoDB、MyISAM 和 MEMORY 这 3 种存储引擎。

2.7.2　InnoDB 存储引擎

InnoDB 已经开发了十余年，遵循 CNU 通用公开许可（GPL）发行。InnoDB 已经被一些重量级 Internet 公司所采用，如雅虎、Slashdot 和 Google，为用户操作非常大的数据库提供了一个强大的解决方案。InnoDB 给 MySQL 的表提供了事务、回滚、崩溃修复能力和多版本并发控制的事务安全。在 MySQL 从 3.23.34a 版本开始包含 InnoDB 存储引擎。InnoDB 是 MySQL 上第一个提供外键约束的表引擎。而且 InnoDB 对事务处理的能力，也是 MySQL 其他存储引擎所无法与之比拟的。下面介绍 InnoDB 存储引擎的特点及其优缺点。

InnoDB 存储引擎中支持自动增长列 AUTO_INCREMENT。自动增长列的值不能为空，且值必须唯一。MySQL 中规定自增列必须为主键。在插入值时，如果自动增长列不输入值，则插入的值为自动增长后的值；如果输入的值为 0 或空（NULL），则插入的值也为自动增长后的值；如果插入某个确定的值，且该值在前面没有出现过，则可以直接插入。

InnoDB 存储引擎中支持外键（FOREIGN KEY）。外键所在的表为子表，外键所依赖的表为父表。父表中被子表外键关联的字段必须为主键。当删除、更新父表的某条信息时，子表也必须有相应的改变。InnoDB 存储引擎中，创建的表的表结构存储在 .frm 文件中。数据和索引存储在 innodb_data_home_dir 和 innodb_data_file_path 表空间中。

InnoDB 存储引擎的优势在于提供了良好的事务管理、崩溃修复能力和并发控制；缺点是其读写效率稍差，占用的数据空间相对比较大。

InnoDB 表是如下情况的理想引擎。

① 更新密集的表：InnoDB 存储引擎特别适合处理多重并发的更新请求。

② 事务：InnoDB 存储引擎是唯一支持事务的标准 MySQL 存储引擎，这是管理敏感数据（如金融信息和用户注册信息）的必需软件。

③ 自动灾难恢复：与其他存储引擎不同，InnoDB 表能够自动从灾难中恢复。虽然 MyISAM 表能在灾难后修复，但其过程要长得多。

Oracle 的 InnoDB 存储引擎广泛应用于基于 MySQL 的 Web、电子商务、金融系统、健康护理以及零售应用，因为 InnoDB 可提供高效的 ACID 独立性（Atomicity）、一致性（Consistency）、隔离性（Isolation）、持久性（Durability）兼容事务处理能力，以及独特的高性能和具有可扩展性的构架要素。

2.7.3 MyISAM 存储引擎

MyISAM 存储引擎是 MySQL 中常见的存储引擎，曾是 MySQL 的默认存储引擎。MyISAM 存储引擎是基于 ISAM 存储引擎发展起来的，它解决了 ISAM 的很多不足。

（1）MyISAM 存储引擎的文件类型

MyISAM 存储引擎的表存储成 3 个文件。文件的名字与表名相同，扩展名包括 frm、myd 和 myi。

☑ frm：存储表的结构。

☑ myd：存储数据，是 MYData 的缩写。

☑ myi：存储索引，是 MYIndex 的缩写。

（2）MyISAM 存储引擎的存储格式

基于 MyISAM 存储引擎的表支持 3 种不同的存储格式，包括静态型、动态型和压缩型。

① MyISAM 静态　如果所有表列的大小都是静态的（即不使用 xBLOB、xTEXT 或 VARCHAR 数据类型），MySQL 就会自动使用静态 MyISAM 格式。使用这种类型的表性能非常高，因为在维护和访问以预定义格式存储的数据时需要很低的开销。但是，这项优点要以空间为代价，因为每列都需要分配给该列最大空间，而无论该空间是否真正地使用。

② MyISAM 动态　如果有表列（即使只有一列）定义为动态的（使用 xBLOB、xTEXT 或 VARCHAR），MySQL 就会自动使用动态格式。虽然 MyISAM 动态表占用的空间比静态格式所占空间小，但空间的节省带来了性能的下降。如果某个字段的内容发生改变，则其位置很可能就需要移动，这会导致碎片的产生。随着数据集中的碎片增加，数据访问性能就会相应降低。这个问题有以下两种修复方法。

a. 尽可能使用静态数据类型。

b. 经常使用 OPTIMIZE TABLE 语句，它会整理表的碎片，恢复由于表更新和删除而导致的空间丢失。

③ MyISAM 压缩　有时会创建在整个应用程序生命周期中都只读的表。如果是这种情况，就可以使用 myisampack 工具将其转换为 MyISAM 压缩表来减小空间。在给定硬件配置下（如快速的处理器和低速的硬盘驱动器），性能的提升将相当显著。

（3）MyISAM 存储引擎的优缺点

MyISAM 存储引擎的优势在于占用空间小，处理速度快；缺点是不支持事务的完整性和并发性。

2.7.4　MEMORY 存储引擎

MEMORY 存储引擎是 MySQL 中的一类特殊的存储引擎。其使用存储在内存中的内容来创建表，而且所有数据也放在内存中。这些特性都与 InnoDB 存储引擎、MyISAM 存储引擎不同。下面将对 MEMORY 存储引擎的文件存储形式、索引类型、存储周期和优缺点等进行讲解。

（1）MEMORY 存储引擎的文件存储形式

每个基于 MEMORY 存储引擎的表实际对应一个磁盘文件。该文件的文件名与表名相同，类型为 frm。该文件中只存储表的结构，而其数据文件都是存储在内存中的。这样有利于对数据的快速处理，提高整个表的处理效率。值得注意的是，服务器需要有足够的内存来维持 MEMORY 存储引擎的表的使用。如果不需要使用了，可以释放这些内容，甚至可以删除不需要的表。

（2）MEMORY 存储引擎的索引类型

MEMORY 存储引擎默认使用哈希（HASH）索引，其速度要比使用 B 树（BTREE）索引快。如果读者希望使用 B 树索引，可以在创建索引时选择使用。

（3）MEMORY 存储引擎的存储周期

MEMORY 存储引擎通常很少用到。因为 MEMORY 表的所有数据是存储在内存上的，如果内存出现异常就会影响到数据的完整性。如果重启机器或者关机，表中的所有数据将消失。因此，基于 MEMORY 存储引擎的表生命周期很短，一般都是一次性的。

（4）MEMORY 存储引擎的优缺点

MEMORY 表的大小是受到限制的。表的大小主要取决于两个参数，分别是 max_rows 和 max_heap_table_size。其中，max_rows 可以在创建表时指定；max_heap_table_size 的大小默认为 16MB，可以按需要进行扩大。因此，其存在于内存中的特性，决定了这类表的处理速度非常快。但是，其数据易丢失，生命周期短。

创建 MySQL MEMORY 存储引擎的出发点是速度。为得到最快的响应时间，采用的逻辑存储介质是系统内存。虽然在内存中存储表数据确实会提高性能，但要记住，当 mysqld 守护进程崩溃时，所有的 MEMORY 数据都会丢失。

MEMORY 表不支持 VARCHAR、BLOB 和 TEXT 数据类型，因为这种表类型按固定长度的记录格式存储。当然，要记住 MEMORY 表只用于特殊的范围，不会用于长期存储数据。基于其这个缺陷，选择 MEMORY 存储引擎时要特别小心。

当数据有如下情况时，可以考虑使用 MEMORY 表。

① 暂时：目标数据只是临时需要，在其生命周期中必须立即可用。

② 相对无关：存储在 MEMORY 表中的数据如果突然丢失，不会对应用服务产生实质的负面影响，而且不会对数据完整性有长期影响。

2.7.5　如何选择存储引擎

每种存储引擎都有各自的优势，不能笼统地说谁比谁更好，只有适合与不适合。下面根据其不同的特性,给出选择存储引擎的建议。

① InnoDB 存储引擎:用于事务处理应用程序,具有众多特性,包括 ACID 事务支持,支持外键,同时支持崩溃修复能力和并发控制。如果对事务的完整性要求比较高,要求实现并发控制,那么选择 InnoDB 存储引擎有其很大的优势。如果需要频繁地进行更新、删除操作的数据库,也可以选择 InnoDB 存储引擎,因为该类存储引擎可以实现事务的提交(Commit)和回滚(Rollback)。

② MyISAM 存储引擎:管理非事务表,它提供高速存储和检索,以及全文搜索能力。MyISAM 存储引擎插入数据快,空间和内存使用率比较低。如果表主要是用于插入新记录和读出记录,那么选择 MyISAM 存储引擎能实现处理的高效率。如果应用的完整性、并发性要求很低,也可以选择 MyISAM 存储引擎。

③ MEMORY 存储引擎:MEMORY 存储引擎提供"内存中"的表,MEMORY 存储引擎的所有数据都在内存中,数据的处理速度快,但安全性不高。如果需要很快的读写速度,对数据的安全性要求较低,可以选择 MEMORY 存储引擎。MEMORY 存储引擎对表的大小有要求,不能建太大的表。所以,这类数据库只使用相对较小的数据库表。

以上存储引擎的选择建议是根据不同存储引擎的特点提出的,并不是绝对的。实际应用中还需要根据各自的实际情况进行分析。

2.8 综合案例——创建测试数据库

(1)案例描述

【综合案例】创建一个名为 db_test 的数据库,创建之后查看、选择该数据库,结果如图 2.16 所示。(实例位置:资源包 \Code\02\ 综合案例)

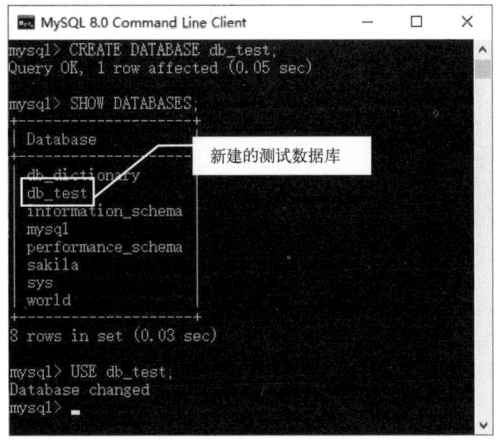

图 2.16　创建测试数据库

(2)实现代码

① 创建 db_test 数据库,代码如下:

```
CREATE DATABASE db_test;
```

② 查看 db_test 数据库，代码如下：

```
SHOW DATABASES;
```

③ 选择 db_test 数据库，代码如下：

```
USE db_test;
```

小结　　　本章首先介绍了数据库的基本概念、数据库的常用对象，以及 MySQL 中的系统数据库，然后介绍了如何创建数据库、查看数据库、选择数据库、修改数据库和删除数据库。其中，创建数据库、选择数据库和删除数据库需要重点掌握，在实际开发中经常会应用到。

扫码享受
全方位沉浸式学习

第 3 章
MySQL 表结构管理

在对 MySQL 数据表进行操作之前，必须首先使用 USE 语句选择数据库，才可在指定的数据库中对数据表进行操作，如创建数据表、修改表结构、数据表更名或删除数据表等；否则是无法对数据表进行操作的。本章将对数据表的操作方法进行详细介绍。

3.1　MySQL 数据类型

在 MySQL 数据库中，每一条数据都有其数据类型。MySQL 支持的数据类型主要分成 3 类：数字类型、字符串（字符）类型、日期和时间类型。

3.1.1　数字类型

MySQL 支持所有的 ANSI/ISO SQL 92 数字类型。这些类型包括准确数字的数据类型（NUMERIC、DECIMAL、INTEGER 和 SMALLINT），还包括近似数字的数据类型（FLOAT、REAL 和 DOUBLE PRECISION）。其中的关键词 INT 是 INTEGER 的同义词，关键词 DEC 是 DECIMAL 的同义词。

数字类型总体可以分成整型和浮点型两类，详细内容如表 3.1 和表 3.2 所示。

表 3.1　整型数据类型

数据类型	取值范围	说明	单位
TINYINT	符号值：−128 ～ 127；无符号值：0 ～ 255	最小的整数	1 字节
BIT	符号值：−128 ～ 127；无符号值：0 ～ 255	最小的整数	1 字节
BOOL	符号值：−128 ～ 127；无符号值：0 ～ 255	最小的整数	1 字节
SMALLINT	符号值：−32768 ～ 32767 无符号值：0 ～ 65535	小型整数	2 字节
MEDIUMINT	符号值：−8388608 ～ 8388607 无符号值：0 ～ 16777215	中型整数	3 字节

续表

数据类型	取值范围	说明	单位
INT	符号值：−2147683648 ～ 2147683647 无符号值：0 ～ 4294967295	标准整数	4 字节
BIGINT	符号值：−9223372036854775808 ～ 9223372036854775807 无符号值：0 ～ 18446744073709551615	大整数	8 字节

表 3.2　浮点型数据类型

数据类型	取值范围	说明	单位
FLOAT	+（−）3.402823466E+38	单精度浮点数	8 字节或 4 字节
DOUBLE	+（−）1.7976931348623157E+308 +（−）2.2250738585072014E-308	双精度浮点数	8 字节
DECIMAL	可变	一般整数	自定义长度

误区警示：① FLOAT 和 DOUBLE 存在误差问题，尽量避免进行浮点数比较；
② 对货币等对精度敏感的数据，应该使用 DECIMAL 类型。

3.1.2　字符串类型

字符串类型可以分为 3 类：普通的文本字符串类型（CHAR 和 VARCHAR）、可变类型（TEXT 和 BLOB）和特殊类型（SET 和 ENUM）。它们之间都有一定的区别，取值范围不同，应用的地方也不同，下面分别介绍。

① 普通的文本字符串类型　即 CHAR 和 VARCHAR 类型，CHAR 列的长度被固定为创建表所声明的长度，取值在 1 ～ 255；VARCHAR 列的值是变长的字符串，取值和 CHAR 一样。普通的文本字符串类型的介绍如表 3.3 所示。

表 3.3　常规字符串类型

类型	取值范围	说明
[national] char(M) [binary|ASCII|unicode]	0 ～ 255 个字符	固定长度为 M 的字符串，其中 M 的取值范围为 0 ～ 255。national 关键字指定了应该使用的默认字符集。binary 关键字指定了数据是否区分大小写（默认是区分大小写的）。ASCII 关键字指定了在该列中使用 latin1 字符集。unicode 关键字指定了使用 UCS 字符集
char	0 ～ 255 个字符	char(M) 类似
[national] varchar(M) [binary]	0 ～ 255 个字符	长度可变，其他和 char(M) 类似

说明：存储字符串长度相同的全部使用 CHAR 类型；字符长度不相同的使用 VARCHAR 类型，不预先分配存储空间，长度不要超过 255。

② 可变类型（TEXT 和 BLOB）　它们的大小可以改变，TEXT 类型适合存储长文本，而 BLOB 类型适合存储二进制数据，支持任何数据，如文本、声音和图像等。TEXT 和 BLOB 类型的介绍如表 3.4 所示。

表 3.4　TEXT 和 BLOB 类型

类型	最大长度（字节数）	说明
TINYBLOB	2^8-1（255）	小 BLOB 字段
TINYTEXT	2^8-1（255）	小 TEXT 字段
BLOB	$2^{16}-1$（65535）	常规 BLOB 字段
TEXT	$2^{16}-1$（65535）	常规 TEXT 字段
MEDIUMBLOB	$2^{24}-1$（16777215）	中型 BLOB 字段
MEDIUMTEXT	$2^{24}-1$（16777215）	中型 TEXT 字段
LONGBLOB	$2^{32}-1$（4294967295）	长 BLOB 字段
LONGTEXT	$2^{32}-1$（4294967295）	长 TEXT 字段

③ 特殊类型（SET 和 ENUM）　特殊类型（SET 和 ENUM）的介绍如表 3.5 所示。

表 3.5　ENUM 和 SET 类型

类型	最大长度（字节数）	说明
ENUM ("value1", "value2", …)	65535	该类型的列只可以容纳所列值之一或为 NULL
SET ("value1", "value2", …)	64	该类型的列可以容纳一组值或为 NULL

误区警示：BLOB、TEXT、ENUM、SET 这些字段类型，在 MySQL 数据库的检索性能不高，很难使用索引进行优化。如果必须使用这些功能，一般采取特殊的结构设计，或者与程序结合使用其他的字段类型替代。比如：set 可以使用整型（0，1，2，3）、注释功能和程序的检查功能集合替代。

3.1.3　日期和时间类型

日期和时间类型包括 DATETIME、DATE、TIMESTAMP、TIME 和 YEAR。其中的每种类型都有其取值的范围，如赋予它一个不合法的值，将会被 "0" 代替。日期和时间类型的介绍如表 3.6 所示。

表 3.6　日期和时间数据类型

类型	取值范围	说明
DATE	1000-01-01 ～ 9999-12-31	日期，格式 YYYY-MM-DD
TIME	−838:58:59 ～ 835:59:59	时间，格式 HH:MM:SS
DATETIME	1000-01-01 00:00:00 ～ 9999-12-31 23:59:59	日期和时间，格式 YYYY-MM-DD HH:MM:SS
TIMESTAMP	1970-01-01 00:00:00 ～ 2037 年的某个时间	时间标签，在处理报告时使用显示格式取决于 M 的值
YEAR	1901 ～ 2155	年份可指定两位数字和四位数字的格式

3.2　创建表

创建数据表使用 CREATE TABLE 语句。语法如下。

```
CREATE [TEMPORARY] TABLE [IF NOT EXISTS] 数据表名
[(create_definition,…)][table_options] [select_statement]
```

CREATE TABLE 语句的参数说明如表 3.7 所示。

表 3.7　CREATE TABLE 语句的参数说明

类型	取值范围
TEMPORARY	如果使用该关键字，表示创建一个临时表
IF NOT EXISTS	该关键字用于避免表存在时 MySQL 报告的错误
create_definition	这是表的列属性部分。MySQL 要求在创建表时，表要至少包含一列
table_options	表的一些特性参数，其中大多数选项涉及的是表数据如何存储及存储在何处，如 ENGINE 选项用于定义表的存储引擎。多数情况下，用户不必指定表选项
select_statement	SELECT 语句描述部分，用它可以快速创建表

下面介绍列属性 create_definition 部分，每一列定义的具体格式如下。

```
col_name  type [NOT NULL | NULL] [DEFAULT default_value] [AUTO_INCREMENT]
          [PRIMARY KEY ] [reference_definition]
```

属性 create_definition 的参数说明如表 3.8 所示。

表 3.8　属性 create_definition 的参数说明

参数	说明
col_name	字段名
type	字段类型
NOT NULL | NULL	指出该列是否允许是空值，系统一般默认允许为空值，所以当不允许为空值时，必须使用 NOT NULL
DEFAULT default_value	表示默认值
AUTO_INCREMENT	表示是否为自动编号，每个表只能有一个 AUTO_INCREMENT 列，并且必须被索引
PRIMARY KEY	表示是否为主键。一个表只能有一个 PRIMARY KEY。如表中没有一个 PRIMARY KEY，而某些应用程序需要 PRIMARY KEY，MySQL 将返回第一个没有任何 NULL 列的 UNIQUE 键，作为 PRIMARY KEY
reference_definition	为字段添加注释

以上是创建一个数据表的一些基础知识，它看起来十分复杂，但在实际的应用中使用最基本的格式创建数据表即可，具体格式如下。

```
CREATE TABLE 数据表名（列名 1 属性，列名 2 属性，…）；
```

实例 3.1　创建本章练习数据库 db_database03，在此数据库下，创建一个名为 t_user 的用户信息表，该表包括用户 id、用户名、住址、电话和生日等字段。（实例位置：资源包 \Code\03\01）

创建本章的练习数据库 db_database03，并使用此数据库；创建用户信息表 t_user，具体代码及运行结果见图 3.1。

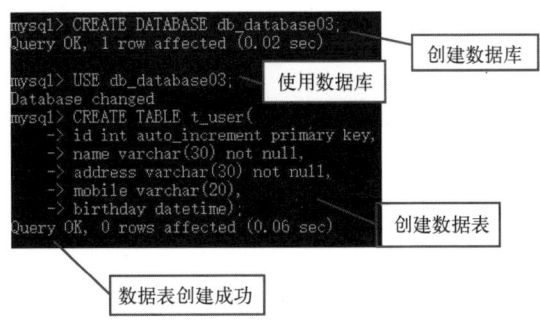

图 3.1　创建 MySQL 数据表

3.3 ▶ 修改表结构

3.3.1　添加新字段及修改字段定义

在 MySQL 的 ALTER TABLE 语句中，可以通过使用 ADD [COLUMN] create_definition [FIRST | AFTER column_name] 子句来添加新字段；使用 MODIFY [COLUMN] create_definition 子句可以修改已定义字段的定义。

下面将通过一个具体实例演示如何为一个已有表添加新字段，并修改已有字段的字段定义。

实例 3.2　为用户表 t_user 添加一个新的字段 email，类型为 varchar(50)，not null，并将字段 name 的类型由 varchar(30) 改为 varchar(40)。（实例位置：资源包 \Code\03\02)

在命令行模式下的具体代码及运行情况如图 3.2 所示。

图 3.2　添加新字段、修改字段类型

通过 DESC 命令查看数据 t_user 的表结构，以查看表结构是否成功修改，具体代码及运行效果见图 3.3 如下。

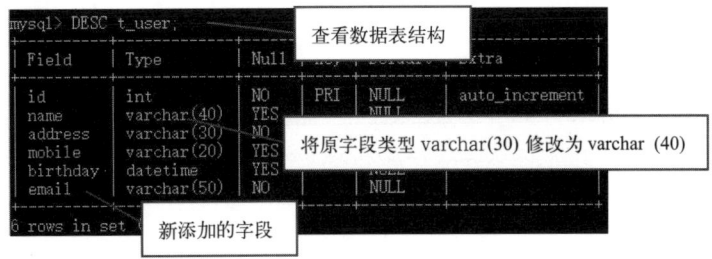

图 3.3　修改后 t_user 的表结构

常见错误：通过 ALTER 语句修改表列，其前提是必须将表中数据全部删除，然后才可以修改表列。

3.3.2 修改字段名

在 MySQL 的 ALTER TABLE 语句中，使用 CHANGE [COLUMN] old_col_name create_definition 子句可以修改字段名或者字段类型。

下面将通过一个具体实例演示如何修改字段名。

实例3.3 将数据表 t_user 的字段名 name 修改为 username。（实例位置：资源包\Code\03\03）

具体代码及运行效果如图 3.4 所示。

```
mysql> ALTER TABLE db_database03.t_user
    -> CHANGE COLUMN name username VARCHAR(30) NULL DEFAULT NULL;
Query OK, 0 rows affected (0.13 sec)
Records: 0  Duplicates: 0  Warnings: 0
```

图 3.4　修改字段名

3.3.3 删除字段

在 MySQL 的 ALTER TABLE 语句中，使用 DROP [COLUMN] col_name 子句可以删除指定字段。下面将通过一个具体实例演示如何删除字段。

实例3.4 将数据库 db_database03 中的数据表 t_user 中的 email 字段删除。
（实例位置：资源包\Code\03\04）

① 选择数据库 db_database03，具体代码如下。

```
USE db_database03;
```

② 编写 SQL 语句，实现将数据表 t_user 中的字段 email 删除，具体代码如下。

```
ALTER TABLE t_user DROP email;
```

在命令行模式下的运行情况如图 3.5 所示。

```
Query OK, 0 rows affected (0.06 sec)
Records: 0  Duplicates: 0  Warnings: 0
```

图 3.5　删除字段

③ 通过 DESC 命令查看数据 t_user 的表结构，以查看表结构是否成功修改，具体代码如下。

```
DESC t_user;
```

执行效果如图 3.6 所示。

3.3.4 修改表名

在 MySQL 的 ALTER TABLE 语句中，使用 RENAME [AS] new_table_name 子句可以修改表名。下面将通过一个具体实例演示如何修改表名。

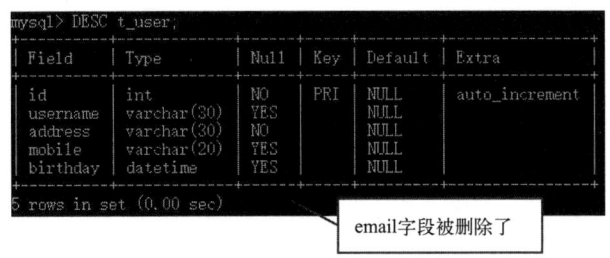

图 3.6　修改后 t_user 的表结构

实例 3.5　将数据库 db_database03 中的数据表 t_user 更名为 t_userinfo。

（实例位置：资源包 \Code\03\05）

① 选择数据库 db_database03，具体代码如下。

```
USE db_database03;
```

② 编写 SQL 语句，实现将数据表 t_user 更名为 t_userinfo，具体代码如下。

```
ALTER TABLE t_user RENAME t_userinfo;
```

在命令行模式下的运行情况如图 3.7 所示。

③ 通过 SHOW TABLES 命令查看数据库 db_database03 下的数据表，以查看表名是否修改成功，具体代码如下。

```
SHOW TABLES;
```

执行效果如图 3.8 所示。

图 3.7　修改表名

图 3.8　查看 db_database03 下的数据表

3.4　删除表

删除数据表的操作很简单，同删除数据库的操作类似，使用 DROP TABLE 语句即可实现。DROP TABLE 语句的基本语法格式如下。

```
DROP TABLE [IF EXISTS] 数据表名;
```

参数说明如下。

☑ [IF EXISTS]：可选项，用于在删除表前先判断是否存在要删除的表，只有存在时，才执行删除操作，这样可以避免要删除的表不存在时出现错误信息。

☑ 数据表名：用于指定要删除的数据表名，可以同时删除多张数据表，多个数据表名之间用英文半角的逗号"，"分隔。

实例 3.6 删除数据表 t_userinfo。（实例位置：资源包 \Code\03\06）

① 选择数据表所在的数据库 db_database03，具体代码如下。

```
USE db_database03;
```

② 应用 DROP TABLE 语句删除数据表 t_userinfo，具体代码如下。

```
DROP TABLE t_userinfo;
```

执行效果如图 3.9 所示。

③ 通过 SHOW TABLES 命令查看数据库 db_database03 下的数据表，执行效果如图 3.10 所示。

图 3.9　删除数据表

图 3.10　查看 db_database03 下的数据表

结果显示"Empty set"此数据库下没有数据表，说明数据表 t_userinfo 已被删除成功。

注意

> 删除数据表的操作应该谨慎使用。一旦删除了数据表，那么表中的数据将会全部清除，没有备份则无法恢复。

在删除数据表的过程中，删除一个不存在的表将会产生错误，如果在删除语句中加入 IF EXISTS 关键字就不会出错了，格式如下。

```
DROP TABLE IF EXISTS 数据表名;
```

3.5 综合案例

（1）案例描述

【综合案例】在 db_test 数据库中创建一个 teacher 表，然后将 teacher 表的 name 字段的数据类型改为 varchar(30)。运行效果如图 3.11 所示。（实例位置：资源包 \Code\03\综合案例）

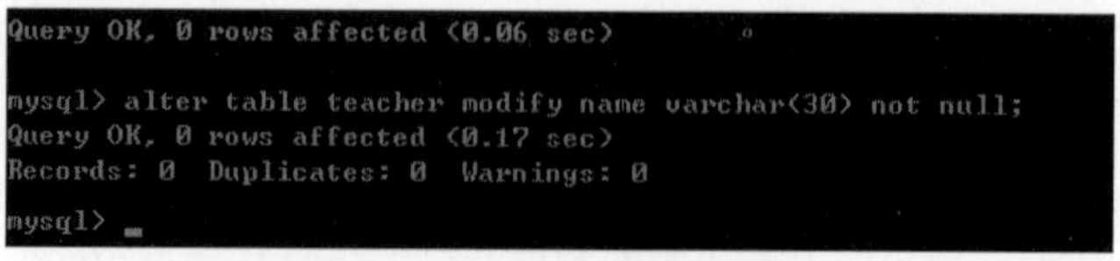

图 3.11　操作 teacher 表

（2）实现代码

① 创建数据表，关键代码如下：

```
CREATE TABLE teacher(id int(4) not null primary key auto_increment,
num int(10) not null ,
name varchar(20) not null,
sex varchar(4) not null,
birthday datetime,
address varchar(50)
);
```

② 对表字段的数据类型进行修改，关键代码参考如下：

```
ALTER TABLE teacher MODIFY name varchar(30) NOT NULL;
```

3.6　实战练习

【实战练习】在上节案例中，将 birthday 字段的位置改到 name 字段的后面要如何做呢？
（实例位置：资源包 \Code\03\ 实战练习）

具体的 SQL 语句如下。

```
ALTER TABLE teacher MODIFY birthday datetime after name;
```

效果如图 3.12 所示。

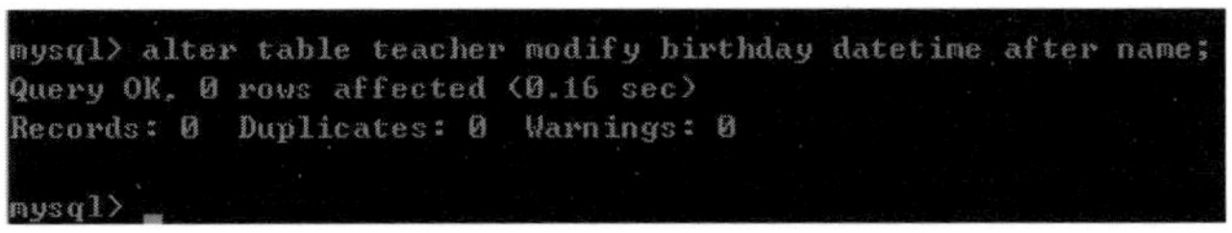

图 3.12　修改 teacher 表字段

小结　　　　本章主要介绍了 MySQL 数据类型、如何创建数据表、修改表结构、重命名表、复制表和删除表等内容。其中，创建和修改表这两部分内容比较重要，需要不断地练习，才会对这两部分了解得更加透彻。而且，这两部分很容易出现语法错误，必须在练习中掌握正确的语法规则。删除表时一定要特别小心，因为删除表的同时会删除表中的所有数据。

第 4 章
表数据的增、删、改操作

扫码享受
全方位沉浸式学习

成功创建数据库和数据表以后，就可以针对表中的数据进行各种交互操作了。这些操作可以有效地使用、维护和管理数据库中的表数据，其中最常用的就是添加、修改和删除操作了。本章将详细介绍如何通过 SQL 语句来实现表数据的增、删和改操作。

4.1 插入表记录

在建立一个空的数据库和数据表时，首先需要考虑的是如何向数据表中添加数据，该操作可以使用 INSERT 语句来完成。使用 INSERT 语句可以向一个已有数据表中插一个新行，也就是插入一行新记录。

4.1.1 使用 INSERT 语句插入数据

使用 INSERT…VALUES 语句插入数据，是 INSERT 语句的最常用的语法格式。它的语法格式如下。

```
INSERT [LOW_PRIORITY | DELAYED | HIGH_PRIORITY] [IGNORE]
    [INTO] 数据表名 [( 字段名 ,…)]
    VALUES ({值 | DEFAULT},…),(…),…
    [ ON DUPLICATE KEY UPDATE 字段名 = 表达式 ,…]
```

参数说明如下。

☑ [LOW_PRIORITY|DELAYED|HIGH_PRIORITY]：可选项，其中，LOW_PRIORITY 是 INSERT、UPDATE 和 DELETE 语句都支持的一种可选修饰符，通常应用在多用户访问数据库的情况下，用于指示 MySQL 降低 INSERT、DELETE 或 UPDATE 操作执行的优先级；DELAYED 是 INSERT 语句支持的一种可选修饰符，用于指定 MySQL 服务器把待插入的行数据放到一个缓冲器中，直到待插数据的表空闲时，才真正在表中插入数据行；HIGH_PRIORITY 是 INSERT 和 SELECT 语句支持的一种可选修饰符，用于指定 INSERT 和 SELECT 操作优先执行。

☑ [IGNORE]：可选项，表示在执行 INSERT 语句时，所出现的错误都会被当作警告处理。

☑ [INTO] 数据表名：可选项，用于指定被操作的数据表。

☑ [(字段名 ,…)]：可选项，当不指定该选项时，表示要向表中所有列插入数据，否则表示向数据表的指定列插入数据。

☑ VALUES ({ 值 | DEFAULT},…),(…),…：必选项，用于指定需要插入的数据清单，其顺序必须与字段的顺序相对应。其中的每一列的数据可以是一个常量、变量、表达式或者 NULL，但是其数据类型要与对应的字段类型相匹配；也可以直接使用 DEFAULT 关键字，表示为该列插入默认值，但是使用的前提是已经明确指定了默认值，否则会出错。

☑ ON DUPLICATE KEY UPDATE 子句：可选项，用于指定向表中插入行时，如果导致 UNIQUE KEY 或 PRIMARY KEY 出现重复值，系统会根据 UPDATE 后的语句修改表中原有行数据。

4.1.2　插入完整数据

实例 4.1　通过 INSERT…VALUES 语句向员工表 t_emp 中插入一条完整的数据。
（实例位置：资源包 \Code\04\01）

① 创建本章的练习数据库 db_database04，并创建数据表 t_emp，具体代码如下。

```
CREATE DATABASE db_database04;
USE db_database04;
CREATE TABLE t_emp(
empno int(10),
name varchar(10),
job varchar(10),
hirdate date);
```

运行效果如图 4.1 所示。

```
Query OK, 1 row affected (0.02 sec)

Query OK, 0 rows affected, 1 warning (0.09 sec)
```

图 4.1　创建数据表 t_emp

② 应用 INSERT...VALUES 语句实现向数据表 t_emp 中插入一条完整的数据，具体代码如下。

```
INSERT INTO t_emp VALUES(1,' 刘先生 ',' 程序员 ','2022-03-05');
```

运行效果如图 4.2 所示。

```
mysql> INSERT INTO t_emp VALUES(1,'刘先生','程序员','2022-03-05');
Query OK, 1 row affected (0.01 sec)

mysql>
```

图 4.2　向数据表 t_emp 中插入一条完整的数据

③ 通过 SELECT 语句来查看数据表 t_emp 中的数据，具体代码如下。

```
SELECT * FROM t_emp;
```

执行效果如图 4.3 所示。

图 4.3　查看新插入的数据

4.1.3　插入数据记录的一部分

通过 INSERT…VALUES 语句还可以实现向数据表中插入数据记录的一部分，也就是只插入表的一行中的某几个字段的值，下面通过一个具体的实例来演示如何向数据表中插入数据记录的一部分。

实例 4.2　通过 INSERT…VALUES 语句向数据表 t_emp 中插入数据记录的一部分。
（实例位置：资源包 \Code\04\02）

① 编写 SQL 语句，先选择数据表所在的数据库，然后应用 INSERT…VALUES 语句实现向数据表 t_emp 中插入一条记录，只包括 empno 和 name 字段的值，具体代码如下。

```
INSERT INTO t_emp(empno,name)
VALUES(2,'张小姐');
```

运行效果如图 4.4 所示。
② 通过 SELECT 语句来查看数据表 t_emp 中的数据，具体代码如下。

```
SELECT * FROM t_emp;
```

执行效果如图 4.5 所示。

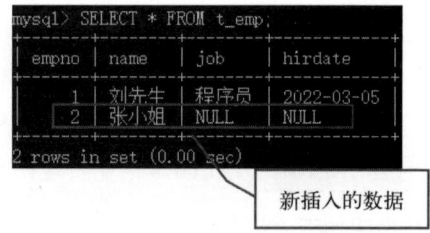

Query OK, 1 row affected (0.01 sec)

图 4.4　向数据表 t_emp 中插入数据记录的一部分　　　图 4.5　查看新插入的数据

4.1.4　插入多条记录

通过 INSERT…VALUES 语句还可以实现一次性插入多条数据记录。使用该方法批量插入数据，比使用多条单行的 INSERT 语句的效率要高。下面将通过一个具体的实例演示如何一次插入多条记录。

实例 4.3　通过 INSERT…VALUES 语句向数据表 t_emp 中一次插入多条记录。
（实例位置：资源包 \Code\04\03）

① 编写 SQL 语句，先选择数据表所在的数据库，然后应用 INSERT…VALUES 语句实现向数据表 t_emp 中插入 3 条记录，具体代码如下。

```
INSERT INTO t_emp
VALUES(3,'张明明','会计','2021-09-05')
,(4,'刘晓原','程序员','2022-02-11')
,(5,'王一生','美工','2021-11-25');
```

运行效果如图 4.6 所示。

② 通过 SELECT * FROM t_emp 语句来查看数据表 t_emp 中的数据，具体代码如下。

```
SELECT * FROM t_emp;
```

执行效果如图 4.7 所示。

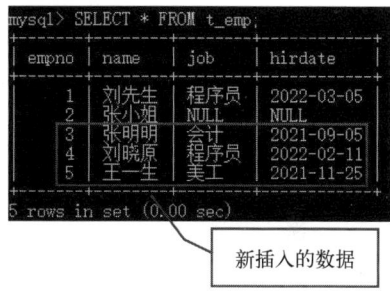

图 4.6　向数据表 t_emp 中插入 3 条记录 　　　　图 4.7　查看新插入的 3 行数据

4.1.5　使用 INSERT…SET 语句插入数据

在 MySQL 中，除了可以使用 INSERT…VALUES 语句插入数据外，还可以使用 INSERT…SET 语句插入数据。这种语法格式用于通过直接给表中的某些字段指定对应的值来实现插入指定数据，对于未指定值的字段将采用默认值进行添加。INSERT…SET 语句的语法格式如下。

```
INSERT [LOW_PRIORITY | DELAYED | HIGH_PRIORITY] [IGNORE]
    [INTO] 数据表名
    SET 字段名 ={值 | DEFAULT},…
    [ ON DUPLICATE KEY UPDATE 字段名 =表达式 ,…]
```

参数说明如下。

☑ [LOW_PRIORITY|DELAYED|HIGH_PRIORITY][IGNORE]：可选项，其作用与 INSERT…VALUES 语句相同，这里将不再赘述。

☑ [INTO] 数据表名：用于指定被操作的数据表，其中，[INTO] 为可选项，可以省略。

☑ SET 字段名 ={ 值 | DEFAULT}：用于给数据表中的某些字段设置要插入的值。

☑ ON DUPLICATE KEY UPDATE 子句：可选项，其作用与 INSERT…VALUES 语句相同，这里将不再赘述。

实例 4.4　**通过 INSERT…SET 语句向数据表 t_emp 中插入一条记录。**（实例位置：资源包 \Code\04\04）

① 编写 SQL 语句，先选择数据表所在的数据库，然后应用 INSERT…SET 语句实现向数据表 t_emp 中插入一条记录，具体代码如下。

```
INSERT INTO t_emp
    SET empno=6,name=' 邹走 ', job=' 美工 ',hirdate='2021-10-24';
```

运行效果如图 4.8 所示。

② 通过 SELECT * FROM t_emp 语句来查看数据表 t_emp 中的数据，具体代码如下。

```
SELECT * FROM t_emp;
```

执行效果如图 4.9 所示。

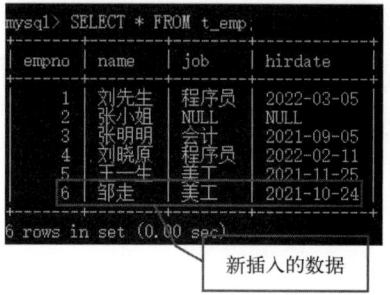

新插入的数据

Query OK, 1 row affected (0.01 sec)

图 4.8　向数据表 t_emp 中插入一条记录　　　图 4.9　查看新插入的一行数据

4.2　修改表记录

要执行修改的操作，可以使用 UPDATE 语句，语法如下。

```
UPDATE [LOW_PRIORITY] [IGNORE] 数据表名
    SET 字段 1= 值 1 [, 字段 2= 值 2…]
    [WHERE 条件表达式 ]
    [ORDER BY…]
[LIMIT 行数 ]
```

参数说明如下。

☑ [LOW_PRIORITY]：可选项，表示在多用户访问数据库的情况下可用于延迟 UPDATE 操作，直到没有别的用户再从表中读取数据为止。这个过程仅适用于表级锁的存储引擎（如 IyISAM、MEMORY 和 MERGE）。

☑ [IGNORE]：在 MySQL 中，通过 UPDATE 语句更新表中多行数据时，如果出现错误，那么整个 UPDATE 语句操作都会被取消，错误发生前更新的所有行将被恢复到它们原来的值。因此，为了在发生错误时也要继续进行更新，则可以在 UPDATE 语句中使用 IGNORE 关键字。

☑ SET 子句：必选项，用于指定表中要修改的字段名及其字段值。其中的值可以是表达式，也可以是该字段所对应的默认值。如果指定默认值，那么使用关键字 DEFAULT 指定。

☑ WHERE 子句：可选项，用于限定表中要修改的行，如果不指定该子句，那么 UPDATE 语句会更新表中的所有行。

☑ ORDER BY 子句：可选项，用于限定表中的行被修改的次序。

☑ LIMIT 子句：可选项，用于限定被修改的行数。

实例 4.5 由于岗位变动，员工王一生的职位变成了程序员，请修改员工信息表 t_emp。
（实例位置：资源包 \Code\04\05）

编写 SQL 语句修改姓名为王一生的职位为程序员，具体代码如下。

```
UPDATE db_database04.t_emp SET job='程序员' WHERE name='王一生';
```

运行效果如图 4.10 所示。

```
Query OK, 1 row affected (0.01 sec)
Rows matched: 1  Changed: 1  Warnings: 0
```

图 4.10　将王一生的职位改为程序员

 注意

> 更新时一定要保证 WHERE 子句的正确性，一旦 WHERE 子句出错，将会破坏所有改变的数据。

查询修改后的数据库内容，代码如下。

```
SELECT * FROM t_emp;
```

执行结果如图 4.11 所示。

empno	name	job	hirdate
1	刘先生	程序员	2022-03-05
2	张小姐	NULL	NULL
3	张明明	会计	2021-09-05
4	刘晓原	程序员	2022-02-11
5	王一生	美工	2021-11-25
6	邹走	美工	2021-10-24

修改数据前

empno	name	job	hirdate
1	刘先生	程序员	2022-03-05
2	张小姐	NULL	NULL
3	张明明	会计	2021-09-05
4	刘晓原	程序员	2022-02-11
5	王一生	程序员	2021-11-25
6	邹走	美工	2021-10-24

修改数据后

图 4.11　查看修改记录前后数据表 t_emp 中的数据

4.3 删除表记录

在数据库中，有些数据已经失去意义或者错误时就需要将它们删除。在 MySQL 中，可以使用 DELETE 语句或者 TRUNCATE TABLE 语句删除表中的一行或多行数据，下面分别进行介绍。

4.3.1 通过 DELETE 语句删除数据

通过 DELETE 语句删除数据的基本语法格式如下。

```
DELETE [LOW_PRIORITY] [QUICK] [IGNORE] FROM 数据表名
    [WHERE 条件表达式]
    [ORDER BY…]
[LIMIT 行数]
```

参数说明如下。

☑ [LOW_PRIORITY]：可选项，表示在多用户访问数据库的情况下可用于延迟 DELETE 操作，直到没有别的用户再从表中读取数据为止。这个过程仅适用于表级锁的存储引擎（如 IyISAM、MEMORY 和 MERGE）。

☑ [QUICK]：可选项，用于加快部分种类的删除操作的速度。

☑ [IGNORE]：在 MySQL 中，通过 DELETE 语句删除表中多行数据时，如果出现错误，那么整个 DELETE 语句操作都会被取消，错误发生前更新的所有行将被恢复到它们原来的值。因此，为了在发生错误时也要继续进行删除，则可以在 DELETE 语句中使用 IGNORE 关键字。

☑ 数据表名：用于指定要删除的数据表的表名。

☑ WHERE 子句：可选项，用于限定表中要删除的行，如果不指定该子句，那么 DELETE 语句会删除表中的所有行。

☑ ORDER BY 子句：可选项，用于限定表中的行被删除的次序。

☑ LIMIT 子句：可选项，用于限定被删除的行数。

> **说明** 该语句在执行过程中，如果没有指定 WHERE 条件，将删除所有的记录；如果指定了 WHERE 条件，将按照指定的条件进行删除。

实例 4.6 由于员工离职，删除员工表 t_emp 中员工姓名为邹走的员工信息。（实例位置：资源包 \Code\04\06）

① 编写 SQL 语句除员工数据表 t_emp 中员工姓名为邹走的员工，具体代码如下。

```
DELETE FROM t_emp WHERE name=' 邹走 ';
```

运行效果如图 4.12 所示。

```
Query OK, 1 row affected (0.01 sec)
```

图 4.12　删除数据表中姓名为邹走的记录

② 通过 SELECT 语句来查看删除记录后数据表 t_emp 中的数据，具体代码如下。

```
SELECT * FROM t_emp;
```

执行结果如图 4.13 所示。

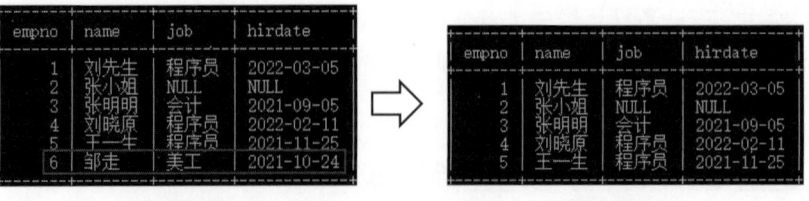

删除数据前　　　　　　　　　　　删除数据后

图 4.13　查看删除记录前后数据表 t_emp 中的数据

> **说明** 在实际的应用中，执行删除操作时，执行删除的条件一般应该为数据的 id，而不是具体某个字段值，这样可以避免一些错误发生。

4.3.2　通过 TRUNCATE TABLE 语句删除数据

在删除数据时，如果要从表中删除所有的行，通过 TRUNCATE TABLE 语句删除数据的基本语法格式如下。

```
TRUNCATE [TABLE] 数据表名
```

在上面的语法中，数据表名表示的就是删除的数据表的表名，也可以使用"数据库名.数据表名"来指定该数据表隶属于哪个数据库。

> **说明**　由于 TRUNCATE TABLE 语句会删除数据表中的所有数据，并且无法恢复，因此使用 TRUNCATE TABLE 语句时一定要十分小心。

实例 4.7 **使用 TRUNCATE TABLE 语句清空员工数据表 t_emp。**（实例位置：资源包 \ Code\04\07 ）

具体代码如下

```
TRUNCATE TABLE db_database04.t_emp;
```

运行效果如图 4.14 所示。

再通过 SELECT 语句来查看清空记录后数据表 t_emp 中的数据，具体代码如下。

```
SELECT * FROM t_emp;
```

执行结果如图 4.15 所示。

Query OK, 0 rows affected (0.06 sec)	Empty set (0.01 sec)
图 4.14　清空管理员数据表 tb_admin	图 4.15　查看清空数据表 t_emp 后的数据

结果显示"Empty set"，说明 t_emp 表中没有数据。

DELETE 语句和 TRUNCATE TABLE 语句的区别如下。

① 使用 TRUNCATE TABLE 语句后，表中的 AUTO_INCREMENT 计数器将被重新设置为该列的初始值。

② 对于参与了索引和视图的表，不能使用 TRUNCATE TABLE 语句来删除数据，而应使用 DELETE 语句。

③ TRUNCATE TABLE 操作与 DELETE 操作使用的系统和事务日志资源少。DELETE 语句每删除一行都会在事务日志中添加一行记录，而 TRUNCATE TABLE 语句是通过释放存储表数据所用的数据页来删除数据的，因此只在事务日志中记录页释放。

4.4　综合案例

（1）案例描述

【综合案例】向 db_test 数据库中的 teacher 表中插入 3 条数据（1，220011，王琦，

1903-11-10，男，长春市花园小区；2，220012，林叶，1985-03-21，男，长春市御水湾小区；3，220013，张泽明，1980-09-29，男，长春市锦上小区），数据插入之后，发现有信息录入错误，张泽明的名字错误，应该为张泽密，修改此条记录。

（实例位置：资源包 \Code\04\ 综合案例）

（2）实现代码

① 编写 SQL 语句，先选择数据表所在的数据库，然后应用 INSERT…VALUES 语句实现向数据表 teacher 中插入 3 条记录，具体代码如下。

```
USE db_test;
INSERT INTO teacher
VALUES(1,220011,' 王琦 ','1903-11-11',' 男 ',' 长春市花园小区 ')
,(2,220012,' 林叶 ','1985-03-21',' 男 ',' 长春市御水湾小区 ')
,(3,220013,' 张泽明 ','1980-09-29',' 男 ',' 长春市锦上小区 ');
```

运行效果如图 4.16 所示。

② 由于信息录入错误，将"张泽明"改为"张泽密"，修改此条记录，具体代码如下。

```
UPDATE teacher SET name=' 张泽密 ' WHERE name=' 张泽明 ';
```

运行效果如图 4.17 所示。

```
Query OK, 3 rows affected (0.01 sec)      Query OK, 1 row affected (0.00 sec)
Records: 3  Duplicates: 0  Warnings: 0      Rows matched: 1  Changed: 1  Warnings: 0
```

图 4.16　向数据表 teacher 中插入数据　　　图 4.17　向数据表 teacher 中插入数据

③ 通过 SELECT * FROM teacher 语句来查看数据表 teacher 中的数据，具体代码如下。

```
SELECT * FROM teacher;
```

执行效果如图 4.18 所示。

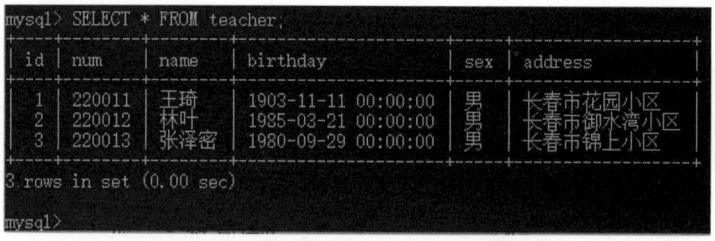

图 4.18　查看数据表 teacher 中的数据

4.5　实战练习

【实战练习】在上节案例中，接着完成下面两个要求。（实例位置：资源包 \Code\04\ 实战练习）

① 因为林叶老师跳槽到其他学校任教，所以在 teacher 表中将此老师记录删除，并将 id 为 3 的 id 值改为 2，num 为 220013 的编号改为 220012。具体的 SQL 语句如下。

```
DELETE FROM teacher WHERE name=' 林叶 ';

UPDATE teacher SET id=2 WHERE id=3;
UPDATE teacher SET num=220012 WHERE num=220013;
```

然后使用 SELECT 语句查询 teacher 表中所有的数据，结果如图 4.19 所示。

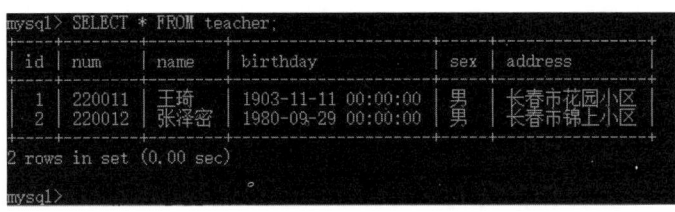

图 4.19　查询 teacher 表中所有的数据

② 由于数据输入错误，将王琦的出生日期 1993.11.11 输入为 1903.11.11，修改为正确的出生日期，SQL 语句如下。

```
UPDATE teacher SET birthday='1993-11-11' where name=' 王琦 ';
```

然后使用 SELECT 语句查询 teacher 表中所有的数据，结果如图 4.20 所示。

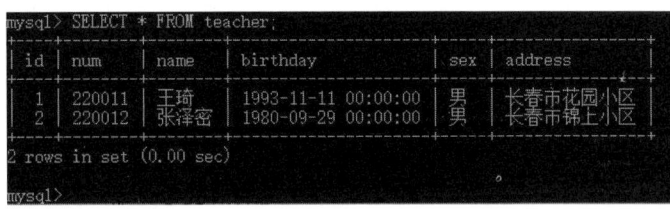

图 4.20　查询 teacher 表中所有的数据

 本章介绍了在 MySQL 中向数据表中添加数据库、修改数据和删除数据的具体方法，也就是对表数据的增、删和改操作。这 3 种操作在实际开发中经常应用。因此，对于本章的内容需要认真学习，争取做到举一反三、灵活应用。

第5章
简单数据查询

数据查询是指从数据库中获取所需要的数据，它是数据库操作中最常用、最重要的操作。在 MySQL 中是使用 SELECT 语句来查询数据的。本章将对查询语句的基本语法、在单表上查询数据、使用聚合函数查询数据等内容进行详细的讲解，帮助读者轻松了解查询数据的语句。

5.1 基本查询语句

SELECT 语句是最常用的查询语句，它的使用方式有些复杂，但功能是相当强大的。SELECT 语句的基本语法如下。

```
select selection_list          // 要查询的内容，选择哪些列
from 数据表名                    // 指定数据表
where primary_constraint        // 查询时需要满足的条件，行必须满足的条件
group by grouping_columns       // 如何对结果进行分组
order by sorting_cloumns        // 如何对结果进行排序
having secondary_constraint     // 查询时满足的第二条件
limit count                     // 限定输出的查询结果
```

其中使用的子句将在后面逐个介绍。下面先介绍 SELECT 语句的简单应用。

（1）使用 SELECT 语句查询一个数据表

使用 SELECT 语句时，首先要确定所要查询的列。"*"代表所有的列。

（2）查询表中的一列或多列

针对表中的多列进行查询，只要在 SELECT 后面指定要查询的列名即可，多列之间用","分隔。

（3）从一个或多个表中获取数据

使用 SELECT 语句进行多表查询，需要确定所要查询的数据在哪个表中，在对多个表进行查询时，同样使用","对多个表进行分隔。

例如，在 db_demo 数据库中有学生信息表 student 和学生成绩表 score，从这两张数据表中查询出学生学号、学生姓名、学生班级和学生成绩，代码如下。

```
mysql> SELECT student.no,student.name,student.class,score.grade
from  student,score;
```

查询结果如图 5.1 所示。

```
mysql> SELECT student.no, student.name, student.class, score.grade
    -> from  student, score;
+----------+--------+-------+-------+
| no       | name   | class | grade |
+----------+--------+-------+-------+
| 20220817 | 刘巨锋 | 一班  |    71 |
| 20220817 | 刘巨锋 | 一班  |    49 |
| 20220817 | 刘巨锋 | 一班  |    80 |
| 20220817 | 刘巨锋 | 一班  |    56 |
| 20220817 | 刘巨锋 | 一班  |    87 |
| 20220820 | 张菊   | 二班  |    71 |
| 20220820 | 张菊   | 二班  |    49 |
| 20220820 | 张菊   | 二班  |    80 |
| 20220820 | 张菊   | 二班  |    56 |
| 20220820 | 张菊   | 二班  |    87 |
| 20220821 | 邓美人 | 三班  |    71 |
| 20220821 | 邓美人 | 三班  |    49 |
| 20220821 | 邓美人 | 三班  |    80 |
| 20220821 | 邓美人 | 三班  |    56 |
| 20220821 | 邓美人 | 三班  |    87 |
| 20220822 | 周州   | 一班  |    71 |
| 20220822 | 周州   | 一班  |    49 |
| 20220822 | 周州   | 一班  |    80 |
| 20220822 | 周州   | 一班  |    56 |
| 20220822 | 周州   | 一班  |    87 |
| 20220823 | 张雯晴 | 二班  |    71 |
| 20220823 | 张雯晴 | 二班  |    49 |
| 20220823 | 张雯晴 | 二班  |    80 |
| 20220823 | 张雯晴 | 二班  |    56 |
| 20220823 | 张雯晴 | 二班  |    87 |
| 20220824 | 刘夏风 | 一班  |    71 |
| 20220824 | 刘夏风 | 一班  |    49 |
| 20220824 | 刘夏风 | 一班  |    80 |
| 20220824 | 刘夏风 | 一班  |    56 |
| 20220824 | 刘夏风 | 一班  |    87 |
| 20220825 | 邱天   | 一班  |    71 |
| 20220825 | 邱天   | 一班  |    49 |
| 20220825 | 邱天   | 一班  |    80 |
| 20220825 | 邱天   | 一班  |    56 |
| 20220825 | 邱天   | 一班  |    87 |
+----------+--------+-------+-------+
```

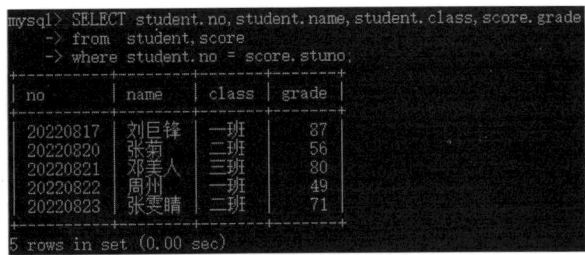

图 5.1　查询两张数据表的结果

从上面的例子中可以看出，在查询结果中，每名学生都有 5 条成绩记录，如果不想要这样的结果，还可以在 WHERE 子句中使用连接运算来确定表之间的联系，然后根据这个条件返回查询结果。例如，学生信息表 student 和学生成绩表 score 两张表中的学号是相同的，可以让 student 中的 no 等于 score 中的 stuno。其代码如下：

```
mysql> SELECT student.no,student.name,student.class,score.grade
FROM  student,score
WHERE student.no = score.stuno;
```

查询结果如图 5.2 所示。

```
mysql> SELECT student.no, student.name, student.class, score.grade
    -> from  student, score
    -> where student.no = score.stuno;
+----------+--------+-------+-------+
| no       | name   | class | grade |
+----------+--------+-------+-------+
| 20220817 | 刘巨锋 | 一班  |    87 |
| 20220820 | 张菊   | 二班  |    56 |
| 20220821 | 邓美人 | 三班  |    80 |
| 20220822 | 周州   | 一班  |    49 |
| 20220823 | 张雯晴 | 二班  |    71 |
+----------+--------+-------+-------+
5 rows in set (0.00 sec)
```

图 5.2　从一个或多个表中获取数据

其中，student.no = score.stuno 将表 student 和 score 连接起来，叫做等同连接；如果不使用 student.no = score.stuno，那么产生的结果将是两个表的笛卡儿积，叫做全连接。

5.2 单表查询

单表查询是指从一张表中查询所需要的数据，所有查询操作都比较简单。

5.2.1 查询所有字段

查询所有字段是指查询表中所有字段的数据。这种方式可以将表中所有字段的数据都查询出来。在 MySQL 中可以使用"*"代表所有的列，即可查出所有的字段，语法格式如下。

```
SELECT * FROM 表名 ;
```

实例 5.1 查询 db_demo 数据库学生信息表 student 中的所有数据。（实例位置：资源包 \Code\05\01）

代码如下。

```
mysql> use db_demo;
mysql> SELECT * FROM student;
```

查询结果如图 5.3 所示。

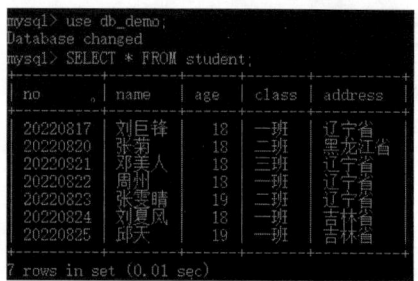

图 5.3　查询学生表中所有数据

 说明 本章实例中的数据表都在 db_demo 数据库下。

5.2.2 查询指定字段

查询指定字段可以使用下面的语法格式。

```
SELECT 字段名 FROM 表名 ;
```

如果是查询多个字段，可以使用","对字段进行分隔。

实例 5.2 查询学生信息表 student 中的学生姓名 name 和班级 class。（实例位置：资源包 \Code\05\02）

代码如下。

```
mysql> SELECT name ,class FROM student;
```

查询结果如图 5.4 所示。

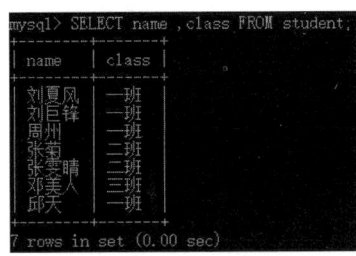

图 5.4　查询学生表中的学生姓名和班级字段

5.2.3　查询指定数据

如果要从很多记录中查询出指定的记录，那么就需要一个查询的条件。设定查询条件应用的是 WHERE 子句。通过它可以实现很多复杂的条件查询。在使用 WHERE 子句时，需要使用一些比较运算符来确定查询的条件。其常用的比较运算符如表 5.1 所示。

表 5.1　比较运算符

运算符	名称	示例	运算符	名称	示例
=	等于	id=5	Is not null	n/a	id is not null
>	大于	id>5	Between	n/a	id between 1 and 15
<	小于	id<5	In	n/a	id in (3,4,5)
>=	大于等于	id>=5	Not in	n/a	name not in (shi,li)
<=	小于等于	id<=5	Like	模式匹配	name like ('shi%')
!= 或 <>	不等于	id!=5	Not like	模式匹配	name not like ('shi%')
Is null	n/a	id is null	Regexp	常规表达式	name 正则表达式

表 5.1 中列举的是 WHERE 子句常用的比较运算符，例中的 id 是记录的编号，name 是表中的用户名。

实例 **5.3**　查询名称为周州的学生信息。（实例位置：资源包 \Code\05\03）

从学生信息表 student 中查询名称为周州的学生信息，主要是通过 WHERE 子句实现。具体代码如下。

```
SELECT * FROM student WHERE name=' 周州 ';
```

查询结果如图 5.5 所示。

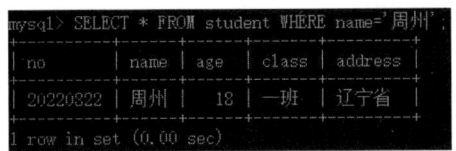

图 5.5　查询指定数据

5.2.4 带关键字 IN 的范围查询

关键字 IN 可以判断某个字段的值是否在指定的集合中。如果字段的值在集合中，则满足查询条件，该记录将被查询出来；如果不在集合中，则不满足查询条件。其语法格式如下。

```
SELECT * FROM 表名 WHERE 条件 [NOT] IN( 元素 1, 元素 2,…, 元素 n);
```

参数说明如下。

☑ [NOT]：是可选项，加上 NOT 表示不在集合内满足条件。

☑ 元素：表示集合中的元素，各元素之间用逗号隔开，字符型元素需要加上单引号。

实例 5.4 在学生信息表 student 中，查询地址位于辽宁省或吉林省的学生信息。（实例位置：资源包 \Code\05\04）

从 db_demo 数据库的学生信息表 student 中查询地址位于辽宁省或吉林省的学生信息。查询语句如下：

```
SELECT no,name,class,address FROM student
WHERE address IN(' 辽宁省 ',' 吉林省 ');
```

查询结果如图 5.6 所示。

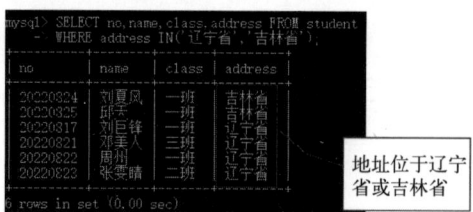

地址位于辽宁省或吉林省

图 5.6　使用 IN 关键字查询

5.2.5 带关键字 BETWEEN AND 的范围查询

关键字 BETWEEN AND 可以判断某个字段的值是否在指定的范围内。如果字段的值在指定范围内，则满足查询条件，该记录将被查询出来；如果不在指定范围内，则不满足查询条件。其语法如下。

```
SELECT * FROM 表名 WHERE 条件 [NOT] BETWEEN 取值 1 AND 取值 2;
```

参数说明如下。

☑ [NOT]：可选项，表示不在指定范围内满足条件。

☑ 取值 1：表示范围的起始值。

☑ 取值 2：表示范围的终止值。

实例 5.5 查询特定入职日期之间的员工信息。（实例位置：资源包 \Code\05\05）

从 db_demo 数据库中的员工信息表 emp 中查询 hirdate 入职时间在 2020-01-01 ～ 2022-06-28 之间的员工信息。查询语句如下：

```
SELECT * FROM emp
WHERE hirdate BETWEEN '2020-01-01' AND '2022-06-28';
```

查询结果如图 5.7 所示。

如果要在员工信息表 emp 中查询 hirdate 入职时间不在 2020-01-01 ～ 2022-06-28 之间的员工信息，可以通过 NOT BETWEEN AND 来实现。其查询语句如下：

```
SELECT * FROM emp
WHERE hirdate NOT BETWEEN '2020-01-01' AND '2022-06-28';
```

查询结果如图 5.8 所示。

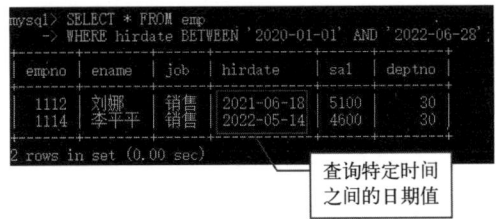

图 5.7　使用 BETWEEN AND 关键字查询　　图 5.8　使用 NOT BETWEEN AND 关键字查询

5.2.6　模糊查询

LIKE 属于较常用的比较运算符，通过它可以实现模糊查询。它有两种通配符："%"和下画线 "_"。

"%"可以匹配一个或多个字符，可以代表任意长度的字符串，长度可以为 0。例如，"王 % 明"表示以"王"开头以"明"结尾的任意长度的字符串。该字符串可以代表"王明""王小明""王大小明"等字符串。

"_"只匹配一个字符。例如，a_b 表示以 a 开头以 b 结尾的 3 个字符。中间的 "_" 可以代表任意一个字符。

 注意

> 在 MySQL 中，字符串 "a" 和 "啊" 都算做一个字符。

实例 5.6　在员工信息表 emp 中，查询姓张的员工信息。（实例位置：资源包 \Code\05\06）

对员工信息表 emp 进行模糊查询，要求查询姓张的员工信息，那么有可能是张 x，也有可能是张 xx，用到的通配符为 %。查询语句如下：

```
SELECT * FROM emp WHERE ename like '张 %';
```

查询结果如图 5.9 所示。

5.2.7　查询空值

IS NULL 关键字可以用来判断字段的值是否为空值（NULL）。如果字段的值是空值，则

图 5.9　模糊查询

满足查询条件，该记录将被查询出来；如果字段的值不是空值，则不满足查询条件。其语法格式样如下：

```
IS [NOT] NULL
```

其中，"NOT"是可选参数，加上 NOT 表示字段不是空值时满足条件。

实例 5.7　查询字段的值不为空的记录。（实例位置：资源包 \Code\05\07）

使用 IS NOT NULL 关键字查询 emp 表中 ename 员工姓名字段的值不为空的记录。查询语句如下：

```
SELECT * FROM emp WHERE ename IS NOT NULL;
```

查询结果如图 5.10 所示。

图 5.10　查询员工姓名字段值不为空的记录

5.2.8　带 AND 的多条件查询

AND 关键字可以用来联合多个条件进行查询。使用 AND 关键字时，只有同时满足所有查询条件的记录才会被查询出来。如果不满足这些查询条件的其中一个，这样的记录将被排除掉。AND 关键字的语法格式如下：

```
SELECT * FROM 数据表名 WHERE 条件 1 AND 条件 2 […AND 条件表达式 n];
```

AND 关键字连接两个条件表达式，可以同时使用多个 AND 关键字来连接多个条件表达式。

实例 5.8　在用户表 t_user 中，判断输入的账号 name 和密码 password 是否存在。（实例位置：资源包 \Code\05\08）

要求查询的账号为"明日科技"，密码为"mrsoft"。查询语句如下：

```
SELECT * FROM t_user WHERE name='明日科技' AND password='mrsoft';
```

查询结果如图 5.11 所示。

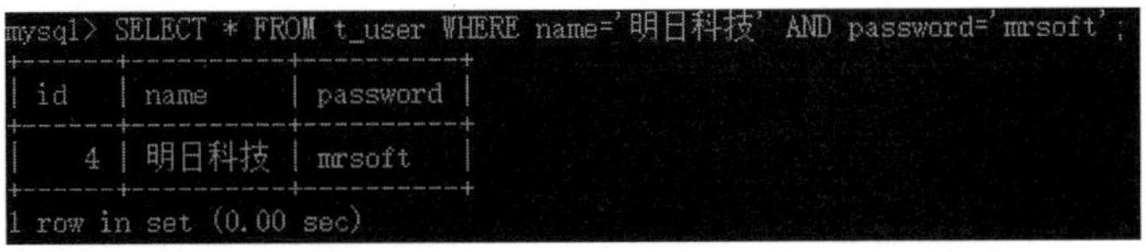

图 5.11　使用 AND 关键字实现多条件查询（1）

如果要查询的账号为"aaa"，密码为"pwpwp"，表中没有符合的数据，则查询结果如图 5.12 所示。

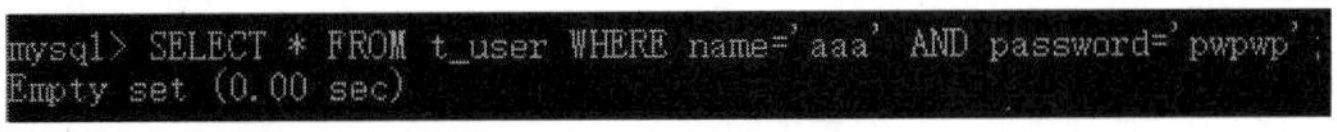

图 5.12　使用 AND 关键字实现多条件查询（2）

结果中显示"Empty set"，则表示没有符合要求的数据。

5.2.9　带 OR 的多条件查询

OR 关键字也可以用来联合多个条件进行查询，但是与 AND 关键字不同，OR 关键字只要满足查询条件中的一个，那么此记录就会被查询出来；如果不满足这些查询条件中的任何一个，这样的记录将被排除掉。OR 关键字的语法格式如下：

```
SELECT * FROM 数据表名 WHERE 条件 1 OR 条件 2 [⋯OR 条件表达式 n];
```

OR 可以用来连接两个条件表达式。而且，可以同时使用多个 OR 关键字连接多个条件表达式。

实例 5.9　根据用户名查询多个用户信息。（实例位置：资源包 \Code\05\09）

从 t_user 表中查询 name 字段值为"张小发"或者"爱喝老酸奶"的记录。查询语句如下：

```
SELECT * FROM t_user WHERE name=' 张小发 ' OR name=' 爱喝老酸奶 ';
```

查询结果如图 5.13 所示。

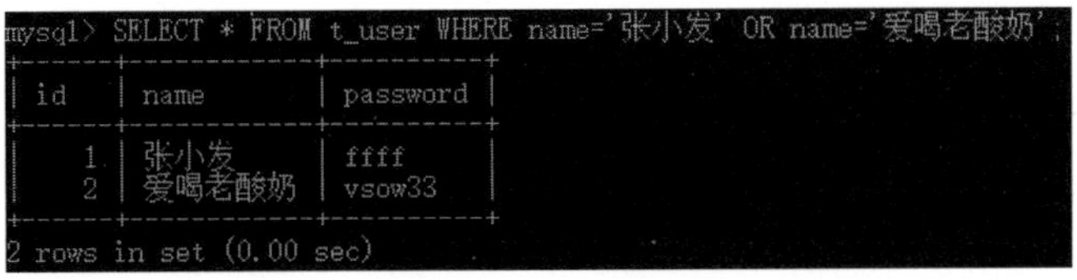

图 5.13　使用 OR 关键字实现多条件查询

在此查询结果中，出现了两条记录，其中一条记录的 name 值为张小发，另一条记录的 name 值为爱喝老酸奶。

5.2.10　去除结果中的重复行

使用 DISTINCT 关键字可以去除查询结果中的重复记录，语法格式如下：

```
SELECT DISTINCT 字段名 FROM 表名;
```

实例 5.10 从 emp 员工表中获取职业并去除重复值。（实例位置：资源包 \Code\05\10）

使用 DISTINCT 关键字去除 emp 员工表中职务 job 字段中的重复记录。查询语句如下：

```
SELECT DISTINCT job FROM emp;
```

查询结果如图 5.14 所示。去除重复记录前的 job 字段值如图 5.15 所示。

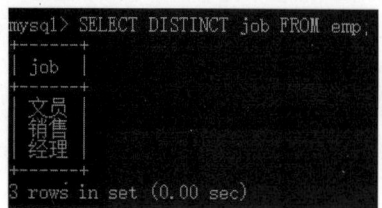
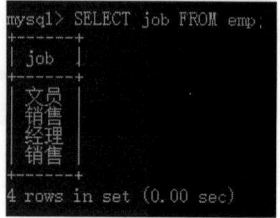

图 5.14 使用 DISTINCT 关键字去除结果中的重复行　　图 5.15 去除重复记录前的 job 字段值

5.2.11　对查询结果排序

使用 ORDER BY 可以对查询的结果进行升序（ASC）和降序（DESC）排列，在默认情况下，ORDER BY 按升序输出结果。如果要按降序排列可以使用 DESC 来实现。语法格式如下：

```
ORDER BY 字段名 [ASC|DESC];
```

其中，ASC 表示按升序进行排序，DESC 表示按降序进行排序。

注意

对含有 NULL 值的列进行排序时，如果是按升序排列，NULL 值将出现在最前面，如果是按降序排列，NULL 值将出现在最后。

实例 5.11 对员工的入职时间进行排序。（实例位置：资源包 \Code\05\11）

查询 emp 表中的所有信息，并按照入职时间 hirdate 进行降序排列。查询语句如下：

```
SELECT * FROM emp ORDER BY hirdate DESC;
```

查询结果如图 5.16 所示。

```
mysql> SELECT * FROM emp ORDER BY hirdate DESC;
+-------+--------+------+------------+------+--------+
| empno | ename  | job  | hirdate    | sal  | deptno |
+-------+--------+------+------------+------+--------+
|  1114 | 李平平 | 销售 | 2022-05-14 | 4600 |     30 |
|  1112 | 刘娜   | 销售 | 2021-06-18 | 5100 |     30 |
|  1111 | 阿朱   | 文员 | 2018-06-17 | 4500 |     10 |
|  1113 | 张靖飞 | 经理 | 2015-03-08 | 4900 |     20 |
+-------+--------+------+------------+------+--------+
4 rows in set (0.00 sec)
```

图 5.16　按入职时间进行降序排列

5.2.12　分组查询

通过 GROUP BY 子句可以将数据划分到不同的组中，实现对记录进行分组查询。在查询时，所查询的列必须包含在分组的列中。通常情况下，GROUP BY 关键字会与聚合函数一起使用。经常使用的聚合函数如表 5.2 所示。

表 5.2　常用的聚合函数

函数	说明
AVG	返回一个数字列或是计算列的平均值
COUNT	返回查询结果中的记录数
MAX	返回一个数字列或是计算列的最大值
MIN	返回一个数字列或是计算列的最小值
SUM	返回一个数字列或是计算列的总和

（1）使用 GROUP BY 关键字来分组

单独使用 GROUP BY 关键字，查询结果只显示每组的一条记录。

实例 5.12　在员工表 emp 中，根据职位进行分组，并统计每组人数。（实例位置：资源包\Code\05\12）

使用 GROUP BY 关键字对 emp 表中 job 字段进行分组查询。查询语句如下：

```
SELECT job,COUNT(*) FROM emp GROUP BY job;
```

查询结果如图 5.17 所示。

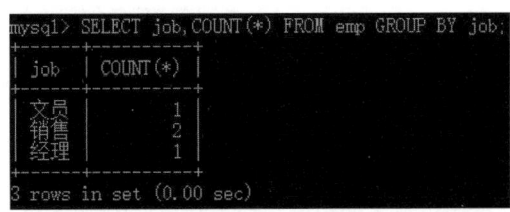

图 5.17　使用 GROUP BY 对职位进行分组

如果想要统计每种职位的平均工资的话，可以用到 avg() 函数。查询语句如下：

```
SELECT job,AVG(sal) FROM emp GROUP BY job;
```

查询结果如图 5.18 所示。

图 5.18　使用 GROUP BY 进行分组，并统计平均工资

注意

在使用 GROUP BY 子句时，有几点需要注意。

☑ 在 select 子句的后面只可以有两类表达式：统计函数和进行分组的列名。

☑ 在select子句中的列名必须是进行分组的列，除此之外添加其它的列名都是错误的，但是，GROUP BY 子句后面的列名可以不出现在 select 子句中。

（2）按多个字段进行分组

使用 GROUP BY 关键字也可以按多个字段进行分组。在分组过程中，先按照第一个字段进行分组，当第一个字段有相同值时，再按第二个字段进行分组，依此类推。

实例 5.13 查询员工表 emp 每个部门每种职位的平均工资。（实例位置：资源包 \Code\05\13）

对 emp 表中的 deptno 字段和 job 字段进行分组，分组过程中，先按照 deptno 字段进行分组。当 deptno 字段的值相等时，再按照 job 字段进行分组。查询语句如下：

```
SELECT deptno,job,avg(sal) FROM emp GROUP BY deptno,job;
```

查询结果如图 5.19 所示。

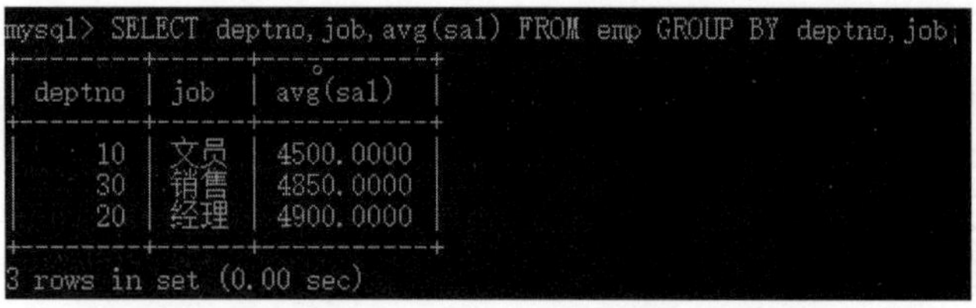

```
mysql> SELECT deptno,job,avg(sal) FROM emp GROUP BY deptno,job;
+--------+------+-----------+
| deptno | job  | avg(sal)  |
+--------+------+-----------+
|     10 | 文员 | 4500.0000 |
|     30 | 销售 | 4850.0000 |
|     20 | 经理 | 4900.0000 |
+--------+------+-----------+
3 rows in set (0.00 sec)
```

图 5.19　使用 GROUP BY 关键字实现多个字段分组

在本实例中，分组条件有两个，分别是部门编号 deptno 和职位 job。

5.2.13　限制查询结果的数量

查询数据时，可能会查询出很多的记录。而用户需要的记录可能只是很少的一部分。这样就需要来限制查询结果的数量。LIMIT 是 MySQL 中的一个特殊关键字。LIMIT 子句可以对查询结果的记录条数进行限定，控制它输出的行数。下面通过具体实例来了解 LIMIT 的使用方法。

实例 5.14 在员工表 emp 中，查询工资最高的前 3 名员工信息。（实例位置：资源包 \Code\05\14）

具体方法是查询 emp 表中，按照工资从高到低的降序排列，显示前 3 条记录。查询语句如下：

```
SELECT * FROM emp ORDER BY sal DESC LIMIT 3;
```

查询结果如图 5.20 所示。

使用 LIMIT 还可以从查询结果的中间部分取值。首先要定义两个参数，参数 1 是开始读

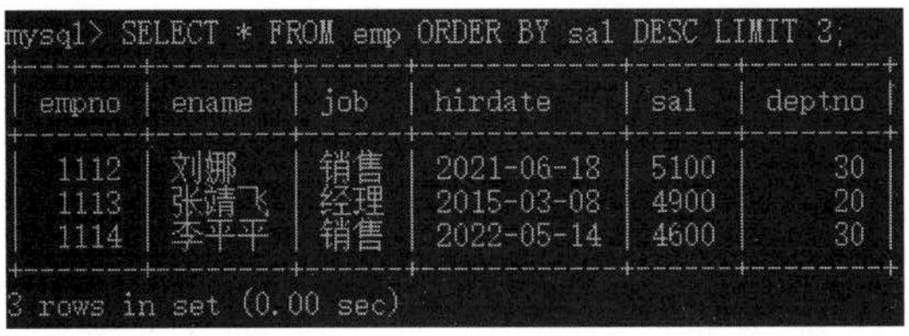

图 5.20　使用 LIMIT 关键字查询指定记录数

取的第一条记录的编号（在查询结果中，第一个结果的记录编号是 0，而不是 1）；参数 2 是要查询记录的个数。

实例 5.15　在成绩表 score 中，对成绩进行降序排列，查询从第 2 名开始，查询 3 条记录。（实例位置：资源包 \Code\05\15）

对 score 表按照成绩进行降序排列，并从编号 2 开始，查询 3 条记录。查询语句如下：

```
SELECT * FROM score ORDER BY grade DESC LIMIT 1,3;
```

查询结果如图 5.21 所示。

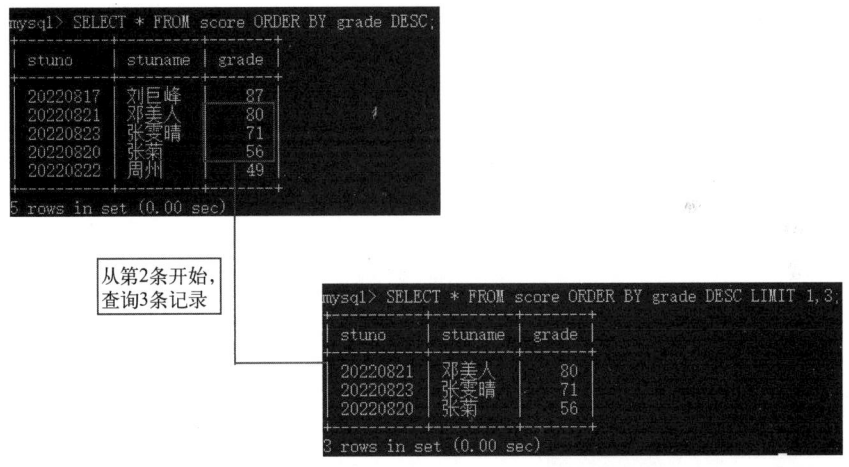

图 5.21　使用 LIMIT 关键字查询指定范围的记录

5.3 ▶ 聚合函数查询

聚合函数的最大特点是它们根据一组数据求出一个值。聚合函数的结果值只根据选定行中非 NULL 的值进行计算，NULL 值被忽略。

5.3.1　COUNT() 函数

COUNT() 函数用于对除"*"以外的任何参数，返回所选择集合中非 NULL 值的行的数目；对于参数"*"，返回选择集合中所有行的数目，包含 NULL 值的行。没有 WHERE 子句的 COUNT(*) 是经过内部优化的，能够快速地返回表中所有的记录总数。

实例 5.16 在学生信息表中统计一班的学生人数。（实例位置：资源包 \Code\05\16）

使用 COUNT() 函数统计 student 表中一班的学生人数。查询语句如下：

```
SELECT COUNT(*) FROM student where class = '一班';
```

查询结果如图 5.22 所示。

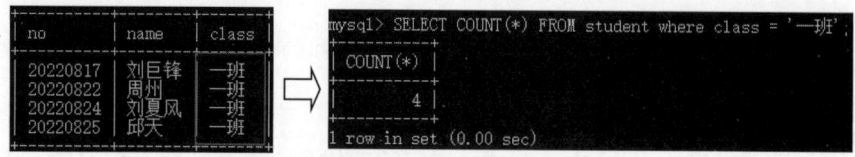

图 5.22 使用 COUNT() 函数统计记录数

结果显示，student 表中共有 4 条记录，表示有 4 位一班学生。

5.3.2 SUM() 函数

SUM() 函数可以求出表中某个数值类型字段取值的总和。

实例 5.17 在商品信息表 goods 中，统计商品的总价格。（实例位置：资源包 \Code\05\17）

使用 SUM() 函数统计 goods 表中售价字段（price）的总和。在统计前，先来查询一下 goods 表中 price 字段的值，代码如下：

```
SELECT price FROM goods;
```

结果如图 5.23 所示。

下面使用 SUM() 函数来查询。查询语句如下：

```
SELECT SUM(price) FROM goods;
```

查询结果如图 5.24 所示。

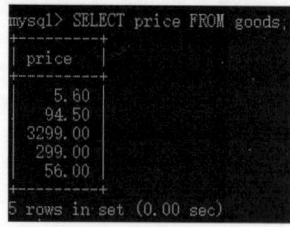 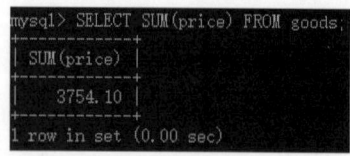

图 5.23 查询 goods 表中 price 字段的值　　图 5.24 使用 SUM() 函数统计销售金额的总和

5.3.3 AVG() 函数

AVG() 函数可以求出表中某个数值类型字段取值的平均值。

实例 5.18 计算成绩表中的学生的平均成绩。（实例位置：资源包 \Code\05\18）

使用 AVG() 函数求 score 表中成绩字段的平均值。查询语句如下：

```
SELECT AVG(grade) FROM score;
```

查询结果如图 5.25 所示。

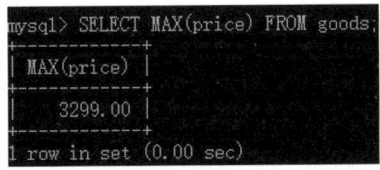

图 5.25　使用 AVG() 函数求 grade 字段值的平均值

5.3.4　MAX() 函数

MAX() 函数可以求出表中某个数值类型字段取值的最大值。

实例 5.19　获取商品表中价格最高的商品信息。（实例位置：资源包 \Code\05\19）

使用 MAX() 函数查询 goods 表中 price 字段的最大值。查询语句如下：

```
SELECT name,MAX(price) FROM goods;
```

查询结果如图 5.26 所示。

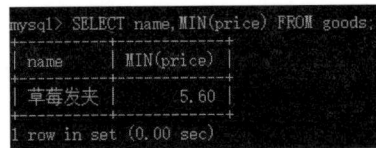

图 5.26　使用 MAX() 函数求 price 字段的最大值

5.3.5　MIN() 函数

MIN() 函数的用法与 MAX() 函数基本相同，它可以求出表中某个数值类型字段取值的最小值。

实例 5.20　获取商品表中价格最低的商品信息。（实例位置：资源包 \Code\05\20）

使用 MIN () 函数查询 goods 表中售价字段 price 的最小值。查询语句如下：

```
SELECT name,MIN(price) FROM goods;
```

查询结果如图 5.27 所示。

图 5.27　使用 MIN() 函数求 price 字段的最小值

5.4 综合案例

（1）案例描述

【综合案例】 在学生成绩表 score 中，查询前三名的学生姓名。（实例位置：资源包 \Code\05\ 综合案例）

结果如图 5.28 所示

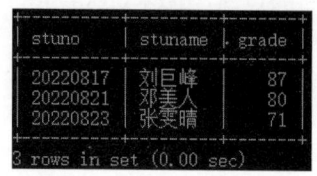

图 5.28 查询前三名的学生姓名

（2）实现代码

可以使用 LIMIT 子句来限制查询结果的数量。代码如下：

```
SELECT * FROM score ORDER BY grade DESC LIMIT 3;
```

5.5 实战练习

【实战练习】 在上节案例中，对 score 表进行统计，统计出及格（分数 >=60）的人数。
（实例位置：资源包 \Code\05\ 实战练习）

实现步骤如下：

首先查看 score 表的全部数据，SQL 语句如下，结果如图 5.29 所示。

```
SELECT * FROM score;
```

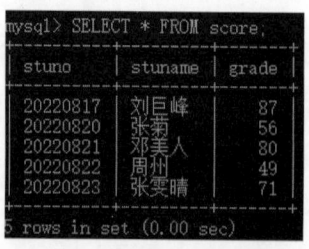

图 5.29 成绩表中的全部数据

然后使用聚合函数 COUNT() 统计出及格（分数 ≥ 60）的人数，SQL 语句如下，结果如图 5.30 所示。

```
SELECT COUNT(*) as 及格的人数 FROM score where grade >= 60;
```

图 5.30　统计及格的人数

小结

　　本章对 MySQL 数据库常见的查询方法进行了详细讲解，并通过大量的举例说明，帮助读者更好地理解所学知识的用法。聚合函数在实际应用中用处非常多，希望读者可以多多练习本章实例。

第6章
多表数据查询

扫码享受
全方位沉浸式学习

上节课的简单查询是从一张数据表中进行数据查询，但实际工作中，往往需要从多张数据表中检索，这就需要将多张数据表连接起来。本章将对合并查询结果、子查询等内容进行详细的讲解，帮助读者了解多表数据查询的方法。

6.1 ▶ 连接查询

连接是把不同表的记录连到一起的最普遍的方法。

6.1.1 内连接查询

内连接是最普遍的连接类型，而且是最匀称的，因为它们要求构成连接的每个表的共有列匹配，不匹配的行将被排除。

内连接包括相等连接和自然连接，最常见的例子是相等连接，也就是使用等号运算符根据每个表共有的列的值匹配两个表中的行。这种情况下，最后的结果集只包含参加连接的表中与指定字段相符的行。

实例 6.1 使用内连接查询出商品种类信息。（实例位置：资源包 \Code\06\01）

主要涉及商品信息表 goods 和商品种类表 good_category，这两个表通过商品种类 id 进行关联值。具体步骤如下：

① 查询商品信息表关键数据，包括 id、category_id、name 和 price 字段，代码如下：

```
SELECT id,category_id,name,price FROM goods;
```

执行效果如图 6.1 所示。

② 查询商品种类表关键数据，包括 id 和 name 字段，代码如下：

```
SELECT * FROM good_category;
```

执行效果如图 6.2 所示。

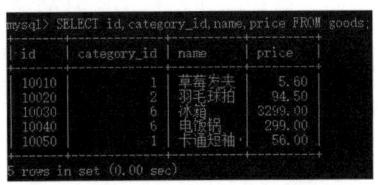

图6.1　商品信息表数据

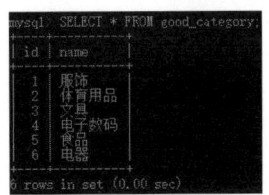

图6.2　图书信息表数据

③ 从图 6.1 和图 6.2 中可以看出，在两个表中存在一个商品种类字段，它在两个表中是等同的，即 goods 表的 category_id 字段与 good_category 表的 id 字段相等，因此可以通过它们创建两个表的连接关系。代码如下：

```
SELECT goods.id,goods.name as 商品名称,goods.price as 价格,good_category.name as 商品种类
FROM goods,good_category
WHERE goods.category_id = good_category.id;
```

查询结果如图 6.3 所示。

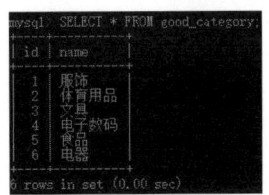

图6.3　内连接查询

6.1.2　外连接查询

使用内连接进行多表查询时，返回的查询结果中只包含符合查询条件和连接条件的行。内连接消除了与另一个表中的任何行不匹配的行，而外连接扩展了内连接的结果集，除了返回所有匹配的行外，还会返回一部分或全部不匹配的行，这主要取决于外连接的种类。外连接通常有以下三种。

① 左外连接：关键字为 LEFT OUTER JOIN 或 LEFT JOIN。

② 右外连接：关键字为 RIGHT OUTER JOIN 或 RIGHT JOIN。

③ 完全外连接：关键字为 FULL OUTER JOIN 或 FULL JOIN。

与内连接不同的是，外连接不只列出与连接条件匹配的行，当使用左外连接的时候，数据的显示会以左表（JOIN 左边的数据表）为主，即使在右表（JOIN 右边的数据表）中没有与之对应的数据也可以显示；而使用右外连接时，将以右表为主，所有没有数据的地方使用 NULL 进行显示。

（1）左外连接

左外连接的查询结果中不仅包含了满足连接条件的数据行，而且包含左表中不满足连接条件的数据行。

实例 6.2　**获得每个商品的商品种类。**（实例位置：资源包 \Code\06\02）

商品信息表 goods 和图书类型表 good_category 之间通过商品类型 category_id 字段相关联，

并且在商品类型表中保存着商品类型名称。因此，要实现获得每个商品的商品种类，需要使用左外连接来实现。具体代码如下：

```
SELECT goods.id,goods.name as 商品名称,good_category.name as 商品种类
FROM goods LEFT JOIN good_category
ON goods.category_id = good_category.id;
```

查询结果如图6.4所示。

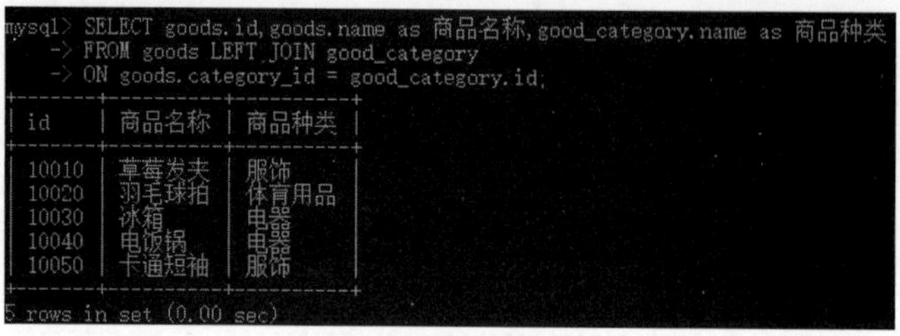

图6.4　左外连接查询

（2）右外连接

右外连接（RIGHT JOIN）是指将右表中的所有数据分别与左表中的每条数据进行连接组合，返回的结果除内连接的数据外，还包括右表中不符合条件的数据，并在左表的相应列中添加 NULL。

实例6.3　对两个数据表进行右外连接。（实例位置：资源包 \Code\06\03）

对商品信息表 goods 和商品种类表 good_category 两个数据表进行右外连接，其中商品种类表 good_category 作为右表，图书信息表 goods 作为左表，两表通过商品类型 category_id 字段关联，代码如下：

```
SELECT goods.id,goods.name as 商品名称,good_category.name as 商品种类
FROM goods RIGHT JOIN good_category
ON goods.category_id = good_category.id;
```

查询结果如图6.5所示。

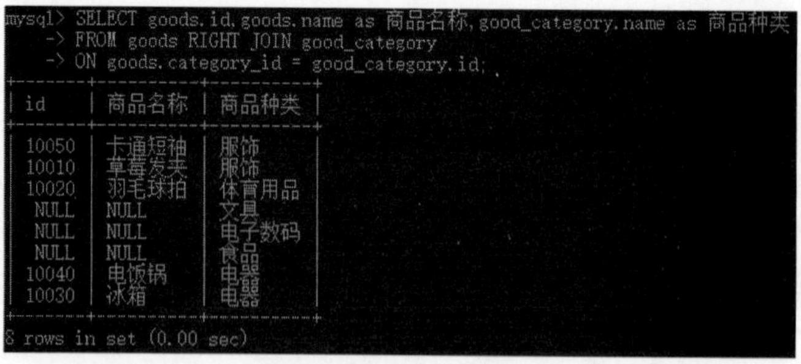

图6.5　右外连接查询

6.2　子查询

子查询就是 SELECT 查询是另一个查询的附属。MySQL 可以嵌套多个查询，在外面一

层的查询中使用里面一层查询产生的结果集。这样就不是执行两个（或者多个）独立的查询，而是执行包含一个（或者多个）子查询的单独查询。

当遇到这样的多层查询时，MySQL 从最内层的查询开始，然后从它开始向外向上移动到外层（主）查询，在这个过程中每个查询产生的结果集都被赋给包围它的父查询，接着这个父查询被执行，它的结果也被指定给它的父查询。

除了结果集经常由包含一个或多个值的一列组成外，子查询和常规 SELECT 查询的执行方式一样。子查询可以用在任何可以使用表达式的地方，它必须由父查询包围，而且，如同常规的 SELECT 查询，它必须包含一个字段列表（这是一个单列列表）、一个具有一个或者多个表名字的 FROM 子句以及可选的 WHERE、HAVING 和 GROUP BY 子句。

6.2.1　带 IN 关键字的子查询

IN 子查询是指在外层查询和子查询之间用 IN 进行连接，判断某个属性列是否在子查询的结果中，其返回的结果中可以包含零个或者多个值。在 IN 子句中，子查询和输入多个运算符的数据的区别在于，使用多个运算符输入时，一般都会输入两个或者两个以上的数值，而使用子查询时，不能确定其返回结果的数量。但是，即使子查询返回的结果为空，语句也能正常运行。

由于在子查询中，查询的结果往往是一个集合，所以 IN 子查询是子查询中最常用的。IN 子查询语句的操作步骤可以分成两步：第 1 步，执行内部子查询；第 2 步，根据子查询的结果再执行外层查询。IN 子查询返回列表中的每个值，并显示任何相等的数据行。

实例 6.4　查询商品种类是“服饰”和“电器”类的商品信息。（实例位置：资源包 \Code\06\04）

从商品信息表 goods 和商品种类表 good_category 中，查询商品种类是“服饰”和“电器”类的商品信息，代码如下。

```
SELECT id,name,price
FROM goods WHERE category_id
IN(SELECT id FROM good_category WHERE name = ' 服饰 ' or name = ' 电器 ');
```

查询结果如图 6.6 所示。

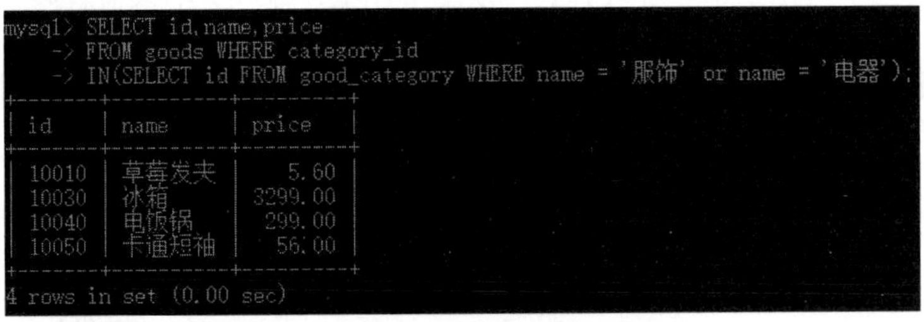

```
mysql> SELECT id,name,price
    -> FROM goods WHERE category_id
    -> IN(SELECT id FROM good_category WHERE name = '服饰' or name = '电器');
+-------+----------+---------+
| id    | name     | price   |
+-------+----------+---------+
| 10010 | 草莓发夫 |    5.60 |
| 10030 | 冰箱     | 3299.00 |
| 10040 | 电饭锅   |  299.00 |
| 10050 | 卡通短袖 |   56.00 |
+-------+----------+---------+
4 rows in set (0.00 sec)
```

图 6.6　使用 IN 关键字实现子查询

> **说明**　NOT IN 关键字的作用与 IN 关键字刚好相反。在本例中，如果将 IN 换为 NOT IN，则查询结果将会显示商品种类不是“服饰”和“电器”类的商品信息。

6.2.2 带比较运算符的子查询

子查询可以使用比较运算符。这些比较运算符包括 =、!=、>、>=、<、<= 等。比较运算符在子查询时使用得非常广泛。

实例 6.5 查询商品种类是“体育用品”的商品信息。（实例位置：资源包 \Code\06\05）

从商品种类表 good_category 中查询商品种类是“体育用品”的种类 id，然后查询商品信息表 goods 中商品种类 id 为“体育用品”的种类 id 的商品信息。代码如下：

```
SELECT * FROM goods
WHERE category_id = ( SELECT id FROM good_category WHERE name = '体育用品');
```

查询结果如图 6.7 所示。

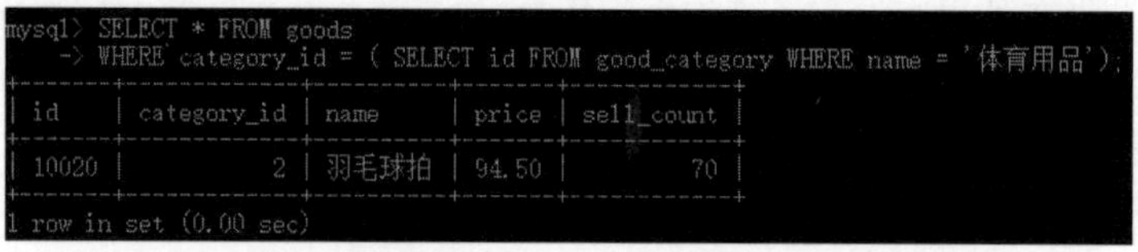

```
mysql> SELECT * FROM goods
    -> WHERE category_id = ( SELECT id FROM good_category WHERE name = '体育用品');
+-------+-------------+--------+-------+------------+
| id    | category_id | name   | price | sell_count |
+-------+-------------+--------+-------+------------+
| 10020 |           2 | 羽毛球拍 | 94.50 |         70 |
+-------+-------------+--------+-------+------------+
1 row in set (0.00 sec)
```

图 6.7 使用比较运算符的子查询方式来查询体育用品信息

6.2.3 带 ANY 关键字的子查询

ANY 关键字表示满足其中任意一个条件，通常与比较运算符一起使用。使用 ANY 关键字时，只要满足内层查询语句返回的结果中的任意一个，就可以通过该条件来执行外层查询语句。语法格式如下：

```
列名 比较运算符 ANY( 子查询 )
```

“<ANY”为小于最大的；“>ANY”为大于最小的；而“=ANY”为等于 IN。

ANY 允许将比较运算符前面的单值与比较运算符后面的子查询返回值的集合中的每一个值相比较。另外，仅当所有（ANY）的比较运算符左边的单值与子查询返回值的集合中的一个值的比较求值为 TRUE 时，比较判式（以及 WHERW 子句）的求值就为 TRUE。

实例 6.6 在 goods 商品表中查询同类商品中售价低于平均售价的商品信息。（实例位置：资源包 \Code\06\06）

内层查询为商品的平均售价，使用 ANY 关键字，查询语句如下：

```
SELECT id,category_id,name,price
FROM goods
WHERE price < ANY(SELECT AVG(price) FROM goods GROUP BY category_id);
```

查询结果如图 6.8 所示。

6.2.4 带 ALL 关键字的子查询

ALL 关键字表示满足所有条件，通常与比较运算符一起使用。使用 ALL 关键字时，只有满足内层查询语句返回的所有结果，才可以执行外层查询语句。语法格式如下：

图 6.8　带 ANY 关键字的子查询

列名 比较运算符 ALL(子查询)

ALL 操作符比较子查询返回列表中的每一个值。"<ALL"为小于最小的;">ALL"为大于最大的;而"=ALL"则没有返回值,因为在等于子查询的情况下,返回列表中的所有值是不符合逻辑的。

说明　ANY 关键字和 ALL 关键字的使用方式是一样的,但是这两者有很大的区别。使用 ANY 关键字时,只要满足内层查询语句返回的结果中的任何一个,就可以通过该条件来执行外层查询语句。而 ALL 关键字则需要满足内层查询语句返回的所有结果,才可以执行外层查询语句。

6.3　合并查询结果

合并查询结果是将多个 SELECT 语句的查询结果合并到一起,因为某种情况下,需要将几个 SELECT 语句查询出来的结果合并起来显示。合并查询结果使用 UNION 和 UNION ALL 关键字。UNION 关键字是将所有的查询结果合并到一起,然后去除相同记录;而 UNION ALL 关键字则只是简单地将结果合并到一起。下面分别介绍这两种合并方法。

(1)使用 UNION 关键字

使用 UNION 关键字可以将多个结果集合并到一起,并且会去除相同记录。下面举例说明具体的使用方法。

实例 6.7　将商品信息表 goods 和服饰商品信息表 clothesgoods 合并。(实例位置:资源包 \Code\06\07)

先来看一下 goods 表和 clothesgoods 表中 name 字段的值,查询结果如图 6.9 和图 6.10 所示。

　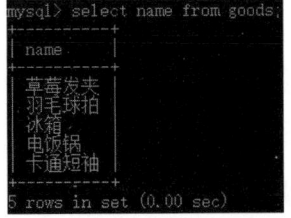

图 6.9　goods 表中 name 字段的值　　图 6.10　clothesgoods 表中 name 字段的值

结果显示,在 goods 表中 name 字段的值有 5 个,而 clothesgoods 表中 name 字段的值有

3 个，而且它们有一个值是相同的。下面使用 UNION 关键字合并两个表的查询结果，查询语句如下：

```
SELECT name FROM goods
UNION
SELECT name FROM clothesgoods;
```

查询结果如图 6.11 所示。结果显示，合并后将所有结果合并到了一起，并去除了重复值，各自表中 name 字段的个数分别为 5 个和 3 个，合并在一起之后，去除了重复值，所以结果中有 7 条数据。

（2）使用 UNION ALL 关键字

UNION ALL 关键字的使用方法同 UNION 关键字类似，也是将多个结果集合并到一起，但是该关键字不会去除相同记录。

下面修改上一个实例，实现查询 goods 表和 clothesgoods 表中 name 字段，并使用 UNION ALL 关键字合并查询结果，但是不去除重复值，具体代码如下：

```
SELECT name FROM goods
UNION ALL
SELECT name FROM clothesgoods;
```

查询结果如图 6.12 所示。

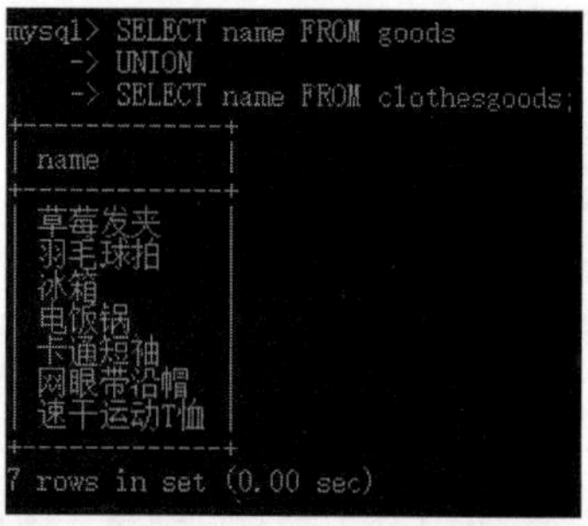

```
mysql> SELECT name FROM goods
    -> UNION
    -> SELECT name FROM clothesgoods;
+--------------+
| name         |
+--------------+
| 草莓发夹     |
| 羽毛球拍     |
| 冰箱         |
| 电饭锅       |
| 卡通短袖     |
| 网眼带沿帽   |
| 速干运动T恤  |
+--------------+
7 rows in set (0.00 sec)
```

图 6.11　使用 UNION 关键字合并查询结果

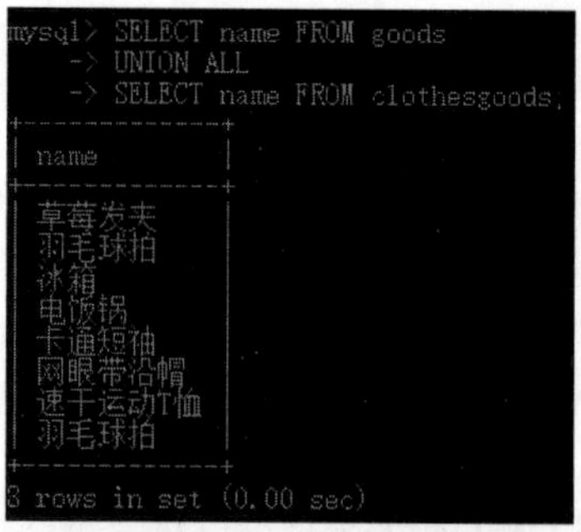

```
mysql> SELECT name FROM goods
    -> UNION ALL
    -> SELECT name FROM clothesgoods;
+--------------+
| name         |
+--------------+
| 草莓发夹     |
| 羽毛球拍     |
| 冰箱         |
| 电饭锅       |
| 卡通短袖     |
| 网眼带沿帽   |
| 速干运动T恤  |
| 羽毛球拍     |
+--------------+
8 rows in set (0.00 sec)
```

图 6.12　使用 UNION ALL 关键字合并查询结果

结果显示，合并后将所有结果合并到了一起，而且没有去除重复值，各自表中 name 字段的个数分别为 5 个和 3 个，合并在一起之后，有 8 条数据。

6.4 定义表和字段的别名

在查询时，可以为表或者字段取一个别名，这个别名可以代替其指定的表和字段。为字段和表取别名，能够使查询更加方便，而且可以使查询结果以更加合理的方式显示。

6.4.1 为表取别名

当表的名称特别长或者进行连接查询时，在查询语句中直接使用表名很不方便，这时可以为表取一个别名。

实例 6.8 通过 student 表和 score 表，使用左连接的方式查询学生的信息（包括班级、成绩）。（实例位置：资源包 \Code\06\08）

查询语句如下。

```
SELECT st.no,st.name,st.class,sc.grade
FROM student AS st
LEFT JOIN score AS sc ON st.no = sc.stuno;
```

其中，"student AS st"表示 studnet 表的别名为 st，st.no 表示 student 表中的 no 字段。查询结果如图 6.13 所示。

```
mysql> SELECT st.no,st.name,st.class,sc.grade
    -> FROM student AS st
    -> LEFT JOIN score AS sc ON st.no = sc.stuno;

| no       | name   | class | grade |

| 20220317 | 刘巨锋  | 一班  |    87 |
| 20220820 | 张菊   | 二班  |    56 |
| 20220821 | 邓美人  | 三班  |    80 |
| 20220822 | 周州   | 一班  |    49 |
| 20220323 | 张雯晴  | 二班  |    71 |
| 20220824 | 刘夏凤  | 一班  |  NULL |
| 20220825 | 邱天   | 一班  |  NULL |

7 rows in set (0.00 sec)
```

图 6.13 为表取别名

6.4.2 为字段取别名

当查询数据时，MySQL 会显示每个输出列的名称。默认情况下，显示的列名是创建表时定义的列名。我们同样可以为这个列取一个别名。另外，在使用聚合函数进行查询时，也可以为统计结果列设置一个别名。

MySQL 中为字段取别名的基本形式如下：

> 字段名 [AS] 别名

实例 6.9 在 student 表和 score 表中，统计每班的平均成绩，并为此字段设置别名"average_score"。（实例位置：资源包 \Code\06\09）

在 AVG(grade) 后面接上 AS 关键字和别名"average_score"即可，代码如下：

```
SELECT class,AVG(grade) AS average_score
FROM student,score
WHERE student.no = score.stuno
GROUP BY class;
```

查询结果如图 6.14 所示。

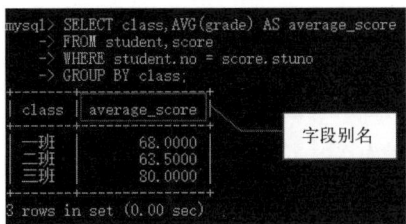

图 6.14 为字段取别名

6.5 使用正则表达式查询

正则表达式是用某种模式去匹配一类字符串的一个方式。正则表达式的查询能力比通配字符的查询能力更强大，而且更加灵活。下面详细讲解如何使用正则表达式来查询。

在 MySQL 中，使用关键字 REGEXP 来匹配查询正则表达式，其基本形式如下。

```
字段名 REGEXP '匹配方式'
```

参数说明如下：

☑ 字段名：表示需要查询的字段名称。

☑ 匹配方式：表示以哪种方式来进行匹配查询。其支持的模式匹配字符如表 6.1 所示。

表 6.1 常用的转义字符及其说明

模式字符	含义	应用举例
^	匹配以特定字符或字符串开头的记录	使用 "^" 表达式查询 tb_book 表中 books 字段以字母 php 开头的记录，语句如下： select books from tb_book where books regexp '^php';
$	匹配以特定字符或字符串结尾的记录	使用 "$" 表达式查询 tb_book 表中 books 字段以 "开发" 结尾的记录，语句如下： select books from tb_book where books regexp ' 开发 $';
.	匹配字符串的任意一个字符，包括回车和换行符	使用 "." 表达式来查询 tb_book 表中 books 字段中包含 "零基础" 的记录，语句如下： select books from tb_book where books regexp ' 零基础 .';
[字符集合]	匹配 "字符集合" 中的任意一个字符	使用 "[]" 表达式来查询 tb_book 表中 books 字段中包含 PCA 字符的记录，语句如下： select books from tb_book where books regexp '[PCA]';
[^ 字符集合]	匹配除 "字符集合" 以外的任意一个字符	查询 tb_program 表中 talk 字段值中包含 m ～ z 字母以外的记录，语句如下： select talk from tb_program where talk regexp '[^m-z]';
S1|S2|S3	匹配 S1、S2 和 S3 中的任意一个字符串	查询 tb_books 表中 books 字段中包含 python、c 或者 java 字符中任意一个字符的记录，语句如下： select books from tb_books where books regexp 'python|c|java';
*	匹配多个该符号之前的字符，包括 0 和 1 个	使用 "*" 表达式查询 tb_book 表中 books 字段中 A 字符前出现过 J 字符的记录，语句如下： select books from tb_book where books regexp 'J*A';
+	匹配多个该符号之前的字符，包括 1 个	使用 "+" 表达式来查询 tb_book 表中 books 字段中 A 字符前面至少出现过一个 J 字符，语句如下： select books from tb_book where books regexp 'J+A';
字符串 {N}	匹配字符串出现 N 次	使用 {N} 表达式查询 tb_book 表中 books 字段中连续出现 3 次 a 字符的记录，语句如下： select books from tb_book where books regexp 'a{3}';
字符串 {M,N}	匹配字符串出现至少 M 次，最多 N 次	使用 {M,N} 表达式查询 tb_book 表中 books 字段中最少出现 2 次，最多出现 4 次 a 字符的记录，语句如下： select books from tb_book where books regexp 'a{2,4}';

这里的正则表达式与 Java 语言、PHP 语言等编程语言中的正则表达式基本一致。

6.5.1　匹配指定字符中的任意一个

使用方括号（[]）可以将需要查询的字符组成一个字符集。只要记录中包含方括号中的任意字符，该记录将会被查询出来。例如，通过"[abc]"可以查询包含 a、b 和 c 这 3 个字母中任何一个的记录。

实例 6.10　从用户表 t_user 中查询密码中包含数字的记录。（实例位置：资源包 \Code\06\10）

下面从 t_user 表 password 字段中查询包含数字的记录。SQL 代码如下：

```
SELECT * FROM t_user WHERE password REGEXP '[0-9]';
```

代码执行结果如图 6.15 所示。

(a)原数据　　　　　　　　(b)查询之后的数据

图 6.15　匹配包含数字的字段

6.5.2　使用"*"和"+"来匹配多个字符

正则表达式中，"*"和"+"都可以匹配多个该符号之前的字符。但是，"+"至少表示一个字符，而"*"可以表示 0 个字符。

实例 6.11　从 t_user 表的 password 字段中查询在字母"t"之前出现过"m"的记录。（实例位置：资源包 \Code\06\11）

SQL 代码如下：

```
SELECT * FROM t_user WHERE password REGEXP 'm*t';
```

代码执行结果如图 6.16 所示。

图 6.16　使用"*"来匹配多个字符

"*"可以表示 0 个，所以"m*t"表示字母 t 之前有 0 个或者多个 m 出现。而 m+t 表示字母 t 前面至少有一个字母 m。

6.6　综合案例

（1）案例描述

【综合案例】　在学生信息表 student 和学生成绩表 score 中，查询姓刘的名字有三个

字的并且成绩大于 80 分的学生信息。（实例位置：资源包 \Code\06\ 综合案例）

结果如图 6.17 所示。

图 6.17　使用正则表达式查询学生信息

（2）实现代码

要实现查询姓名（name）字段中姓刘并且有三个字的学生成绩，可以通过正则表达式查询来实现，其中正则表达式中，"^"表示字符串的开始位置，"."表示除"\n"以外的任何单个字符。代码如下：

```
SELECT no,name,class,grade FROM student,score
WHERE student.no = score.stuno and name REGEXP '^刘..' and grade > 80;
```

6.7　实战练习

【实战练习】 在上节案例中，对 student 表和 score 表进行子查询，查询成绩大于等于 80 分的学生的学号、姓名。（实例位置：资源包 \Code\06\ 实战练习）

实现步骤如下：

首先查看 student 表和 score 表的全部数据，SQL 语句如下，结果如图 6.18 所示。

```
SELECT * FROM student;
SELECT * FROM score;
```

图 6.18　全部数据

然后查询成绩大于等于 80 分的学生的学号、姓名和分数，SQL 语句如下，结果如图 6.19 所示。

```
SELECT no,name FROM student WHERE no IN
(SELECT stuno FROM score WHERE grade >= 80);
```

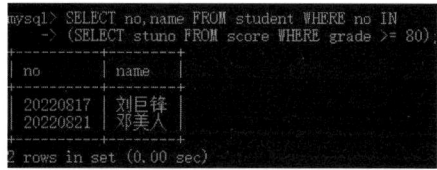

图 6.19　获得成绩大于等于 80 分的学生信息

小结

本章对 MySQL 数据库中多表连接的查询方法进行了详细讲解，并通过大量的举例说明，帮助读者更好地理解所学知识的用法。在阅读本章时，读者应该重点掌握多连接查询、子查询和查询结果排序。本章学习的难点是使用正则表达式来查询。正则表达式的功能很强大，使用起来很灵活。希望读者能够阅读有关正则表达式的相关知识，能够对正则表达式了解得更加透彻。

第 7 章
常用函数

扫码享受
全方位沉浸式学习

　　MySQL 数据库中提供了很丰富的系统函数。MySQL 系统函数包括数学函数、字符串函数、日期和时间函数、条件判断函数、系统信息函数、格式化函数等。函数的执行速度非常快，可以提高 MySQL 的处理速度，简化用户的操作。本章将详细介绍 MySQL 函数的相关知识。

7.1　MySQL 函数

　　MySQL 函数是 MySQL 数据库提供的内置函数。这些内置函数可以帮助用户更加方便地处理表中的数据。本节将简单地介绍 MySQL 中包含哪些类别的函数，以及这些函数的使用范围和作用，如表 7.1 所示。

表 7.1　MySQL 内置函数类别及作用

函数	作用
数学函数	用于处理数字。这类函数包括绝对值函数、正弦函数、余弦函数和获取随机数函数等
字符串函数	用于处理字符串。其中包括字符串连接函数、字符串比较函数、字符串中字母大小写转换函数等
日期和时间函数	用于处理日期和时间。其中包括获取当前时间的函数、获取当前日期的函数、返回年份的函数和返回日期的函数等
条件判断函数	用于在 SQL 语句中控制条件选择。其中包括 IF 语句、CASE 语句和 WHEN 语句等
系统信息函数	用于获取 MySQL 数据库的系统信息。其中包括获取数据库名的函数、获取当前用户的函数和获取数据库版本的函数等
加密函数	用于对字符串进行加密解密。其中包括字符串加密函数和字符串解密函数等
其他函数	包括格式化函数和锁函数等

　　MySQL 的内置函数不但可以在 SELECT 查询语句中应用，同样也可以在 INSERT、UPDATE 和 DELECT 等语句中应用。例如，在 INSERT 语句中，应用日期时间函数获取系统的当前时间，并且将其添加到数据表中。MySQL 内置函数可以对表中数据进行相应的处理，

以便得到用户希望得到的数据。这些内置函数可以使 MySQL 数据库的功能更加强大。下面将对 MySQL 的常用的内置函数进行详细介绍。

7.2　数学函数

数学函数是 MySQL 中常用的一类函数，主要用于处理数字，包括整型和浮点数等。MySQL 中内置的数学函数及其作用如表 7.2 所示。

表 7.2　MySQL 的数学函数

函数	作用
ABS(x)	返回 x 的绝对值
CEIL(x),CEILIN(x)	返回不小于 x 的最小整数值
FLOOR(x)	返回不大于 x 的最大整数值
RAND()	返回 0～1 的随机数
RAND(x)	返回 0～1 的随机数，x 值相同时返回的随机数相同
SIGN(x)	返回参数作为 −1、0 或 1 的符号，该符号取决于 x 的值为负、零或正
PI()	返回圆周率的值。默认的显示小数位数是 7 位，然而 MySQL 内部会使用完全双精度值
TRUNCATE(x,y)	返回数值 x 保留到小数点后 y 位的值
ROUND(x)	返回离 x 最近的整数
ROUND(x,y)	保留 x 小数点后 y 位的值，但截断时要进行四舍五入
POW(x,y),POWER(x,y)	返回 x 的 y 乘方的结果值
SQRT(x)	返回非负数 x 的二次方根
EXP(x)	返回 e 的 x 乘方后的值（自然对数的底）
MOD(x,y)	返回 x 除以 y 以后的余数
LOG(x)	返回 x 的基数为 2 的对数
LOG10(x)	返回 x 的基数为 10 的对数
RADIANS(x)	将角度转换为弧度
DEGREES(x)	返回参数 x，该参数由弧度转化为度
SIN(x)	返回 x 的正弦值
ASIN(x)	返回 x 的反正弦值，即正弦为 x 的值。若 x 不在 −1～1 的范围之内，则返回 NULL
COS(x)	返回 x 的余弦值
ACOS(x)	返回 x 的反余弦值，即余弦是 x 的值。若 x 不在 −1～1 的范围之内，则返回 NULL
TAN(x)	返回 x 的反正切值，即正切为 x 的值
ATAN(x),ATAN2(x, y)	返回两个变量 x 及 y 的反正切值
COT(x)	返回 x 的余切值

下面对其中的常用函数进行讲解，并且配合以示例做详细说明。

（1）ABS(*x*) 函数

ABS(*x*) 函数用于求绝对值。

实例 7.1 使用 ABS(*x*) 函数来求 10 和 −10 的绝对值（实例位置：资源包 \Code\07\01）

语句如下。

```
select ABS(10),ABS(-10);
```

查询结果如图 7.1 所示。

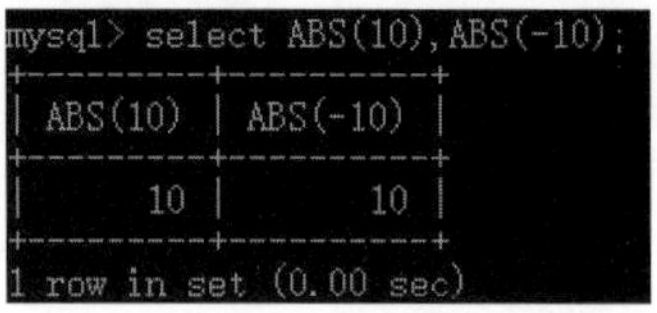

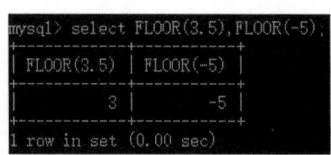

图 7.1 使用 ABS(*x*) 求数据的绝对值

（2）FLOOR(*x*) 函数

FLOOR(*x*) 函数返回小于或等于 *x* 的最大整数。

实例 7.2 应用 FLOOR(*x*) 函数求小于或等于 3.5 及 −5 的最大整数。（实例位置：资源包 \Code\07\02）

语句如下。

```
select FLOOR(3.5),FLOOR(-5);
```

其查询结果如图 7.2 所示。

图 7.2 使用 FLOOR(*x*) 函数求小于或等于数据的最大整数

（3）RAND() 函数

RAND() 函数是返回 0 ～ 1 的随机数。

实例 7.3 运用 RAND() 函数，获取两个随机数。（实例位置：资源包 \Code\07\03）

语句如下。

```
select RAND(),RAND();
```

其查询结果如图 7.3 所示。

可以从结果中看到，SQL 语句中使用了两次 RAND() 函数，得到的结果是不一样的，得到了两个 0 ～ 1 之间的随机数。

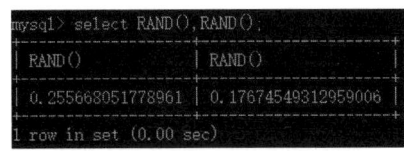

图 7.3　使用 RAND() 函数获取随机数

实例 7.4　生成 3 个 1 ~ 100 之间的随机整数。（实例位置：光盘 \TM\sl\07\04）

使用 RAND() 可以生成一个 0 ~ 1 之间的随机数，那么将结果乘以 100 就可以得到一个 1 ~ 100 之间的随机数。具体代码如下。

```
select ROUND(RAND()*100),FLOOR(RAND()*100),CEILING(RAND()*100);
```

执行结果如图 7.4 所示。

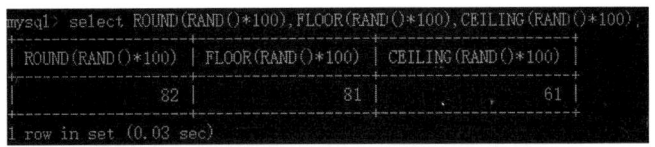

图 7.4　生成 3 个 1 ~ 100 之间的随机整数

（4）PI() 函数

PI() 函数用于返回圆周率。

实例 7.5　使用 PI() 函数获取圆周率。（实例位置：资源包 \Code\07\05）

语句如下。

```
select PI();
```

查询结果如图 7.5 所示。

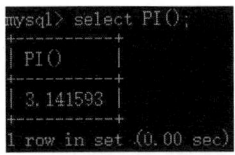

图 7.5　使用 PI() 函数获取圆周率

（5）TRUNCATE(x, y) 函数

TRUNCATE(x, y) 函数返回 x 保留到小数点后 y 位的值。

实例 7.6　获得圆周率小数点后 3 位的值。（实例位置：资源包 \Code\07\06）

语句如下。

```
select TRUNCATE(PI(),3);
```

其查询结果如图 7.6 所示。

```
mysql> select TRUNCATE(PI(),3);
+------------------+
| TRUNCATE(PI(),3) |
+------------------+
|            3.141 |
+------------------+
1 row in set (0.00 sec)
```

图 7.6　获得圆周率小数点后 3 位的值

（6）ROUND(x) 函数和 ROUND(x, y) 函数

ROUND(x) 函数返回离 x 最近的整数，也就是对 x 进行四舍五入处理；ROUND(x, y) 函数返回 x 保留到小数点后 y 位的值，截断时需要进行四舍五入处理。

实例 7.7 使用 ROUND(x) 函数获取 1.6 和 1.2 最近的整数，使用 ROUND(x,y) 函数获取 1.234567 小数点后 3 位的值。（实例位置：资源包 \Code\07\07）

语句如下。

```
select ROUND(1.6),ROUND(1.2),ROUND(1.234567,3);
```

查询结果如图 7.7 所示。

```
mysql> select ROUND(1.6),ROUND(1.2),ROUND(1.234567,3);
+------------+------------+--------------------+
| ROUND(1.6) | ROUND(1.2) | ROUND(1.234567,3)  |
+------------+------------+--------------------+
|          2 |          1 |              1.235 |
+------------+------------+--------------------+
1 row in set (0.00 sec)
```

图 7.7　使用 ROUND(x) 函数和 ROUND(x,y) 函数获取数据

（7）SQRT(x) 函数

SQRT(x) 函数用于求平方根。

实例 7.8 使用 SQRT(x) 函数求 36 和 50 的平方根。（实例位置：资源包 \Code\07\08）

语句如下。

```
select SQRT(36),SQRT(50);
```

其查询结果如图 7.8 所示。

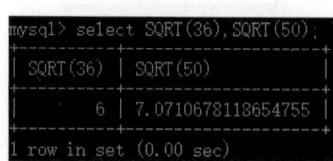

```
mysql> select SQRT(36),SQRT(50);
+----------+-------------------+
| SQRT(36) | SQRT(50)          |
+----------+-------------------+
|        6 | 7.0710678118654755|
+----------+-------------------+
1 row in set (0.00 sec)
```

图 7.8　使用 SQRT(x) 函数求 36 和 50 的平方根

7.3　字符串函数

字符串函数是 MySQL 中最常用的一类函数，主要用于处理表中的字符串，其作用如表7.3 所示。

表 7.3　MySQL 的字符串函数

函数	作用
CHAR_LENGTH(s)	返回字符串 s 的字符数
LENGTH(s)	返回值为字符串 s 的长度，单位为字节。一个多字节字符算作多字节。这意味着对于一个包含 5 个 2 字节字符的字符串，LENGTH() 的返回值为 10，而 CHAR_LENGTH() 的返回值则为 5
CONCAT(s1,s2, …)	返回结果为连接参数产生的字符串。如有任何一个参数为 NULL，则返回值为 NULL。或许有一个或多个参数。如果所有参数均为非二进制字符串，则结果为非二进制字符串。如果自变量中含有任一二进制字符串，则结果为一个二进制字符串。一个数字参数被转化为与之相等的二进制字符串格式；若要避免这种情况，可使用显式类型 cast，如 SELECT CONCAT(CAST(int_col AS CHAR), char_col)
CONCAT_WS(x,s1,s2, …)	同 CONCAT(s1,s2, …) 函数，但是每个字符串要直接加上 x
INSERT(s1,x,len,s2)	将字符串 s2 替换 s1 的 x 位置开始长度为 len 的字符串
UPPER(s),UCASE(s)	将字符串 s 的所有字母都变成大写字母
LOWER(s),LCASE(s)	将字符串 s 的所有字母都变成小写字母
LEFT(s,n)	返回从字符串 s 开始的最左 n 个字符
RIGHT(s,n)	从字符串 s 开始，返回最右 n 个字符
LPAD(s1,len,s2)	返回字符串 s1，其左边由字符串 s2 填补到 len 字符长度。假如 s1 的长度大于 len，则返回值被缩短至 len 字符
RPAD(s1,len,s2)	返回字符串 s1，其右边被字符串 s2 填补至 len 字符长度。假如字符串 s1 的长度大于 len，则返回值被缩短到与 len 字符相同长度
LTRIM(s)	返回字符串 s，其引导空格字符被删除
RTRIM(s)	返回字符串 s，其结尾空格字符被删去
TRIM(s)	去掉字符串 s 开始处和结尾处的空格
TRIM(s1 FROM s)	去掉字符串 s 中开始处和结尾处的字符串 s1
REPEAT(s,n)	将字符串 s 重复 n 次
SPACE(n)	返回 n 个空格
REPLACE(s,s1,s2)	用字符串 s2 替代字符串 s 中的字符串 s1
STRCMP(s1,s2)	比较字符串 s1 和 s2
SUBSTRING(s,n,len)	获取从字符串 s 中的第 n 个位置开始长度为 len 的字符串
MID(s,n,len)	同 SUBSTRING(s,n,len)
LOCATE(s1,s),POSITION(s1 IN s)	从字符串 s 中获取 s1 的开始位置
INSTR(s,s1)	查找字符串 s1 在 s 中的位置，返回首次出现位置的索引值
REVERSE(s)	将字符串 s 的顺序反过来
EXPORT_SET(bits,on,off[,separator[,number_of_bits]])	返回一个字符串，生成规则如下：针对 bits 的二进制格式，如果其位为 1，则返回一个 on 值；如果其位为 0，则返回一个 off 值。每个字符串使用 separator 进行分隔，默认值为 "，"。number_of_bits 参数指定 bits 可用的位数，默认值为 64 位。例如，生成数字 182 的二进制（10110110）替换格式，以 "@" 作为分隔符，设置有效位为 6 位。其语句如下：select EXPORT_SET(182,'Y','N','@',6); 其运行结果为：N@Y@Y@N@Y@Y

续表

函数	作用
FIELD(s,s1,s2,…)	返回给定值列表（s1，s2…）中指定值 s 的索引位置
FIND_IN_SET(s1,s2)	返回在字符串 s2 中与 s1 匹配的字符串的位置
MAKE_SET(x,s1,s2,…s*n*)	按 x 的二进制数从 s1,s2,…,s*n* 中选取字符串

下面对其中的常用函数进行讲解，并且结合例子做详细说明。

（1）INSERT(s1,x,len,s2) 函数

INSERT(s1,x,len,s2) 函数将字符串 s1 中 x 位置开始长度为 len 的字符串用字符串 s2 替换。

实例 7.9 使用 INSERT(s1,x,len,s2) 函数将"明天是晴天"字符串中的"晴天"替换为"下雨天"。（实例位置：资源包 \Code\07\09）

语句如下。

```
select INSERT(' 明天是晴天 ',4,2,' 下雨天 ');
```

替换后的查询结果如图 7.9 所示。

图 7.9　使用 INSERT 函数替换指定字符串

（2）UPPER(s) 函数和 UCASE(s) 函数

UPPER(s) 函数和 UCASE(s) 函数将字符串 s 的所有字母变成大写字母。

实例 7.10 下面使用 UPPER(s) 函数和 UCASE(s) 函数将 hello 和 abcdefg 字符串中的所有字母变成大写字母。（实例位置：资源包 \Code\07\10）

语句如下。

```
select UPPER('hello'),UCASE('abcdefg ');
```

其转换后的结果如图 7.10 所示。

图 7.10　使用 UPPER(s) 函数和 UCASE(s) 函数

（3）LEFT(s,*n*) 函数

LEFT(s,*n*) 函数返回字符串 s 的前 *n* 个字符。

实例 7.11 应用 LEFT(s,n) 函数返回 i love SQL 字符串的前 6 个字符。（实例位置：资源包 \Code\07\11）

语句如下。

```
select LEFT('i love SQL',6);
```

其截取结果如图 7.11 所示。

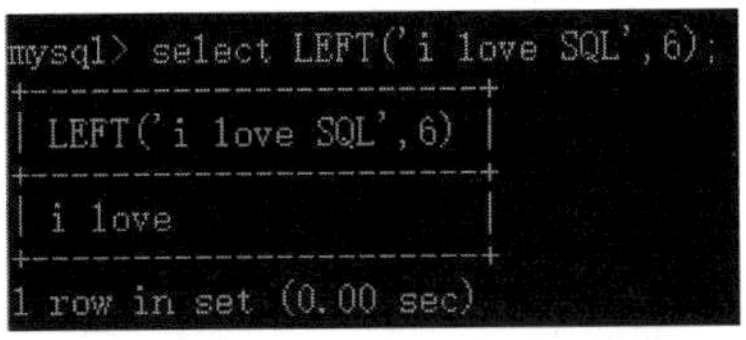

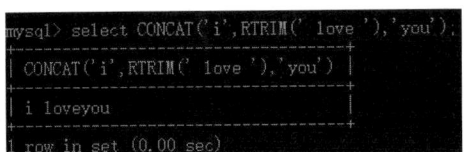

图 7.11　使用 LEFT(s,*n*) 函数返回指定字符

（4）RTRIM(s) 函数

RTRIM(s) 函数将去掉字符串 s 结尾处的空格。

实例 7.12 应用 RTRIM(s) 函数去掉 love 右侧的空格。（实例位置：资源包 \Code\07\12）

语句如下。

```
select CONCAT('i',RTRIM('love'),'you');
```

其结果如图 7.12 所示。

图 7.12　使用 RTRIM(s) 函数去掉 love 右侧的空格

（5）SUBSTRING(s,*n*,len) 函数

SUBSTRING(s,*n*,len) 函数从字符串 s 的第 *n* 个位置开始获取长度为 len 的字符串。

实例 7.13 下面使用 SUBSTRING(s,n,len) 函数从"Time tries truth"字符串的第 6 位开始获取 5 个字符。（实例位置：资源包 \Code\07\13）

语句如下。

```
select SUBSTRING('Time tries truth',6,5);
```

结果如图 7.13 所示。

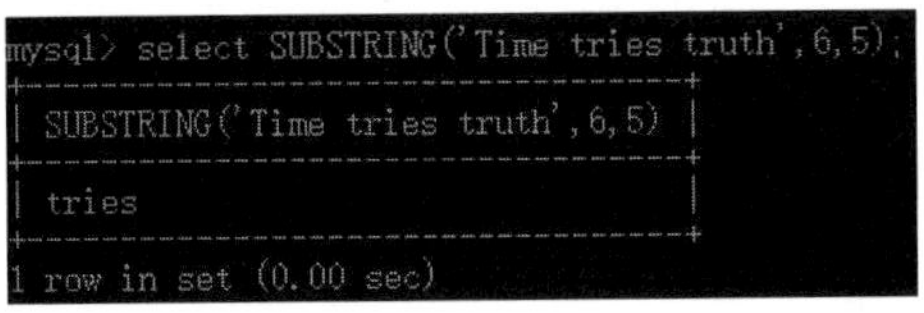

图 7.13　使用 SUBSTRING(s,*n*,len) 函数获取指定长度字符串

（6）REVERSE(s) 函数

REVERSE(s) 函数将字符串 s 的顺序反过来。

实例 7.14 下面使用 REVERSE(s) 函数将 abcdefg 字符串的顺序反过来。（实例位置：资源包 \Code\07\14）

语句如下。

```
select REVERSE('abcdefg');
```

结果如图 7.14 所示。

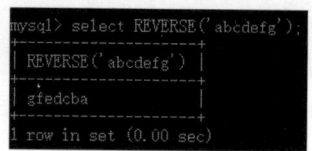

图 7.14　使用 REVERSE(s) 函数将 abcdefg 字符串的顺序反过来

（7）FIELD(s,s1,s2,…) 函数

FIELD(s,s1,s2,…) 函数返回第一个与字符串 s 匹配的字符串的位置。

实例 7.15 应用 FIELD(s,s1,s2,…) 函数返回第一个与字符串 star 匹配的字符串的位置。（实例位置：资源包 \Code\07\15）

语句如下。

```
select FIELD('star', 'LittleStar', 'star in the sky', 'falling star', 'star');
```

结果如图 7.15 所示。

```
mysql> select FIELD('star', 'LittleStar', 'star in the sky', 'falling star', 'star');
| FIELD('star', 'LittleStar', 'star in the sky', 'falling star', 'star') |
|                                                                      4 |
1 row in set (0.00 sec)
```

图 7.15　使用 FIELD 函数返回第一个与字符串 star 匹配的字符串位置

（8）LOCATE(s1,s) 函数、POSITION(s1 IN s) 函数和 INSTR(s,s1) 函数

在 MySQL 中，可以通过 LOCATE(s1,s)、POSITION(s1 IN s) 和 INSTR(s,s1) 函数获取子字符串相匹配的开始位置。这 3 个函数的语法格式如下。

- ☑ LOCATE(s1,s)：表示子字符串 s1 和在字符串 s 中的开始位置。
- ☑ POSITION(s1 IN s)：表示子字符串 s1 在字符串 s 中的开始位置。
- ☑ INSTR(s,s1)：表示子字符串 s1 在字符串 s 中的开始位置。

注意

在使用这 3 个函数时，前两个函数 LOCATE(s1,s) 和 POSITION(s1 IN s) 的参数中，是把子字符串作为第一个参数，第三个函数 INSTR(s,s1) 则需要把子字符串作为第二个参数，这一点一定不要记错。

实例 7.16 应用 LOCATE(s1,s) 函数返回第一个与字符串 'No cross, no crown' 匹配的字符串的位置。（实例位置：资源包 \Code\07\16）

应用 LOCATE(s1,s) 函数的语句如下。

```
select LOCATE('crown', 'No cross, no crown.');
```

还可以应用 POSITION(s1 IN s) 函数从字符串 s 中获取 s1 的开始位置，代码如下。

```
select POSITION('crown' IN 'No cross, no crown.');
```

效果如图 7.16 所示。

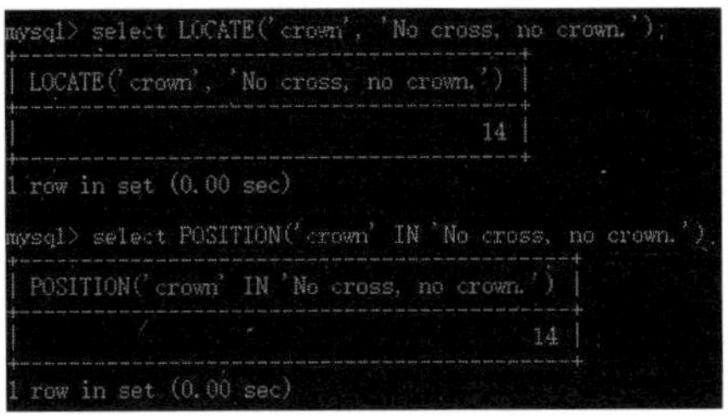

图 7.16　字符串函数的使用

7.4　日期和时间函数

日期和时间函数是 MySQL 中最常用的函数，主要用于对表中的日期和时间数据的处理。MySQL 内置的日期时间函数及作用如表 7.4 所示。

表 7.4　MySQL 的日期和时间函数

函数	作用
CURDATE(),CURRENT_DATE()	返回当前日期
CURTIME(),CURRENT_TIME()	返回当前时间
NOW(),CURRENT_TIMESTAMP(),LOCALTIME(),SYSDATE(),LOCALTIMESTAMP()	返回当前日期和时间
UNIX_TIMESTAMP()	以 UNIX 时间戳的形式返回当前时间
UNIX_TIMESTAMP(d)	将时间 d 以 UNIX 时间戳的形式返回
FROM_UNIXTIME(d)	把 UNIX 时间戳的时间转换为普通格式的时间
UTC_DATE()	返回 UTC（Universal Coordinated Time，国际协调时间）日期
UTC_TIME()	返回 UTC 时间
MONTH(d)	返回日期 d 中的月份值，范围是 1 ～ 12
MONTHNAME(d)	返回日期 d 中的月份名称，如 January、February 等
DAYNAME(d)	返回日期 d 是星期几，如 Monday、Tuesday 等
DAYOFWEEK(d)	返回日期 d 是星期几，1 表示星期日，2 表示星期一等

续表

函数	作用
WEEKDAY(d)	返回日期 d 是星期几，0 表示星期一，1 表示星期二等
WEEK(d)	计算日期 d 是本年的第几个星期，范围是 0 ~ 53
WEEKOFYEAR(d)	计算日期 d 是本年的第几个星期，范围是 1 ~ 53
DAYOFYEAR(d)	计算日期 d 是本年的第几天
DAYOFMONTH(d)	计算日期 d 是本月的第几天
YEAR(d)	返回日期 d 中的年份值
QUARTER(d)	返回日期 d 是第几季度，范围是 1 ~ 4
HOUR(t)	返回时间 t 中的小时值
MINUTE(t)	返回时间 t 中的分钟值
SECOND(t)	返回时间 t 中的秒钟值
EXTRACT(type FROM d)	从日期 d 中获取指定的值，type 指定返回的值，如 YEAR、HOUR 等将时间 t 转换为秒
TIME_TO_SEC(t)	将时间 t 转换为秒
SEC_TO_TIME(s)	将以秒为单位的时间 s 转换为时分秒的格式
TO_DAYS(d)	计算日期 d ~ 0000 年 1 月 1 日的天数
FROM_DAYS(n)	计算从 0000 年 1 月 1 日开始 n 天后的日期
DATEDIFF(d1,d2)	计算日期 d1 ~ d2 之间相隔的天数
ADDDATE(d,n)	计算起始日期 d 加上 n 天的日期
ADDDATE(d,INTERVAL expr type)	计算起始日期 d 加上一个时间段后的日期
DATE_ADD(d,INTERVAL expr type)	同 ADDDATE(d,INTERVAL n type)
SUBDATE(d,n)	计算起始日期 d 减去 n 天后的日期
SUBDATE(d,INTERVAL expr type)	计算起始日期 d 减去一个时间段后的日期
ADDTIME(t,n)	计算起始时间 t 加上 n 秒的时间
SUBTIME(t,n)	计算起始时间 t 减去 n 秒的时间
DATE_FROMAT(d,f)	按照表达式 f 的要求显示日期 d
TIME_FROMAT(t,f)	按照表达式 f 的要求显示时间 t
GET_FORMAT(type,s)	根据字符串 s 获取 type 类型数据的显示格式

（1）CURDATE() 函数和 CURRENT_DATE() 函数

CURDATE() 函数和 CURRENT_DATE() 函数用于获取当前日期。

实例 7.17　获取当前日期。（实例位置：资源包 \Code\07\17）

语句如下。

```
select CURDATE(),CURRENT_DATE();
```

其查询结果如图 7.17 所示。

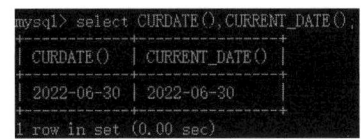

图 7.17　使用 CURDATE() 和 CURRENT_DATE() 函数获取当前日期

（2）CURTIME() 函数和 CURRENT_TIME() 函数

CURTIME() 函数和 CURRENT_TIME() 函数用于获取当前时间。

实例 7.18　获取当前时间。（实例位置：资源包 \Code\07\18）

语句如下。

```
select CURTIME(),CURRENT_TIME();
```

其查询结果如图 7.18 所示。

图 7.18　使用 CURTIME() 函数和 CURRENT_TIME() 函数获取当前时间

（3）NOW() 函数

NOW() 函数获取当前日期和时间。还有 CURRENT_TIMESTAMP () 函数、LOCALTIME() 函数、SYSDATE() 函数和 LOCALTIMESTAMP() 函数也同样可以获取当前日期和时间。

实例 7.19　获取当前日期和时间。（实例位置：资源包 \Code\07\19）

语句如下。

```
select NOW(),CURRENT_TIMESTAMP(),LOCALTIME(),SYSDATE();
```

运行结果如图 7.19 所示。

图 7.19　使用 NOW()、CURRENT_TIMESTAMP() 等函数获取当前日期和时间

（4）DATEDIFF(d1,d2) 函数

DATEDIFF(d1,d2) 用于计算日期 d1 与 d2 之间相隔的天数。

实例 7.20　计算 2022-07-05 与 2022-02-01 之间相隔的天数。（实例位置：资源包 \Code\07\20）

语句如下。

```
select DATEDIFF('2022-07-05','2022-02-01');
```

结果如图 7.20 所示。

```
mysql> select DATEDIFF('2022-07-05','2022-02-01');
+----------------------------------+
| DATEDIFF('2022-07-05','2022-02-01') |
+----------------------------------+
|                              154 |
+----------------------------------+
1 row in set (0.00 sec)
```

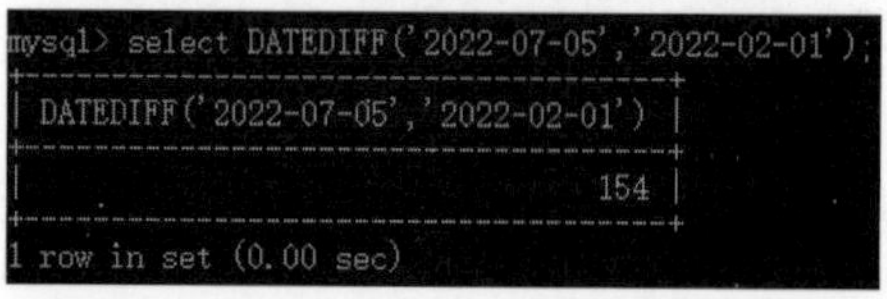

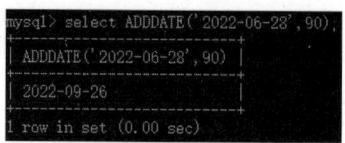

图 7.20　使用 DATEDIFF(d1,d2) 函数计算两日期之间相隔的天数

从结果可知，2022-07-05 与 2022-02-01 之间相隔了 154 天。

（5）ADDDATE(d,*n*) 函数

ADDDATE(d,*n*) 用于返回起始日期 d 加上 *n* 天的日期。

实例 7.21　员工小王从 2022 年 6 月 28 日开始休产假，公司规定产假一共 90 天，请问小王哪天结束产假，开始上班？（实例位置：资源包 \Code\07\21）

语句如下。

```
select ADDDATE('2022-06-28',90);
```

结果如图 7.21 所示。

```
mysql> select ADDDATE('2022-06-28',90);
+------------------------+
| ADDDATE('2022-06-28',90) |
+------------------------+
| 2022-09-26             |
+------------------------+
1 row in set (0.00 sec)
```

图 7.21　使用 ADDDATE(d,*n*) 函数返回 2022-06-28 加上 90 天的日期

从结果可知，小王在 2022 年 9 月 26 开始上班。

（6）ADDDATE(d,INTERVAL expr type) 函数

ADDDATE(d,INTERVAL expr type) 函数返回起始日期 d 加上一个时间段后的日期。

实例 7.22　使用 ADDDATE(d,INTERVAL expr type) 函数返回“2022-06-30 11:11:11”5min 后的日期时间。（实例位置：资源包 \Code\07\22）

语句如下。

```
select ADDDATE('2022-06-30 11:11:11', INTERVAL 5 MINUTE);
```

其运行结果如图 7.22 所示。

```
mysql> select ADDDATE('2022-06-30 11:11:11', INTERVAL 5 MINUTE);
+---------------------------------------------+
| ADDDATE('2022-06-30 11:11:11', INTERVAL 5 MINUTE) |
+---------------------------------------------+
| 2022-06-30 11:16:11                         |
+---------------------------------------------+
1 row in set (0.00 sec)
```

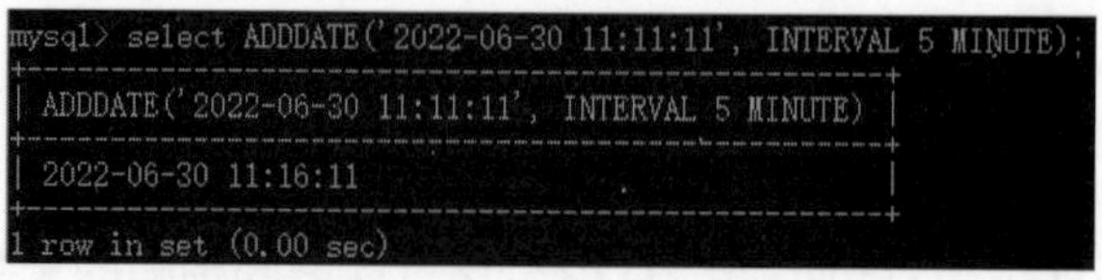

图 7.22　使用 ADDDATE(d,INTERVAL expr type) 函数返回 5min 的日期时间

还可以获得当前时间的 5min 后的日期时间，代码如下。

```
select NOW(),ADDDATE(NOW(), INTERVAL 5 MINUTE);
```

其运行结果如图 7.23 所示。

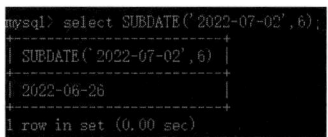

图 7.23　获得当前时间的 5min 后的日期时间

结果中可知，当前时间是 15:25，那么过了 5min 后的时间是 15:30。

（7）SUBDATE(d,*n*) 函数

SUBDATE(d,*n*) 函数返回起始日期 d 减去 *n* 天的日期。

实例 7.23　**计算 2012-07-02 日 6 天前的日期。**（实例位置：资源包 \Code\07\23）

语句如下。

```
select SUBDATE('2022-07-02',6);
```

结果如图 7.24 所示。

图 7.24　获得 2012-07-02 日 6 天前的日期

7.5　条件判断函数

条件判断函数用来在 SQL 语句中进行条件判断。根据不同的条件，执行不同的 SQL 语句。MySQL 支持的条件判断函数及作用如表 7.5 所示。

表 7.5　MySQL 的条件判断函数

函数	作用
IF(expr,v1,v2)	如果表达式 expr 成立，则执行 v1；否则执行 v2
IFNULL(v1,v2)	如果 v1 不为空，则显示 v1 的值；否则显示 v2 的值
CASE WHEN expr1 THEN v1 [WHEN expr2 THEN v2 …][ELSE v*n*] END	CASE 表示函数开始，END 表示函数结束。如果表达式 expr1 成立，则返回 v1 的值；如果表达式 expr2 成立，则返回 v2 的值。依此类推，最后遇到 ELSE 时，返回 v*n* 的值。它的功能与 PHP 中的 switch 语句类似
CASE expr WHEN e1 THEN v1 [WHEN e2 THEN v2 …][ELSE v*n*] END	CASE 表示函数开始，END 表示函数结束。如果表达式 expr 取值为 e1，则返回 v1 的值；如果表达式 expr 取值为 e2，则返回 v2 的值，依此类推，最后遇到 ELSE，则返回 v*n* 的值

实例 7.24 查询冰箱销售业绩表，如果业绩超过 100 万，则输出"Very Good"；如果业绩小于 100 万大于 10 万，则输出"Popularly"；否则输出"Not Good"。（实例位置：资源包 \Code\07\24）

创建数据库 db_database06，在此数据库下创建冰箱销售业绩表 sale_fridge，并插入数据，代码如下。

```
CREATE DATABASE db_database06;
USE db_database06;
CREATE TABLE sale_fridge(
id int(10) primary key,
grade int(30));
INSERT INTO sale_fridge VALUES(1,2000000),(2,800000),(3,10000);
```

对冰箱销售业绩表 sale_gridge 中的数据进行条件判断，语句如下。

```
select id,grade,
CASE
WHEN grade>1000000 THEN 'Very Good'
WHEN grade<1000000 and grade >=100000 THEN 'Popularly'
ELSE 'Not Good'
END level
from sale_fridge;
```

其查询结果如图 7.25 所示。

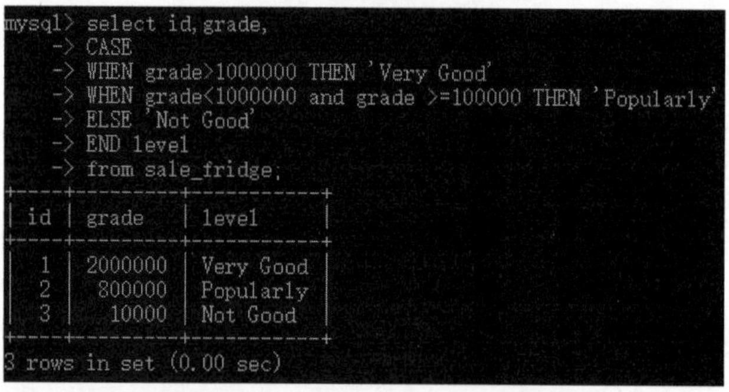

图 7.25　条件判断函数的应用

7.6　系统信息函数

系统信息函数用来查询 MySQL 数据库的系统信息。例如，查询数据库的版本，查询数据库的当前用户等。如表 7.6 所示为各种系统信息函数的作用。

表 7.6　MySQL 的系统信息函数

函数	作用	示例
VERSION()	获取数据库的版本号	select VERSION();
CONNECTION_ID()	获取服务器的连接数	select CONNECTION_ID();
DATABASE(),SCHEMA()	获取当前数据库名	select DATABASE(),SCHEMA();

续表

函数	作用	示例
USER(),SYSTEM_USER(),SESSION_USER()	获取当前用户	select USER(),SYSTEM_USER();
CURRENT_USER(),CURRENT_USER	获取当前用户	select CURRENT_USER();
CHARSET(str)	获取字符串 str 的字符集	select CHARSET('mrsoft');
COLLATION(str)	获取字符串 str 的字符排列方式	select COLLATION('mrsoft');
LAST_INSERT_ID()	获取最近生成的 AUTO_INCREMENT 值	select LAST_INSERT_ID();

（1）获取 MySQL 版本号、连接数和数据库名的函数

VERSION() 函数返回数据库的版本号；CONNECTION_ID() 函数返回服务器的连接数，也就是到现在为止 MySQL 服务的连接次数；DATABASE() 函数和 SCHEMA() 函数返回当前数据库名。

实例 7.25 演示 VERSION()、CONNECTION_ID()、DATABASE() 和 SCHEMA() 4 个函数的用法。（实例位置：资源包 \Code\07\25）

语句如下。

```
use db_database06;
select VERSION(),CONNECTION_ID();
select DATABASE(),SCHEMA();
```

结果如图 7.26 所示。

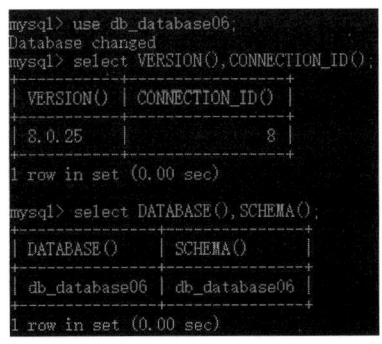

图 7.26 获取 MySQL 版本号、连接数和数据库名得函数

其中，VERSION() 函数返回的版本号为"8.0.25"；CONNECTOIN_ID() 函数返回的连接数为 8；DATABASE() 函数和 SCHEMA() 函数返回的当前数据库名是 db_database06。

（2）获取用户名的函数

USER()、SYSTEM_USER()、SESSION_USER()、CURRENT_USER() 和 CURRENT_USER 这几个函数可以返回当前用户的名称。

实例 7.26 查询当前用户的用户名。（实例位置：资源包 \Code\07\26）

语句如下。

```
select USER(),SYSTEM_USER(),SESSION_USER();
select CURRENT_USER(),CURRENT_USER;
```

结果如图 7.27 所示。

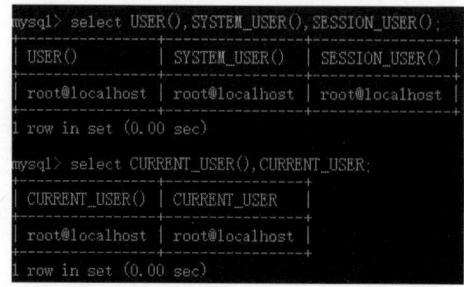

图 7.27　获取当前用户的用户名

结果显示，当前用户的用户名为 root。localhost 是主机名，因为服务器和客户端在一台机器上，所以服务器的主机名为 localhost。用户名和主机名之间用符号 "@" 进行连接。

（3）获取字符串的字符集和排序方式的函数

CHARSET(str) 函数返回字符串 str 的字符集，一般情况下这个字符集就是系统的默认字符集；COLLATION(str) 函数返回字符串 str 的字符排列方式。

实例 7.27 查看字符串 "我喜欢数据库" 的字符集和字符串排序方式。（实例位置: 资源包\Code\07\27）

语句如下。

```
select CHARSET(' 我喜欢数据库 '),COLLATION(' 我喜欢数据库 ');
```

结果如图 7.28 所示。

图 7.28　获取字符串 "我喜欢数据库" 的字符集和排序方式

7.7　其他函数

MySQL 中除了上述内置函数以外，还包含很多函数。例如，数字格式化函数 FORMAT(x,n)，IP 地址与数字的转换函数 INET_ATON(IP)，还有加锁函数 GET_LOCT(name,time)、解锁函数 RELEASE_LOCK(name) 等。在表 7.7 中罗列了 MySQL 中支持的其他函数。

（1）格式化函数 FORMAT(x,n)

FORMAT(x,n) 函数可以将数字 x 进行格式化，将 x 保留到小数点后 n 位。这个过程需要进行四舍五入。例如，FORMAT(2.356,2) 返回的结果将会是 2.36；FORMAT(2.353,2) 返回的结果将会是 2.35。

表 7.7　MySQL 的其他函数

函数	作用
FORMAT(*x,n*)	将数字 *x* 进行格式化，将 x 保留到小数点后 *n* 位。这个过程需要进行四舍五入
ASCII(s)	ASCII(s) 返回字符串 s 的第一个字符的 ASCII 码
BIN(*x*)	BIN(*x*) 返回 *x* 的二进制编码
HEX(*x*)	HEX(*x*) 返回 *x* 的十六进制编码
OCT(*x*)	OCT(*x*) 返回 *x* 的八进制编码
CONV(*x*,f1,f2)	CONV(*x*,f1,f2) 将 *x* 从 f1 进制数变成 f2 进制数
INET_ATON(IP)	INET_ATON(IP) 函数可以将 IP 地址转换为数字表示
INET_NTOA(*N*)	INET_NTOA(*N*) 函数可以将数字 *N* 转换成 IP 的形式
GET_LOCT(name,time)	GET_LOCT(name,time) 函数定义一个名称为 name、持续时间长度为 time s 的锁。锁定成功，返回 1；如果尝试超时，返回 0；如果遇到错误，返回 NULL
RELEASE_LOCK(name)	RELEASE_LOCK(name) 函数解除名称为 name 的锁。如果解锁成功，返回 1；如果尝试超时，返回 0；如果解锁失败，返回 NULL
IS_FREE_LOCK(name)	IS_FREE_LOCK(name) 函数判断是否使用名为 name 的锁。如果使用，返回 0；否则返回 1
BENCHMARK(count,expr)	将表达式 expr 重复执行 count 次，然后返回执行时间。该函数可以用来判断 MySQL 处理表达式的速度
CONVERT(s USING cs)	将字符串 s 的字符集变成 cs
CAST(*x* AS type)	将 *x* 变成 type 类型，这两个函数只对 BINARY、CHAR、DATE、DATETIME、TIME、SIGNED INTEGER、UNSIGNED INTEGER 这些类型起作用。但两种方法只是改变了输出值的数据类型，并没有改变表中字段的类型

实例 7.28 对 123.4567 和 765.4321 进行格式化，都保留到小数点后 3 位。（实例位置：资源包 \Code\07\28）

语句如下。

```
select FORMAT(123.4567,3),FORMAT(765.4321,3);
```

结果如图 7.29 所示。

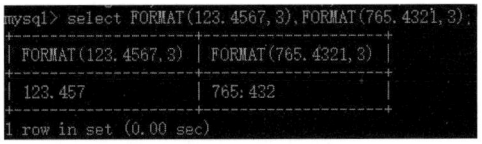

图 7.29　格式化函数 FORMAT

结果显示，123.4567 格式化后的结果是 123.457；765.4321 格式化后的结果是 765.432。这个数都保留到小数点后 3 位，而且都进行了四舍五入处理。

（2）改变字符集的函数

CONVERT(s USING cs) 函数将字符串 s 的字符集变成 cs。

实例 7.29　将字符串“i love MySQL”的字符集变成 UTF-8。（实例位置：资源包\Code\07\29）

首先使用 CHARSET() 函数查看字符串“i love MySQL”的字符集，然后使用 CONVERT() 函数将此字符串的字符集改成 UTF-8，使用 CHARSET() 函数查看修改后的字符集，语句如下。

```
select CHARSET('i love MySQL'),CHARSET(CONVERT('i love MySQL' USING utf8));
```

结果如图 7.30 所示。

```
mysql> select CHARSET('i love MySQL'),CHARSET(CONVERT('i love MySQL' USING utf8));
+-------------------------+---------------------------------------------+
| CHARSET('i love MySQL') | CHARSET(CONVERT('i love MySQL' USING utf8)) |
+-------------------------+---------------------------------------------+
| gbk                     | utf8mb3                                     |
+-------------------------+---------------------------------------------+
1 row in set, 1 warning (0.00 sec)
```

图 7.30　改变字符集的函数

通过结果可以看到，修改字符集之后显示 utf8mb3，在 MySQL 中表示 UTF-8 字符集。

7.8 综合案例

（1）案例描述

【综合案例】 在 db_database06 数据库的 emp 表中计算员工的工龄。（实例位置：资源包\Code\07\综合案例）

（2）实现代码

创建 emp 数据表，并插入数据，代码如下。

```
create table emp(
empno int(10) not null,
ename varchar(50),
job varchar(30),
hirdate date,
sal int(10),
deptno int(10)
);
insert into emp values(1111,'阿朱','文员','2018-06-17',4500,10),
(1112,'刘娜','销售','2013-06-18',5100,30),
(1113,'张靖飞','经理','2006-03-08',4900,20),
(1114,'李平平','销售','2020-05-14',4600,30);
```

编写 SQL 语句，分别取当前日期和入职日期的年份进行相减，即可得到工龄，具体代码如下。

```
select ename,year(now())-year(hirdate) as working_year from emp;
```

运行效果如图 7.31 所示。

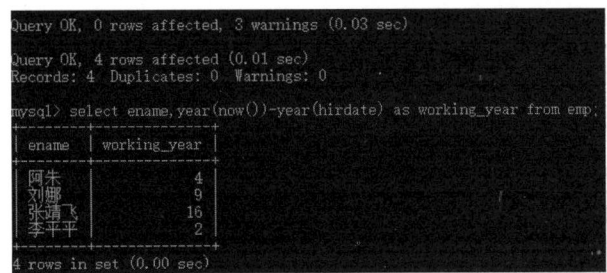

图 7.31　计算员工工龄

7.9　实战练习

【实战练习】 **在上节案例中，按照员工工龄降序进行排列。**（实例位置：资源包 \Code\07\ 实战练习）

具体的 SQL 语句如下。

```
select ename,job,year(now())-year(hirdate) as working_year from emp order by working_year
desc;
```

结果如图 7.32 所示。

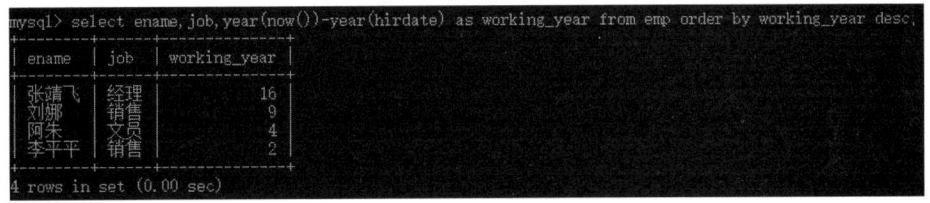

图 7.32　按照员工工龄降序进行排列

小结　　本章介绍了 MySQL 数据库提供的内部函数，包括数学函数、字符串函数、日期和时间函数、条件判断函数、系统信息函数等。字符串函数、日期和时间函数是本章的重点内容；条件判断函数是本章的难点，因为条件判断函数涉及很多条件判断和跳转的语句。这些函数通常与 SELECT 语句一起使用，用来方便用户的查询。同时，INSERT、UPDATE、DELECT 语句和条件表达式也可以使用这些函数。

第 8 章
数据完整性约束

扫码享受
全方位沉浸式学习

　　数据完整性是指数据的正确性和相容性，是为了防止数据库中存在不符合语义的数据，即防止数据库中存在不正确的数据。在 MySQL 中提供了多种完整性约束，它们作为数据库关系模式定义的一部分，可以通过 CREATE TABLE 或 ALTER TABLE 语句来定义。一旦定义了完整性约束，MySQL 服务器会随时检测处于更新状态的数据库内容是否符合相关的完整性约束，从而保证数据的一致性与正确性。本章中将对数据完整性约束进行详细介绍。

8.1 　定义完整性约束

　　关系模型的完整性规则是对关系的某种约束条件。在关系模型中，提供了实体完整性、参照完整性和用户定义完整性 3 项规则，下面将分别介绍。

8.1.1　实体完整性

　　实体（Entity）是一个数据对象，是指客观存在并可以相互区分的事物，如一个教师、一个学生或一个雇员等。一个实体在数据库中表现为表中的一条记录。通常情况下，它必须遵守实体完整性规则。

　　实体完整性规则（Entity Integrity Rule）是指关系的主属性，即主码（主键）的组成不能为空，也就是关系的主属性不能是空值（NULL）。关系对应于现实世界中的实体集，而现实世界中的实体是可区分的，即说明每个实例具有唯一性标识。在关系模型中，是使用主码（主键）作为唯一性标识的，若假设主码（主键）取空值，则说明这个实体不可标识，即不可区分，这个假设显然不正确，与现实世界应用环境相矛盾，因此不能存在这样的无标识实体，从而在关系模型中引入实体完整性约束。

　　例如，学生关系（学号、姓名、性别）中，"学号"为主码（主键），则"学号"这个属性不能为空值，否则就违反了实体完整性规则。

　　在 MySQL 中，实体完整性是通过主键约束和候选键约束来实现的。

（1）主键约束

主键可以是表中的某一列，也可以是表中多个列所构成的一个组合；其中，由多个列组合而成的主键也称为复合主键。在 MySQL 中，主键列必须遵守以下规则：

① 每一个表只能定义一个主键。

② 唯一性原则。主键的值，也称键值，必须能够唯一标识表中的每一行记录，且不能为 NULL。一张表中不能有两个相同的主键值。

③ 最小化规则。复合主键不能包含不必要的多余列。也就是说，当从一个复合主键中删除一列后，如果剩下的列构成的主键仍能满足唯一性原则，那么这个复合主键是不正确的。

④ 一个列名在复合主键的列表中只能出现一次。

在 MySQL 中，可以在 CREATE TABLE 或者 ALTER TABLE 语句中，使用 PRIMARY KEY 子句来创建主键约束，其实现方式有以下两种。

① 作为列的完整性约束。在表的某个列的属性定义时，加上 PRIMARY KEY 关键字实现。

实例 8.1 创建数据库 db_database08，在此数据库下创建用户信息表 t_user，将 id 字段设置为主键。（实例位置：资源包 \Code\08\01）

代码如下。

```
CREATE DATABASE db_database08;
USE db_database08;
CREATE TABLE t_user(
id int auto_increment PRIMARY KEY,
user varchar(30) not null,
password varchar(30) not null,
createtime datetime);
```

运行上述代码，其结果如图 8.1 所示。

图 8.1　将 id 字段设置为主键

② 作为表的完整性约束。在表的所有列的属性定义后，加上 PRIMARY KEY(index_col_name,…) 子句实现。

实例 8.2 创建学生信息表 t_student 时，将学号（id）和所在班级号（classid）字段设置为主键。（实例位置：资源包 \Code\08\02）

代码如下。

```
CREATE TABLE t_student (
id int auto_increment,
name varchar(30) not null,
sex varchar(2),
classid int not null,
birthday date,
PRIMARY KEY (id,classid)
);
```

运行上述代码，其结果如图 8.2 所示。

```
Query OK, 0 rows affected (0.04 sec)
```

图 8.2　将 id 字段和 classid 字段设置为主键

> **说明**　如果主键仅由表中的某一列所构成，那么以上两种方法均可以定义主键约束；如果主键由表中多个列所构成，那么只能用第二种方法定义主键约束。另外，定义主键约束后，MySQL会自动为主键创建一个唯一索引，默认名为 PRIMARY，用户也可以修改为其他名称。

（2）候选键约束

如果一个属性集能唯一标识元组，且又不含有多余的属性，那么这个属性集称为关系的候选键。例如，在包含学号、姓名、性别、年龄、院系、班级等列的"学生信息表"中，"学号"能够标识一名学生，因此，它可以作为候选键；而如果规定，不允许有同名的学生，那么姓名也可以作为候选键。

候选键可以是表中的某一列，也可以是表中多个列所构成的一个组合。任何时候，候选键的值必须是唯一的，且不能为空（NULL）。候选键可以在 CREATE TABLE 或者 ALTER TABLE 语句中使用关键字 UNIQUE 来定义，其实现方法与主键约束类似，也是可作为列的完整性约束或者表的完整性约束两种方式。

在 MySQL 中，候选键与主键之间存在以下两点区别。

① 一个表只能创建一个主键，但可以定义若干个候选键。

② 定义主键约束时，系统会自动创建 PRIMARY KEY 索引，而定义候选键约束时，系统会自动创建 UNIQUE 索引。

实例 8.3　在创建用户信息表 tb_user 时，将 id 字段和 user 字段设置为候选键。（实例位置：资源包 \Code\08\03）

代码如下。

```
CREATE TABLE tb_user (
id int auto_increment UNIQUE,
user varchar(30) not null UNIQUE,
password varchar(30) not null,
createtime TIMESTAMP default CURRENT_TIMESTAMP);
```

运行上述代码，其结果如图 8.3 所示。

```
Query OK, 0 rows affected (0.05 sec)
```

图 8.3　将 id 字段和 user 字段设置为候选键

8.1.2　参照完整性

现实世界中的实体之间往往存在着某种联系，在关系模型中，实体及实体间的联系都是用关系来描述的，那么自然就存在着关系与关系间的引用。例如，学生实体和班级实体可以分别用下面的关系表示，其中，主码（主键）用下画线标识。

① 学生（学生证号，姓名，性别，生日，班级编号，备注）。

② 班级（班级编号，班级名称，备注）。

在这两个关系之间存在着属性的引用，如"学生"关系引用了"班级"关系中的主码（主键）"班级编号"。在两个实体间，"班级编号"是"班级"关系的主码（主键），也是"学生"关系的外部码（外键）。"学生"关系中某个属性的取值（班级编号）需要参照"班级"关系的属性和值（班级编号）。

参照完整性规则（Referential Integrity Rule）就是定义外码（外键）和主码（主键）之间的引用规则，它是对关系间引用数据的一种限制。

参照完整性的定义为：若属性 F 是基本关系 R 的外码，它与基本关系 S 的主码 K 相对应，则对于 R 中每个元组在 F 上的值只允许两种可能，即要么取空值（F 的每个属性值均为空值），要么等于 S 中某个元组的主码值。其中，关系 R 与 S 可以是不同的关系，也可以是同一关系，而 F 与 K 是定义在同一个域中。

例如，在"学生"关系中每个学生的"班级编号"一项，要么取空值，表示该学生还没有分配班级；要么取值必须与"班级"关系中的某个元组的"班级编号"相同，表示这个学生分配到某个班级学习。这就是参照完整性。如果"学生"关系中某个学生的"班级编号"取值不能与"班级"关系中任何一个元组的"班级编号"值相同，表示这个学生被分配到不属于所在学校的班级学习，这与实际应用环境不相符，显然是错误的，这就需要在关系模型中定义参照完整性进行约束。

在 MySQL 中，参照完整性可以通过在创建表（CREATE TABLE）或者修改表（ALTER TABLE）时定义一个外键声明来实现。

MySQL 有两种常用的引擎类型（MyISAM 和 InnoDB），目前，只有 InnoDB 引擎类型支持外键约束。InnoDB 引擎类型中声明外键的基本语法格式如下。

```
[CONSTRAINT [SYMBOL]]
FOREIGN KEY (index_col_name,…)  reference_definition
```

reference_definition 主要用于定义外键所参照的表、列、参照动作的声明和设置策略等 4 部分内容。它的基本语法格式如下。

```
REFERENCES tbl_name [(index_col_name,…)]
              [MATCH FULL | MATCH PARTIAL | MATCH SIMPLE]
              [ON DELETE reference_option]
              [ON UPDATE reference_option]
```

参数说明如下。

☑ index_col_name：用于指定被设置为外键的列。

☑ tbl_name：用于指定外键所参照的表名。这个表称为参照表（或父表），而外键所在的表称作参照表（或子表）。

☑ col_name：用于指定被参照的列名。外键可以引用被参照表中的主键或候选键，也可以引用被参照表中某些列的一个组合，但这个组合不能是被参照表中随机的一组列，必须保存该组合的取值在被参照表中是唯一的。外键中的所有列值在被参照表的列中必须全部存在，也就是通过外键来对参照表某些列（外键）的取值进行限定与约束。

☑ ON DELETE | ON UPDATE：指定参照动作相关的 SQL 语句。可为每个外键指定对应于 DELETE 语句和 UPDATE 语句的参照动作。

☑ reference_option：指定参照完整性约束的实现策略。其中，当没有明确指定参照完整性的实现策略时，两个参照动作会默认使用 RESTRICT。具体的策略可选值如表 8.1 所示。

表8.1　策略可选值

可选值	说明
RESTRICT	限制策略：当要删除或更新被参照表的记录，如果在外键表中有记录与之关联，则系统拒绝对被参照表的删除或更新操作
CASCADE	级联策略：从被参照表中删除或更新记录行时，自动删除或更新参照表匹配的记录行
SET NULL	置空策略：当从被参照表中删除或更新记录行时，设置参照表中与之对应的外键列的值为NULL。这个策略需要被参照表中的外键列没有声明限定词 NOT NULL
NO ACTION	不采取设置策略：当一个相关的外键值在被参照表中时，删除或更新被参照表中键值的动作不被允许。该策略的动作语言与 RESTRICT 相同

实例 8.4　创建学生信息表 t_stu，并为其设置参照完整性约束（拒绝删除或更新被参照表中被参照列上的外键值），即将 classid 字段设置为外键。（实例位置：资源包\Code\08\04）

首先创建班级表 t_class，将班级编号 id 字段设为主键，代码如下。

```
CREATE TABLE t_class(
id int(11) NOT NULL AUTO_INCREMENT,
name varchar(45),
PRIMARY KEY (id)
);
```

然后创建学生信息表 t_stu，将班级编号 classid 字段设置为外键，代码如下。

```
CREATE TABLE t_stu (
id int auto_increment,
name varchar(30) not null,
sex varchar(2),
classid int not null,
birthday date,
remark varchar(100),
primary key (id),
FOREIGN KEY (classid)
REFERENCES t_class(id)
ON DELETE RESTRICT
ON UPDATE RESTRICT
);
```

运行上述代码，其结果如图 8.4 所示。

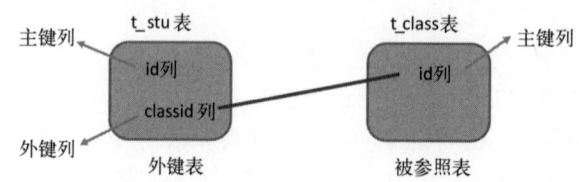

图 8.4　将 t_stu 表中的 classid 字段设置为外键

在本程序中，外键表和被参照表分别为 t_stu 表和 t_class 表，两者的关系如图 8.5 所示。

图 8.5　t_stu 表和 t_class 表的关系

说明 要设置为主外键关系的两张数据表必须具有相同的存储引擎，如都是 InnoDB，并且相关联的两个字段的类型必须一致。

设置外键时，通常需要遵守以下规则。

① 被参照表必须是已经存在的，或者是当前正在创建的表。如果是当前正在创建的表，也就是说，被参照表与参照表是同一个表，这样的表称为自参照表（Self-referencing Table），这种结构称为自参照完整性（Self-referential Integrity）。

② 必须为被参照表定义主键。

③ 必须在被参照表名后面指定列名或列名的组合。这个列或列组合必须是这个被参照表的主键或候选键。

④ 外键中列的数目必须和被参照表中的列的数据相同。

⑤ 外键中列的数据类型必须和被参照表的主键（或候选键）中的对应列的数据类型相同。

⑥ 尽管主键是不能够包含空值的，但允许在外键中出现一个空值。这意味着，只要外键的每个非空值出现在指定的主键中，这个外键的内容就是正确的。

8.1.3　用户定义完整性

用户定义完整性规则（User-defined Integrity Rule）是针对某一应用环境的完整性约束条件，它反映了某一具体应用所涉及的数据应满足的要求。关系模型提供定义和检验这类完整性规则的机制，其目的是由系统来统一处理，而不再由应用程序来完成这项工作。在实际系统中，这类完整性规则一般是在建立数据表的同时进行定义，应用编程人员不需要再做考虑，如果某些约束条件没有建立在库表一级，则应用编程人员应在各模块的具体编程中通过程序进行检查和控制。

MySQL 支持非空约束、CHECK 约束和触发器 3 种用户自定义完整性约束。其中，触发器将在第 10 章进行详细介绍。这里主要介绍非空约束和 CHECK 约束。

（1）非空约束

在 MySQL 中，非空约束可以通过在 CREATE TABLE 或 ALTER TABLE 语句中某个列定义后面加上关键字 NOT NULL 来定义，用来约束该列的取值不能为空。

实例 8.5 创建班级信息表 tb_class，并将 id 字段设置为主键，为 name 字段添加非空约束。（实例位置：资源包 \Code\08\05）

代码如下。

```
CREATE TABLE tb_class(
id int(11) NOT NULL AUTO_INCREMENT,
name varchar(45) NOT NULL,
remark varchar(100) DEFAULT NULL,
PRIMARY KEY (id)
);
```

运行上述代码，其结果如图 8.6 所示。

```
Query OK, 0 rows affected, 1 warning (0.06 sec)
```

图 8.6　为 name 字段添加非空约束

（2）CHECK 约束

与非空约束一样，CHECK 约束也可以通过在 CREATE TABLE 或 ALTER TABLE 语句中根据用户的实际完整性要求来定义。它可以分别对列或表设置 CHECK 约束，其中使用的语法如下。

```
CHECK(expr)
```

其中，expr 是一个 SQL 表达式，用于指定需要检查的限定条件。在更新表数据时，MySQL 会检查更新后的数据行是否满足 CHECK 约束中的限定条件。该限定条件可以是简单的表达式，也可以是复杂的表达式（如子查询）。

下面将分别介绍如何对列和表设置 CHECK 约束。

① 对列设置 CHECK 约束。将 CHECK 子句置于表的某个列的定义之后就是对列设置 CHECK 约束。下面将通过一个具体的实例来说明如何对列设置 CHECK 约束。

实例 8.6 创建学生信息表 tb_stu，限制其 age 年龄字段的值只能在 7 ~ 18 之间（不包括 18）的数。（实例位置：资源包 \Code\08\06）

代码如下。

```
CREATE TABLE tb_stu (
id int auto_increment,
name varchar(30) not null,
sex varchar(2),
age int not null CHECK(age>=7 and age<18),
remark varchar(100),
PRIMARY KEY (id)
);
```

运行上述代码，结果如图 8.7 所示。

Query OK, 0 rows affected (0.04 sec)

图 8.7 对列设置 CHECK 约束

向 tb_stu 表中插入一条数据，年龄为 23，代码如下。

```
insert into tb_stu values(10011,' 王晓刚 ',' 男 ',23,null);
```

运行上述代码，结果如图 8.8 所示。

mysql> insert into tb_stu values(10011,'王晓刚','男',23,null);
ERROR 3819 (HY000): Check constraint 'tb_stu_chk_1' is violated.

图 8.8 对列设置 CHECK 约束

结果中显示了错误，违反了检查约束"tb_stu_chk_1"，因为年龄不在 7 ~ 18 之间，所以插入数据的时候出现了错误。

② 对表设置 CHECK 约束。将 CHECK 子句置于表中所有列的定义以及主键约束和外键定义之后就是对表设置 CHECK 约束。

8.2  命名完整性约束

在 MySQL 中，也可以对完整性约束进行添加、修改和删除等操作。其中，为了删除和修改完整性约束，需要在定义约束的同时对其进行命名。命名完整性约束的方式是在各种完整性约束的定义说明之前加上 CONSTRAINT 子句实现的。CONSTRAINT 子句的语法格式如下。

```
CONSTRAINT <symbol>
[PRIMAR KEY 短语 |FOREIGN KEY 短语 |CHECK 短语 ]
```

参数说明如下。

☑ symbol：用于指定约束名称。这个名字是在完整性约束说明的前面被定义，在数据库里必须是唯一的。如果在创建时没有指定约束的名字，则 MySQL 将自动创建一个约束名字。

☑ PRIMAR KEY 短语：主键约束。

☑ FOREIGN KEY 短语：参照完整性约束。

☑ CHECK 短语：CHECK 约束。

 说明　在 MySQL 中，主键约束名称只能是 PRIMARY。

例如，对雇员表添加主键约束，并为其命名为 PRIMARY，可以使用下面的代码。

```
ALTER TABLE 雇员表 ADD CONSTRAINT PRIMARY
PRIMARY KEY ( 雇员编号 )
```

实例 8.7　重新创建学生信息表 t_stu，命名为 t_stu1，并为其参照完整性约束命名。

（实例位置：资源包 \Code\08\07）

代码如下。

```
CREATE TABLE t_stu1 (
id int auto_increment PRIMARY KEY,
name varchar(30) not null,
sex varchar(2),
classid int not null,
birthday date,
remark varchar(100),
CONSTRAINT fk_classid FOREIGN KEY (classid)
REFERENCES t_class(id)
ON DELETE RESTRICT
ON UPDATE RESTRICT
);
```

运行上述代码，其结果如图 8.9 所示。

Query OK, 0 rows affected (0.07 sec)

图 8.9　命名完整性约束

 说明　在定义完整性约束时，应该尽可能为其指定名字，以便在需要对完整性约束进行修改或删除时，可以很容易地找到它们。

8.3 ▶ 更新完整性约束

使用 ALTER TABLE 语句来更新或删除与列或表有关的各种约束。

8.3.1　修改完整性约束

在 MySQL 中，完整性约束不能直接被修改，若要修改只能使用 ALTER TABLE 语句先删除该约束，然后再增加一个与该约束同名的新约束。由于删除完整性约束的语法在 8.3.1 节已经介绍了，故这里只给出在 ALTER TABLE 语句中添加完整性约束的语法格式，具体语法格式如下。

```
ADD CONSTRAINT <symbol> 各种约束
```

参数说明如下。

☑ symbol：为要添加的约束指定一个名称。

☑ 各种约束：定义各种约束的语句，具体内容请参见 8.1 节和 8.2 节介绍的各种约束的添加语法。

实例 8.8　更新名称为 fk_classid 的外键约束为级联删除和级联更新，可以使用下面的代码。（实例位置：资源包 \Code\08\08）

代码如下。

```
ALTER TABLE t_stu1
ADD CONSTRAINT fk_classid FOREIGN KEY (classid)
REFERENCES tb_class(id)
ON DELETE CASCADE
ON UPDATE CASCADE
;
```

运行上述代码，其结果如图 8.10 所示。

```
Query OK, 0 rows affected (0.13 sec)
Records: 0  Duplicates: 0  Warnings: 0
```

图 8.10　更新外键约束

8.3.2　删除完整性约束

在 MySQL 中，使用 ALTER TABLE 语句，可以独立地删除完整性约束，而不会删除表本身。如果使用 DROP TABLE 语句删除一个表，那么这个表中的所有完整性约束也会自动被删除。删除完整性约束需要在 ALTER TABLE 语句中使用 DROP 关键字来实现，具体的语法格式如下。

```
DROP [FOREIGN KEY| INDEX| <symbol>] |[PRIMARY KEY]
```

参数说明如下。

☑ FOREIGN KEY：用于删除外键约束。

☑ PRIMARY KEY：用于删除主键约束。需要注意的是，在删除主键时，必须再创建一个主键，否则不能删除成功。

☑ INDEX：用于删除候选键约束。

☑ symbol：要删除的约束名称。

实例 8.9 删除名称为 fk_classid 的外键约束。（实例位置：资源包 \Code\08\09）

代码如下。

```
ALTER TABLE t_stu1 DROP FOREIGN KEY fk_classid;
```

运行上述代码，其结果如图 8.11 所示。

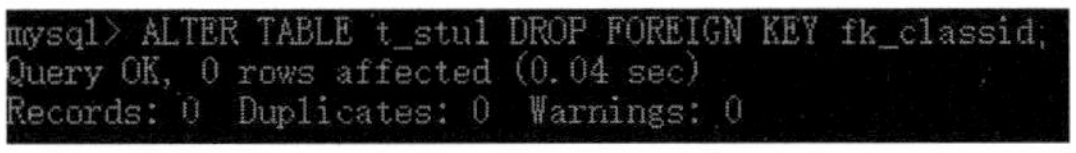

```
mysql> ALTER TABLE t_stu1 DROP FOREIGN KEY fk_classid;
Query OK, 0 rows affected (0.04 sec)
Records: 0  Duplicates: 0  Warnings: 0
```

图 8.11　删除名称为 fk_classid 的外键约束

8.4 综合案例

（1）案例描述

【综合案例】 在创建表时添加命名外键完整性约束。（实例位置：资源包 \Code\08\ 综合案例）

首先创建一个图书类别信息表，然后创建一个图书信息表，并为图书信息表设置命名外键约束，实现删除参照表中的数据时级联删除图书信息表中相关类别的图书信息。

（2）实现代码

具体步骤如下：

① 创建名称为 tb_type 的图书类别信息表，具体代码如下：

```
CREATE TABLE tb_type(
id int(11) NOT NULL AUTO_INCREMENT,
name varchar(45) DEFAULT NULL,
remark varchar(100) DEFAULT NULL,
PRIMARY KEY (id)
);
```

② 创建不添加任何外键的教材信息表 tb_book，代码如下：

```
CREATE TABLE tb_book(id int(11) not null primary key auto_increment,
name varchar(20) not null,
publishingho varchar(20) not null,
author varchar(20),
typeid int(11),
CONSTRAINT fk_typeid
FOREIGN KEY (typeid)
REFERENCES tb_type(id)
ON DELETE CASCADE
ON UPDATE CASCADE
);
```

运行结果如图 8.12 所示。

```
Query OK, 0 rows affected, 1 warning (0.04 sec)
Query OK, 0 rows affected, 2 warnings (0.07 sec)
```

图 8.12　在创建表时添加命名外键完整性约束

8.5　实战练习

【**实战练习**】　创建一个不添加任何外键的教师信息表 tb_teacher，然后通过 ALTER TABLE 语句为其添加一个名称为 fk_ departmentid 的外键约束。（实例位置：资源包\Code\08\实战练习）

实现步骤如下：

① 创建名称为 tb_department 的系信息表，具体代码如下：

```
CREATE TABLE tb_department (
    id int(11) NOT NULL AUTO_INCREMENT,
    name varchar(45) DEFAULT NULL,
    remark varchar(100) DEFAULT NULL,
    PRIMARY KEY (id)
);
```

② 创建不添加任何外键的教师信息表 tb_teacher，代码如下：

```
CREATE table tb_teacher(
id int(4) not null primary key auto_increment,
num int(10) not null ,
name varchar(20) not null,
sex varchar(4) not null,
birthday datetime,
address varchar(50),
departmentid int
);
```

③ 添加一个名称为 fk_departmentid 的外键约束，代码参考如下：

```
ALTER table tb_teacher ADD CONSTRAINT fk_departmentid
FOREIGN KEY (departmentid) REFERENCES tb_department(id)
ON DELETE RESTRICT ON UPDATE RESTRICT;
```

结果如图 8.13 所示。

```
Query OK, 0 rows affected, 1 warning (0.03 sec)
Query OK, 0 rows affected, 2 warnings (0.06 sec)
Query OK, 0 rows affected (0.07 sec)
Records: 0  Duplicates: 0  Warnings: 0
```

图 8.13　创建命名完整性约束

小结　　本章主要介绍了定义完整性约束、命名完整性约束、删除完整性约束和修改完整性约束等内容。其中，定义完整性约束和命名完整性约束是本章的重点，需要读者认真学习、灵活掌握，这在以后的数据库设计中非常实用。

扫码享受
全方位沉浸式学习

第 9 章
索引

索引是一种特殊的数据库结构，是提高数据库性能的重要方式，可以用来快速查询数据库表中的特定记录，MySQL 中所有的数据类型都可以被索引。MySQL 的索引包括普通索引、唯一性索引、全文索引、单列索引、多列索引和空间索引等。本章将介绍索引的概念、作用、不同类别，用不同的方法创建索引以及删除索引的方法等。

9.1　索引概述

在 MySQL 中，索引由数据表中一列或多列组合而成，创建索引的目的是为了优化数据库的查询速度。其中，用户创建的索引指向数据库中具体数据所在位置。当用户通过索引查询数据库中的数据时，不需要遍历所有数据库中的所有数据，大幅度提高了查询效率。

9.1.1　MySQL 索引概述

索引是一种将数据库中单列或者多列的值进行排序的结构。应用索引，可以大幅度提高查询的速度。

用户通过索引查询数据，不但可以提高查询速度，还可以降低服务器的负载。用户查询数据时，系统可以不必遍历数据表中的所有记录，而是查询索引列。一般过程的数据查询是通过遍历全部数据，并寻找数据库中的匹配记录而实现的。与一般形式的查询相比，索引就像一本书的目录。而当用户通过目录查找书中内容时，就好比用户通过目录查询某章节的某个知识点。这样就使得用户在查找内容过程中缩短大量时间，帮助用户有效地提高查找速度。所以，使用索引可以有效地提高数据库系统的整体性能。

应用 MySQL 数据库时，并非索引一直能够优化查询。凡事都有双面性，使用索引可以提高检索数据的速度，对于依赖关系的子表和父表之间的联合查询时，可以提高查询速度，并且可以提高整体的系统性能。但是，创建索引和维护需要耗费时间，并且该耗费时间与数据量的大小成正比；另外，索引需要占用物理空间，给数据的维护造成很大影响。

整体来说，索引可以提高查询的速度，但是会影响用户操作数据库的插入操作。因为，向有索引的表中插入记录时，数据库系统会按照索引进行排序。所以，用户可以将索引删除后，插入数据，当数据插入操作完成后，用户可以重新创建索引。

9.1.2 MySQL 索引分类

MySQL 的索引包括普通索引、唯一性索引、全文索引、单列索引、多列索引和空间索引等，下面分别介绍。

（1）普通索引

普通索引即不应用任何限制条件的索引，该索引可以在任何数据类型中创建。字段本身的约束条件可以判断其值是否为空或唯一。创建该类型索引后，用户在查询时，便可以通过索引进行查询。在某数据表的某一字段中，建立普通索引后，用户需要查询数据时，只需根据该索引进行查询即可。

（2）唯一性索引

使用 UNIQUE 参数可以设置唯一索引。创建该索引时，索引的值必须唯一，通过唯一索引，用户可以快速定位某条记录。主键是一种特殊的唯一索引。

（3）全文索引

使用 FULLTEXT 参数可以设置索引为全文索引。全文索引只能创建在 CHAR、VARCHAR或者 TEXT 类型的字段上。查询数据量较大的字符串类型的字段时，使用全文索引可以提高查询速度。例如，查询带有文章回复内容的字段，可以应用全文索引方式。需要注意的是，在默认情况下，应用全文搜索大小写不敏感；如果索引的列使用二进制排序后，可以执行大小写敏感的全文索引。

（4）单列索引

单列索引即只对应一个字段的索引。可以包括上述叙述的 3 种索引方式。应用该索引的条件只需要保证该索引值对应一个字段即可。

（5）多列索引

多列索引是在表的多个字段上创建一个索引。该索引指向创建时对应的多个字段，用户可以通过这几个字段进行查询。要想应用该索引，用户必须使用这些字段中的第一个字段。

（6）空间索引

使用 SPATIAL 参数可以设置索引为空间索引。空间索引只能建立在空间数据类型上，这样可以提高系统获取空间数据的效率。MySQL 中只有 MyISAM 存储引擎支持空间检索，而且索引的字段不能为空值。

9.2 创建索引

创建索引是指在某个表中至少一列中建立索引，以便提高数据库性能。其中，建立索引可以提高表的访问速度。本节通过几种不同的方式创建索引，其中包括在建立数据库时创建索引、在已建立的数据表中创建索引和修改数据表结构创建索引。

9.2.1 在建立数据表时创建索引

在建立数据表时可以直接创建索引，这种方式比较直接，且方便、易用。在建立数据表时创建索引的基本语法结构如下。

```
CREATE TABLE table_name(
属性名 数据类型 [ 约束条件 ],
属性名 数据类型 [ 约束条件 ],
...
属性名 数据类型
[UNIQUE | FULLTEXT | SPATIAL ] INDEX |KEY
[ 别名 ]( 属性名 1 [( 长度 )] [ASC | DESC])
);
```

其中，属性名后的属性值含义如下。

☑ UNIQUE：可选项，表明索引为唯一性索引。

☑ FULLTEXT：可选项，表明索引为全文搜索。

☑ SPATIAL：可选项，表明索引为空间索引。

☑ INDEX 和 KEY：用于指定字段索引，用户在选择时，只需要选择其中的一种即可；另外别名为可选项，其作用是给创建的索引取新名称。

别名的参数如下。

☑ 属性名 1：指索引对应的字段名称，该字段必须被预先定义。

☑ 长度：可选项，指索引的长度，必须是字符串类型才可以使用。

☑ ASC 和 DESC：可选项，ASC 表示升序排列，DESC 参数表示降序排列。

（1）普通索引创建

创建普通索引，即不添加 UNIQUE、FULLTEXT 等任何参数。

实例 9.1 新建数据库 db_database07，在此数据库下创建表名为 score 的数据表，并在该表的 id 字段上建立索引。（实例位置：资源包 \Code\09\01）

代码及运行结果如图 9.1 所示。

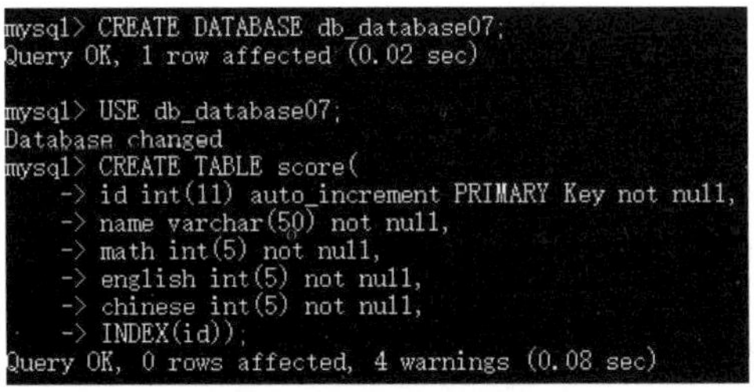

图 9.1 创建普通索引

使用 SHOW CREATE TABLE 语句查看该表的结构，在命令提示符中输入的代码，具体代码及运行结果见图 9.2。

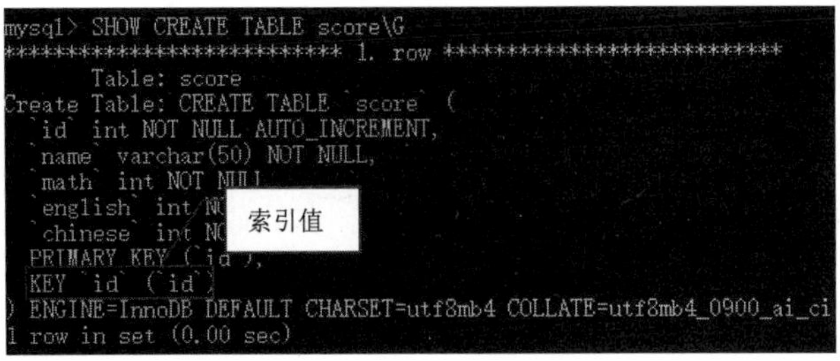

图 9.2 查看数据表结构

从图 9.2 中可以看到，该表结构的索引为 id，则可以说明该表的索引建立成功。

（2）创建唯一性索引

创建唯一性索引与创建一般索引的语法结构大体相同，但是在创建唯一性索引的时候，需要使用 UNIQUE 参数进行约束。

实例 9.2 **创建一个表名为 address 的数据表，并指定该表的 id 字段上建立唯一性索引。**（实例位置：资源包 \Code\09\02）

代码及运行结果见图 9.3。

图 9.3　查看唯一索引的表结构

从图 9.3 中可以看到，该表的 id 字段上已经建立了一个名为 address 的唯一性索引。

> **说明**　虽然添加唯一性索引可以约束字段的唯一性，但是有时候并不能提高用户查找速度，即不能实现优化查询目的。所以，读者在使用过程中需要根据实际情况来选择唯一性索引。

（3）创建全文索引

与创建普通索引和唯一性索引不同，全文索引的创建只能作用在 CHAR、VARCHAR、TEXT 类型的字段上。创建全文索引需要使用 FULLTEXT 参数进行约束。

实例 9.3 **创建一个名称为 cards 的数据表，并在该表的 number 字段上创建全文索引。**（实例位置：资源包 \Code\09\03）

代码如下。

```
create table cards(
id int(11) auto_increment primary key not null,
name varchar(50),
number bigint(11),
info varchar(50),
FULLTEXT KEY cards_info(info));
```

使用 SHOW CREATE TABLE 语句查看表结构，其代码如下。

```
SHOW CREATE TABLE cards\G
```

运行结果如图 9.4 所示。

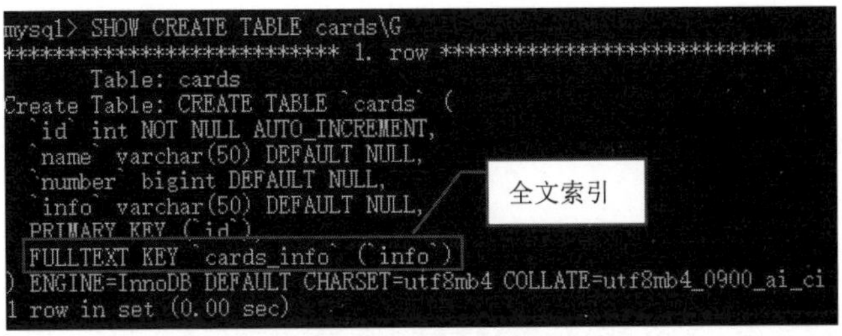

图9.4 查看全文索引的数据表结构

（4）创建单列索引

创建单列索引，即在数据表的单个字段上创建索引。创建该类型索引不需要引入约束参数，用户在建立时只需指定单列字段名，即可创建单列索引。

实例 9.4 创建名称为 telephone 的数据表，并指定在 tel 字段上建立名称为 tel_num 的单列索引。（实例位置：资源包 \Code\09\04）

代码如下。

```
create table telephone(
id int(11) primary key auto_increment not null,
name varchar(50) not null,
tel varchar(50) not null,
INDEX tel_num(tel(20))
);
```

运行上述代码后，使用 SHOW CREATE TABLE 语句查看表的结构，其运行结果如图9.5 所示。

图9.5 查看单列索引表的数据表结构

> **说明** 数据表中的字段长度为 50，而创建的索引的字段长度为 20，这样做的目的是为了提高查询效率，优化查询速度。

（5）创建多列索引

与创建单列索引相仿，创建多列索引即指定表的多个字段即可实现。

实例 9.5 创建名称为 information 的数据表，并指定 name 和 sex 为多列索引。
（实例位置：资源包 \Code\09\05）

代码如下。

```
create table information(
id int(11) auto_increment primary key not null,
```

```
name varchar(50) not null,
sex varchar(5) not null,
birthday varchar(50) not null,
INDEX info(name,sex)
);
```

应用 SHOW CREATE TABLE 语句查看创建多列的数据表结构，其运行结果如图 9.6 所示。

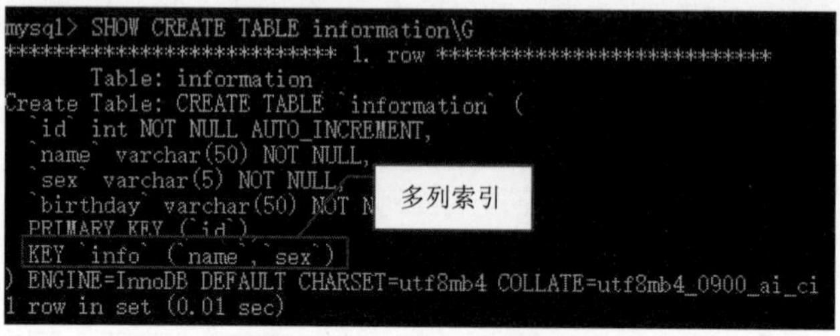

图 9.6　查看多列索引表的数据结构

需要注意的是，在多列索引中，只有查询条件中使用了这些字段中的第一个字段（即上面示例中的 name 字段）时，索引才会被使用。

> **说明** 触发多列索引的条件是用户必须使用索引的第一字段，如果没有用到第一字段，则索引不起任何作用，用户想要优化查询速度，可以应用该类索引形式。

（6）创建空间索引

创建空间索引时，需要设置 SPATIAL 参数。InnoDB 和 MyISAM 支持空间类型的 R 树索引，其他存储引擎使用 B 树来索引空间类型（除了 ARCHIVE，它不支持空间类型索引）。

实例 9.6　创建一个名称为 goodslist 的数据表，并创建一个名为 listinfo 的空间索引。（实例位置：资源包 \Code\09\06）

```
create table goodslist(
id int(11) primary key auto_increment not null,
goods geometry not null,
SPATIAL INDEX listinfo(goods)
);
```

运行上述代码，创建成功后，在命令提示符中应用 SHOW CREATE TABLE 语句查看表的结构。其运行结果如图 9.7 所示。

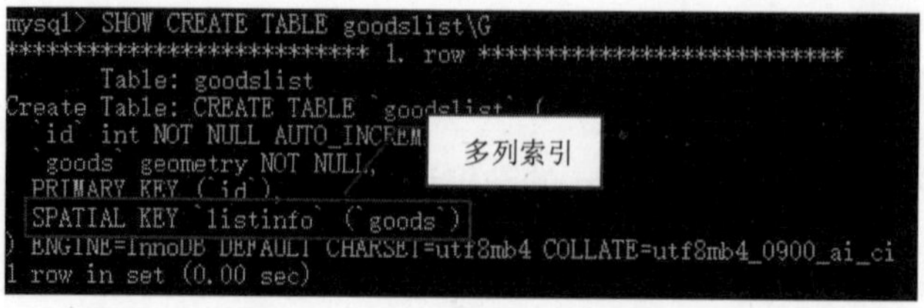

图 9.7　查看空间索引表的结构

从图 9.7 中可以看到，goods 字段上已经建立名称为 listinfo 的空间索引，其中，goods 字段不能为空，且数据类型是 geometry。该类型是空间数据类型。空间类型不能用其他类型代替，否则在生成空间索引时会产生错误且不能正常创建该类型索引。

 说明 空间类型除了上述示例中提到的 geometry 类型外，还包括如 point、linestring、polygon 等类型。这些空间数据类型在平常的操作中很少被用到。

9.2.2 在已建立的数据表中创建索引

在 MySQL 中，不但可以在创建数据表时创建索引，也可以直接在已经创建的表中创建索引。其基本的命令结构如下所示。

```
CREATE [UNIQUE | FULLTEXT |SPATIAL ] INDEX index_name
ON table_name( 属性 [(length)] [ ASC | DESC]);
```

命令的参数说明如下。

☑ index_name：为索引名称，该参数作用是给用户创建的索引赋予新的名称。

☑ table_name：为表名，即指定创建索引的表名称。

☑ 可选参数：指定索引类型，包括 UNIQUE（唯一性索引）、FULLTEXT（全文索引）、SPATIAL（空间索引）。

☑ 属性参数：指定索引对应的字段名称。该字段必须已经预存在用户想要操作的数据表中，如果该数据表中不存在用户指定的字段，则系统会提示异常。

☑ length：为可选参数，用于指定索引长度。

☑ ASC 和 DESC 参数：指定数据表的排序顺序。

与建立数据表时创建索引相同，在已建立的数据表中创建索引同样包含 6 种索引方式。

（1）创建普通索引

实例 9.7 为 user 表创建名为 user_info 的普通索引。（实例位置：资源包 \Code\09\07）

创建数据表 user，代码如下。

```
create table user(
user_id int(10) not null,
consignee varchar(30) not null,
email varchar(30),
address varchar(60),
mobile varchar(20)
);
```

首先，应用 SHOW CREATE TABLE 语句查看 user 表的结构，其运行结果如图 9.8 所示。

```
mysql> SHOW CREATE TABLE user\G
*************************** 1. row ***************************
       Table: user
Create Table: CREATE TABLE `user` (
  `user_id` int NOT NULL,
  `consignee` varchar(30) NOT NULL,
  `email` varchar(30) DEFAULT NULL,
  `address` varchar(60) DEFAULT NULL,
  `mobile` varchar(20) DEFAULT NULL
) ENGINE=InnoDB DEFAULT CHARSET=utf8mb4 COLLATE=utf8mb4_0900_ai_ci
1 row in set (0.01 sec)
```

图 9.8 查看未添加索引前的表结构

然后，在该表中创建名称为 user_info 的普通索引，在命令提示符中输入如下命令。

```
CREATE INDEX user_info ON user(user_id);
```

输入上述命令后，应用 SHOW CREATE TABLE 语句查看该数据表的结构。其运行结果如图 9.9 所示。

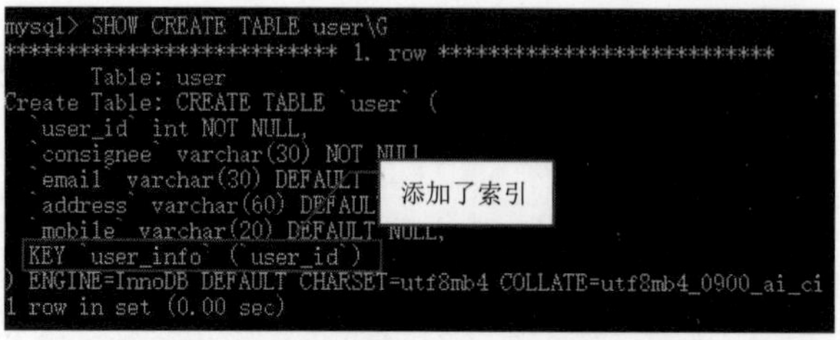

图 9.9　查看添加索引后的表格结构

从图 9.9 中可以看出，名称为 user_info 的普通索引已经存在了。

（2）创建唯一性索引

在已经存在的数据表中建立唯一性索引的命令如下。

```
CREATE UNIQUE INDEX 索引名 ON 数据表名称 ( 字段名称 );
```

实例 9.8　下面在商品表 goods 中的商品 id 字段上建立名为 goods_id 的唯一性索引。
（实例位置：资源包 \Code\09\08 ）

创建商品表 goods，代码如下。

```
create table goods(
id int(10) not null comment ' 商品id ',
category_id int(10) not null comment ' 分类id ',
name varchar(30) comment ' 名称 ',
keyword varchar(20) comment ' 关键字 ',
price decimal(10,2) comment ' 价格 ',
stock int(10) comment ' 库存量 ',
sell_count int(10) comment ' 销量 '
);
```

在商品表 goods 中并没有索引，下面在此表的商品 id 字段建立唯一性索引 goods_id，代码如下。

```
CREATE UNIQUE INDEX goods_id ON goods(id);
```

输入上述命令后，应用 SHOW CREATE TABLE 语句查看该数据表的结构。其运行结果如图 9.10 所示。

（3）创建全文索引

在 MySQL 中，为已经存在的数据表创建全文索引的命令如下。

```
CREATE FULLTEXT INDEX 索引名 ON 数据表名称 ( 字段名称 );
```

其中，FULLTEXT 用来设置索引为全文索引。操作的数据表类型必须为 MyISAM。字段类型必须为 VARCHAR、CHAR、TEXT 等。

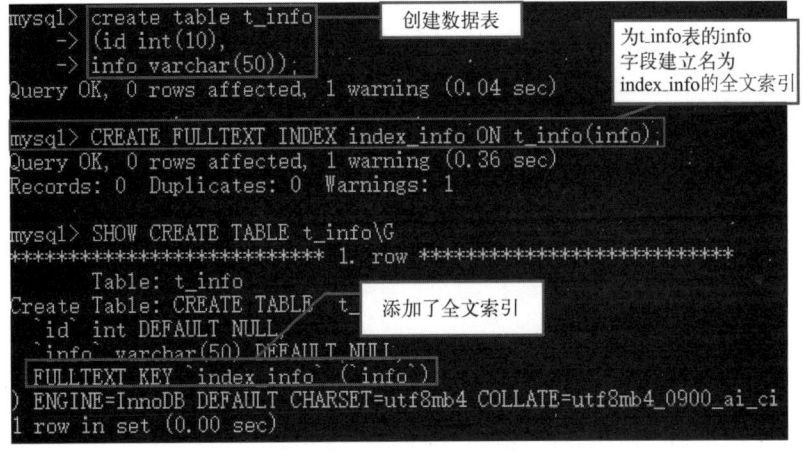

图 9.10　查看添加唯一性索引后的表格结构

实例 9.9　下面在 t_info 表中的 info 字段上建立名为 index_info 的全文索引。（实例位置：资源包 \Code\09\09）

创建完数据表和全文索引后，应用 SHOW CREATE TABLE 语句查看该数据表的结构，具体代码及运行结果如图 9.11 所示。

图 9.11　查看添加全文索引后的表格结构

（4）创建单列索引

与建立数据表时创建单列索引相同，用户可以设置单列索引。其命令结构如下。

```
CREATE INDEX 索引名 ON 数据表名称 ( 字段名称 ( 长度 ));
```

设置字段名称 (长度)，可以优化查询速度，提高查询效率。

实例 9.10　下面在 t_add 表中的 address 字段上建立名为 index_add 的单列索引。address 字段的数据类型为 varchar(20)，设置索引的数据类型为 char(4)。（实例位置：资源包 \Code\09\10）

创建完数据表和单列索引后，应用 SHOW CREATE TABLE 语句查看该数据表的结构。具体代码及运行结果如图 9.12 所示。

（5）创建多列索引

建立多列索引与建立单列索引类似，语法如下。

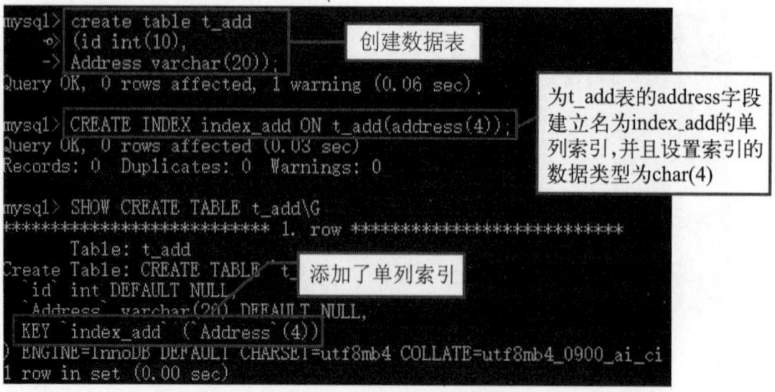

图 9.12　查看添加单列索引后的表格结构

CREATE INDEX 索引名 ON 数据表名称 (字段名称 1, 字段名称 2, …);

　　与建立数据表时创建多列索引相同，当创建多列索引时，用户必须使用第一字段作为查询条件，否则索引不能生效。

实例 9.11　下面在 t_add1 表中的 name 和 address 字段上建立名为 index_name 的多列索引。(实例位置: 资源包 \Code\09\11)

　　创建完数据表和多列索引后，应用 SHOW CREATE TABLE 语句查看该数据表的结构，具体代码及运行结果如图 9.13 所示。

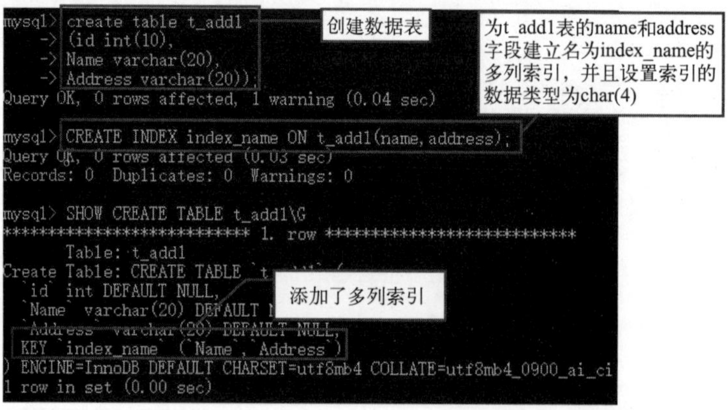

图 9.13　查看添加多列索引后的表格结构

（6）创建空间索引
　　建立空间索引，用户需要应用 SPATIAL 参数作为约束条件，语法如下。

CREATE SPATIAL INDEX 索引名 ON 数据表名称 (字段名称);

　　其中，SPATIAL 用来设置索引为空间索引。用户要操作的数据表类型必须为 MyISAM 类型。并且字段名称必须存在非空约束，否则将不能正常创建空间索引。

9.2.3　修改数据表结构添加索引

　　修改已经存在表上的索引，可以通过 ALTER TABLE 语句为数据表添加索引，其基本结构如下。

```
ALTER TABLE table_name ADD [ UNIQUE | FULLTEXT |SPATIAL ] INDEX index_name( 属性名 [(length)]
[ASC | DESC]);
```

（1）添加普通索引

首先，应用SHOW CREATE TABLE语句查看student表的结构，其运行结果如图9.14所示。

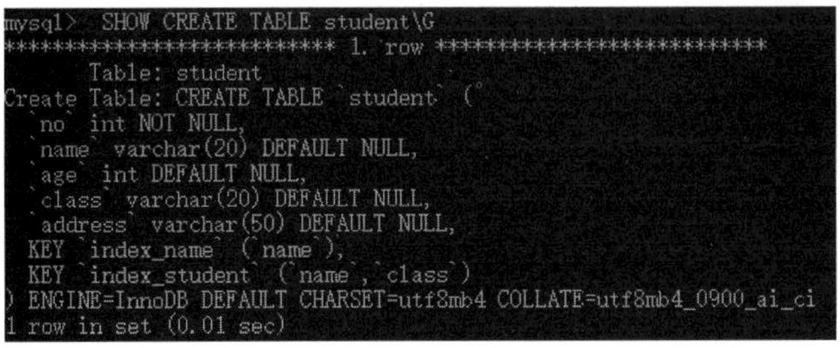

```
mysql> SHOW CREATE TABLE student\G
*************************** 1. row ***************************
       Table: student
Create Table: CREATE TABLE `student` (
  `no` int NOT NULL,
  `name` varchar(20) DEFAULT NULL,
  `age` int DEFAULT NULL,
  `class` varchar(20) DEFAULT NULL,
  `address` varchar(50) DEFAULT NULL,
  KEY `index_name` (`name`),
  KEY `index_student` (`name`,`class`)
) ENGINE=InnoDB DEFAULT CHARSET=utf8mb4 COLLATE=utf8mb4_0900_ai_ci
1 row in set (0.01 sec)
```

图 9.14　查看未添加索引前的表结构

然后，在该表中添加名称为 ind_add 的普通索引，在命令提示符中输入如下命令。

```
ALTER TABLE student ADD INDEX ind_add(address(20));
```

输入上述命令后，应用 SHOW CREATE TABLE 语句查看该数据表的结构，运行结果如图 9.15 所示。

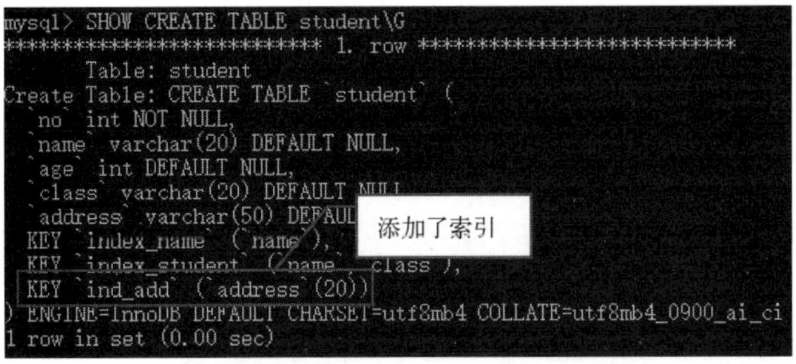


```
mysql> SHOW CREATE TABLE student\G
*************************** 1. row ***************************
       Table: student
Create Table: CREATE TABLE `student` (
  `no` int NOT NULL,
  `name` varchar(20) DEFAULT NULL,
  `age` int DEFAULT NULL,
  `class` varchar(20) DEFAULT NULL,
  `address` varchar(50) DEFAUL
  KEY `index_name` (`name`),
  KEY `index_student` (`name`,`class`),
  KEY `ind_add` (`address`(20))
) ENGINE=InnoDB DEFAULT CHARSET=utf8mb4 COLLATE=utf8mb4_0900_ai_ci
1 row in set (0.00 sec)
```

图 9.15　查看添加索引后的表格结构

从图 9.15 中可以看出，名称为 ind_add 的数据表添加成功，已经成功向 student 数据表中添加名称为 ind_add 的普通索引。

> **说明**　从功能上看，修改数据表结构添加索引与在已存在数据表中建立索引所实现功能大体相同，二者均是在已经建立的数据表中添加或创建新的索引。所以，用户在使用的时候，可以根据个人需求和实际情况，选择适合的方式向数据表中添加索引。

（2）添加唯一性索引

与已存在的数据表中添加索引的过程类似，在数据表中添加唯一性索引的命令结构如下所示。

```
ALTER TABLE 表名 ADD UNIQUE INDEX 索引名称 ( 字段名称 );
```

参数说明如下：

☑ ALTER 语句：一般是用来修改数据表结构的语句。

☑ ADD：添加索引的关键字。

☑ UNIQUE：设置索引唯一性的参数。

（3）添加全文索引

创建全文索引与创建普通索引和唯一索引不同，全文索引创建只能作用在 CHAR、VARCHAR、TEXT 类型的字段上。创建全文索引需要使用 FULLTEXT 参数进行约束。

为已经存在的数据表添加全文索引的命令如下。

```
ALTER TABLE 表名 ADD  FULLTEXT INDEX 索引名称 ( 字段名称 );
```

其中，FULLTEXT 用来设置索引为全文索引。操作的数据表类型必须为 MyISAM 类型。字段类型同样必须为 VARCHAR、CHAR、TEXT 等类型。

实例 9.12 使用 ALTER INDEX 语句在数据表 emp 的 address 字段上创建名为 index_address 的全文索引。（实例位置：资源包 \Code\09\12）

创建和添加完数据表及索引后，应用 SHOW CREATE TABLE 语句查看该数据表的结构。具体代码及运行结果如图 9.16 所示。

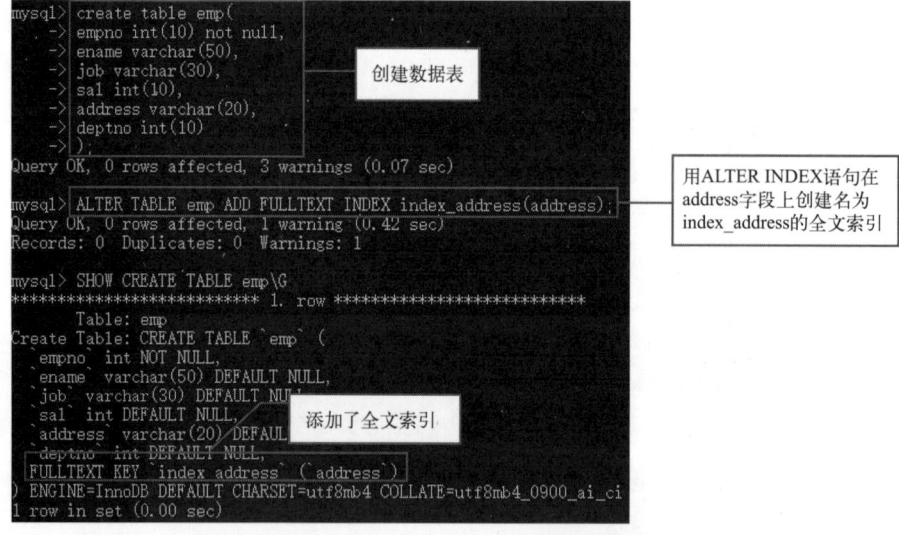

图 9.16　查看使用 ALTER TABLE 语句创建的全文索引

（4）添加单列索引

与建立数据表时创建单列索引相同，用户可以设置单列索引。其命令结构如下。

```
ALTER TABLE 表名 ADD  INDEX 索引名称 ( 字段名称 ( 长度 ));
```

用户可以设置字段名称长度，以便优化查询速度，提高执行效率。

（5）添加多列索引

添加多列索引与建立单列索引类似。其主要命令结构如下。

```
ALTER TABLE 表名 ADD  INDEX 索引名称 ( 字段名称1, 字段名称 2,…);
```

使用 ALTER 修改数据表结构同样可以添加多列索引。与建立数据表时创建多列索引相同，当创建多列索引时，用户必须使用第一字段作为查询条件，否则索引不能生效。

（6）添加空间索引

添加空间索引，用户需要应用 SPATIAL 参数作为约束条件。其命令结构如下。

```
ALTER TABLE 表名 ADD  SPATIAL INDEX 索引名称 ( 字段名称 );
```

其中，SPATIAL 用来设置索引为空间索引。用户要操作的数据表类型必须为 MyISAM 类型，并且字段名称必须存在非空约束，否则将不能正常创建空间索引。该类别索引并不常用，初学者只需要了解该索引类型即可。

9.3　删除索引

在 MySQL 中，创建索引后，如果用户不再需要该索引，则可以删除指定表的索引。因为这些已经被建立且不常使用的索引，一方面可能会占用系统资源，另一方面也可能导致更新速度下降，这极大地影响了数据表的性能。所以，在用户不需要该表的索引时，可以手动删除指定索引。其中，删除索引可以通过 DROP 语句来实现，其基本的命令如下。

```
DROP INDEX index_name ON table_name;
```

参数说明如下：

☑ index_name 是用户需要删除的索引名称。

☑ table_name 指定数据表名称。

下面应用示例向读者展示如何删除数据表中已经存在的索引。

实例 9.13　删除 address 表中的索引。（实例位置：资源包 \Code\09\13）

首先应用 SHOW CREATE TABLE 语句查看 address 表的索引，其运行结果如图 9.17 所示。

图 9.17　查看 address 数据表内的索引

从图 9.17 中可以看出，名称为 address 的数据表中存在唯一索引 address。

然后使用 DROP 命令删除此索引，如下命令。

```
DROP INDEX address ON address;
```

在用户顺利删除索引后，为确定该索引是否已被删除，用户可以再次应用 SHOW CREATE TABLE 语句来查看数据表结构。其运行结果如图 9.18 所示。

从图 9.18 可以看出，名称为 address 的唯一索引已经被删除。

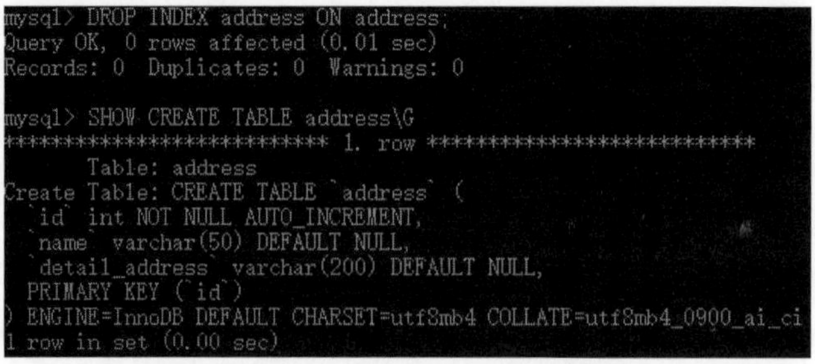

图 9.18　再次查看 address 数据表结构

9.4 综合案例

（1）案例描述

【综合案例】 创建部门信息表 dept，然后用修改数据表结构的方式为部门名称列添加全文索引。（实例位置：资源包 \Code\09\ 综合案例）

（2）实现代码

步骤如下：

① 创建部门信息表 dept，代码如下。

```
create table dept(
deptno int(10),
dname varchar(30)
);
```

② 为 dept 表添加全文索引，代码如下。

```
ALTER TABLE dept ADD FULLTEXT INDEX index_dname(dname);
```

③ 应用 SHOW CREATE TABLE 语句查看 dept 表的索引，代码如下。

```
SHOW CREATE TABLE dept\G
```

运行结果如图 9.19 所示。

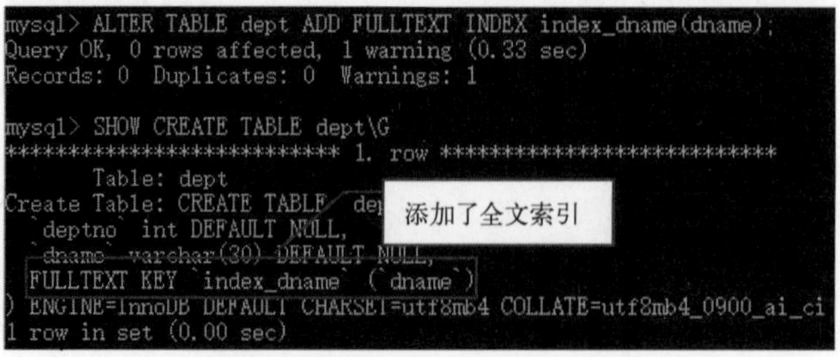

图 9.19　查看 dept 数据表内的索引

 **实战练习**

【实战练习】 使用 DROP 语句删除 dept 表的全文索引 index_dname。（实例位置：资源包 \Code\09\ 实战练习）

使用 DROP 命令删除此索引，命令如下。

```
DROP INDEX index_dname ON dept;
```

在删除索引后，为确定该索引是否已被删除，可以再次应用 SHOW CREATE TABLE 语句来查看数据表结构，运行结果如图 9.20 所示。

```
mysql> DROP INDEX index_dname ON dept;
Query OK, 0 rows affected (0.05 sec)
Records: 0  Duplicates: 0  Warnings: 0

mysql> SHOW CREATE TABLE dept\G
*************************** 1. row ***************************
       Table: dept
Create Table: CREATE TABLE `dept` (
  `deptno` int DEFAULT NULL,
  `dname` varchar(30) DEFAULT NULL
) ENGINE=InnoDB DEFAULT CHARSET=utf8mb4 COLLATE=utf8mb4_0900_ai_ci
1 row in set (0.00 sec)
```

图 9.20 再次查看 dept 数据表结构

从图 9.20 可以看出，名称为 index_dname 的全文索引已经被删除了。

 小结　　本章对 MySQL 数据库的索引的基础知识、创建索引、删除索引进行了详细讲解，创建索引的内容是本章的重点。读者应该重点掌握创建索引的 3 种方法，分别为创建表的时候创建索引、使用 CREATE INDEX 语句来创建索引和使用 ALTER TABLE 语句来创建索引。

第 10 章
视图

扫码享受
全方位沉浸式学习

视图是从一个或多个表中导出的表，是一种虚拟存在的表。视图就像一个窗口，通过这个窗口可以看到系统专门提供的数据。这样，用户可以不用看到整个数据库表中的数据，而只关心对自己有用的数据。视图可以使用户的操作更方便，而且可以保障数据库系统的安全性。本章将介绍视图的含义和作用，视图定义的原则和创建视图的方法，并对修改视图、查看视图和删除视图的方法进行了详细的讲解。

10.1 视图概述

10.1.1 视图的概念

视图是由数据库中的一个表或多个表导出的虚拟表，方便用户对数据的操作。视图看起来像表，因为看起来具有表的所有实质性的组成，包括名称、以命名排列的数据行，以及与所有其他真正的表一起保存在数据库中的定义。另外，可以在许多使用表名的 SQL 语句中使用视图名。但是使视图成为"虚拟的"而不是"真正的"的表的原因是，在视图中看到的数据存储在用于创建视图的表中，而不存在于视图本身。

视图中的内容是由查询定义来的，并且视图和查询都是通过 SQL 语句定义的，它们有着许多相同之处，但又有很多不同之处。

视图与查询的不同点在于：

① 存储：视图存储为数据库设计的一部分，而查询则不是。视图可以禁止所有用户访问数据库中的基表，而要求用户只能通过视图操作数据。这种方法可以保护用户和应用程序不受某些数据库修改的影响，同样也可以保护数据表的安全性。

② 排序：可以排序任何查询结果，但是只有当视图包括 TOP 子句时才能排序视图。

③ 加密：可以加密视图，但不能加密查询。

注意

> 因为视图中并不包含数据，所以在每次使用视图时，都必须执行定义视图时的所有查询。如果在创建复杂的视图时使用了多表连接，或者使用了视图嵌套，则性能可能会降低，因此在实现使用了大量视图的应用前需要进行测试。

10.1.2　视图的作用

对其中所引用的基础表来说，视图的作用类似于筛选。定义视图的筛选可以来自当前或其他数据库的一个或多个表，或者其他视图。通过视图进行查询没有任何限制，通过它们进行数据修改时的限制也很少。下面将视图的作用归纳为如下几点。

（1）简单性

视图可以是比较复杂的多表关联查询，在每次执行相同的查询时，只需要一条简单的查询视图语句，就可以解决复杂的查询问题。视图简化了操作的复杂性，使初学者不必掌握复杂的查询语句，也可以实现多个数据表间的复杂查询工作。而且对一个视图的访问要比对多个表的访问容易得多，大大简化了用户的操作。

（2）安全性

视图可以作为一种安全机制，通过视图可以限定用户查看和修改的数据表或列，其他的数据信息只能是有访问权限的用户才能查看和修改。例如：对于工资表中的信息，一般员工只能看到表中的姓名、办公室、工作电话和部门等，只有负责相关操作的人才有权限查看或修改。如果某一用户想要访问视图的结果集，必须被授予访问权限。

（3）逻辑数据独立性

视图可以使应用程序和数据库表在一定程度上独立。如果没有视图，程序是建立在数据库表上的。有了视图之后，程序可以建立在视图之上，从而程序与数据库表被视图分割开来。

10.2　创建视图

创建视图是指在已经存在的数据库表上建立视图。视图可以建立在一张表中，也可以建立在多张表中。

10.2.1　查看创建视图的权限

创建视图需要具有 CREATE VIEW 的权限。同时应该具有查询涉及的列的 SELECT 权限。可以使用 SELECT 语句来查询这些权限信息，查询语法如下：

```
SELECT selete_priv,create_view_priv FROM mysql.user WHERE user='用户名';
```

参数说明如下：

☑ selete_priv：表示用户是否具有 SELECT 权限，Y 表示拥有 SELECT 权限，N 表示没有。

☑ create_view_priv：表示用户是否具有 CREATE VIEW 权限；mysql.user 表示 MySQL 数据库下面的 user 表。

☑ 用户名：表示要查询是否拥有 DROP 权限的用户，该参数需要用单引号引起来。

实例 10.1 查询MySQL中root用户是否具有创建视图的权限。（实例位置：资源包\Code\10\01）

代码及执行结果如图 10.1 所示。

```
mysql> SELECT select_priv,create_view_priv FROM mysql.user WHERE user='root';
+-------------+------------------+
| select_priv | create_view_priv |
+-------------+------------------+
| Y           | Y                |
+-------------+------------------+
1 row in set (0.00 sec)
```

图 10.1 查看用户是否具有创建视图的权限

结果中"select_priv"和"create_view_priv"列的值都为 Y，这表示 root 用户具有 SELECT（查看）和 CREATE VIEW（创建视图）的权限。

10.2.2 在 MySQL 中创建视图

在 MySQL 中，创建视图是通过 CREATE VIEW 语句实现的。其语法如下：

```
CREATE [ALGORITHM={UNDEFINED|MERGE|TEMPTABLE}]
        VIEW 视图名 [( 属性清单 )]
        AS SELECT 语句
        [WITH [CASCADED|LOCAL] CHECK OPTION];
```

☑ ALGORITHM：是可选参数，表示视图选择的算法；

☑ 视图名：表示要创建的视图名称；

☑ 属性清单：是可选参数，指定视图中各个属性的名词，默认情况下与 SELECT 语句中查询的属性相同；

☑ SELECT 语句：是一个完整的查询语句，表示从某个表中查出某些满足条件的记录，将这些记录导入视图中；

☑ WITH CHECK OPTION：是可选参数，表示更新视图时要保证在该视图的权限范围之内。

实例 10.2 在数据库 db_shop 中创建一个保存完整商品信息的视图，命名为 view_good，该视图包括两张数据表，分别是商品信息表（goods）和商品种类表（good_category）。视图包含 goods 表中的 id、name、price 列，包含 good_category 表中的 name 字段。（实例位置：资源包\Code\10\02）

代码及执行结果如图 10.2 所示。

```
mysql> CREATE VIEW
    -> view_good
    -> AS
    -> SELECT goods.id,goods.name as 商品名称,good_category.name as 商品种类,goods.price as 商品价格
    -> FROM goods,good_category where goods.category_id=good_category.category_id;
Query OK, 0 rows affected (0.01 sec)
```

图 10.2 创建视图 view_good

说明 在执行上面的代码前，如果之前没有执行过选择当前数据库的语句，则需要先执行 USE db_shop 语句选择当前的数据库，否则将提示以下错误。

```
ERROR 1046 (3D000): No database selected。
```

视图 view_good 创建后，就可以通过 SELECT 语句查询视图中的数据，具体代码如下：

```
SELECT * FROM view_good;
```

执行效果如图 10.3 所示。

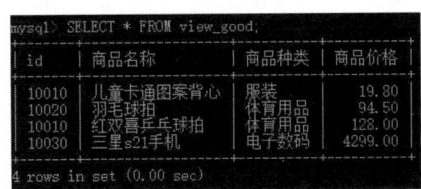

图 10.3　通过视图查看完整的商品信息

10.2.3　创建视图的注意事项

创建视图时需要注意以下几点：

① 运行创建视图的语句需要用户具有创建视图（CREATE VIEW）的权限，若加了 [or replace]，还需要用户具有删除视图（DROP VIEW）的权限；

② SELECT 语句不能包含 FROM 子句中的子查询；

③ SELECT 语句不能引用系统或用户变量；

④ SELECT 语句不能引用预处理语句参数；

⑤ 在存储子程序内，定义不能引用子程序参数或局部变量；

⑥ 在定义中引用的表或视图必须存在。但是，创建了视图后，能够舍弃定义引用的表或视图。要想检查视图定义是否存在这类问题，可使用 CHECK TABLE 语句；

⑦ 在定义中不能引用 temporary 表，不能创建 temporary 视图；

⑧ 在视图定义中命名的表必须已存在；

⑨ 不能将触发程序与视图关联在一起；

⑩ 在视图定义中允许使用 ORDER BY，但是，如果从特定视图进行了选择，而该视图使用了具有自己 ORDER BY 的语句，它将被忽略。

10.3　视图操作

10.3.1　查看视图

查看视图是指查看数据库中已存在的视图。查看视图必须要有 SHOW VIEW 的权限。查看视图的方法主要包括 DESCRIBE 语句、SHOW TABLE STATUS 语句、SHOW CREATE VIEW 语句等。本节将主要介绍这几种查看视图的方法。

（1）DESCRIBE 语句

DESCRIBE 可以缩写成 DESC，DESC 语句的格式如下：

```
DESCRIBE|DESC 视图名；
```

例如，使用 DESC 语句查询 view_good 视图中的结构，其代码如图 10.4 所示。

图 10.4　使用 DESC 语句查询 view_good 视图中的结构

上面的结果中显示了字段的名称（Field）、数据类型（Type）、是否为空（Null）、是否为主外键（Key）、默认值（Default）和额外信息（Extra）等内容。

> **说明**　通常情况下，都是使用 DESC 代替 DESCRIBE。

（2）SHOW TABLE STATUS 语句

在 MYSQL 中，可以使用 SHOW TABLE STATUS 语句查看视图的信息。其语法格式如下：

```
SHOW TABLE STATUS LIKE '视图名';
```

参数说明如下：

☑ LIKE：表示后面匹配的是字符串；

☑ 视图名：指要查看的视图名称，需要用单引号定义。

> **说明**　在 MySQL 的命令行窗口中，语句结束符可以为 ";" "\G" 或者 "\g"。其中 ";" 和 "\g" 的作用是一样的，都是按表格的形式显示结果，而 "\G" 则会结果旋转 90°，把原来的列按行显示。

实例 10.3　下面使用 SHOW TABLE STATUS 语句查看商品视图（view_good）的结构。（实例位置：资源包 \Code\10\03）

代码如下：

```
SHOW TABLE STATUS LIKE 'view_good'\G
```

执行结果如图 10.5 所示。

图 10.5　使用 SHOW TABLE STATUS 语句查看视图 view_good 中的信息

从执行结果可以看出，存储引擎、数据长度等信息都显示为 NULL，则说明视图为虚拟表，与普通数据表是有区别的。下面使用 SHOW TABLE STATUS 语句来查看 goods 商品信息表的信息，代码如下：

```
SHOW TABLE STATUS LIKE 'goods'\G
```

执行结果如图 10.6 所示。

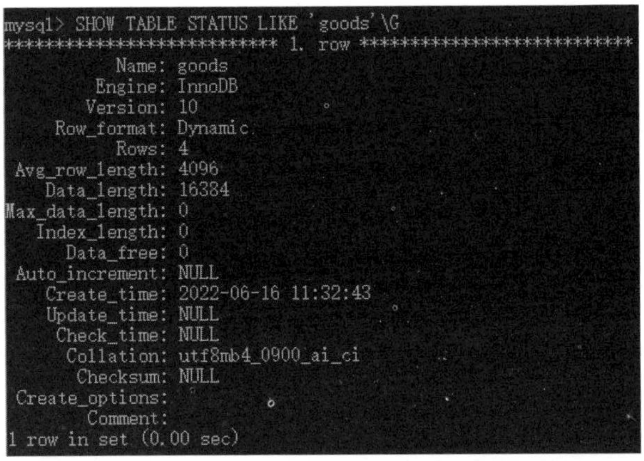

```
mysql> SHOW TABLE STATUS LIKE 'goods'\G
*************************** 1. row ***************************
           Name: goods
         Engine: InnoDB
        Version: 10
     Row_format: Dynamic
           Rows: 4
 Avg_row_length: 4096
    Data_length: 16384
Max_data_length: 0
   Index_length: 0
      Data_free: 0
 Auto_increment: NULL
    Create_time: 2022-06-16 11:32:43
    Update_time: NULL
     Check_time: NULL
      Collation: utf8mb4_0900_ai_ci
       Checksum: NULL
 Create_options:
        Comment:
1 row in set (0.00 sec)
```

图 10.6　使用 SHOW TABLE STATUS 语句来查看 goods 表的信息

从上面的结果中可以看出，数据表的信息都已经显示出来了，这就是视图和普通数据表的区别。

（3）SHOW CREATE VIEW 语句

在 MYSQL 中，SHOW CREATE VIEW 语句可以查看视图的详细定义。其语法格式如下：

```
SHOW CREATE VIEW 视图名
```

实例 10.4　下面使用 SHOW CREATE VIEW 语句查看视图 view_good 的详细定义。

（实例位置：资源包 \Code\10\04）

代码如下：

```
SHOW CREATE VIEW view_good\G
```

代码执行结果如图 10.7 所示。

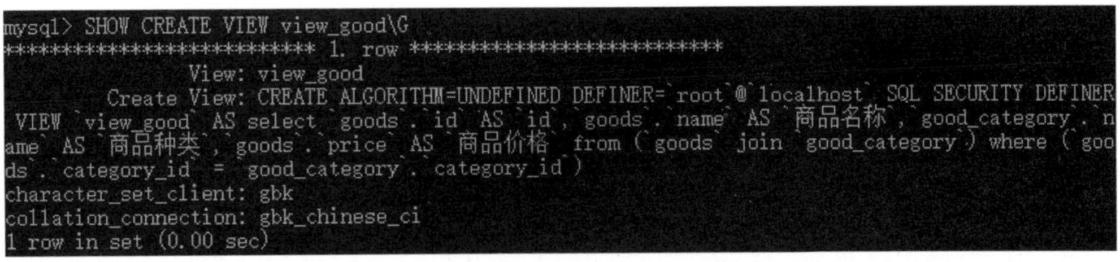

```
mysql> SHOW CREATE VIEW view_good\G
*************************** 1. row ***************************
                View: view_good
         Create View: CREATE ALGORITHM=UNDEFINED DEFINER=`root`@`localhost` SQL SECURITY DEFINER
 VIEW `view_good` AS select `goods`.`id` AS `id`,`goods`.`name` AS `商品名称`,`good_category`.`n
ame` AS `商品种类`,`goods`.`price` AS `商品价格` from (`goods` join `good_category`) where (`goo
ds`.`category_id` = `good_category`.`category_id`)
character_set_client: gbk
collation_connection: gbk_chinese_ci
1 row in set (0.00 sec)
```

图 10.7　使用 SHOW CREATE VIEW 语句查看视图 view_good 的定义

通过 SHOW CREATE VIEW 语句，可以查看视图的所有信息。

10.3.2　修改视图

修改视图是指修改数据库中已存在的表的定义。当基本表的某些字段发生改变时，可以通过修改视图来保持视图和基本表之间一致。MySQL 中通过 CREATE OR REPLACE VIEW 语句和 ALTER VIEW 语句来修改视图。下面介绍这两种修改视图的方法。

（1）CREATE OR REPLACE VIEW

在 MySQL 中，CREATE OR REPLACE VIEW 语句可以用来修改视图。该语句的使用非常灵活。在视图已经存在的情况下，对视图进行修改；视图不存在时，可以创建视图。CREATE OR REPLACE VIEW 语句的语法如下：

```
CREATE OR REPLACE [ALGORITHM={UNDEFINED | MERGE | TEMPTABLE}]
VIEW 视图 [( 属性清单 )]
AS SELECT 语句
[WITH [CASCADED | LOCAL] CHECK OPTION];
```

实例 10.5　下面使用 CREATE OR REPLACE VIEW 语句将视图 view_good 查询的字段修改为商品 ID、商品名称和商品种类。（实例位置：资源包 \Code\10\05）

具体代码及执行结果如图 10.8 所示。

图 10.8　使用 CREATE OR REPLACE VIEW 语句修改视图

使用 DESC 语句查询 view_good 视图，结果如图 10.9 所示。

图 10.9　使用 DESC 语句查询 view_good

从上面的结果中可以看出，修改后的 view_good 中只有 3 个字段。

（2）ALTER VIEW

ALTER VIEW 语句改变了视图的定义，包括被索引视图，但不影响所依赖的存储过程或触发器。该语句与 CREATE VIEW 语句有着同样的限制，如果删除并重建了一个视图，就必须重新为它分配权限。

ALTER VIEW 语句的语法如下：

```
ALTER VIEW [algorithm={merge | temptable | undefined} ]VIEW view_name [(column_list)] AS
select_statement[WITH [cascaded | local] CHECK OPTION]
```

参数说明如下：

☑ algorithm：是可选参数，表示视图选择的算法。

☑　view_name：视图的名称。

☑　select_statement：SQL 语句用于限定视图。

实例 10.6　下面将 view_good 视图进行修改，查询商品名称和商品种类。（实例位置：资源包 \Code\10\06）

具体代码及执行效果如图 10.10 所示。

```
mysql> ALTER VIEW view_good
    -> AS
    -> SELECT goods.name as 商品名称,good_category.name as 商品种类
    -> FROM goods,good_category where goods.category_id=good_category.category_id;
Query OK, 0 rows affected (0.01 sec)
```

图 10.10　修改视图属性

结果显示修改成功，下面再来查看一下修改后的视图属性，结果如图 10.11 所示。

```
mysql> DESC view_good;
+----------+-------------+------+-----+---------+-------+
| Field    | Type        | Null | Key | Default | Extra |
+----------+-------------+------+-----+---------+-------+
| 商品名称 | varchar(30) | YES  |     | NULL    |       |
| 商品种类 | varchar(20) | YES  |     | NULL    |       |
+----------+-------------+------+-----+---------+-------+
2 rows in set (0.00 sec)
```

图 10.11　查看修改后的视图属性

结果显示，此时视图中包含 2 个属性。

10.3.3　更新视图

对视图的更新其实就是对表的更新，更新视图是指通过视图来插入（INSERT）、更新（UPDATE）和删除（DELETE）表中的数据。因为视图是一个虚拟表，其中没有数据。通过视图更新时，都是转换到基本表来更新。更新视图时，只能更新权限范围内的数据。超出了范围，就不能更新。本节讲解更新视图的方法和更新视图的限制。

（1）更新视图方法

下面通过一个具体的实例介绍更新视图的方法。

实例 10.7　对图书视图 view_good 中的数据进行更新。（实例位置：资源包 \Code\10\07）

先来查看 view_good 视图中的原有数据，如图 10.12 所示。

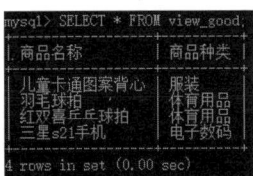

```
mysql> SELECT * FROM view_good;
+------------------+----------+
| 商品名称         | 商品种类 |
+------------------+----------+
| 儿童卡通图案背心 | 服装     |
| 羽毛球拍         | 体育用品 |
| 红双喜乒乓球拍   | 体育用品 |
| 三星s21手机      | 电子数码 |
+------------------+----------+
4 rows in set (0.00 sec)
```

图 10.12　查看 view_good 视图中的数据

首先将视图 view_good 修改为查询商品 ID、商品名称和商品种类，代码如下：

```
CREATE OR REPLACE VIEW
view_good
```

```
AS
SELECT goods.id,goods.name as 商品名称 ,good_category.name as 商品种类
FROM goods,good_category where goods.category_id=good_category.category_id;
```

然后更新视图中的记录，将商品名称的值修改为"三星 s22 手机"，代码如下：

```
UPDATE view_good SET 商品名称 =' 三星 s22 手机 ' WHERE id=10030;
```

执行效果如图 10.13 所示。

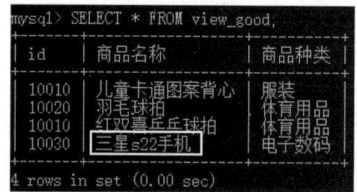

图 10.13　更新视图中的数据

结果显示更新成功，下面再来查看一下 view_good 视图中的数据是否有变化，结果如图 10.14 所示。

下面再来查看一下 goods 商品信息表中的数据是否有变化，结果如图 10.15 所示。

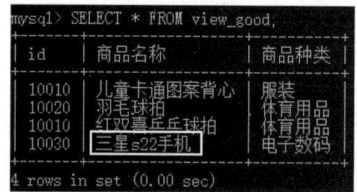 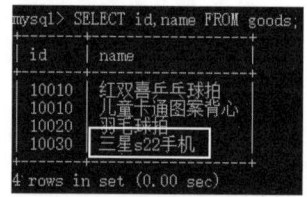

图 10.14　查看更新后视图中的数据　　图 10.15　查看 goods 表中的数据

从上面的结果可以看出，对视图的更新其实就是对基本表的更新。

（2）更新视图的限制

并不是所有的视图都可以更新，以下几种情况是不能更新视图的。

① 视图中包含 COUNT()、SUM()、MAX() 和 MIN() 等函数。例如：

```
CREATE VIEW good_view
 AS SELECT id,COUNT(name),price FROM goods;
```

② 视图中包含 UNION、UNION ALL、DISTINCT、GROUP BY 和 HAVIG 等关键字。例如：

```
CREATE VIEW good_view1
 AS SELECT id,category_id,name,price FROM goods GROUP BY category_id;
```

③ 常量视图。例如：

```
CREATE VIEW good_view1
 AS SELECT ' 皮球 ' as 球 ;
```

④ 视图中的 SELECT 中包含子查询。例如：

```
CREATE VIEW good_view1
 AS SELECT (SELECT name FROM goods);
```

⑤ 由不可更新的视图导出的视图。例如：

```
CREATE VIEW good_view1
AS SELECT * FROM goods;
```

⑥ 创建视图时，ALGORITHM 为 TEMPTABLE 类型。例如：

```
CREATE ALGORITHM=TEMPTABLE
VIEW good_view1
AS SELECT * FROM goods;
```

⑦ 视图对应的表上存在没有默认值的列，而且该列没有包含在视图里。例如，表中包含的 name 字段没有默认值，但是视图中不包括该字段。那么这个视图是不能更新的。因为，在更新视图时，这个没有默认值的记录将没有值插入，也没有 NULL 值插入。数据库系统是不会允许这样的情况出现的，其会阻止这个视图更新。

上面的几种情况其实就是一种情况，规则就是，视图的数据和基本表的数据不一样了。

10.3.4　删除视图

删除视图是指删除数据库中已存在的视图。删除视图时，只能删除视图的定义，不会删除数据。MySQL 中，使用 DROP VIEW 语句来删除视图。但是，用户必须拥有 DROP 权限。本节将介绍删除视图的方法。

DROP VIEW 语句的语法如下：

```
DROP VIEW IF EXISTS < 视图名 > [RESTRICT | CASCADE]
```

参数说明如下：

☑ IF EXISTS：指判断视图是否存在，如果存在则执行，不存在则不执行；

☑ 视图名：表示要删除的视图的名称和列表，各个视图名称之间用逗号隔开。

该语句从数据字典中删除指定的视图定义；如果该视图导出了其他视图，则使用 CASCADE 级联删除，或者先显式删除导出的视图，再删除该视图；删除基表时，由该基表导出的所有视图定义都必须显式删除。

实例 10.8　删除商品视图 view_good。（实例位置：资源包 \Code\10\08）

代码及执行结果如图 10.16 所示。

图 10.16　删除视图

执行结果显示删除成功。下面验证一下视图是否真正被删除，执行 SHOW CREATE VIEW 语句查看视图的结构，代码及执行结果如图 10.17 所示。

图 10.17　查看视图是否删除成功

结果显示，视图 view_good 已经不存在了，说明 DROP VIEW 语句删除视图成功。

10.4 综合案例

（1）案例描述

【综合案例】 在单表上创建视图。（实例位置：资源包 \Code\10\ 综合案例）

（2）实现代码

本实验在 db_demo 数据库下的 emp 表上创建一个简单的视图，视图名称为 emp_view，SQL 代码及运行结果如图 10.18 所示。

查询 emp_view 视图，代码如下。

```
SELECT * FROM emp_view;
```

运行结果如图 10.19 所示。

```
mysql> CREATE VIEW emp_view
    -> AS SELECT * FROM emp;
Query OK, 0 rows affected (0.04 sec)
```

图 10.18　在单表上创建视图

```
mysql> SELECT * FROM emp_view;
+-------+--------+------+------------+------+--------+
| empno | ename  | job  | hirdate    | sal  | deptno |
+-------+--------+------+------------+------+--------+
|  1111 | 阿朱   | 文员 | 2022-06-17 | 4500 |     10 |
|  1112 | 刘娜   | 销售 | 2022-06-18 | 5100 |     30 |
|  1113 | 张靖飞 | 经理 | 2022-03-08 | 4900 |     20 |
|  1114 | 李平平 | 销售 | 2022-05-14 | 4600 |     30 |
+-------+--------+------+------------+------+--------+
4 rows in set (0.00 sec)
```

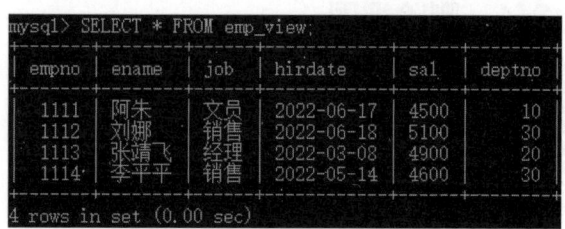

图 10.19　查询 emp_view 视图

10.5 实战练习

【实战练习】 查看视图 emp_view 结构。（实例位置：资源包 \Code\10\ 实战练习）

代码及运行结果如图 10.20 所示。

```
mysql> DESC emp_view;
+---------+-------------+------+-----+---------+-------+
| Field   | Type        | Null | Key | Default | Extra |
+---------+-------------+------+-----+---------+-------+
| empno   | int         | NO   |     | NULL    |       |
| ename   | varchar(50) | YES  |     | NULL    |       |
| job     | varchar(30) | YES  |     | NULL    |       |
| hirdate | date        | YES  |     | NULL    |       |
| sal     | int         | YES  |     | NULL    |       |
| deptno  | int         | YES  |     | NULL    |       |
+---------+-------------+------+-----+---------+-------+
6 rows in set (0.00 sec)
```

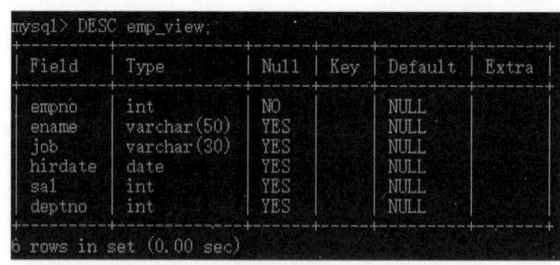

图 10.20　查看视图 emp_view 结构

小结

本章对 MySQL 数据库的视图的含义和作用进行了详细讲解，并且讲解了创建视图、修改视图和删除视图的方法。创建视图和修改视图是本章的重点内容，并且需要在计算机上实际操作。读者在创建视图和修改视图后，一定要查看视图的结构，以确保创建和修改的操作正确。更新视图是本章的一个难点，因为实际中存在一些造成视图不能更新的因素，希望读者在练习中认真分析。

扫码享受
全方位沉浸式学习

第11章
存储过程与存储函数

存储过程和存储函数是在数据库中定义一组 SQL 语句的集合，然后直接调用存储过程或存储函数来执行已经定义好的 SQL 语句，可以避免开发人员重复编写相同的 SQL 语句。而且，存储过程和存储函数是在 MySQL 服务器中存储和执行的，可以减少客户端和服务器端的数据传输。本章将介绍存储过程和存储函数的含义、作用，以及创建、使用、查看、修改及删除存储过程和存储函数的方法。

11.1 创建存储过程和存储函数

在数据库系统中，为了保证数据的完整性、一致性，同时也为提高其应用性能，大多数据库常采用存储过程和存储函数技术。存储过程和存储函数经常是一组 SQL 语句的组合，这些语句被当作整体存入 MySQL 数据库服务器中。用户定义的存储函数不能用于修改全局库状态，但该函数可从查询中被唤醒调用，也可以像存储过程一样通过语句执行。

11.1.1 创建存储过程

在 MySQL 中，创建存储过程的基本形式如下。

```
CREATE PROCEDURE sp_name ([proc_parameter[...]])
[characteristic ...] routine_body
```

参数说明如下：

☑ sp_name：是存储过程的名称；

☑ proc_parameter：表示存储过程的参数列表；

☑ characteristic：指定存储过程的特性；

☑ routine_body：是 SQL 代码的内容，可以用 BEGIN...END 来标识 SQL 代码的开始和结束。

📘 注意

proc_parameter 中的参数列表由 3 部分组成，它们分别是输入输出类型、参数名称和参数类型。其形式为 [IN | OUT | INOUT]param_name type。其中，IN 表示输入参数；OUT 表示输出参数；INOUT 表示既可以输入也可以输出；param_name 参数是存储过程参数名称；type 参数指定存储过程的参数类型，该类型可以为 MySQL 数据库的任意数据类型。

一个完整的存储过程包括名字、参数列表，还有 SQL 语句集。下面创建一个存储过程，其代码如下。

```
delimiter //
create procedure proc_name (in parameter integer)
begin
declare variable varchar(20);
if parameter=1 then
set variable='MySQL';
else
set variable='PHP';
end if;
insert into tb (name) values (variable);
end;
//
```

MySQL 中存储过程的建立以关键字 create procedure 开始，后面紧跟存储过程的名称和参数。MySQL 的存储过程名称不区分大小写，如 proc_name 和 Proc_Name 代表同一存储过程名。存储过程名或存储函数名不能与 MySQL 数据库中的内建函数重名。

MySQL 存储过程的语句块以 begin 开始，以 end 结束。语句体中可以包含变量的声明、控制语句、SQL 查询语句等。由于存储过程内部语句要以分号结束，因此在定义存储过程前，应将语句结束标志";"更改为其他字符，并且应降低该字符在存储过程中出现的概率，更改结束标志可以用关键字 delimiter 定义，例如：

```
mysql>delimiter //
```

存储过程创建之后，可用如下语句进行删除，参数 proc_name 指存储过程名。

```
DROP PROCEDURE proc_name
```

实例 **11.1** 创建一个名称为 count_of_student 的存储过程，统计 student 数据表中的记录数。（实例位置：资源包 \Code\11\01）

首先，创建一个名称为 db_database11 的数据库，然后创建一个名为 student 的数据表。数据表结构如表 11.1 所示。

具体代码及执行结果如图 11.1 所示。

在上述代码中，定义一个输出变量 count_num，存储过程应用 SELECT 语句从 student 表中获取记录总数，最后将结果传递给变量 count_num。

代码执行完毕后，显示"Query OK"就表示存储函数已经创建成功。以后就可以调用这个存储过程了，在调用存储过程时数据库会执行存储过程中的 SQL 语句。

表 11.1　student 数据表结构

字段名	类型（长度）	默认	额外	说明
sid	INT(11)		auto_increment	主键自增型 sid
name	VARCHAR(50)			学生姓名
age	INT(11)			学生年龄
gender	INT(1)	1（1 表示男，2 表示女）		学生性别
tel	VARCHAR(11)			联系电话

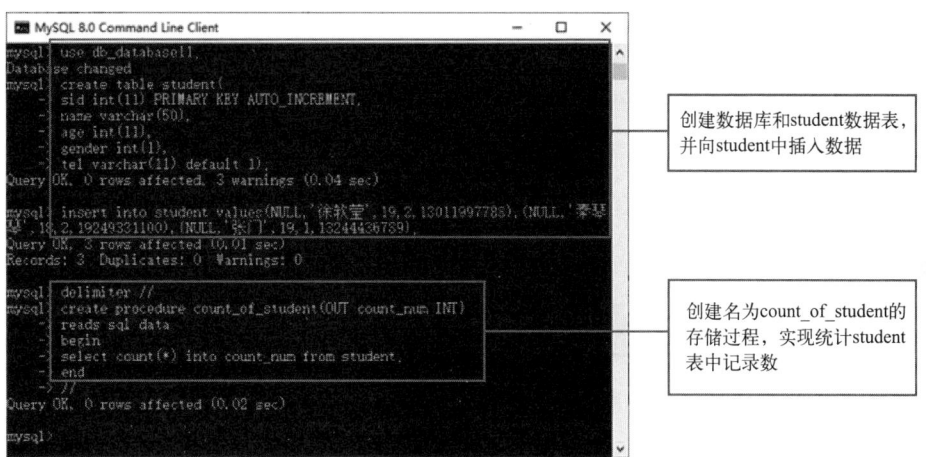

图 11.1　创建存储过程 count_of_student

📕 **注意**

> MySQL 中默认的语句结束符为分号"；"，存储过程中的 SQL 语句需要分号来结束。为了避免冲突，首先用"DELIMITER //"将 MySQL 的结束符设置为"//"，最后用"DELIMITER;"来将结束符恢复成分号。这与创建触发器时是一样的。

11.1.2　创建存储函数

创建存储函数与创建存储过程大体相同，创建存储函数的语法如下。

```
CREATE FUNCTION sp_name ([func_parameter[,...]])
    RETURNS type
[characteristic ...] routine_body
```

创建存储函数的参数说明如表 11.2 所示。

func_parameter 可以由多个参数组成，其中每个参数均由参数名称和参数类型组成，其结构如下。

```
param_name type
```

param_name 参数是存储函数的函数名称；type 参数用于指定存储函数的参数类型。该类型可以是 MySQL 数据库所支持的类型。

表 11.2　创建存储函数的参数说明

参数	说明
sp_name	存储函数的名称
fun_parameter	存储函数的参数列表
RETURNS type	指定返回值的类型
characteristic	指定存储过程的特性
routine_body	SQL 代码的内容

实例 11.2　应用 student 表，创建名为 name_of_student 的存储函数，获得表中的学生姓名（实例位置：资源包 \Code\11\02）

代码及执行结果如图 11.2 所示。

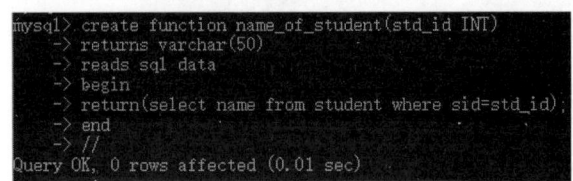

图 11.2　创建 name_of_student 存储函数

上述代码中，存储函数的名称为 name_of_student，该函数的参数为 std_id；返回值是 VARCHAR 类型。该函数实现从 student 表查询与 std_id 相同 sid 值的记录，并将学生名称 name 的值返回。

11.2  存储过程和存储函数的调用

存储过程和存储函数都是存储在服务器的 SQL 语句的集合。要使用这些已经定义好的存储过程和存储函数就必须通过调用的方式来实现。对存储过程和函数的操作主要可以分为调用、查看、修改和删除。

11.2.1　调用存储过程

存储过程的调用在前面的示例中多次被用到。MySQL 中使用 CALL 语句来调用存储过程。调用存储过程后，数据库系统将执行存储过程中的语句，然后将结果返回给输出值。CALL 语句的基本语法形式如下。

```
CALL sp_name([parameter[,…]]);
```

其中，sp_name 是存储过程的名称；parameter 是存储过程的参数。

实例 11.3　调用 count_of_student 存储过程，获取学生总数。（实例位置：资源包 \Code\11\03）

代码及执行效果如图 11.3 所示。

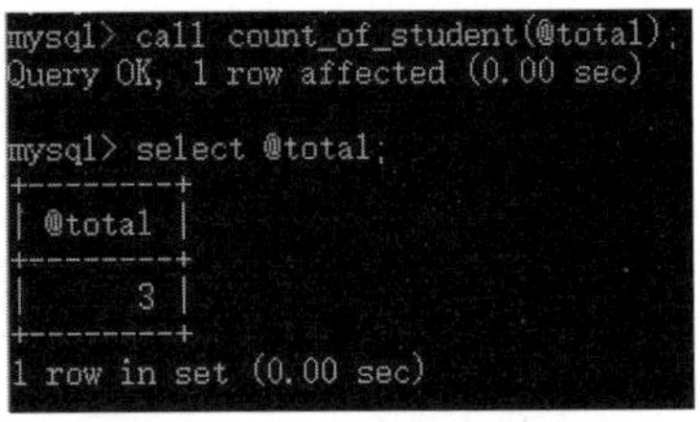

图 11.3　调用存储过程

11.2.2　调用存储函数

在 MySQL 中，存储函数的使用方法与 MySQL 内部函数的使用方法基本相同。用户自定义的存储函数与 MySQL 内部函数性质相同。区别在于，存储函数是用户自定义的，而内部函数 MySQL 是系统自带的。其语法结构如下。

```
SELECT function_name([parameter[,…]]);
```

实例 11.4　调用 name_of_student 存储函数，获取学生姓名。（实例位置: 资源包 \Code\11\04）

代码及执行效果如图 11.4 所示。

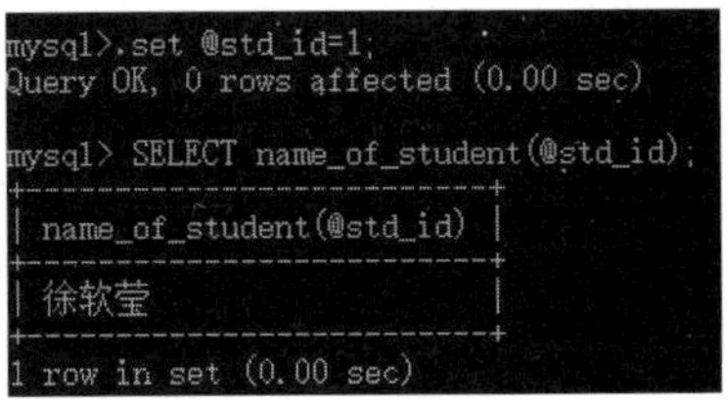

图 11.4　调用存储函数

首先设置要查询的 sid 值为 1，查询学号为 1 的学生姓名，在结果中显示为徐软莹。

11.3　变量和光标的应用

11.3.1　变量的应用

MySQL 存储过程中的参数主要有局部参数和会话参数两种，这两种参数又可以被称为局部变量和会话变量。局部变量只在定义该局部变量的 begin…end 范围内有效，会话变量在整个存储过程范围内均有效。

（1）局部变量

局部变量以关键字 declare 声明，后跟变量名和变量类型，例如：

```
declare a int
```

当然，在声明局部变量时也可以用关键字 default 为变量指定默认值，例如：

```
declare a int default 10
```

实例 11.5　演示局部变量只在 begin…end 块内有效。（实例位置：资源包 \Code\11\05）

代码及运行结果如图 11.5 所示。

应用 MySQL 调用该存储过程的运行结果如图 11.6 所示。

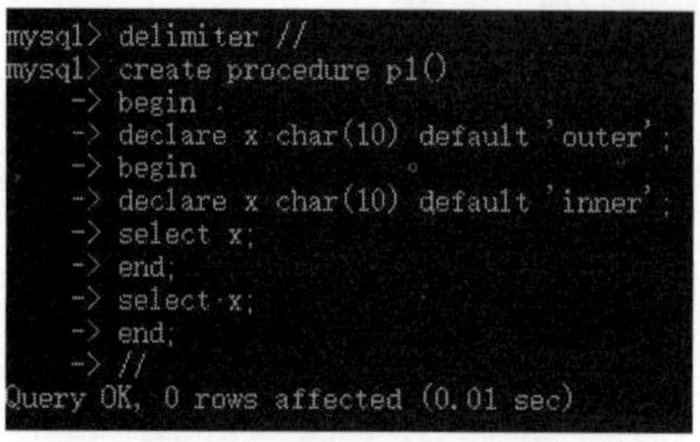

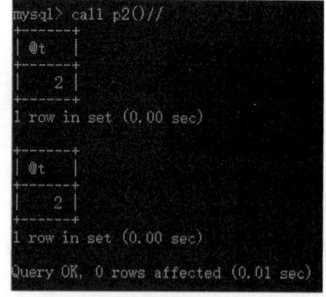

```
mysql> delimiter //
mysql> create procedure p1()
    -> begin
    -> declare x char(10) default 'outer';
    -> begin
    -> declare x char(10) default 'inner';
    -> select x;
    -> end;
    -> select x;
    -> end;
    -> //
Query OK, 0 rows affected (0.01 sec)
```

图 11.5　定义局部变量的运行结果

```
mysql> call p1()//
+-------+
| x     |
+-------+
| inner |
+-------+
1 row in set (0.00 sec)

+-------+
| x     |
+-------+
| outer |
+-------+
1 row in set (0.01 sec)

Query OK, 0 rows affected (0.01 sec)
```

图 11.6　调用存储过程 p1() 的运行结果

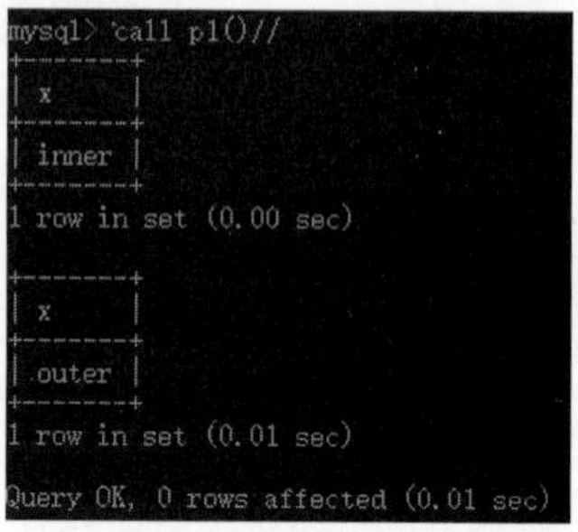

本实例为读者展示如何在 MySQL 存储过程中定义局部变量以及其使用方法。在该例中，分别在内层和外层 begin…end 块中都定义同名的变量 x，按照语句从上到下执行的顺序，如果变量 x 在整个程序中都有效，则最终结果应该都为 inner，但真正的输出结果却不同，这说明在内部 begin…end 块中定义的变量只在该块内有效。

（2）会话变量

MySQL 中的会话变量（也叫全局变量）不必声明即可使用，会话变量在整个过程中有效，会话变量名以字符“@”作为起始字符。

实例 11.6　分别在内部和外部 begin…end 块中都定义了同名的会话变量 @t，并且最终输出结果相同，从而说明会话变量的作用范围为整个程序。（实例位置：资源包 \Code\11\06）

代码及运行结果如图 11.7 所示。

调用该存储过程的结果如图 11.8 所示。

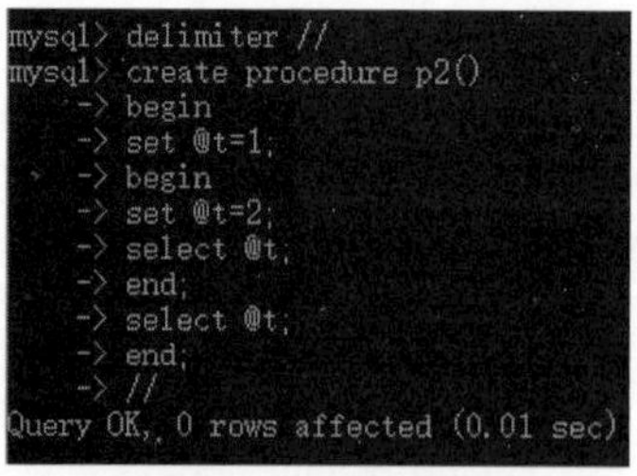

```
mysql> delimiter //
mysql> create procedure p2()
    -> begin
    -> set @t=1;
    -> begin
    -> set @t=2;
    -> select @t;
    -> end;
    -> select @t;
    -> end;
    -> //
Query OK, 0 rows affected (0.01 sec)
```

图 11.7　设置会话变量

```
mysql> call p2()//
+------+
| @t   |
+------+
|    2 |
+------+
1 row in set (0.00 sec)

+------+
| @t   |
+------+
|    2 |
+------+
1 row in set (0.00 sec)

Query OK, 0 rows affected (0.01 sec)
```

图 11.8　调用存储过程 p2() 运行结果

（3）为变量赋值

MySQL 中可以使用关键字 DECLARE 来定义变量，其基本语法如下。

```
DECLARE var_name[,...] type [DEFAULT value]
```

参数说明如下：

☑ DECLARE：用来声明变量；

☑ var_name：设置变量的名称，如果用户需要，也可以同时定义多个变量；

☑ type：用来指定变量的类型；

☑ DEFAULT value：作用是指定变量的默认值，不对该参数进行设置时，其默认值为NULL。

MySQL 中可以使用关键字 SET 为变量赋值，其基本语法如下。

```
SET var_name=expr[,var_name=expr] ...
```

参数说明如下：

☑ SET：用来为变量赋值；

☑ var_name：变量的名称；

☑ expr：赋值表达式；

☑ DEFAULT value：指定变量的默认值，不对该参数进行设置时，其默认值为 NULL。

一个 SET 语句可以同时为多个变量赋值，各个变量的赋值语句之间用",。"隔开。例如，为变量 a 和 b 赋值，代码如下。

```
SET a=10,b=20;
```

另外，MySQL 中还可以应用另一种方式为变量赋值，其语法结构如下。

```
SELECT col_name[,...] INTO var_name[,...] FROM table_name where condition
```

参数说明如下：

☑ col_name：标识查询的字段名称；

☑ var_name：变量的名称；

☑ table_name：指定数据表的名称；

☑ condition：指定查询条件。

例如，从 student 表中查询 name 为"张门"的记录，并将该记录下的 tel 字段内容赋值给变量 customer_tel，其关键代码如下。

```
SELECT tel INTO customer_tel FROM student WHERE name= '张门 ';
```

 说明　上述赋值语句必须存在于创建的存储过程中，且需将赋值语句放置在 begin…end 之间。若脱离此范围，该变量将不能使用或被赋值。

11.3.2　光标的应用

通过 MySQL 查询数据库，其结果可能为多条记录。在存储过程和函数中使用光标可以逐条读取结果集中的记录。光标使用包括声明光标（DECLARE CURSOR）、打开光标（OPEN CURSOR）、使用光标（FETCH CURSOR）和关闭光标（CLOSE CURSIR）。

（1）声明光标

在 MySQL 中，声明光标仍使用关键字 DECLARE，其语法如下。

```
DECLARE cursor_name CURSOR FOR select_statement
```

参数说明如下：

☑ cursor_name：光标的名称，光标名称使用与表名同样的规则。

☑ select_statement：SELECT 语句，返回一行或多行数据。该语句也可以在存储过程中定义多个光标，但是必须保证每个光标名称的唯一性，即每一个光标必须有自己唯一的名称。

例如声明光标 one_of_student，其代码如下。

```
DECLARE one_of_student CURSOR FOR
SELECTsid,name,age,sex,age
FROM student
WHERE sid=1;
```

（2）打开光标

在声明光标之后，要从光标中提取数据，就必须要打开光标。在 MySQL 中使用关键字 OPEN 来打开光标，其基本的语法如下。

```
OPEN cursor_name
```

其中，cursor_name 参数表示光标的名称。在程序中，一个光标可以打开多次。由于可能在用户打开光标后，其他用户或程序正在更新数据表，因此可能会导致用户在每次打开光标后，显示的结果都不同。

打开上面已经声明的光标 one_of_student，其代码如下。

```
OPEN one_of_student;
```

（3）使用光标

光标在顺利打开后，可以使用 FETCH…INTO 语句来读取数据，其语法如下。

```
FETCH  cursor_name INTO var_name[,var_name]…
```

参数说明如下：

☑ cursor_name：代表已经打开光标的名称；

☑ var_name：存放数据的变量名，表示将光标中的 SELECT 语句查询出来的信息存入该参数中。

var_name 必须在声明光标前定义好。FETCH…INTO 语句与 SELECT…INTO 语句具有相同的意义。

将已打开的光标 one_of_student 中 SELECT 语句查询出来的信息存入 tmp_name 和 tmp_tel 中。其中，tmp_name 和 tmp_tel 必须在使用前定义。其代码如下。

```
FETCH one_of_student INTO tmp_name,tmp_tel;
```

（4）关闭光标

光标使用完毕后，要及时关闭，在 MySQL 中采用关键字 CLOSE 关闭光标，其语法格式如下。

```
CLOSE cursor_name
```

cursor_name：表示光标名称。

例如关闭已打开的光标 one_of_student，其代码如下。

```
CLOSE one_of_student
```

对于已关闭的光标，在其关闭之后就不能再使用关键字 FETCH 来使用光标。光标在使用完毕后一定要关闭。

11.4 查看存储过程和存储函数

存储过程和存储函数创建以后，用户可以查看存储过程和存储函数的状态和定义。用户可以通过 SHOW STATUS 语句查看存储过程和存储函数状态，也可以通过 SHOW CREATE 语句来查看存储过程和存储函数的定义。

11.4.1 SHOW STATUS 语句

在 MySQL 中可以通过 SHOW STATUS 语句查看存储过程和存储函数的状态。其基本语法结构如下。

```
SHOW {PROCEDURE | FUNCTION}STATUS[LIKE 'pattern']
```

参数说明如下：
☑ PROCEDURE：表示查询存储过程；
☑ FUNCTION：表示查询存储函数；
☑ LIKE 'pattern'：用来匹配存储过程或存储函数名称。
例如，显示所有 db_database11 数据库下的存储过程，代码如下：

```
SHOW PROCEDURE STATUS WHERE Db='db_database11';
```

显示所有以字母"p"开头的存储过程名，代码如下：

```
SHOW PROCEDURE STATUS LIKE 'p%' WHERE Db='db_database11';
```

11.4.2 SHOW CREATE 语句

MySQL 中可以通过 SHOW CREATE 语句来查看存储过程和函数的状态，其语法结构如下。

```
SHOW CREATE{PROCEDURE | FUNCTION } sp_name;
```

参数说明如下：
☑ PROCEDURE：表示存储过程；
☑ FUNCTION：表示查询存储函数；
☑ sp_name：表示存储过程或函数的名称。

实例 11.7 下面查询名为 count_of_student 的存储过程的状态。（实例位置：资源包\Code\11\07）

代码如下。

```
show create procedure count_of_student\G
```

其运行结果如图 11.9 所示。

```
mysql> show create procedure count_of_student\G
*************************** 1. row ***************************
           Procedure: count_of_student
            sql_mode: STRICT_TRANS_TABLES,NO_ENGINE_SUBSTITUTION
    Create Procedure: CREATE DEFINER=`root`@`localhost` PROCEDURE `count_of_student`(OUT count_num INT)
    READS SQL DATA
begin
select count(*) into count_num from student;
end
character_set_client: gbk
collation_connection: gbk_chinese_ci
  Database Collation: utf8mb4_0900_ai_ci
1 row in set (0.00 sec)
```

图 11.9　应用 SHOW CREATE 语句查看存储过程

查询结果显示了存储过程的定义、字符集等信息。

> **说明**　SHOW STATUS 语句只能查看存储过程或函数所操作的数据库对象，如存储过程或函数的名称、类型、定义者、修改时间等信息，并不能查询存储过程或函数的具体定义。如果需要查看详细定义，需要使用 SHOW CREATE 语句。

11.5　修改存储过程和存储函数

修改存储过程和存储函数是指修改已经定义好的存储过程和函数。MySQL 中通过 ALTER PROCEDURE 语句来修改存储过程，通过 ALTER FUNCTION 语句来修改存储函数。

MySQL 中修改存储过程和存储函数的语句的语法形式如下。

```
ALTER {PROCEDURE | FUNCTION} sp_name [characteristic ...]
characteristic:
    { CONTAINS SQL | NO SQL | READS SQL DATA | MODIFIES SQL DATA }
    | SQL SECURITY { DEFINER | INVOKER }
    | COMMENT 'string'
```

其参数说明如表 11.3 所示。

表 11.3　修改存储过程和存储函数的语法的参数说明

函数	说明
sp_name	存储过程或函数的名称
characteristic	指定存储函数的特性
CONTAINS SQL	表示子程序包含 SQL 语句，但不包含读写数据的语句
NO SQL	表示子程序不包含 SQL 语句
READS SQL DATA	表示子程序中包含读数据的语句
MODIFIES SQL DATA	表示子程序中包含写数据的语句
SQL SECURITY{DEFINER|INVOKER}	指明权限执行。DEFINER 表示只有定义者自己才能够执行；INVOKER 表示调用者可以执行
COMMENT 'string'	是注释信息

实例 11.8 **修改存储过程 count_of_student。**（实例位置: 资源包 \Code\11\08）

代码及运行结果如图 11.10 所示。

```
mysql> alter procedure count_of_student
    -> modifies sql data
    -> sql security invoker;
Query OK, 0 rows affected (0.01 sec)
```

图 11.10　修改存储过程 count_of_student 的定义

说明
可以应用 SELECT * FROM information_schema.Routines WHERE ROUTINE_NAME= 'count_of_student'; 来查看修改后的结果。

11.6　删除存储过程和存储函数

删除存储过程和存储函数指删除数据库中已经存在的存储过程或存储函数。MySQL 中通过 DROP PROCEDURE 语句来删除存储过程，通过 DROP FUNCTION 语句来删除存储函数。在删除之前，必须确认该存储过程或函数没有任何依赖关系，否则可能会导致其他与其关联的存储过程无法运行。

删除存储过程和存储函数的语法如下。

```
DROP {PROCEDURE | FUNCTION} [IF EXISTS] sp_name
```

参数说明如下：

☑ sp_name：表示存储过程或存储函数的名称；

☑ IF EXISTS：是 MySQL 的扩展，判断存储过程或函数是否存在，以免发生错误。

实例 11.9 **删除名称为 count_of_student 的存储过程。**（实例位置: 资源包 \Code\11\09）

代码及运行结果如图 11.11 所示。

```
mysql> DROP PROCEDURE count_of_student;
Query OK, 0 rows affected (0.01 sec)
```

图 11.11　删除存储过程 count_of_student

实例 11.10 **删除名称为 name_of_student 的存储函数。**（实例位置: 资源包 \Code\11\10）

代码及运行结果如图 11.12 所示。

```
mysql> DROP FUNCTION name_of_student;
Query OK, 0 rows affected (0.02 sec)

mysql>
```

图 11.12　删除存储函数 name_of_student

当显示结果为"Query OK"时，则说明存储过程或存储函数已经被成功删除。用户可以

通过查询 information_schema 数据库下的 Routines 表来确认上面的删除是否成功。

查看存储函数 name_of_student 是否被删除成功的代码及运行结果如图 11.13 所示。

```
mysql> SELECT * FROM information_schema.Routines WHERE ROUTINE_NAME = 'name_of_student';
Empty set (0.01 sec)
```

图 11.13　查看存储函数 name_of_student 是否被删除

显示"Empty set"则说明名为 name_of_student 的存储函数已被删除成功了。

11.7　综合案例

（1）案例描述

【综合案例】 使用存储过程实现用户注册。（实例位置：资源包 \Code\11\ 综合案例）

在数据库系统开发过程中如果能够应用存储过程，可以使整个系统的运行效率有明显的提高，本实例将向读者介绍 MySQL 存储过程的创建以及 PHP 调用 MySQL 存储过程的方式。运行本实例前首先应在命令提示符下创建如图 11.14 所示的存储过程，然后运行本实例，在文本框中输入如图 11.15 所示的注册信息后，单击"注册"按钮即可将用户填写的注册信息保存到数据库中，最终保存结果如图 11.16 所示。

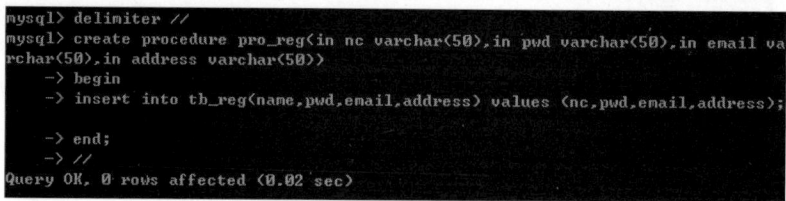

```
mysql> delimiter //
mysql> create procedure pro_reg(in nc varchar(50),in pwd varchar(50),in email va
rchar(50),in address varchar(50))
    -> begin
    -> insert into tb_reg(name,pwd,email,address) values (nc,pwd,email,address);
    -> end;
    -> //
Query OK, 0 rows affected (0.02 sec)
```

图 11.14　创建存储过程

用户注册		
用户昵称：	mrlzh	
注册密码：	●●●●●●●	
E-mail：	jlnu_lzh***@163.com	
家庭住址：	吉林长春	
	注册　重写	

图 11.15　录入注册信息

		id	name	pwd	email	address
☐	✎ ✕	1	mrlzh	25d55ad283aa400af464c76d713c07ad	jlnu_lzh***@163.com	吉林长春

图 11.16　注册信息被存储到 MySQL 数据库

（2）实现代码

① 创建数据表 tb_reg，代码如下：

```
create table tb_reg(
name varchar(50),
pwd varchar(50),
email varchar(50),
address varchar(50)
);
```

② 创建 pro_reg 存储过程，其代码如下：

```
delimiter //
create procedure pro_reg(in nc varchar(50),in pwd varchar(50),in email varchar(50),in
address varchar(50))
begin
insert into tb_reg(name,pwd,email,address) values (nc,pwd,email,address);
end;
//
```

③ 通过 PHP 预定义类 mysqli 实现与 MySQL 数据库的连接，代码如下：

```
<?php
   if($_POST['submit']!=""){
       $conn=new mysqli("localhost","root","root","db_database11"); // 连接数据库
       $conn->query("set names utf8");           // 设置编码格式
       $name=$_POST['name'];
       $pwd=md5($_POST['pwd']);
       $email=$_POST['email'];
       $address=$_POST['address'];
```

④ 调用存储过程 pro_reg 实现将用户录入的注册信息保存到数据库，代码如下：

```
    if($sql=$conn->query("call pro_reg('".$name."','".$pwd."','".$email."','".$addre
ss."')")){                              // 调用存储过程
    echo "<script>alert('用户注册成功！');</script>";
}else{
    echo "<script>alert('用户注册失败！');</script>";
}
}
?>
```

11.8　实战练习

【实战练习】 修改存储函数。将名称为 name_of_student 的存储函数的读写权限修改为 READS SQL DATA（该函数将仅能从数据库中读取数据，不能修改数据），并加上注释信息 'FIND NAME'。（实例位置：资源包 \Code\11\ 实战练习）

修改存储过程和存储函数是指修改已经定义好的存储过程和函数。MySQL 中通过 ALTER PROCEDURE 语句来修改存储过程，通过 ALTER FUNCTION 语句来修改存储函数。关键代码及运行结果如图 11.17 所示。

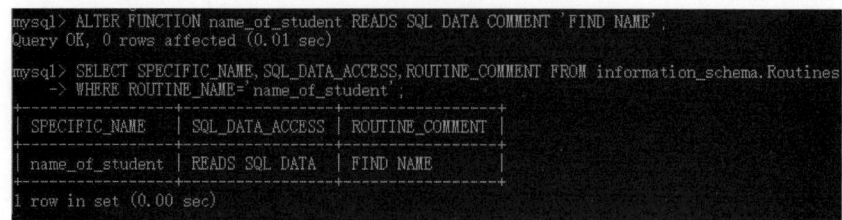

图 11.17　修改存储函数

小结

本章对 MySQL 数据库的存储过程和存储函数进行了详细讲解，存储过程和存储函数都是用户自己定义的 SQL 语句的集合。它们都存储在服务器端，只要调用就可以在服务器端执行。本章重点讲解了创建存储过程和存储函数的方法。通过 CREATE PROCEDURE 语句来创建存储过程，通过 CREATE FUNCTION 语句来创建存储函数。这两个内容是本章的难点，需要读者将书中的知识点结合实际操作进行练习。

第12章
触发器

触发器是由事件来触发某个操作。这些事件包括 INSERT 语句、UPDATE 语句和 DELETE 语句。当数据库系统执行这些事件时，就会激活触发器执行相应的操作。本章将对触发器的含义、作用，以及创建、查看和删除触发器的方法进行详细介绍。

扫码享受
全方位沉浸式学习

12.1 ▶ MySQL 触发器

触发器是由 MySQL 的基本命令事件来触发某种特定操作，这些基本的命令由 INSERT、UPDATE、DELETE 等事件来触发某些特定操作。满足触发器的触发条件时，数据库系统就会自动执行触发器中定义的程序语句，可以令某些操作之间的一致性得到协调。

12.1.1 创建 MySQL 触发器

在 MySQL 中，创建只有一条执行语句的触发器的基本形式如下。

```
CREATE  TRIGGER  触发器名 BEFORE | AFTER 触发事件
ON 表名 FOR EACH ROW 执行语句
```

具体的参数说明如下。

☑ 触发器名：指定要创建的触发器名字。

☑ BEFORE 和 AFTER：指定触发器执行的时间。BEFORE 指在触发时间之前执行触发语句，AFTER 表示在触发时间之后执行触发语句。

☑ 触发事件：指数据库操作触发条件，其中包括 INSERT、UPDATE 和 DELETE。

☑ 表名：指定触发时间操作表的名称。

☑ FOR EACH ROW：表示任何一条记录上的操作满足触发事件都会触发该触发器。

☑ 执行语句：指触发器被触发后执行的程序。

实例 12.1 下面创建一个由插入命令 INSERT 触发的触发器 auto_save_time，向 emp 员工表中执行 INSERT 操作时，数据库系统会自动在插入语句执行之前向 timelog 表中插入当前时间。（实例位置：资源包 \Code\12\01）

具体步骤如下。

① 创建数据库 db_database10，在此数据库中创建两张表，一张为 emp 员工表，向此数据表中插入数据；另一张数据表名为 timelog，用来保存当前时间。代码如下所示。

```
CREATE DATABASE db_database10;
USE db_database10;

CREATE TABLE emp(
empno int(10) not null,
ename varchar(50),
job varchar(30),
hirdate date,
sal int(10),
deptno int(10)
);

CREATE TABLE timelog(
id int(11) primary key auto_increment not null,
savetime varchar(50) not null
);
```

② 创建名称为 auto_save_time 的触发器，其代码及运行结果见图 12.1。

auto_save_time 触发器创建成功，其具体的功能是当用户向 emp 表中执行 INSERT 操作时，数据库系统会自动在插入语句执行之前向 timelog 表中插入当前时间。下面通过向 emp 表中插入一条信息来查看触发器的作用，其代码如下所示。

```
INSERT INTO emp VALUES(1111,'阿珠',' 文员 ','2022-06-17',4500,10);
```

然后查看 timelog 表中数据，显示了一条时间信息，如图 12.2 所示。

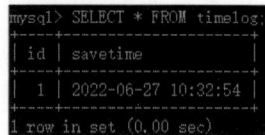

图 12.1　创建 auto_save_time 触发器　　　图 12.2　查看 timelog 表中是否插入日期值

以上结果显示，在向 emp 表中插入数据时，savetime 表中也会被插入一条当前系统时间的数据。

12.1.2　创建具有多条执行语句的触发器

12.1.1 节中已经介绍了如何创建一个最基本的触发器，但是在实际应用中，往往触发器中包含多条执行语句。创建具有多条执行语句的触发器语法结构如下。

```
CREATE TRIGGER 触发器名称 BEFORE | AFTER 触发事件
ON 表名 FOR EACH ROW
```

```
BEGIN
执行语句列表
END
```

其中，创建具有多条执行语句触发器的语法结构与创建触发器的一般语法结构大体相同，其参数说明请参考 12.1.1 节中的参数说明，这里不再赘述。在该结构中，将要执行的多条语句放入 BEGIN 与 END 之间。多条语句需要执行的内容，需要用分隔符 "；" 隔开。

说明　一般放在 BEGIN 与 END 之间的多条执行语句必须用结束分隔符 "；" 分开。所以在创建触发器过程中需要更改分隔符，应用 delimiter 语句，将结束符号变为 "//"。当触发器创建完成后，读者同样可以应用该语句将结束符换回 "；"。

实例 12.2　创建一个由 DELETE 触发多条执行语句的触发器 delete_time_info。当用户删除数据库中的某条记录后，数据库系统会自动向日志表中写入日志信息。
（实例位置：资源包 \Code\12\02）

创建具有多个执行语句的触发器的过程如下：
① 在实例 12.1 中创建的 timelog 数据表基础上，另外创建一个名称为 timeinfo 的数据表。
② 然后创建一个由 DELETE 触发多条执行语句的触发器 delete_time_info。
具体代码及结果如图 12.3 所示。

```
mysql> CREATE TABLE timeinfo(
    -> id int(11) primary key auto_increment,
    -> info varchar(50) not null
    -> );
Query OK, 0 rows affected, 1 warning (0.06 sec)

mysql> delimiter //
mysql> CREATE TRIGGER delete_time_info after delete
    -> on emp for each row
    -> begin
    -> insert into timelog(savetime) values (now());
    -> insert into timeinfo(info) values ('deleteact');
    -> end
    -> //
Query OK, 0 rows affected (0.01 sec)
```

图 12.3　创建具有多个执行语句的触发器 delete_time_info

实例 12.3　delete_time_info 触发器创建完成后，执行删除操作，timelog 与 timeinfo 表中将会插入两条相关记录。（实例位置：资源包 \Code\12\03）

执行删除操作的代码如下。

```
DELETE FROM emp where empno=1111;
```

删除成功后，应用 SELECT 语句分别查看数据表 timelog 与数据表 timeinfo，其运行结果如图 12.4 所示。

从以上运行结果可以看出，触发器创建成功后，当用户对 emp 表执行 DELETE 操作时，db_database10 数据库中的 timelog 数据表和 timeinfo 数据表中分别被插入操作时间和操作信息。

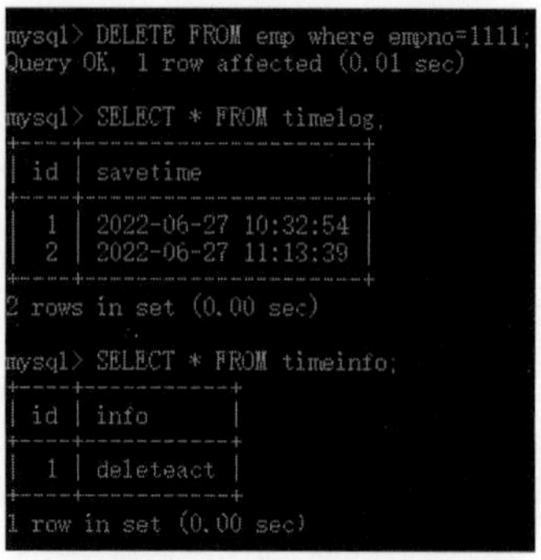

图 12.4　查看数据表 timelog 与 timeinfo 信息

> **说明** 在 MySQL 中，一个表在相同的时间和相同的触发事件只能创建一个触发器，如触发事件 INSERT，触发事件为 AFTER 的触发器只能有一个。但是可以定义 BEFORE 的触发器。

12.2　查看触发器

　　查看触发器是指查看数据库中已存在的触发器的定义、状态和语法等信息。查看触发器使用的是 SHOW TRIGGERS 语句。

12.2.1　SHOW TRIGGERS

　　在 MySQL 中，可以执行 SHOW TRIGGERS 语句查看触发器的基本信息，其基本形式如下。

```
SHOW TRIGGERS;
```

或者

```
SHOW TRIGGERS\G
```

　　进入 MySQL 数据库，选择 db_database10 数据库并查看该数据库中存在的触发器，其运行结果如图 12.5 所示。

　　在命令提示符中输入 SHOW TRIGGERS 语句即可查看选择数据库中的所有触发器，但是，应用该查看语句存在一定弊端，即只能查询所有触发器的内容，并不能指定查看某个触发器的信息。这样一来，就会在用户查找指定触发器信息的时候带来极大不便。故推荐读者只在触发器数量较少的情况下应用 SHOW TRIGGERS 语句查询触发器基本信息。

12.2.2　查看 triggers 表中触发器信息

　　在 MySQL 中，所有触发器的定义都存在该数据库的 triggers 表中。读者可以通过查询 triggers 表来查看数据库中所有触发器的详细信息。查询语句如下所示。

```
SELECT * FROM information_schema.triggers;
```

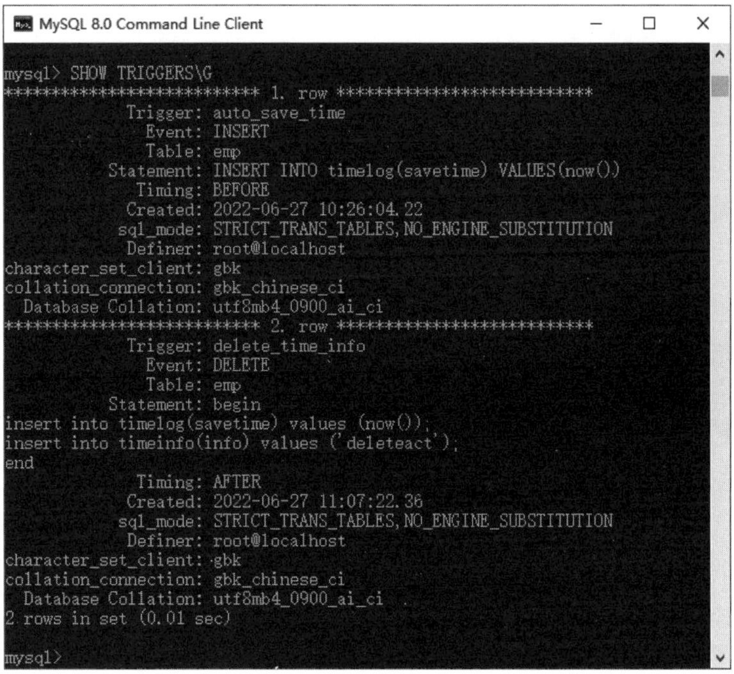

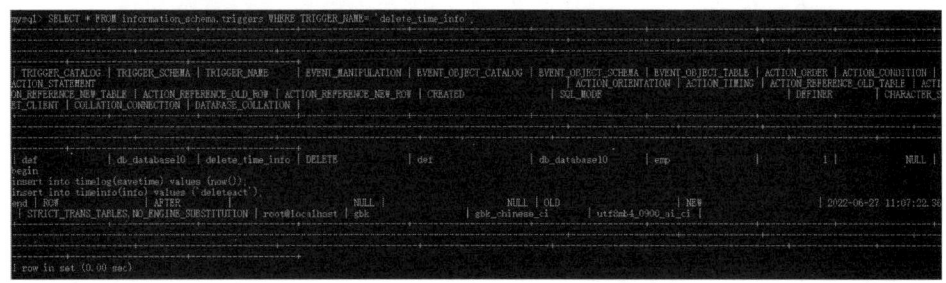

图 12.5　查看触发器

其中，information_schema 是 MySQL 中默认存在的库，而 triggers 是数据库中用于记录触发器信息的数据表。

如果用户想要查看某个指定触发器的内容，可以通过 where 子句应用 TRIGGER 字段作为查询条件。其代码如下所示。

```
SELECT * FROM information_schema.triggers WHERE TRIGGER_NAME='触发器名称';
```

其中，"触发器名称"这一参数为用户指定要查看的触发器名称，和其他 SELECT 查询语句相同，该名称内容需要用一对"'"（单引号）引用指定的文字内容。

实例 12.4　**查看 delete_time_info 触发器信息。**（实例位置：资源包 \Code\12\04）

代码如下。

```
SELECT * FROM information_schema.triggers WHERE TRIGGER_NAME= 'delete_time_info';
```

运行结果如图 12.6 所示。

图 12.6　delete_time_info 触发器的信息

说明 如果数据库中存在数量较多的触发器，建议读者使用第二种查看触发器的方式，这样会在查找指定触发器过程中避免很多麻烦。

12.3　使用触发器

在 MySQL 中，触发器按以下顺序执行：BEFORE 触发器、表操作、AFTER 触发器操作，其中表操作包括常用的数据库操作命令，如 INSERT、UPDATE、DELETE。

12.3.1　触发器的执行顺序

下面通过一个具体的实例演示触发器的执行顺序。

实例 12.5　演示触发器的执行顺序。（实例位置：资源包 \Code\12\05）

具体步骤如下：

① 创建名称为 before_in 的 BEFORE INSERT 触发器。

② 创建名称为 after_in 的 AFTER INSERT 触发器。

具体代码及运行结果如图 12.7 所示。

```
mysql> CREATE TRIGGER before_in BEFORE insert on
    -> emp for each row
    -> insert into timeinfo (info) values ('before');
Query OK, 0 rows affected (0.03 sec)

mysql> CREATE TRIGGER after_in AFTER insert on
    -> emp for each row
    -> insert into timeinfo (info) values ('after');
Query OK, 0 rows affected (0.01 sec)
```

图 12.7　创建触发器运行结果

③ 创建完毕触发器，向数据表 emp 中插入一条记录。

创建完后，通过 SELECT 语句查看数据表 timeinfo 的插入情况。

具体代码及运行结果如图 12.8 所示。

```
mysql> INSERT INTO emp VALUES (1112,'刘娜','销售','2022-06-18',5100,30);
Query OK, 1 row affected (0.01 sec)

mysql> SELECT * FROM timeinfo;
+----+-----------+
| id | info      |
+----+-----------+
|  1 | deleteact |
|  2 | before    |
|  3 | after     |
+----+-----------+
3 rows in set (0.00 sec)
```

图 12.8　查看 timeinfo 表中触发器的执行顺序

查询结果显示 before 和 after 触发器被激活。before 触发器首先被激活，然后 after 触发器再被激活。

12.3.2　使用触发器维护冗余数据

在数据库中，冗余数据的一致性非常重要。为了避免数据不一致问题的发生，尽量不要采用人工维护数据，建议通过编程自动维护。例如，通过触发器实现自动维护冗余数据。下面通过一个具体的实例介绍如何使用触发器维护冗余数据。

实例 12.6　通过商品销售信息表创建一个触发器，实现每当添加一条商品销售信息时，自动修改库存信息表中的库存数量。（实例位置：资源包 \Code\12\06）

具体步骤如下：

① 创建库存信息表 tb_stock，包括 id（编号）、goodsname（商品名称）、number（库存数量）字段，具体代码如下：

```
CREATE TABLE tb_stock (
id int(11) PRIMARY KEY AUTO_INCREMENT NOT NULL,
goodsname varchar(200) NOT NULL,
number int(11)
);
```

创建订单信息表 tb_sell，包括 id（编号）、goodsname（商品名称）、goodstype（商品类型）、number（购买数量）、price（商品单价）、amount（订单总价）字段，具体代码如下：

```
CREATE TABLE tb_sell(
      id int(11) PRIMARY KEY AUTO_INCREMENT NOT NULL,
      goodsname varchar(255)  DEFAULT NULL,
      goodstype int(11) DEFAULT NULL,
      number int(11) DEFAULT NULL,
      price decimal(10,2) DEFAULT NULL,
      amount int(11) DEFAULT NULL
       );
```

② 向库存信息表 tb_stock 中添加一条商品库存信息，代码如下：

```
INSERT INTO tb_stock(goodsname,number) VALUES ('小熊渔夫帽',90);
```

③ 为商品销售信息表 tb_sell 创建一个触发器，名称为 auto_number，实现向商品销售信息表 tb_sell 中添加数据时自动更新库存信息表 tb_stock 的商品库存数量，具体代码如下：

```
DELIMITER //
CREATE TRIGGER auto_number AFTER INSERT
ON tb_sell FOR EACH ROW
BEGIN
DECLARE sellnum int(10);
SELECT number FROM tb_sell where id=NEW.id INTO @sellnum;
UPDATE tb_stock SET number=number-@sellnum WHERE goodsname='小熊渔夫帽';
END
//
```

 说明　在上面的代码中，DECLARE 关键字用于定义一个变量，这里定义的是保存销售数量的变量。在 MySQL 中，引用变量时需要在变量名前面添加"@"符号。

④ 向商品销售信息表 tb_sell 中插入一条商品销售信息，具体代码如下：

```
DELIMITER ;
INSERT INTO tb_sell(goodsname,goodstype,number,price,amount) VALUES ('小熊渔夫帽',1,2,56,112);
```

⑤ 查看库存信息表 tb_stock 中，商品"小熊渔夫帽"的库存数量，代码如下：

```
SELECT * FROM tb_stock;
```

执行结果如图 12.9 所示。

图 12.9　查看库存数量

从图 12.9 中可以看出，现在的库存数量是 88，而在步骤②中插入的库存数量是 90，所以库存信息表 tb_stock 中的指定商品（小熊渔夫帽）的库存数量已经被自动修改了。

12.4　删除触发器

在 MySQL 中，既然可以创建触发器，同样也可以通过命令删除触发器。应用 DROP 关键字删除触发器。其语法格式如下。

```
DROP TRIGGER 触发器名称
```

说明 在应用完触发器后，切记一定要将触发器删除，否则在执行某些数据库操作时会造成数据的变化。

实例 12.7　下面将名称为 auto_number 的触发器删除，其执行代码如下。（实例位置：资源包 \Code\12\07）

代码及运行结果如图 12.10 所示。

图 12.10　删除触发器

通过查看触发器命令来查看数据库 db_database10 中的触发器信息，其代码如下。

```
SHOW TRIGGERS;
```

查看触发器信息，可以从图 12.11 看出，名称为 auto_number 的触发器已经被删除。

auto_number触发器

删除 触发器

图 12.11 查看 db_database10 数据库中的触发器信息

12.5 综合案例

（1）案例描述

【综合案例】 创建一个由 INSERT 触发的触发器 trig_time。实现当向订单信息表 tb_ sell 表中插入数据时，自动向 timelog 表中插入当前时间。（实例位置：资源包 \Code\12\综合案例）

（2）实现代码

对于触发器已经创建成功，当向订单信息表 tb_sell 中执行 INSERT 操作时，数据库系统都会在 INSERT 语句执行之前向 timelog 表中插入当前时间。下面向 tb_sell 表中插入一条记录，然后查看 timelog 表中是否有时间信息。

代码及运行结果如图 12.12 所示。

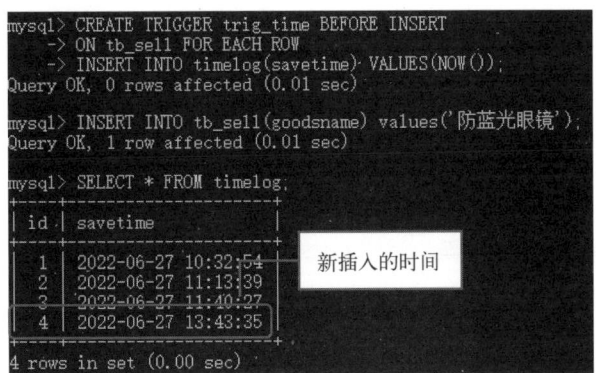
新插入的时间

图 12.12 创建一个由 INSERT 触发的触发器

12.6 实战练习

【实战练习】 使用 DROP TIRGGER 删除触发器。(实例位置：资源包 \Code\12\ 实战练习)

删除原有的触发器，触发器删除完成，执行 SHOW TRIGGERS 语句来查看触发器是否还存在。代码如下：

```
SHOW TRIGGERS;
DROP TRIGGER trig_time;
SHOW TRIGGERS;
```

结果如图 12.13 和图 12.14 所示。

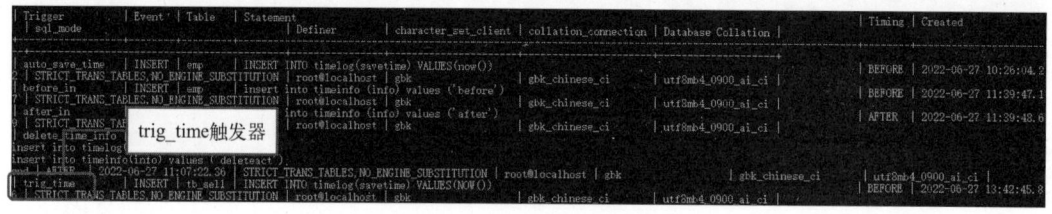

图 12.13　删除触发器之前

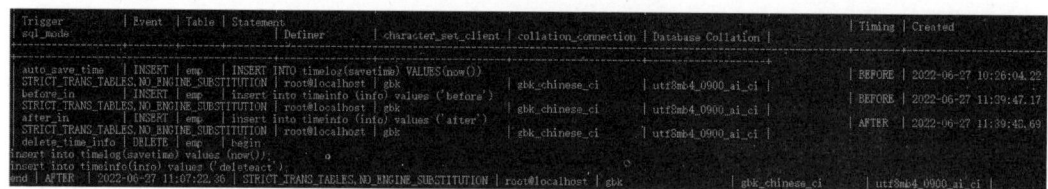

图 12.14　删除触发器之后

小结

本章对 MySQL 数据库的触发器的定义和作用、创建触发器、查看触发器、使用触发器和删除触发器等内容进行了详细讲解，创建触发器和使用触发器是本章的重点内容。读者在创建触发器后，一定要查看触发器的结构。使用触发器时，触发器执行的顺序为 BEFORE 触发器、表操作（INSERT、UPDATE 和 DELETE）和 AFTER 触发器。读者需要将本章的知识结合实际需要来设计触发器。

第 13 章
事务处理与锁

扫码享受
全方位沉浸式学习

在操作 MySQL 过程中，对于一般简单的业务逻辑或中小型程序而言，无须考虑应用 MySQL 事务。但在比较复杂的情况下，往往在执行某些数据操作过程中，需要通过一组 SQL 语句执行多项并行业务逻辑或程序，这样，就必须保证所用命令执行的同步性，使执行序列中产生依靠关系的动作能够同时操作成功或同时返回初始状态。在此情况下，就需要优先考虑使用 MySQL 事务处理。

13.1 ▶ 事务处理

13.1.1 事务的概念

所谓事务，是指一组相互依赖的操作单元的集合，用来保证对数据库的正确修改，保持数据的完整性，如果一个事务的某个单元操作失败，将取消本次事务的全部操作。例如，银行交易、股票交易和网上购物等，都需要利用事务来控制数据的完整性。比如将 A 账户的资金转入 B 账户，在 A 中扣除成功，在 B 中添加失败，导致数据失去平衡，事务将回滚到原始状态，即 A 中没少，B 中没多。数据库事务必须具备以下特征（简称 ACID）。

① 原子性（Atomicity）：每个事务是一个不可分割的整体，只有所有的操作单元执行成功，整个事务才成功；否则此次事务就失败，所有执行成功的操作单元必须撤销，数据库回到此次事务之前的状态。

② 一致性（Consistency）：在执行一次事务后，关系数据的完整性和业务逻辑的一致性不能被破坏。例如 A 与 B 转账结束后，他们的资金总额是不能改变的。

③ 隔离性（Isolation）：在并发环境中，一个事务所做的修改必须与其他事务所做的修改相隔离。例如一个事务查看的数据必须是其他并发事务修改之前或修改完毕的数据，不能是修改中的数据。

④ 持久性（Durability）：事务结束后，对数据的修改是永久保存的，即使系统故障导致重启数据库系统，数据依然是修改后的状态。

13.1.2 事务处理的必要性

银行应用是解释事务必要性的一个经典例子。假设一个银行的数据库中，有一张账户表（tb_account），保存着两张借记卡账户 A 和 B，并且要求这两张借记卡账户都不能透支（即两个账户的余额都不能小于零）。

实例 13.1 **实现从借记卡账户 A 向 B 转账 700 元，成功后再从 A 向 B 转账 500 元。具体步骤如下。**（实例位置：资源包 \Code\13\01）

① 创建银行的数据库 db_database13，并且选择该数据库为当前默认数据库，具体代码如下：

```
CREATE DATABASE db_database13;
USE db_database13;
```

② 在数据库 db_database13 中，创建一个名称为 tb_account 的数据表，具体代码如下：

```
CREATE TABLE tb_account(
    id int(10) unsigned NOT NULL AUTO_INCREMENT PRIMARY KEY,
    name varchar(30),
    balance FLOAT(8,2) unsigned DEFAULT 0
);
```

 说明 要想实现账户余额不能透支，可以将余额字段设置为无符号数，也可以通过定义 CHECK 约束实现。本实例中采用设置为无符号数实现，这种方法比较简单。

③ 向 tb_account 数据表插入两条记录（账户初始数据），分别为创建 A 账户，并存储 1000 元；创建 B 账户，存储 0 元。具体代码如下：

```
INSERT INTO tb_account (name,balance)VALUES
('A',1000),
('B',0);
```

④ 查询插入后的结果，具体代码如下：

```
SELECT * FROM tb_account;
```

执行结果如图 13.1 所示。

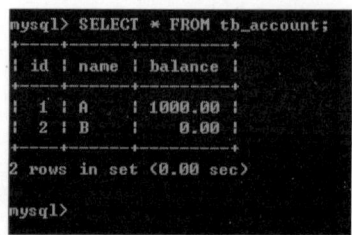

图 13.1　插入初始账户数据

从图 13.1 中可以看出，账户 A 对应的 id 为 1；账户 B 对应的 id 为 2。在后面转账过程中将使用账户 id（1 和 2）代替 A 和 B 账户。

⑤ 创建模拟转账操作的存储过程。在该存储过程中，实现将一个账户的指定金额添加到另一个账户中，具体代码及执行效果见图 13.2。

```
mysql> DELIMITER //
mysql> CREATE PROCEDURE proc_transfer (IN id_from INT,IN id_to INT,IN money int)
    -> READS SQL DATA
    -> BEGIN
    -> UPDATE tb_ACCOUNT SET balance=balance+money WHERE id=id_to;
    -> UPDATE tb_ACCOUNT SET balance=balance-money WHERE id=id_from;
    -> END
    -> //
Query OK, 0 rows affected (0.01 sec)

mysql>
```

图 13.2　创建用于转账的存储过程

⑥ 调用刚刚创建的存储过程 proc_transfer，实现从账户 A 向账户 B 转账 700 元，并查看转账结果，代码及执行效果如图 13.3 所示。

```
mysql> CALL proc_transfer(1,2,700);
Query OK, 1 row affected (0.00 sec)

mysql> SELECT * FROM tb_account;
+----+------+---------+
| id | name | balance |
+----+------+---------+
|  1 | A    |  300.00 |
|  2 | B    |  700.00 |
+----+------+---------+
2 rows in set (0.00 sec)

mysql>
```

图 13.3　第一次转账的结果

从图 13.3 中可以看出，A 账户的余额由原来的 1000 元变为 300 元，减少了 700 元，而 B 账户的余额则多了 700 元，由此可见，转账成功。

⑦ 再一次调用存储过程 proc_transfer，实现从账户 A 向账户 B 转账 500 元，并查看转账结果，代码及执行效果如图 13.4 所示。

```
mysql> CALL proc_transfer(1,2,500);
ERROR 1264 (22003): Out of range value for column 'balance' at row 1
mysql> SELECT * FROM tb_account;
+----+------+---------+
| id | name | balance |
+----+------+---------+
|  1 | A    |  300.00 |
|  2 | B    | 1200.00 |
+----+------+---------+
2 rows in set (0.00 sec)

mysql>
```

图 13.4　第二次转账的结果

从图 13.4 可以看出，在进行第二次转账时，由于第一个账户的余额不能小于零，故出现了错误。但是在查询账户余额时却发现，第一个账户的余额没有变化，而第二个账户的余额却变成了 1200 元，比之前多了 500 元。这样 A 和 B 账户的余额总和就由转账前的 1000 元变为 1500 元了，凭空多了 500 元，由此产生了数据不一致的问题。

为了避免这种情况，MySQL 中引入了事务的概念。在存储过程中，加入事务将原来独立执行的两条 UPDATE 语句绑定在一起，实现只要其中的一个执行不成功，那么两个语句就都不执行，从而保持数据的一致性。

13.1.3 事务回滚

事务回滚也叫事务撤销。当关闭自动提交功能后，数据库开发人员可以根据需要回滚更新操作。

实例 13.2 实现从借记卡账户 A 向 B 转账 500 元，出错时进行事务回滚。具体步骤如下。
（实例位置：资源包 \Code\13\02）

① 关闭 MySQL 的自动提交功能，代码如下：

```
SET AUTOCOMMIT=0;
```

② 调用实例 13.1 编写的存储过程 proc_transfer，实现从借记卡账户 A 向 B 转账 500 元，并查看账户余额，代码及执行结果如图 13.5 所示。

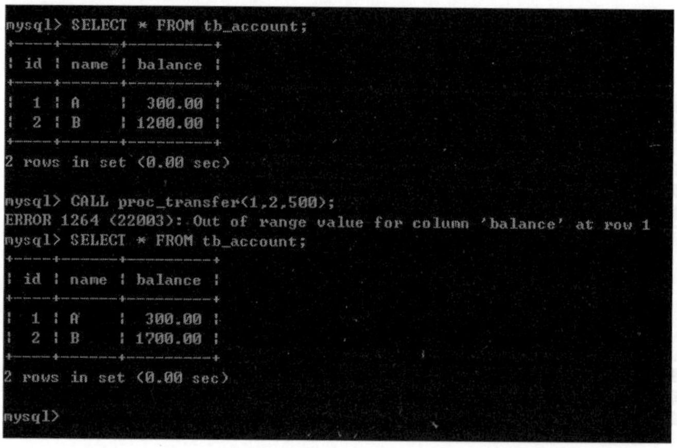

```
mysql> SELECT * FROM tb_account;
+----+------+---------+
| id | name | balance |
+----+------+---------+
|  1 | A    |  300.00 |
|  2 | B    | 1200.00 |
+----+------+---------+
2 rows in set (0.00 sec)

mysql> CALL proc_transfer(1,2,500);
ERROR 1264 (22003): Out of range value for column 'balance' at row 1
mysql> SELECT * FROM tb_account;
+----+------+---------+
| id | name | balance |
+----+------+---------+
|  1 | A    |  300.00 |
|  2 | B    | 1700.00 |
+----+------+---------+
2 rows in set (0.00 sec)

mysql>
```

图 13.5 从借记卡账户 A 向 B 转账 500 元

从图 13.5 中可以看出，B 账户中已经多出来 500 元，由原来的 1200 元变为 1700 元了。这时需要确认一下，数据库中是否已经真的接收到了这个变化。

③ 再重新打开一个 MySQL 命令行窗口，选择 db_database13 数据库为当前数据库，然后查询数据表 tb_account 中的数据，代码如下：

```
USE db_database13;
SELECT * FROM tb_account;
```

执行结果如图 13.6 所示。

从图 13.6 中可以看出 B 的余额仍然是转账前的 1200 元，并没有加上 500 元。这是因为关闭了 MySQL 的自动提交功能后，如果不手动提交，那么 UPDATE 操作的结果将仅仅影响内存中的临时记录，并没有真正写入数据库文件。

所以当前命令行窗口中执行 SELECT 查询语句时，获得的是临时记录，并不是实际数据表中的数据。此时的结果走向取决于接下来执行的操作，如果执行 ROLLBACK（回滚），那么将放弃所做的修改；如果执行 COMMIT（提交），才会将修改的结果保存到数据库文件，永久保存。

④ 由于更新后的数据与想要实现的结果不一致，这里执行 ROLLBACK（回滚）操作，放弃之前的修改。执行回滚操作并查看余额的代码见图 13.7。

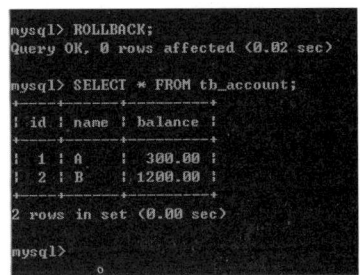

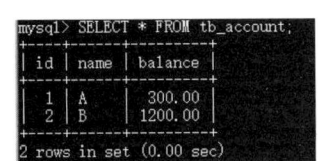

图 13.6　在另一个命令行窗口中查看余额　　　图 13.7　执行回滚后的结果

从图 13.7 中可以看出，步骤③所作的修改被回滚了，也就是放弃了之前所做的修改。

13.1.4　事务提交

当关闭自动提交功能后，数据库开发人员可以根据需要提交更新操作，否则更新的结果不能提交到数据库文件中。提交事务可以分为以下两种情况：显式提交和隐式提交，下面分别介绍。

① 显式提交　关闭自动提交功能后，可以使用 COMMIT 命令显式地提交更新语句。例如，在实例 13.2 中，如果将第④步中的回滚语句替换为提交语句"COMMIT;"，将得到如图 13.8 所示的结果。

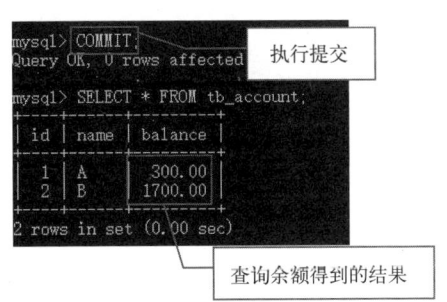

图 13.8　显示提交

从图 13.8 中可以看出，更新操作已经被提交。此时，再打开一个新的命令行窗口查询余额，可以发现得到的结果与图 13.8 所示的查询余额得到的结果是一致的。

② 隐式提交　关闭自动提交功能后，如果没有手动提交更新操作或者进行过回滚操作，那么执行如表 13.1 所示的命令也将执行提交操作。

表 13.1　隐式执行提交操作的命令

BEGIN	SET AUTOCOMMIT=1	LOCK TABLES
START TRANSACTION	CREATE DATABASE/TABLE/INDEX/PROCEDURE	UNLOCK TABLES
TRUNCATE TABLE	ALTER DATABASE/TABLE/INDEX/PROCEDURE	
RENAME TABLE	DROP DATABASE/TABLE/INDEX/PROCEDURE	

在执行了关闭自动提交功能的命令后，执行"SET AUTOCOMMIT = 1"命令，此时除了开启自动提交功能，还会提交之前的所有更新语句。

13.1.5 MySQL 中事务的应用

在 MySQL 中，应用 START TRANSACTION 命令来标记一个事务的开始。具体的语法格式如下：

```
START TRANSACTION;
```

通常 START TRANSACTION 命令后面跟随的是组成事务的 SQL 语句，并且在所有要执行的操作全部完成后，添加 COMMIT 命令，提交事务。下面通过一个具体的实例演示 MySQL 中事务的应用。

实例 13.3 创建存储过程，并且在该存储过程中创建事务，实现从借记卡账户 A 向 B 转账 500 元，出错时进行事务回滚。（实例位置：资源包 \Code\13\03）

具体步骤如下：

① 创建存储过程，名称为 prog_tran_account，在该存储过程中创建一个事务，实现从一个账户向另一个账户转账的功能，具体代码及执行过程见图 13.9。

```
mysql> DELIMITER //
mysql> CREATE PROCEDURE prog_tran_account(IN id_from INT,IN id_to INT,IN money int)
    -> MODIFIES SQL DATA
    -> BEGIN
    -> DECLARE EXIT HANDLER FOR SQLEXCEPTION ROLLBACK;
    -> START TRANSACTION;
    -> UPDATE tb_account SET balance=balance+money WHERE id=id_to;
    -> UPDATE tb_account SET balance=balance-money WHERE id=id_from;
    -> COMMIT;
    -> END
    -> //
Query OK, 0 rows affected (0.00 sec)

mysql>
```

图 13.9 创建存储过程 prog_tran_account

② 调用刚刚创建的存储过程 prog_tran_account，实现从账户 A 向账户 B 转账 700 元，并查看转账结果，代码及执行效果如图 13.10 所示。

从图 13.10 中可以看出，各账户的余额并没有改变，而且也没有出现错误，这是因为对出现的错误进行了处理，并且进行了事务回滚。

如果在调用存储过程时，将其中的转账金额修改为 200 元，那么将正常实现转账，代码及执行结果如图 13.11 所示。

```
mysql> CALL prog_tran_account(1,2,700);
    -> SELECT * FROM tb_account;
    -> //
Query OK, 0 rows affected (0.00 sec)

+----+------+---------+
| id | name | balance |
+----+------+---------+
|  1 | A    |  300.00 |
|  2 | B    | 1700.00 |
+----+------+---------+
2 rows in set (0.00 sec)

mysql>
```

图 13.10 调用存储过程实现转账的结果

```
mysql> CALL prog_tran_account(1,2,200);
    -> SELECT * FROM tb_account;
    -> //
Query OK, 0 rows affected (0.01 sec)

+----+------+---------+
| id | name | balance |
+----+------+---------+
|  1 | A    |  100.00 |
|  2 | B    | 1900.00 |
+----+------+---------+
2 rows in set (0.01 sec)

mysql>
```

图 13.11 事务被提交

通过上面的实例可以得出如图 13.12 所示的事务执行流程图。

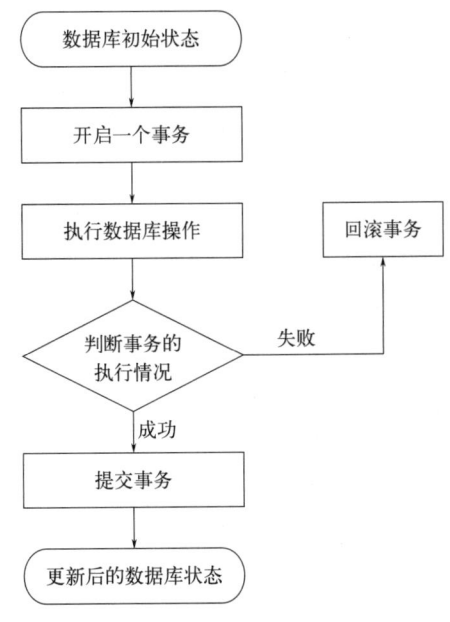

图 13.12　事务执行流程图

13.1.6　回退点

在默认的情况下，事务一旦回滚，那么事务中的所有更新操作都将被撤销。有时候，并不是想要全部撤销，而是只需要撤销一部分，这时可以通过设置回退点来实现，回退点又称保存点。使用 SAVEPOINT 命令实现在事务中设置一个回退点，语法格式如下：

```
SAVEPOINT 回退点名;
```

设置回退点后，可以在需要进行事务回滚时指定该回退点，语法格式如下：

```
rollback to savepoint 定义的回退点名;
```

实例 13.4　创建一个名称为 prog_savepoint_account 的存储过程，在该存储过程中创建一个事务，实现向 tb_account 表中添加一个账户 C，并且向该账户存入 1000 元。然后从 A 账户向 B 账户转账 500 元。当出现错误时，回滚到提前定义的回退点，否则提交事务。具体步骤如下。（实例位置：资源包 \Code\13\04）

① 创建存储过程，名称为 prog_savepoint_account，在该存储过程中创建一个事务，实现从一个账户向另一个账户转账的功能，并且定义回退点，具体代码及执行结果如图 13.13 所示。

② 调用刚刚创建的存储过程 prog_tran_account，实现添加账户 C 和转账功能，并查看转账结果，代码及执行效果如图 13.14 所示。

从图 13.14 中可以看出，第一条插入语句成功执行，后面两条更新语句，由于最后一条更新语句出现错误，因此事务回滚了。

```
mysql> DELIMITER //
mysql> CREATE PROCEDURE prog_savepoint_account()
    -> MODIFIES SQL DATA
    -> BEGIN
    -> DECLARE CONTINUE HANDLER FOR SQLEXCEPTION
    -> BEGIN
    -> ROLLBACK TO A;
    -> COMMIT;
    -> END;
    -> START TRANSACTION;
    -> START TRANSACTION;
    -> INSERT INTO tb_account (name,balance)VALUES('C',1000);
    -> savepoint A;
    -> UPDATE tb_account SET balance=balance+500 WHERE id=2;
    -> UPDATE tb_account SET balance=balance-500 WHERE id=1;
    -> COMMIT;
    -> END
    -> //
Query OK, 0 rows affected (0.00 sec)

mysql>
```

```
mysql> CALL prog_savepoint_account();
    -> SELECT * FROM tb_account;
    -> //
Query OK, 0 rows affected (0.01 sec)

+----+------+---------+
| id | name | balance |
+----+------+---------+
|  1 | A    |  100.00 |
|  2 | B    | 1900.00 |
|  3 | C    | 1000.00 |
+----+------+---------+
3 rows in set (0.01 sec)

mysql>
```

图 13.13 创建存储过程 prog_savepoint_account　　图 13.14 调用存储过程实现转账的结果

13.2 锁

数据库管理系统采用锁来管理事务。当多个事务同时修改同一数据时，只允许持有锁的事务修改该数据，其他事务只能"排队等待"，直到前一个事务释放其拥有的锁。下面对 MySQL 中提供的锁进行详细介绍。

13.2.1 MySQL 锁的基本知识

在同一时刻，可能会有多个客户端对表中同一行记录进行操作，例如，有的客户端在读取该行数据，有的则尝试去删除它。为了保证数据的一致性，数据库就要对这种并发操作进行控制，因此就有了锁的概念。下面将对 MySQL 锁涉及的基本概念进行介绍。

（1）锁的类型

在处理并发读或者写时，可以通过实现一个由两种类型的锁组成的锁系统来解决问题。这两种类型的锁通常称为读锁（Read Lock）和写锁（Write Lock）。下面分别进行介绍。

① 读锁（Read Lock） 读锁（Read Lock）也称为共享锁（Shared Lock）。它是共享的，或者说是相互不阻塞的。多个客户端在同一时间可以同时读取同一资源，互不干扰。

② 写锁（Write Lock） 写锁（Write Lock）也称为排他锁（Exclusive Lock）。一个写锁会阻塞其他的写锁和读锁。这是为了确保在给定的时间里只有一个用户能执行写入，并防止其他用户读取正在写入的同一资源，保证安全。

在实际数据库系统中，随时都在发生锁定。例如，当某个用户在修改某一部分数据时，MySQL 就会通过锁定防止其他用户读取同一数据。在大多数时候，MySQL 锁的内部管理都是透明的。

读锁和写锁的区别如表 13.2 所示。

表 13.2 读锁和写锁的区别

请求模式	读锁（Read Lock）	写锁（Write Lock）
读锁（Read Lock）	兼容	不兼容
写锁（Write Lock）	不兼容	不兼容

（2）锁粒度

一种提高共享资源并发性的方式就是让锁定对象更有选择性。也就是尽量只锁定部分数据，而不是所有的资源。这就是锁粒度的概念。它是指锁的作用范围，是为了对数据库中高并发响应和系统性能两方面进行平衡而提出的。

锁粒度越小，并发访问性能越高，越适合做并发更新操作（即采用 InnoDB 存储引擎的表适合做并发更新操作）；锁粒度越大，并发访问性能就越低，越适合做并发查询操作（即采用 MyISAM 存储引擎的表适合做并发查询操作）。

不过需要注意：在给定的资源上，锁定的数据量越少，系统的并发程度越高，完成某个功能时所需要的加锁和解锁的次数就会越多，从而会消耗较多的资源，甚至会出现资源的恶性竞争，乃至发生死锁。

注意

> 由于加锁也需要消耗资源，故需要注意如果系统花费大量的时间来管理锁而不是存储数据，那就有些得不偿失了。

（3）锁策略

锁策略是指在锁的开销和数据的安全性之间寻求平衡。但是这种平衡会影响到性能。所以大多数商业数据库系统没有提供更多的选择，一般都是在表上施加行级锁，并以各种复杂的方式来实现，以便在用户比较多的情况下提供更好的性能。

在 MySQL 中，每种存储引擎都可以实现自己的锁策略和锁粒度。因此，它提供了多种锁策略。在存储引擎的设计中，锁管理是非常重要的决定，它将锁粒度固定在某个级别，可以为某些特定的应用场景提供更好的性能，但同时会失去对另外一个应用场景的良好支持。幸好 MySQL 支持多个存储引擎，所以不用单一的通用解决方法。下面将介绍两种重要的锁策略。

① 表级锁（Table Lock）　表级锁是 MySQL 中最基本的锁策略，而且是开销最小的策略。它会锁定整张表，一个用户在对表进行操作（如插入、更新和删除等）前，需要先获得写锁，这会阻塞其他用户对该表的所有读写操作。只有没有写锁时，其他读取的用户才能获得读锁，并且读锁之间是不相互阻塞的。

另外，因为写锁比读锁的优先级高，所以一个写锁请求可能会被插入到读锁队列的前面，但是读锁则不能插入到写锁的前面。

② 行级锁（Row Lock）　行级锁可以最大限度地支持并发处理，同时也带来了最大的锁开销。在 InnoDB 或者一些其他存储引擎中实现了行级锁。行级锁只在存储引擎层实现，而服务器层没有实现。服务器层完全不了解存储引擎中的锁实现。

（4）锁的生命周期

锁的生命周期是指在一个 MSQL 会话内，对数据进行加锁到解锁之间的时间间隔。锁的生命周期越长，并发性能就越低，反之并发性能就越高。另外锁是数据库管理系统的重要资源，需要占据一定的服务器内存，锁的生命周期越长，占用的服务器内存时间就越长；相反占用的内存也就越短。因此，我们应该尽可能地缩短锁的生命周期。

13.2.2　表级锁

在 MySQL 的 MyISAM 类型数据表中，并不支持 COMMIT（提交）和 ROLLBACK（回滚）

命令。当用户对数据库执行插入、删除、更新等操作时，这些变化的数据都被立刻保存在磁盘中。这样，在多用户环境中，会导致诸多问题，为了避免同一时间有多个用户对数据库中指定表进行操作。可以应用表锁定来避免在用户操作数据表过程中受到干扰。当且仅当该用户释放表的操作锁定后，其他用户才可以访问这些修改后的数据表。

设置表级锁定代替事务的基本步骤如下：

① 为指定数据表添加锁定。其语法如下：

```
LOCK TABLES table_name lock_type,…
```

其中 table_name 为被锁定的表名，lock_type 为锁定类型，该类型包括以读方式（READ）锁定表；以写方式（WRITE）锁定表。

② 用户执行数据表的操作，可以添加、删除或者更改部分数据。

③ 用户完成对锁定数据表的操作后，需要对该表进行解锁操作，释放该表的锁定状态，语法如下：

```
UNLOCK TABLES
```

下面将分别介绍如何以读方式锁定数据表和以写方式锁定数据表。

（1）以读方式锁定数据表

以读方式锁定数据表，该方式是设置锁定用户的其他方式操作，如删除、插入、更新都不被允许，直至用户进行解锁操作。

实例 13.5 演示以读方式锁定 db_database13 数据库中的用户数据表 tb_user。
（实例位置：资源包 \Code\13\05 ）

具体步骤如下：

① 在 db_database13 数据库中，创建一个采用 MyISAM 存储引擎的用户数据表 tb_user。

② 向 tb_user 表中插入 3 条用户信息。

③ 输入以读方式锁定数据库 db_database13 中的用户数据表 tb_user 的代码。

具体代码及执行结果如图 13.15 所示。

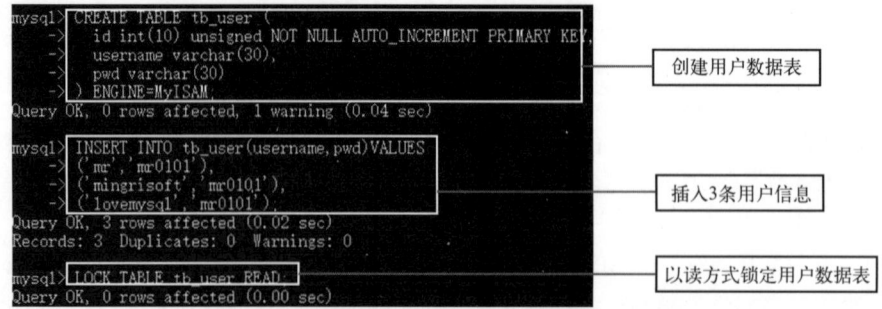

图 13.15　创建数据表并插入数据，以读方式锁定数据表

④ 应用 SELECT 语句查看数据表 tb_user 中的信息，其代码及运行结果如图 13.16 所示。

⑤ 尝试向数据表 tb_user 中插入一条数据，代码及运行结果如图 13.17 所示。

从上述结果可以看出，当用户试图向数据库插入数据时，将会返回失败信息。当用户将锁定的表解锁后，再次执行插入操作，代码及运行结果如图 13.18 所示。

图 13.16　查看 tb_user 表

图 13.17　向只读方式锁定的表中插入数据

图 13.18　向解锁后的数据表中添加数据

锁定被释放后，用户才可以对数据库执行添加、删除、更新等操作。

（2）以写方式锁定数据表

与读方式锁定表类似，表的写锁定是设置用户可以修改数据表中的数据，但是除自己以外其他会话中的用户不能进行任何读操作。在命令提示符中输入如下命令：

```
LOCK TABLE 要锁定的数据表 WRITE;
```

实例 13.6 以写方式锁定用户表 tb_user。（实例位置：资源包 \Code\13\06）

具体步骤如下：

输入以写方式锁定数据库 db_database13 中的用户数据表 tb_user 的代码，具体代码及执行结果如图 13.19 所示。

因为 tb_user 表为写锁定，所以用户可以对数据库的数据执行修改、添加、删除等操作。那么是否可以应用 SELECT 语句查询该锁定表呢？具体代码及运行结果如图 13.20 所示。

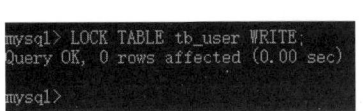

图 13.19　以写方式锁定数据表　　图 13.20　查询应用写操作锁定的 tb_user 数据表

从图 13.20 中可以看到，当前用户仍然可以应用 SELECT 语句查询该表的数据，并没有限制用户对数据表的读操作。这是因为，以写方式锁定数据表并不能限制当前锁定用户的查询操作，下面再打开一个新用户会话，即保持图 13.20 所示窗口不被关闭。重新打开一个 MySQL 的命令行客户端，并执行下面的查询语句。

```
USE db_database13;
SELECT * FROM tb_user;
```

其运行结果如图 13.21 所示。

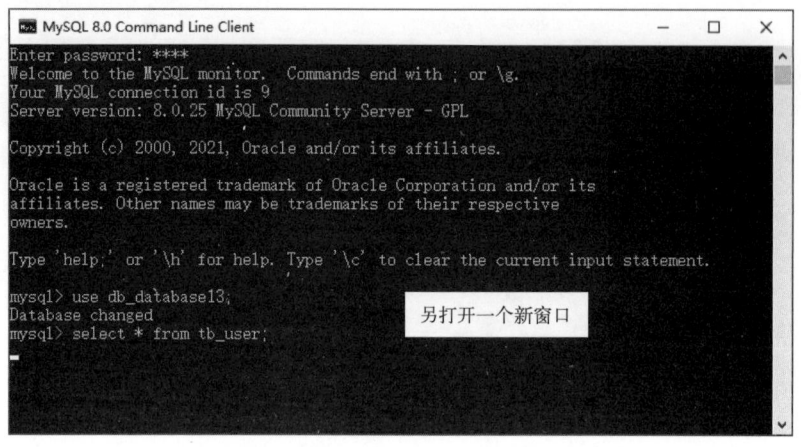

图 13.21　打开新窗口查询被锁定的数据表

在新打开的命令行提示窗口中，读者可以看到，应用 SELECT 语句执行查询操作，并没有结果显示，这是因为之前该表以写方式锁定。故当操作用户释放该数据表锁定后，其他用户才可以通过 SELECT 语句查看之前被锁定的数据表。在图 13.20 所示的命令行窗口（第一个命令行提示窗口）中输入如下代码解除写锁定。

```
UNLOCK TABLES;
```

这时，在第二次打开的命令行窗口中，即可显示出查询结果，如图 13.22 所示。

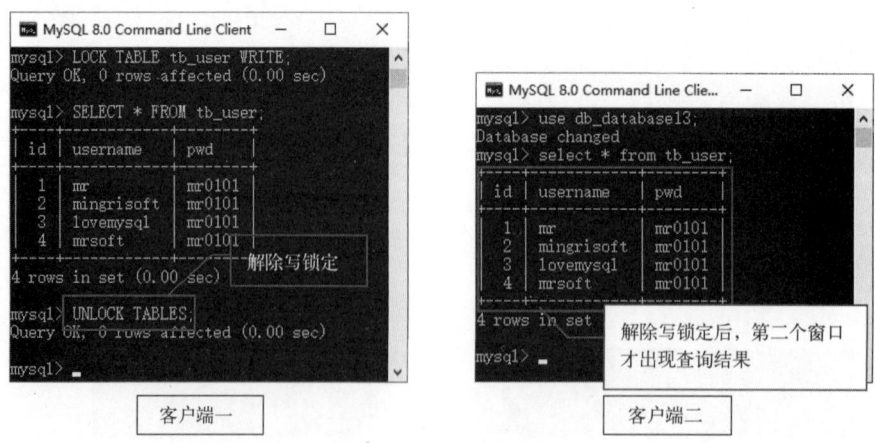

图 13.22　解除写锁定

由此可知，当数据表被释放锁定后，其他访问数据库的用户才可以查看该数据表的内容，即使用 UNLOCK TABLE 命令后，将会释放所有当前处于锁定状态的数据表。

13.2.3　行级锁

为 InnoDB 表设置锁比为 MyISAM 表设置锁更为复杂，这是因为 InnoDB 表既支持表级锁，又支持行级锁。为 InnoDB 表设置表级锁也是使用 LOCK TABLES 命令，这里将不再赘述。下面将重点介绍如何设置行级锁。

在 MySQL 数据库中，提供了两种类型的行级锁，分别是读锁（也称为共享锁）和写锁（也称为排他锁）。行级锁的粒度仅仅是受查询语句或者更新语句影响的记录。

设置行级锁主要分为以下 3 种方式。

① 在查询语句中设置读锁，其语法格式如下：

```
SELECT 语句 LOCK IN SHARE MODE;
```

例如，为采用 InnoDB 存储引擎的数据表 tb_account 在查询语句中设置读锁，可以使用下面的语句。

```
SELECT * FROM tb_account LOCK IN SHARE MODE;
```

② 在查询语句中设置写锁，其语法格式如下：

```
SELECT 语句 FOR UPDATE;
```

例如，为数据表 tb_account 在查询语句中设置写锁，可以使用下面的语句。

```
SELECT * FROM tb_account FOR UPDATE;
```

③ 在更新（包括 INSERT、UPDATE 和 DELTET）语句中，InnoDB 存储引擎自动为更新语句影响的记录添加隐式写锁。

通过以上 3 种方式为表设置行级锁的生命周期非常短暂。为了延长行级锁的生命周期，可以通过开启事务实现。

实例 13.7　**通过事务实现延长行级锁的生命周期**。（实例位置：资源包 \Code\13\07）

具体步骤如下。

① 在 MySQL 命令行窗口（一）中，开启事务，并为采用 InnoDB 存储引擎的数据表 tb_account 在查询语句中设置写锁，具体代码及执行结果如图 13.23 所示。

② 在 MySQL 命令行窗口（二）中，开启事务，并为采用 InnoDB 存储引擎的数据表 tb_account 在查询语句中设置写锁，具体代码及执行结果如图 13.24 所示。

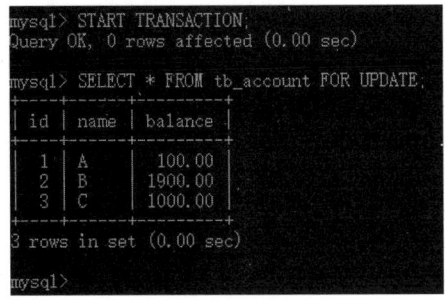

图 13.23　MySQL 命令行窗口（一）　　　　图 13.24　MySQL 命令行窗口（二）被"阻塞"

③ 在 MySQL 命令行窗口（一）中，执行提交事务语句，从而为 tb_user 表解锁，具体代码如下：

```
COMMIT;
```

执行提交命令后，在 MySQL 命令行窗口（二）中，将显示具体的查询结果，如图 13.25 所示。

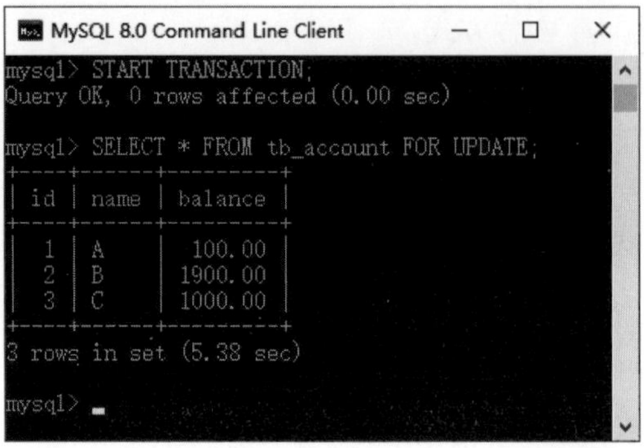

图 13.25　MySQL 命令行窗口（二）被"唤醒"

由此可知，事务中的行级锁的生命周期从加锁开始，直到事务提交或者回滚才会被释放。

如果长时间不为 tb_user 表解锁的话，在 MySQL 命令行窗口（二）中会返回错误信息，如图 13.26 所示。

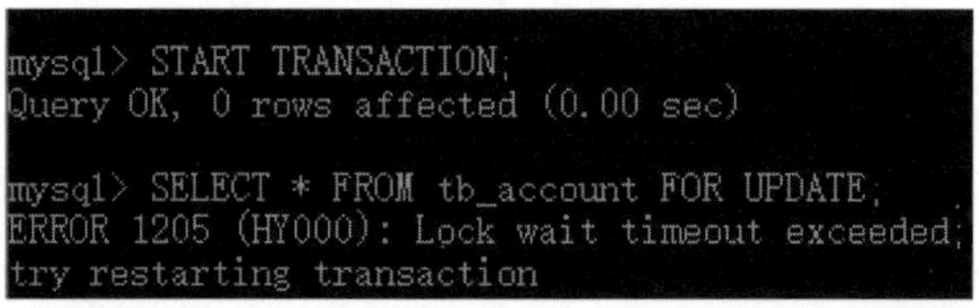

图 13.26　长时间不解锁，MySQL 命令行窗口（二）中出现的错误信息

错误信息显示为"Lock wait timeout exceeded; try restarting transaction"，即超过锁定等待超时；尝试重新启动事务。只要再次开启事务，在规定时间内为 tb_user 表解锁的话，即可查询出 tb_user 表中数据。

13.2.4　什么是死锁与如何避免死锁

死锁，即当两个或者多个处于不同序列的用户打算同时更新某相同的数据库时，因互相等待对方释放权限而导致双方一直处于等待状态。在实际应用中，两个不同序列的客户同时对数据执行操作，极有可能产生死锁。更具体地讲，当两个事务相互等待要操作对方释放所持有的资源，而导致两个事务都无法操作对方持有的资源，这样无限期的等待被称作死锁。

不过，MySQL 的 InnoDB 表处理程序具有检查死锁这一功能，如果该处理程序发现用户在操作过程中产生死锁，该处理程序立刻通过撤销操作来撤销其中一个事务，以便使死锁消失。这样就可以使另一个事务获取对方所占有的资源而执行逻辑操作。

13.3 综合案例

（1）案例描述

【综合案例】 使用事务处理技术实现银行的安全转账。（实例位置：资源包\Code\13\综合案例）

（2）实现代码

用户在进行转账操作时，此账户就被锁定，不能被其他用户操作，具体操作如下。

① 以 MySQL 命令行窗口（一）来模拟要进行转账操作的用户。在 MySQL 命令行窗口（一）中，为数据表 tb_account 设置写锁，防止其他用户操作，具体代码及执行结果如图 13.27 所示。

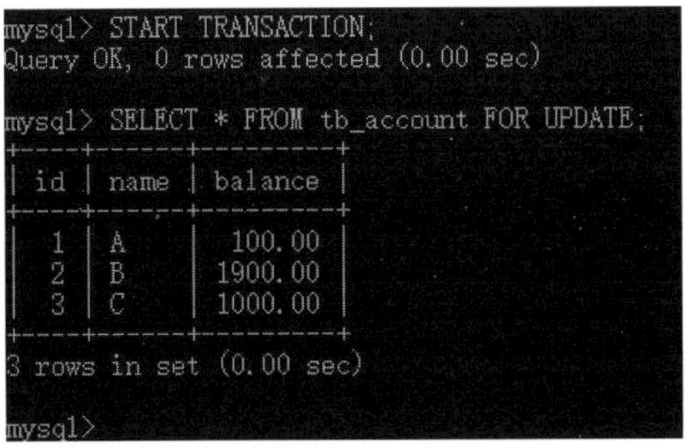

```
mysql> START TRANSACTION;
Query OK, 0 rows affected (0.00 sec)

mysql> SELECT * FROM tb_account FOR UPDATE;
+----+------+---------+
| id | name | balance |
+----+------+---------+
|  1 | A    |  100.00 |
|  2 | B    | 1900.00 |
|  3 | C    | 1000.00 |
+----+------+---------+
3 rows in set (0.00 sec)

mysql>
```

图 13.27　MySQL 命令行窗口（一）

② 以 MySQL 命令行窗口（二）来模拟其他用户，在 MySQL 命令行窗口（二）中，为数据表 tb_account 设置写锁，则发现没有执行结果。具体代码及执行结果如图 13.28 所示。

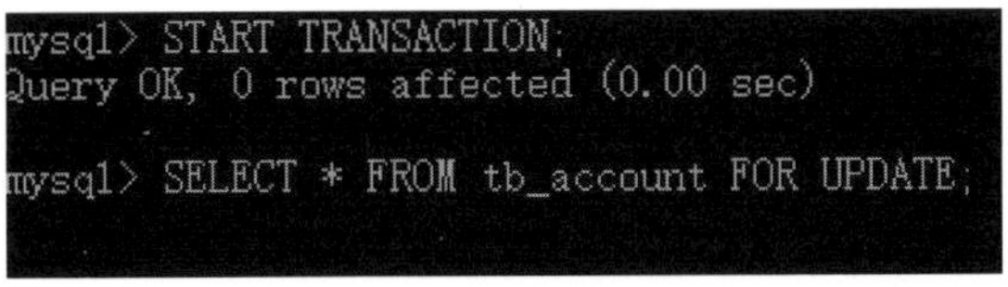

```
mysql> START TRANSACTION;
Query OK, 0 rows affected (0.00 sec)

mysql> SELECT * FROM tb_account FOR UPDATE;
```

图 13.28　MySQL 命令行窗口（二）被“阻塞”

③ 在 MySQL 命令行窗口（一）中，执行提交事务语句，从而为 tb_account 表解锁，具体代码如下：

```
COMMIT;
```

13.4 实战练习

【实战练习】 在上节案例中，模拟其他用户对账户进行转账操作。（实例位置：资源包\Code\13\实战练习）

① 在 MySQL 命令行窗口（一）中，为数据表 tb_account 设置写锁，防止其他用户操作，具体代码及执行结果如图 13.29 所示。

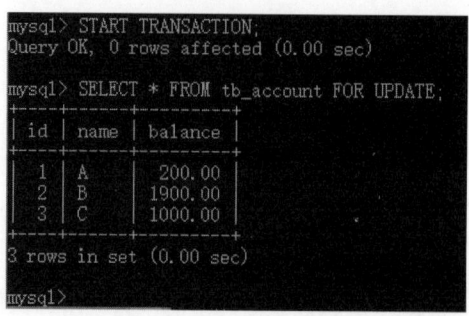

图 13.29　MySQL 命令行窗口（一）

② 以 MySQL 命令行窗口（二）来模拟其他用户，在 MySQL 命令行窗口（二）中，修改数据表 tb_account 中数据，则出现如图 13.30 所示的错误。具体代码及执行结果见图 13.30。

```
mysql> UPDATE tb_account SET balance=100 WHERE id=1;
ERROR 1205 (HY000): Lock wait timeout exceeded; try restarting transaction
mysql>
```

图 13.30　修改数据出现错误

小结

本章详细讲解了 MySQL 中事务与锁的相关的知识，其中事务主要包括事务的概念、事务的必要性、事务回滚和提交，以及在 MySQL 中创建事务；在锁中，主要介绍了 MySQL 锁的基本知识、如何设置表级锁，以及如何设置行级锁等内容。其中，如何在 MySQL 中创建事务是本章的重点，希望读者认真学习，灵活掌握。

扫码享受
全方位沉浸式学习

第14章
数据库的备份与恢复

为了保证数据的安全，需要定期对数据进行备份。如果数据库中的数据出现了错误，就需要使用备份好的数据进行数据还原（恢复），这样可以将损失降至最低。而且，可能还会涉及数据库之间的数据导入与导出。本章将对备份和还原的方法、MySQL 数据库的数据安全等内容进行讲解。

14.1 数据备份

备份数据是数据库管理最常用的操作。为了保证数据库中数据的安全，数据管理员需要定期进行数据备份。一旦数据库遭到破坏，就可以通过备份的文件来还原数据库。

可能造成数据损坏的原因很多，大体上可以归纳为以下几个方面。

① 存储介质故障：保存数据库文件的磁盘设备损坏，同时又没有对数据库备份，从而导致数据彻底丢失。

② 服务器彻底瘫痪：数据库服务器彻底瘫痪，系统需要重建。

③ 用户的误操作：在删除数据库时，不小心删除了某些重要数据，或者是整个数据库。

④ 黑客破坏：系统遭到黑客的恶意攻击，数据或者数据表被删除。

本节将介绍以下三种数据备份的方法：使用 mysqldump 命令备份、直接复制整个数据库目录、使用 mysqlhotcopy 工具快速备份。

14.1.1 使用 mysqldump 命令备份

mysqldump 命令可以将数据库中的数据备份成一个文本文件，表的结构和表中的数据将存储在生成的文本文件中。本节将介绍 mysqldump 命令的工作原理和使用方法。

mysqldump 命令的工作原理很简单。它先查出需要备份的表的结构，再在文本文件中生成一条 CREATE 语句。然后，将表中的所有记录转换成一条 INSERT 语句。这些 CREATE 语句和 INSERT 语句都是还原时使用的。还原数据时就可以使用其中的 CREATE 语句来创建表，使用其中的 INSERT 语句来还原数据。

在使用 mysqldump 命令进行数据备份时，经常分为以下 3 种形式：备份一个数据库、备份多个数据库、备份所有数据库。

下面将分别介绍如何实现这 3 种形式的数据备份。

（1）备份一个数据库

使用 mysqldump 命令备份一个数据库的基本语法如下。

```
mysqldump -u username -p dbname table1 table2 …>BackupName.sql
```

参数说明如下：

☑ dbname：表示数据库的名称；

☑ table1 和 table2：表示表的名称，没有该参数时将备份整个数据库；

☑ BackupName.sql：表示备份文件的名称，文件名前面可以加上一个绝对路径。通常将数据库备份成一个后缀名为 .sql 的文件。

> **说明** mysqldump 命令备份的文件并非一定要求后缀名为 .sql，备份成其他格式的文件也是可以的，例如，后缀名为 .txt 的文件。但是，通常情况下是备份成后缀名为 .sql 的文件。因为，后缀名为 .sql 的文件给人第一感觉就是与数据库有关的文件。

实例 14.1 下面使用 root 用户备份 db_demo 数据库下的 student 表。（实例位置：资源包\Code\14\01）

命令如下。

```
mysqldump -u root -p db_demo student >E:\ student.sql
```

在 DOS 命令窗口中执行上面的命令时，将提示输入连接数据库的密码，输入密码后将完成数据备份，如图 14.1 所示。

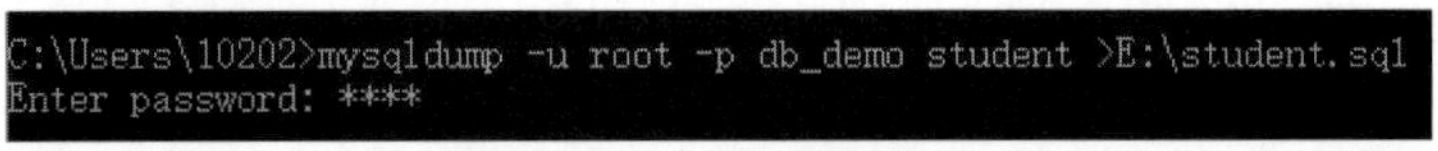

图 14.1　备份一个数据库

然后可以在 E:\ 中找到 student.sql 文件。student.sql 文件中的部分内容如图 14.2 所示。

图 14.2　student.sql 文件内容

文件开头记录了 MySQL 的版本、备份的主机名和数据库名。文件中，以 "--" 开头的都是 SQL 的注释。以 "/*！40101" 等形式开头的内容是只有 MySQL 版本大于或等于指定的版本 4.1.1 才执行的语句。下面的 "/*！40103""/*！40014" 也是这个作用。

 说明

上面的 student.sql 文件中没有创建数据库的语句，因此，student.sql 文件中的所有表和记录必须还原到一个已经存在的数据库中。还原数据时，CREATE TABLE 语句会在数据库中创建表，然后执行 INSERT 语句向表中插入记录。

（2）备份多个数据库

mysqldump 命令备份多个数据库的语法如下。

```
mysqldump -u username -p --databases dbname1 dbname2  >BackupName.sql
```

这里要加上 databases 这个选项，然后后面跟多个数据库的名称。

实例 **14.2** 下面使用 root 用户备份 db_test 数据库和 mysql 数据库。（实例位置：资源包\Code\14\02）

命令如下。

```
mysqldump -u root -p --databases db_test mysql >E:\backup.sql
```

在 DOS 命令窗口中执行上面的命令时，将提示输入连接数据库的密码，输入密码后将完成数据备份，这时可以在 E:\ 下面看到名为 backup.sql 的文件，打开文件如图 14.3 所示。这个文件中存储这两个数据库的所有信息。

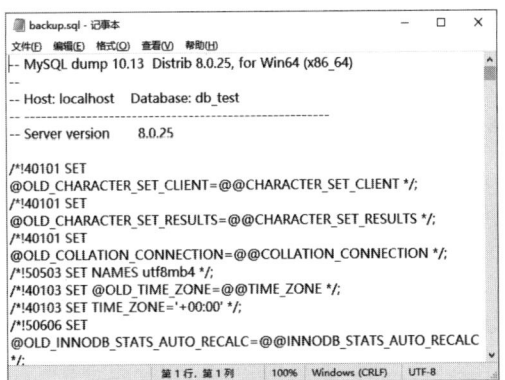

图 14.3 备份多个数据库

（3）备份所有数据库

mysqldump 命令备份所有数据库的语法如下。

```
mysqldump -u username -p --all-databases >BackupName.sql
```

使用 --all-databases 选项就可以备份所有数据库了。

注意

在 --all-databases 选项中间没有空格。

实例 14.3 下面使用 root 用户备份所有数据库。（实例位置：资源包 \Code\14\03）

命令如下。

```
mysqldump –u root -p --all-databases  >E:\alldatabase.sql
```

在 DOS 命令窗口中执行上面的命令时，将提示输入连接数据库的密码，输入密码后将完成数据备份，这时可以在 E:\ 下面看到名为 alldatabase.sql 的文件，打开文件如图 14.4 所示。这个文件存储所有数据库的所有信息。

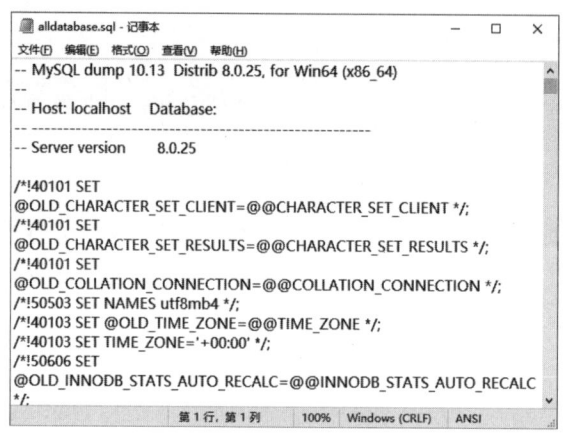

图 14.4　备份所有数据库

14.1.2　直接复制整个数据库目录

MySQL 有一种最简单的备份方法，就是将 MySQL 中的数据库文件直接复制出来。这种方法最简单，速度也最快。使用这种方法时，最好将服务器先停止。这样，可以保证在复制期间数据库中的数据不会发生变化。如果在复制数据库的过程中还有数据写入，就会造成数据不一致。

这种方法虽然简单快捷，但不是最好的备份方法。因为实际情况下可能不允许停止 MySQL 服务器。而且还原时最好是相同版本的 MySQL 数据库，否则可能会存在存储文件类型不同的情况。

采用直接复制整个数据库目录的方式备份数据库时，需要找到数据库文件的保存位置，具体的方法是，在 MySQL 命令行提示窗口中输入以下代码查看。

```
show variables like '%datadir%';
```

执行结果如图 14.5 所示。

```
mysql> show variables like '%datadir%';
+---------------+--------------------------------------------+
| Variable_name | Value                                      |
+---------------+--------------------------------------------+
| datadir       | C:\ProgramData\MySQL\MySQL Server 8.0\Data\ |
+---------------+--------------------------------------------+
1 row in set, 1 warning (0.01 sec)

mysql>
```

图 14.5　查看 MySQL 数据库文件保存位置

14.1.3　使用 mysqlhotcopy 工具快速备份

如果备份时不能停止 MySQL 服务器，可以采用 mysqlhotcopy 工具。mysqlhotcopy 工具的备份方式比 mysqldump 命令快。下面为读者介绍 mysqlhotcopy 工具的工作原理和使用方法。

mysqlhotcopy 工具是一个 Perl 脚本，主要在 Linux 操作系统下使用。mysqlhotcopy 工具使用 LOCK TABLES、FLUSH TABLES 和 cp 来进行快速备份。其工作原理是，先将需要备份的数据库加上一个读操作锁，然后用 FLUSH TABLES 将内存中的数据写回到硬盘上的数据库中，最后把需要备份的数据库文件复制到目标目录。使用 mysqlhotcopy 的命令如下：

```
[root@localhost ~ ]#mysqlhotcopy[option] dbname1 dbname2…backupDir/
```

其中，dbname1 等表示需要备份的数据库的名称；backupDir 参数指出备份到哪个文件夹下。这个命令的含义就是将 dbname1、dbname2 等数据库备份到 backDir 目录下。

mysqlhotcopy 工具有一些常用的选项，这些选项的介绍如下：

☑ --help：用来查看 mysqlhotcopy 的帮助。

☑ --allowold：如果备份目录下存在相同的备份文件，将旧的备份文件名加上 _old。

☑ --keepold：如果备份目录下存在相同的备份文件，不删除旧的备份文件，而是将旧文件更名。

☑ --flushlog：本次备份之后，将对数据库的更新记录到日志中。

☑ --noindices：只备份数据文件，不备份索引文件。

☑ --user= 用户名：用来指定用户名，可以用 -u 代替。

☑ --password= 密码：用来指定密码，可以用 -p 代替。使用 -p 时，密码与 -p 紧挨着。或者只使用 -p，然后用交换的方式输入密码。这与登录数据库时的情况是一样的。

☑ --port= 端口号：用来指定访问端口，可以用 -P 代替。

☑ --socket=socket 文件：用来指定 socket 文件，可以用 -S 代替。

> **⚠ 注意**
>
> mysqlhotcopy 工具不是 MySQL 自带的，需要安装 Perl 的数据接口包，Perl 的数据库接口包可以在 MySQL 官方网站下载，网址是 http://dev.mysql.com/downloads/dbi.html。mysqlhotcopy 工具的工作原理是将数据库文件拷贝到目标目录，因此 mysqlhotcopy 工具只能备份 MyISAM 类型的表，不能用来备份 InnoDB 类型的表。

14.2　数据恢复

管理员的非法操作和计算机的故障都会破坏数据库文件。当数据库遇到这些意外时，可以通过备份文件将数据库还原到备份时的状态，这样可以将损失降低到最小。本节将介绍数据还原的方法。

14.2.1　使用 mysql 命令还原

上一小节中讲解了使用 mysqldump 命令将数据库的数据备份成一个文本文件，这个文件

的后缀名是 .sql。在需要数据还原时，可以使用 mysql 命令来还原备份的数据。

备份文件中通常包含 CREATE 语句和 INSERT 语句。mysql 命令可以执行备份文件中的 CREATE 语句和 INSERT 语句。通过 CREATE 语句来创建数据库和表。通过 INSERT 语句来插入备份的数据。数据恢复的基本语法如下。

```
mysql -uroot -p [dbname] <backup.sql
```

其中，dbname 参数表示数据库名称。该参数是可选参数，可以指定数据库名，也可以不指定。指定数据库名时，表示还原该数据库下的表。不指定数据库名时，表示还原特定的一个数据库，备份文件中有创建数据库的语句。

实例 14.4 **下面使用root用户还原所用数据库，命令如下。**（实例位置：资源包\Code\14\04）

```
mysql -u root -p <E:\alldatabase.sql
```

在 DOS 命令窗口中执行上面的命令时，将提示输入连接数据库的密码，输入密码后将完成数据还原。这时，MySQL 数据库就已经还原了 all.sql 文件中的所有数据库。

📋 **注意**

如果使用 --all-databases 参数备份了所有的数据库，那么还原时不需要指定数据库。因为，其对应的 .sql 文件包含 CREATE DATABASE 语句，可以通过该语句创建数据库。创建数据库之后，可以执行 .sql 文件中的 USE 语句选择数据库，然后在数据库中创建表并且插入记录。

14.2.2　直接复制到数据库目录

在 14.1.2 节介绍过一种直接复制数据的备份方法，通过这种方式备份的数据，可以直接复制到 MySQL 的数据库目录下。通过这种方式还原时，必须保证两个 MySQL 数据库的主版本号是相同的。而且，这种方式对 MyISAM 类型的表比较有效。对于 InnoDB 类型的表则不可用，因为 InnoDB 表的表空间不能直接复制。

14.3　数据库迁移

数据库迁移就是指将数据库从一个系统移动到另一个系统上。数据库迁移的原因是多种多样的。可能是因为升级了计算机，或者是部署开发的管理系统，或者是升级了 MySQL 数据库，甚至是换用其他的数据库。

根据上述情况，可以将数据库迁移大致分为 3 类，分别是在相同版本的 MySQL 数据库之间迁移、迁移到其他版本的 MySQL 数据库中和迁移到其他类型的数据库中。本节将介绍数据库迁移的方法。

14.3.1　相同版本的 MySQL 数据库之间的迁移

相同版本的 MySQL 数据库之间的迁移就是在主版本号相同的 MySQL 数据库之间进行

数据库移动，这种迁移的方式最容易实现。本节将介绍这方面的内容。

相同版本的 MySQL 数据库之间进行数据库迁移的原因很多。通常的原因是换了新的机器，或者是装了新的操作系统。还有一种常见的原因就是将开发的管理系统部署到工作机器上。因为迁移前后 MySQL 数据库的主版本号相同，所以可以通过复制数据库目录来实现数据库迁移。但是，只有数据库表都是 MyISAM 类型的才能使用这种方式。

最常用和最安全的方式是使用 mysqldump 命令来备份数据库，然后将备份文件还原到新的 MySQL 数据库中。这里可以将备份和迁移同时进行。假设从一个名为 host1 的机器中备份出所有数据库，然后将这些数据库迁移到名为 host2 的机器上。命令如下。

```
mysqldump -h name1 -u root -password=password1 -all-databases |
mysql -h host2 -u root -password=password2
```

其中，"|"符号表示管道，其作用是将 mysqldump 备份的文件送给 mysql 命令；"-password=password1"是 name1 主机上 root 用户的密码；同理，password2 是 name2 主机上的 root 用户的密码。通过这种方式可以直接实现迁移。

14.3.2 不同数据库之间的迁移

不同数据库之间迁移是指从其他类型的数据库迁移到 MySQL 数据库，或者从 MySQL 数据库迁移到其他类型的数据库。例如，某个网站原来使用 Oracle 数据库，因为运营成本太高等诸多原因，希望改用 MySQL 数据库。或者某个管理系统原来使用 MySQL 数据库，因为某种特殊性能的要求，希望改用 Oracle 数据库。针对这种迁移，MySQL 没有通用的解决方法，需要具体问题具体对待。例如，在 Windows 操作系统下，通常可以使用 MyODBC 实现 MySQL 数据库与 SQL Server 之间的迁移。而将 MySQL 数据库迁移到 Oracle 数据库时，就需要使用 mysqldump 命令先导出 SQL 文件，再手动修改 SQL 文件中的 CREATE 语句。

 ① MyODBC 是 MySQL 开发的 ODBC 连接驱动。通过它可以让各式各样的应用程序直接存取 MySQL 数据库，不但方便，而且也容易使用。
② 由于数据库厂商没有完全按照 SQL 标准来设计数据库，因此不同数据库使用的 SQL 语句的差异。例如，微软的 SQL Server 软件使用的是 T-SQL 语言。T-SQL 中包含了非标准的 SQL 语句。这就造成了 SQL Server 和 MySQL 的 SQL 语句不能兼容。另外，不同的数据库之间的数据类型也有差异。例如，SQL Server 数据库中有 ntext、Image 等数据类型，而 MySQL 中则没有。MySQL 支持的 ENUM 和 SET 类型，SQL Server 数据库也不支持。

14.4 表的导出和导入

MySQL 数据库中的表可以导出成文本文件、XML 文件或者 HTML 文件，相应的文本文件也可以导入 MySQL 数据库中。在数据库的日常维护中，经常需要进行表的导出和导入的操作。本节将介绍将表内容导出和导入文本文件的方法。

14.4.1 用 SELECT…INTO OUTFILE 导出文本文件

MySQL 中可以在命令行窗口使用 SELECT…INTO OUTFILE 语句将表的内容导出成一个文本文件。其基本语法形式如下。

```
SELECT[ 列名 ] FROM table[WHERE 语句 ]
INTO OUTFILE '目标文件' [OPTION];
```

该语句分为两个部分。前半部分是一个普通的 SELECT 语句，通过这个 SELECT 语句来查询所需要的数据；后半部分是导出数据的。其中，“目标文件”参数为要将查询的记录导出到哪个文件；OPTION 参数常用的几个选项如下：

☑ FIELDS TERMINATED BY '字符串'：设置字符串为字段的分隔符，默认值是“\t”。

☑ FIELDS ENCLOSED BY '字符'：设置字符来括上字段的值。默认情况下不使用任何符号。

☑ FIELDS OPTIOINALLY ENCLOSED BY '字符'：设置字符来括上 CHAR、VARCHAR 和 TEXT 等字符型字段。默认情况下不使用任何符号。

☑ FIELDS ESCAPED BY '字符'：设置转义字符，默认值为“\”。

☑ LINES STARTING BY '字符串'：设置每行开头的字符，默认情况下无任何字符。

☑ LINES TERMINATED BY '字符串'：设置每行的结束符，默认值是“\n”。

在使用 SELECT…INTO OUTFILE 语句时，指定的目标路径只能是 MySQL 的 secure_file_priv 参数所指定的位置，该位置可以在 MySQL 的命令行窗口中，通过以下语句获得。

```
SELECT @@secure_file_priv;
```

执行结果如图 14.6 所示。

```
mysql> SELECT @@secure_file_priv;
+------------------------------------------+
| @@secure_file_priv                       |
+------------------------------------------+
| C:\ProgramData\MySQL\MySQL Server 8.0\Uploads\ |
+------------------------------------------+
1 row in set (0.00 sec)
```

图 14.6 获取 secure_file_priv 参数值

secure_file_priv 参数用于限制数据导入导出操作，如执行 LOAD DATA，SELECT … OUTFILE 操作，以及 LOAD_FILE() 函数传到哪个指定目录。

☑ secure_file_priv 为 NULL 时，表示限制 mysqld 不允许导入或导出。

☑ secure_file_priv 为 /tmp 时，表示限制 mysqld 只能在 /tmp 目录中执行导入导出，其他目录不能执行。

☑ secure_file_priv 没有值时，表示不限制 mysqld 在任意目录的导入导出。

☑ secure_file_priv 有一个具体目录时，表示限制 mysqld 只能在此目录中执行文件的导入导出。

secure_file_priv 默认为 NULL，表示限制 mysqld 不允许导入或导出，如果执行导出操作，会输出如下错误：

```
ERROR 1290 (HY000): The MySQL server is running with the --secure-file-priv option so it
cannot execute this statement
```

此时，可以按如下方式修改 MySQL 的配置文件 my.ini（Windows 系统，MySQL 的安装目录下，如 my.ini 文件在笔者电脑的路径为：C:\ProgramData\MySQL\MySQL Server 8.0）。

① 以管理员的身份运行记事本，如图 14.7 所示。

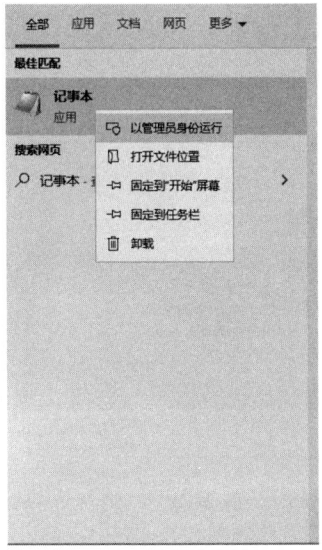

图14.7　以管理员身份运行记事本

② 在记事本中的菜单栏中，选择"文件"/"打开"，在打开的窗口中，找到 my.ini 文件的目录，右下角的下拉框中选择"所有文件"，这样就出现了 my.ini 文件，选中此文件，单击"打开"按钮，如图 14.8 所示。

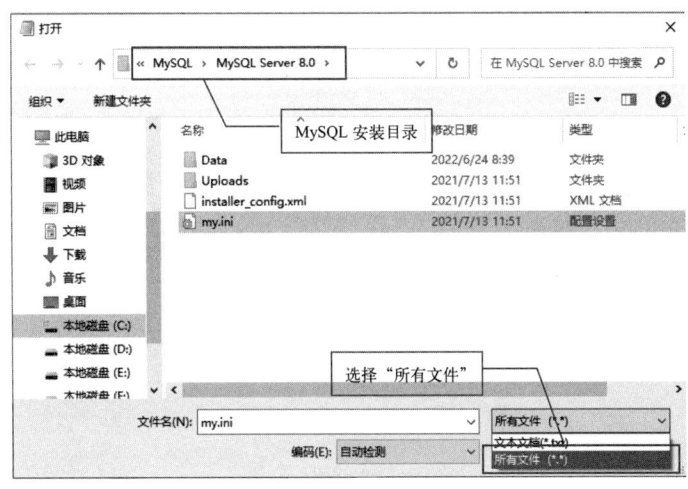

图14.8　打开 my.ini 文件

③ 在 my.ini 文件中找到 secure-file-priv，将其后面双引号中的值删掉，即为：

```
secure_file_priv=""
```

修改完成后，需要重新启动 MySQL。在 cmd 窗口（需要以管理员身份运行）中输入：

```
# 关闭 MySQL 服务
Net stop MySQL80

# 启动 MySQL 服务
Net start MySQL80
```

结果如图 14.9 所示。

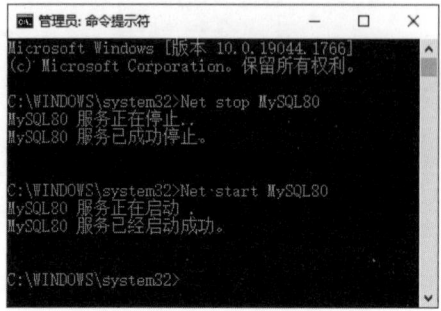

图 14.9　重启 MySQL 服务

说明
MySQL80 为笔者电脑中 MySQL 的服务名，读者可以通过鼠标右键计算机，选择管理，在计算机管理界面，打开服务，找到 MySQL 的服务名，如图 14.10 所示。

图 14.10　找到 MySQL 服务名

然后再次运行 SELECT @@secure_file_priv; 查看状态，运行结果如图 14.11 所示。

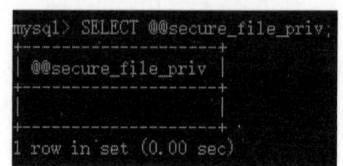

图 14.11　再次获取 secure_file_priv 参数值

实例 14.5　应用 SELECT…INTO OUTFILE 语句实现导出 db_shop 数据库中的商品信息表 tb_goods 的记录。其中，字段之间用“,”隔开，字符型数据用双引号括起来。每条记录以“>”开头。（实例位置：资源包 \Code\14\05）

在 MySQL 的命令行窗口中输入的代码及执行结果见图 14.12。

mysql> use db_shop;
Database changed
mysql> SELECT * FROM goods INTO OUTFILE 'E:\goods.txt'
-> FIELDS TERMINATED BY '\,' OPTIONALLY ENCLOSED BY '\"'
-> LINES STARTING BY '\>' TERMINATED BY '\r\n';
Query OK, 4 rows affected (0.04 sec)
mysql>

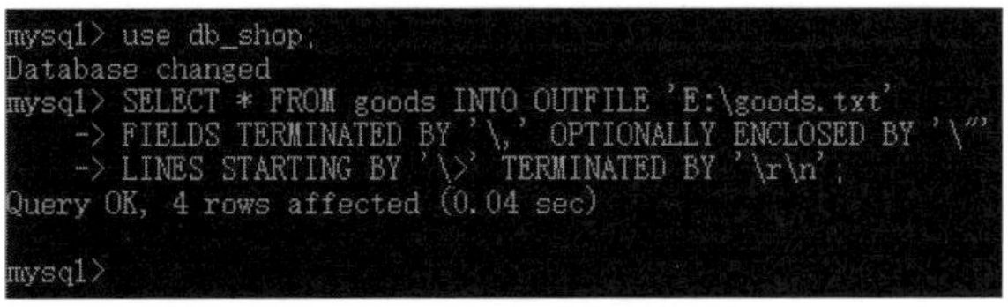

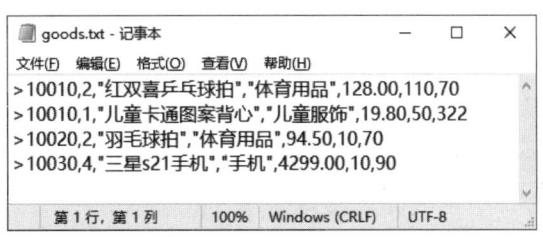

图 14.12　导出商品信息表

“TERMINATED BY ‘\r\n’” 表示可以保证每条记录占一行。因为 Windows 操作系统下“\r\n”才是回车换行。如果不加这个选项，默认情况只是“\n”。使用 root 用户登录到 MySQL 数据库中，然后执行上述命令。

执行完后，可以在 E:/ 目录下看到一个名为 goods.txt 的文本文件。goods.txt 中的内容图 14.13 所示。

goods.txt - 记事本
文件(F) 编辑(E) 格式(O) 查看(V) 帮助(H)
>10010,2,"红双喜乒乓球拍","体育用品",128.00,110,70
>10010,1,"儿童卡通图案背心","儿童服饰",19.80,50,322
>10020,2,"羽毛球拍","体育用品",94.50,10,70
>10030,4,"三星s21手机","手机",4299.00,10,90
第 1 行，第 1 列
100%
Windows (CRLF)
UTF-8

图 14.13　用 SELECT…INTO OUTFILE 导出文本文件

这些记录都是以“>”开头，每个字段之间以“,”隔开。而且，字符数据都加上了引号。

14.4.2　用 mysqldump 命令导出文本文件

mysqldump 命令可以备份数据库中的数据。但是，备份时是在备份文件中保存了 CREATE 语句和 INSERT 语句。不仅如此，mysqldump 命令还可以导出文本文件。其基本的语法形式如下。

```
mysqldump -u root -p -T 目标目录 dbname table [option];
```

其中，目标目录参数指出文本文件的路径；dbname 参数表示数据库的名称；table 参数表示表的名称；option 表示附件选项如下：

☑ --fields-terminated-by= 字符串：设置字符串为字段的分隔符，默认值是“\t”。

☑ --fields-enclosed-by= 字符：设置字符来括上字段的值。

☑ --fields-optionally-enclosed-by= 字符：设置字符括上 CHAR、VARCHAR 和 TEXT 等字符型字段。

☑ --fields-escaped-by= 字符：设置转义字符。

☑ --lines-terminated-by= 字符串：设置每行的结束符。

> **说明** 这些选项必须用双引号括起来，否则，MySQL 数据库系统将不能识别这几个参数。

实例 14.6 用 mysqldump 语句来导出 db_demo 数据库下 student 表的记录。其中，字段之间用 "," 隔开，字符型数据用双引号括起来。（实例位置：资源包 \Code\14\06）

在 DOS 命令行界面中输入如下命令。

```
mysqldump -u root -proot -T E:\stu db_demo student "--lines-terminated-by=\r\n" "--fields-
terminated-by=," "--fields-optionally-enclosed-by=""
```

执行结果如图 14.14 所示。

```
C:\WINDOWS\system32>mysqldump -u root -proot -T E:\stu db_demo student "--lines-terminated-by=\r\n"
"--fields-terminated-by=," "--fields-optionally-enclosed-by=""
mysqldump: [Warning] Using a password on the command line interface can be insecure.

C:\WINDOWS\system32>
```

图 14.14 导出学生信息表

其中，-u 选项后的 root 为 MySQL 数据库的用户名，-p 选项后面可以直接写上密码，或者不写密码，在执行了此条语句之后，再根据提示输入密码。命令执行完后，可以在 E:\stu 文件夹下看到一个名为 student.txt 的文本文件和 student.sql 文件。student.txt 中的内容就是 student 表中数据，如图 14.15 所示。

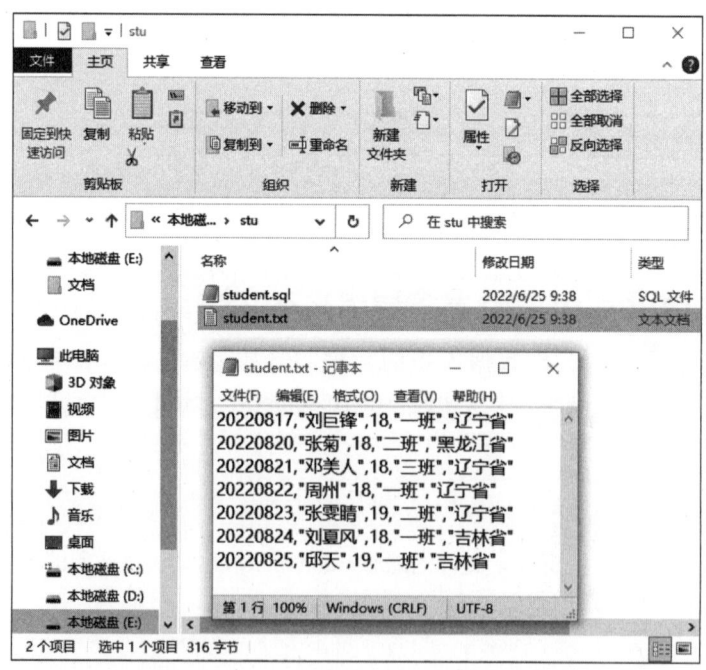

图 14.15 用 mysqldump 命令导出文本文件

这些记录都是以 "," 隔开，而且，字符数据都是加上了引号。其实，mysqldump 命令也是调用 SELECT…INTO OUTFILE 语句来导出文本文件的；同时 mysqldump 命令还生成了 student.sql 文件，这个文件中有表的结构和表中的记录。

说明 导出数据时,一定要注意数据的格式。通常每个字段之间都必须用分隔符隔开,可以使用逗号 (,)、空格或者制表符 (Tab 键)。每条记录占用一行,新记录要从下一行开始。字符串数据要使用双引号括起来。

mysqldump 命令还可以导出 XML 格式的文件,其基本语法如下。

```
mysqldump-u root -p --xml|-X dbname table >E:\filename.xml;
```

其中,--xml 或者 -X 选项就可以导出 XML 格式的文件;dbname 表示数据库的名称;table 表示表的名称;E:\filename.xml 表示导出的 XML 文件的路径。

实例 14.7 使用 mysqldump 命令将数据表 student 中的内容导出到 XML 文件中。
(实例位置:资源包 \Code\14\07)

在 DOS 命令行界面中输入如下命令。

```
mysqldump -u root -p --xml db_demo student >E:\stu.xml
```

效果如图 14.16 所示。

```
C:\WINDOWS\system32>mysqldump -u root -p --xml db_demo student >E:\stu.xml
Enter password: ****

C:\WINDOWS\system32>
```

图 14.16　在 DOS 命令窗口中的执行效果

生成的 XML 文件可以在 E 盘的根目录下找到,内容如图 14.17 所示。

```
stu.xml
← → C  ① 文件 | E:/stu.xml

▼<table_structure name="student">
   <field Field="no" Type="int" Null="NO" Key="" Extra="" Comment=""/>
   <field Field="name" Type="varchar(20)" Null="YES" Key="MUL" Extra="" Comment=""/>
   <field Field="age" Type="int" Null="YES" Key="" Extra="" Comment=""/>
   <field Field="class" Type="varchar(20)" Null="YES" Key="" Extra="" Comment=""/>
   <field Field="address" Type="varchar(50)" Null="YES" Key="" Extra="" Comment=""/>
   <key Table="student" Non_unique="1" Key_name="index_name" Seq_in_index="1" Column_name="name"
   Collation="A" Cardinality="7" Null="YES" Index_type="BTREE" Comment="" Index_comment="" Visible="YES"/>
   <key Table="student" Non_unique="1" Key_name="index_student" Seq_in_index="1" Column_name="name"
   Collation="A" Cardinality="7" Null="YES" Index_type="BTREE" Comment="" Index_comment="" Visible="YES"/>
   <key Table="student" Non_unique="1" Key_name="index_student" Seq_in_index="2" Column_name="class"
   Collation="A" Cardinality="7" Null="YES" Index_type="BTREE" Comment="" Index_comment="" Visible="YES"/>
   <options Name="student" Engine="InnoDB" Version="10" Row_format="Dynamic" Rows="7" Avg_row_length="2340"
   Data_length="16384" Max_data_length="0" Index_length="32768" Data_free="0" Create_time="2022-06-23
   03:11:13" Collation="utf8mb4_0900_ai_ci" Create_options="" Comment=""/>
 </table_structure>
▼<table_data name="student">
 ▼<row>
    <field name="no">20220817</field>
    <field name="name">刘巨锋</field>
    <field name="age">18</field>
    <field name="class">一班</field>
    <field name="address">辽宁省</field>
  </row>
 ▼<row>
    <field name="no">20220820</field>
    <field name="name">张菊</field>
    <field name="age">18</field>
    <field name="class">二班</field>
    <field name="address">黑龙江省</field>
  </row>
 ▼<row>
    <field name="no">20220821</field>
    <field name="name">邓美人</field>
    <field name="age">18</field>
    <field name="class">三班</field>
    <field name="address">辽宁省</field>
```

图 14.17　生成的 XML 文件

14.4.3　用 mysql 命令导出文本文件

mysql 命令也可以导出文本文件，其基本语法形式如下。

```
mysql -u root -p  -e "SELECT 语句" dbname >E:/name.txt;
```

其中 -e 选项可以执行 SQL 语句；"SELECT 语句"用来查询记录；E:/name.txt 表示导出文件的路径。

实例 14.8　下面用 mysql 命令来导出 db_demo 数据库下 student 表的记录。（实例位置：资源包 \Code\14\08）

在 DOS 命令行界面中输入如下命令。

```
mysql -u root -p -e" SELECT * FROM student" db_demo > E:/stu.txt
```

效果如图 14.18 所示。

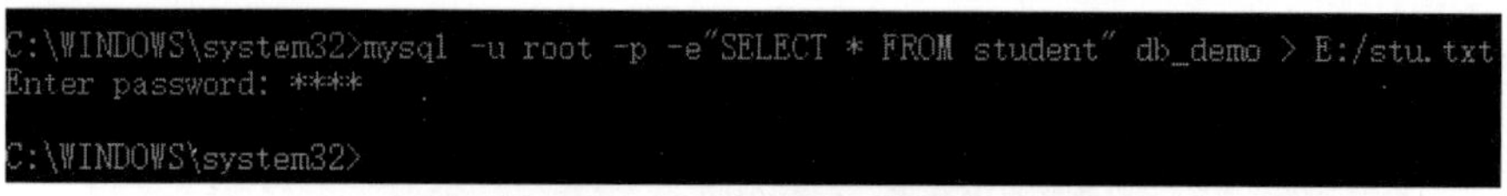

图 14.18　在 DOS 命令窗口中的执行效果

生成的 txt 文件可以在 E 盘的根目录下找到，内容如图 14.11 所示。

执行命令后可以将 student 表中的所用记录查询出来，然后写入到 stu.txt 文档中。stu.txt 中的内容如图 14.19 所示。

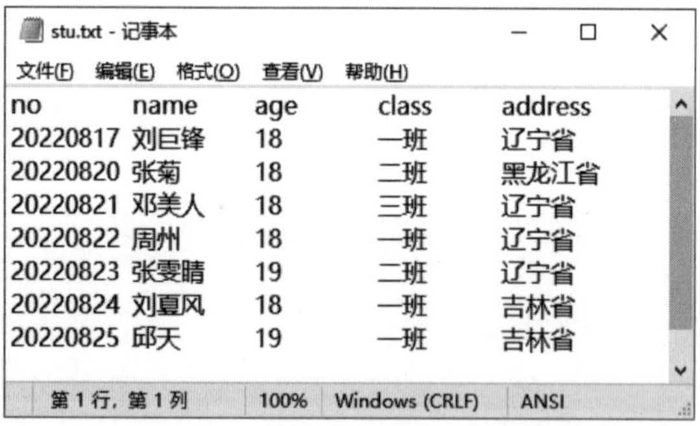

图 14.19　mysql 命令导出文本内容

mysql 命令还可以导出 XML 文件和 HTML 文件。mysql 命令导出 XML 文件的语法如下。

```
mysql -u root -p --xml|-X -e "SELECT 语句" dbname >E:/filename.xml
```

其中 --xml 或者 -X 选项可以导出 XML 格式的文件；dbname 表示数据库的名称；E:/filename.xml 表示导出的 XML 文件的路径。

例如，下面的命令可以将 db_demo 数据库中的 score 表的数据导出到名称为 score.xml 的 XML 文件中。

```
mysql -u root -p --xml  -e "SELECT * from score" db_demo >E:/score.xml
```

mysql 命令导出 HTML 文件的语法如下。

```
mysql -u root -p --html|-H -e "SELECT 语句" dbname >E:/filename.html
```

其中，使用 --html 或者 -H 选项就可以导出 HTML 格式的文件。

例如，下面的命令可以将 db_demo 数据库中的 score 表的数据导出到名称为 score.html 的 HTML 文件中。

```
mysql -u root -p --html  -e "SELECT * from score" db_demo >E:/score.html
```

用浏览器打开 score.html 文件，如图 14.20 所示。

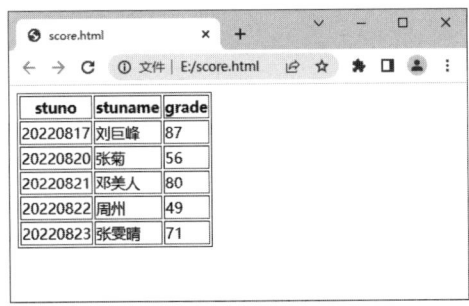

图 14.20　mysql 命令导出 HTML 文件内容

14.5 综合案例

（1）案例描述

【综合案例】 将表中的内容导出到文件中。（实例位置：资源包 \Code\14\ 综合案例）

本实例将实现将 db_shop 数据库中的 good_price 数据表中的内容导出到文本文件中，在生成文本文件时，字段之间用逗号隔开，每个字符型的数据用双引号括起来，而且，每条记录占一行。实例执行效果如图 14.21 所示。

```
mysql> SELECT * FROM good_price INTO OUTFILE "D:/gp.txt"
    -> FIELDS TERMINATED BY '\,' OPTIONALLY ENCLOSED BY '\"' LINES TERMINATED BY '\r\n';
Query OK, 7 rows affected (0.06 sec)

mysql>
```

图 14.21　在命令行窗口中的执行效果

执行如图 14.21 所示的命令后，将在 D 盘根目录下创建一个名称为 gp.txt 的文件，效果如图 14.22 所示。

名称	日期	类型
FULLDATABASE.DMP	2017/7/13 10:29	DMP 文件
FULLDATABASE01.DMP	2017/7/14 17:49	DMP 文件
gp.txt	2022/6/25 10:45	文本文档
Jump.mp3	2014/5/30 22:24	MP3 文件
MrkjStock.mdf	2018/5/18 10:55	MDF 文件
MrkjStock_log.ldf	2018/5/18 10:55	LDF 文件

图 14.22　将表中的内容导出到文件中

gp.txt 文件中的内容如图 14.23 所示。

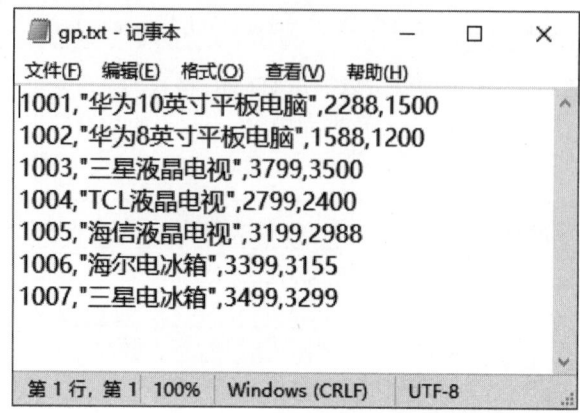

图 14.23　gp.txt 文件内容

（2）实现代码

在 MySQL 的命令行窗口中，使用 root 用户登录到 MySQL 服务器后，执行 SELECT…INTO OUTFILE 命令来导出文本文件。代码如下：

```
use db_shop;
SELECT * FROM good_price INTO OUTFILE "D:/gp.txt"
FIELDS TERMINATED BY '\,' OPTIONALLY ENCLOSED BY '\"' LINES TERMINATED BY '\r\n';
```

14.6　实战练习

【实战练习】　使用 mysqldump 命令将 db_shop 数据库中的数据表 goods 中的内容导出到 XML 文件中。（实例位置：资源包 \Code\14\ 实战练习）

在 mysqldump 命令中，通过 --xml 选项可以导出 XML 文件，在 DOS 命令行界面中输入如下代码：

```
mysqldump -u root -p --xml db_shop goods>D:/goods.xml
```

结果如图 14.24 所示。

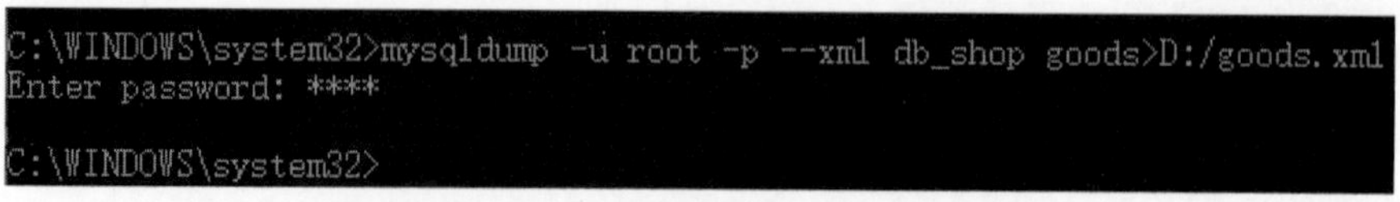

```
C:\WINDOWS\system32>mysqldump -u root -p --xml db_shop goods>D:/goods.xml
Enter password: ****

C:\WINDOWS\system32>
```

图 14.24　在 DOS 命令窗口中的执行效果

生成的 XML 文件可以在 D 盘的根目录下找到，内容如图 14.25 所示。

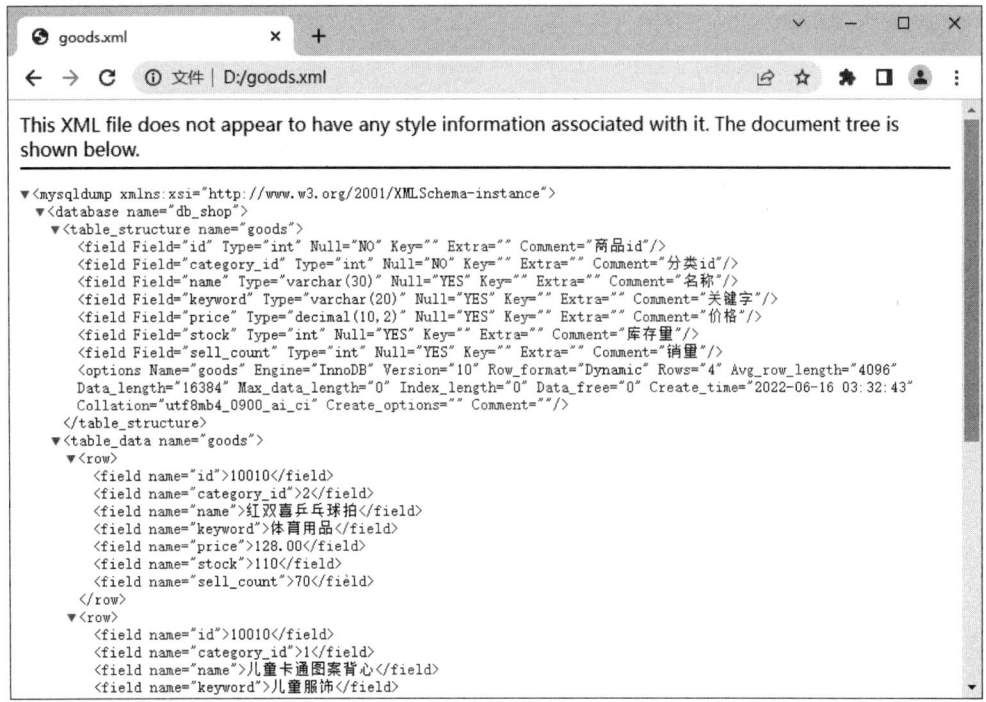

图 14.25　生成的 XML 文件

 小结

本章对备份数据库、还原数据库、数据库迁移、导出表和导入表进行了详细讲解，备份数据库和还原数据库是本章的重点内容。在实际应用中，通常使用 mysqldump 命令备份数据库，使用 mysql 命令还原数据库。数据库迁移、导出表和导入表是本章的难点。数据迁移需要考虑数据库的兼容性问题，最好是在相同版本的 MySQL 数据库之间迁移。导出表和导入表的方法比较多，希望读者能够多练习这些方法的使用。

第15章
MySQL 优化

扫码享受
全方位沉浸式学习

优化 MySQL 数据库是通过某些有效的方法提高 MySQL 数据库的性能。性能优化的目的是为了使 MySQL 数据运行速度更快、占用的磁盘空间更小。性能优化包括很多方面，例如优化查询速度、优化更新速度和优化 MySQL 服务器等。本章将具体介绍优化查询、优化数据库结构和优化 MySQL 服务器的方法，以提高 MySQL 数据库速度。

15.1 ▶ 优化概述

优化 MySQL 数据库是数据库管理员的必备技能。通过不同的优化方式达到提高 MySQL 数据库性能的目的。

MySQL 数据库的用户和数据非常少的时候，很难判断一个 MySQL 数据库的性能的好坏。只有当长时间运行，并且有大量用户进行频繁操作时，MySQL 数据库的性能才能体现出来。

例如，一个每天有几万用户同时在线的大型网站的数据库性能的优劣就很明显。这么多用户在同时连接 MySQL 数据库，并且进行查询、插入和更新的操作。如果 MySQL 数据库的性能很差，就很可能无法承受如此多用户同时操作。试想如果用户查询一条记录需要花费很长时间，就很难会喜欢这个网站。

因此，为了提高 MySQL 数据库的性能，就需要进行一系列的优化措施。如果 MySQL 数据库需要进行大量的查询操作，那么就需要对查询语句进行优化。对于耗费时间的查询语句进行优化，可以提高整体的查询速度。如果连接 MySQL 数据库用户很多，那么就需要对 MySQL 服务器进行优化。否则，大量的用户同时连接 MySQL 数据库，可能会造成数据库系统崩溃。

数据库管理员可以使用 SHOW STATUS 语句查询 MySQL 数据库的性能。语法形式如下：

```
SHOW STATUS LIKE 'value';
```

其中，value 参数常用的选项介绍如下。
- ☑ Connections：连接 MySQL 服务器的次数；
- ☑ Uptime：MySQL 服务器的上线时间；

- ☑ Slow_queries：慢查询的次数；
- ☑ Com_select：查询操作的次数；
- ☑ Com_insert：插入操作的次数；
- ☑ Com_delete：删除操作的次数。

例如，如果需要查询 MySQL 服务器的连接次数，可以执行下面的 SHOW STATUS 语句：

```
SHOW STATUS LIKE 'Connections';
```

通过 SHOW STATUS 语句可以分析 MySQL 数据库性能，然后根据分析结果，进行相应的性能优化。

15.2　优化查询

查询是数据库最频繁的操作。提高了查询速度，就可以有效地提高 MySQL 数据库的性能。

15.2.1　分析查询语句

在 MySQL 中，可以使用 EXPLAIN 语句和 DESCRIBE 语句来分析查询语句。

应用 EXPLAIN 关键字分析查询语句，其语法结构如下：

```
EXPLAIN  SELECT 语句;
```

"SELECT 语句"参数为一般数据库查询命令，如"SELECT * FROM student"。

实例 15.1　下面使用 EXPLAIN 语句分析一个查询语句。（实例位置：资源包 \Code\15\01）

其代码及运行结果如图 15.1 所示。

```
mysql> EXPLAIN  SELECT *  FROM student;
+----+-------------+---------+------------+------+---------------+------+---------+------+------+----------+-------+
| id | select_type | table   | partitions | type | possible_keys | key  | key_len | ref  | rows | filtered | Extra |
+----+-------------+---------+------------+------+---------------+------+---------+------+------+----------+-------+
|  1 | SIMPLE      | student | NULL       | ALL  | NULL          | NULL | NULL    | NULL |    7 |   100.00 | NULL  |
+----+-------------+---------+------------+------+---------------+------+---------+------+------+----------+-------+
1 row in set, 1 warning (0.00 sec)
```

图 15.1　应用 EXPLAIN 语句分析查询语句

其中各字段所代表的意义如下所示：

- ☑ id 列：指出在整个查询中 SELECT 的位置。
- ☑ table 列：存放所查询的表名。
- ☑ type 列：连接类型，该列中存储很多值，范围从 const 到 ALL。
- ☑ possible_keys 列：指出为了提高查找速度，在 MySQL 中可以使用的索引。
- ☑ key 列：指出实际使用的键。
- ☑ rows 列：指出 MySQL 需要在相应表中返回查询结果所检验的行数，为了得到该总行数，MySQL 必须扫描处理整个查询。
- ☑ Extra 列：包含一些其他信息，设计 MySQL 如何处理查询。

在 MySQL 中，也可以应用 DESCRIBE 语句来分析查询语句。DESCRIBE 语句的使用方法与 EXPLAIN 语法是相同的，这两者的分析结果也大体相同。其中 DESCRIBE 的语法结构如下：

```
DESCRIBE SELECT 语句；
```

在命令提示符下输入的代码及其运行结果如图 15.2。

图 15.2 应用 DESCRIBE 语句分析查询语句

将图 15.2 与图 15.1 对比，读者可以清楚地看出，其运行结果基本相同。

> **说明** "DESCRIBE" 可以缩写成 "DESC"。

15.2.2 索引对查询速度的影响

在查询过程中使用索引，势必会提高数据库查询效率，应用索引来查询数据库中的内容，可以减少查询的记录数，从而达到查询优化的目的。

下面将通过对使用索引和不使用索引进行对比，来分析查询的优化情况。

实例 15.2 分析未使用索引时的查询情况。（实例位置：资源包 \Code\15\02）

其代码及其运行结果如图 15.3 所示。

图 15.3 未使用索引的查询情况

上述结果表明，表格字段 rows 下为 7，这意味着在执行查询的过程中，数据库存在的 7 条数据都被查询了一遍，这样在数据存储量小的时候，查询不会有太大影响，试想当数据库中存储庞大的数据资料时，用户为了搜索一条数据而遍历整个数据库中的所有记录，这将会耗费很多时间。现在，在 name 字段上建立一个名为 index_name 的索引。创建索引的代码如下：

```
CREATE INDEX index_name ON student(name);
```

上述代码的作用是在 studentinfo 表的 name 字段添加索引。在建立索引完毕后，再应用 EXPLAIN 关键字分析执行情况，其代码及运行结果见图 15.4。

从上述结果可以看出，由于创建的索引使访问的行数由 7 行减少到 1 行。所以，在查询操作中，使用索引不但会自动优化查询效率，同时也会降低服务器的开销。

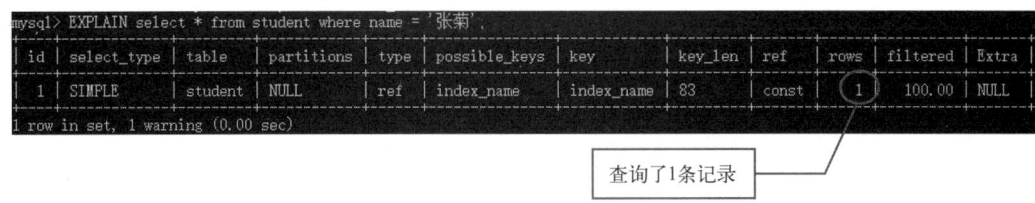

图 15.4　使用索引后查询情况

15.2.3　使用索引查询

在 MySQL 中，索引可以提高查询的速度。但并不能充分发挥其作用，所以在应用索引查询时，也可以通过关键字或其他方式来对查询进行优化处理。

（1）应用 LIKE 关键字优化索引查询

实例 15.3　应用 LIKE 关键字，并且匹配字符串中含有百分号"%"符号。（实例位置：资源包 \Code\15\01）

应用 EXPLAIN 语句执行，代码及其运行结果如图 15.5 所示。

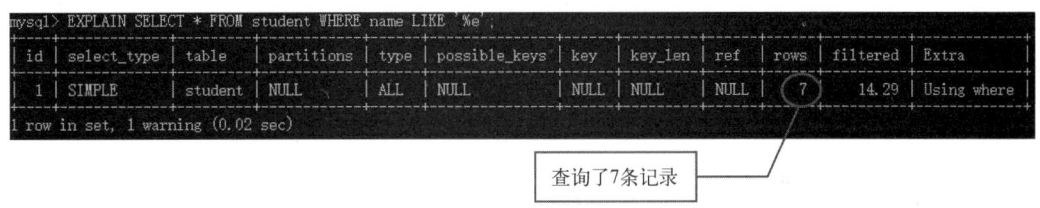

图 15.5　没有起到优化作用

从图 15.5 中可能看出其 rows 参数仍为"7"，这并没有起到优化作用，这是因为如果匹配字符串中，第一个字符为百分号"%"时，索引不会被使用。但是如果"%"所在匹配字符串中的位置不是第一位置，则索引会被正常使用，在命令提示符中输入的代码及其运行结果见图 15.6。

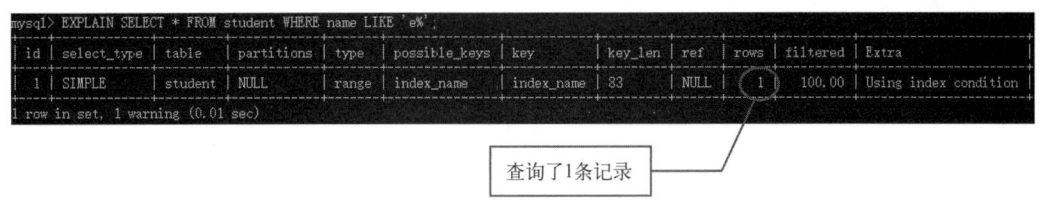

图 15.6　正常应用索引的 LIKE 子句运行结果

（2）查询语句中使用多列索引

多列索引在表的多个字段上创建一个索引。只有查询条件中使用了这些字段中的一个字段时，索引才会被正常使用。

应用多列索引在表的多个字段中创建一个索引，其命令如下：

```
CREATE INDEX index_student ON student (name,class);
```

（3）查询语句中使用 OR 关键字

在 MySQL 中，查询语句只有包含 OR 关键字时，要求查询的两个字段必须同为索引，如果所搜索的条件中有一个字段不为索引，则在查询中不会应用索引进行查询。其中，应用 OR 关键字查询索引的命令如下：

```
SELECT * FROM student WHERE name='周州' or class='一班';
```

实例 15.4 通过 EXPLAIN 来分析查询命令。（实例位置：资源包 \Code\15\04）

在命令提示符中输入的代码及其运行结果如图 15.7 所示。

```
mysql> EXPLAIN SELECT * FROM student WHERE name='周州' or class='一班';
+----+-------------+---------+------------+------+-----------------------------+------+---------+------+------+----------+-------------+
| id | select_type | table   | partitions | type | possible_keys               | key  | key_len | ref  | rows | filtered | Extra       |
+----+-------------+---------+------------+------+-----------------------------+------+---------+------+------+----------+-------------+
|  1 | SIMPLE      | student | NULL       | ALL  | index_name,index_student    | NULL | NULL    | NULL |    7 |    26.53 | Using where |
+----+-------------+---------+------------+------+-----------------------------+------+---------+------+------+----------+-------------+
1 row in set, 1 warning (0.00 sec)
```

图 15.7　应用 OR 关键字

从图 15.7 中可以看出，由于两个字段均为索引，故查询被优化。如果在子查询中存在没有被设置成索引的字段，则将该字段作为子查询条件时，则查询速度不会被优化。

15.3　优化数据库结构

数据库结构是否合理，需要考虑是否存在冗余、对表的查询和更新的速度、表中字段的数据类型是否合理等多方面的内容。

15.3.1　将字段很多的表分解成多个表

有些表在设计时设置了很多的字段。这个表中有些字段的使用频率很低。当这个表的数据量很大时，查询数据的速度就会很慢。本小节将为读者介绍优化这种表的方法。

对于这种字段特别多且有些字段的使用频率很低的表，可以将其分解成多个表。

实例 15.5 学生表中有很多字段，其中在 extra 字段中存储着学生的备注信息。有些备注信息的内容特别多。但是，备注信息很少使用。这样就可以分解出另外一个表，将其取名叫 student_extra。表中存储两个字段，分别为 id 和 extra。其中，id 字段为学生的学号，extra 字段存储备注信息。（实例位置：资源包 \Code\15\05）

student_extra 表的结构如图 15.8 所示。

```
mysql> desc student_extra;
+-------+---------+------+-----+---------+----------------+
| Field | Type    | Null | Key | Default | Extra          |
+-------+---------+------+-----+---------+----------------+
| id    | int(4)  | NO   | PRI | NULL    | auto_increment |
| extra | text    | YES  |     | NULL    |                |
+-------+---------+------+-----+---------+----------------+
2 rows in set (0.00 sec)

mysql>
```

图 15.8　将字段很多的表分解成多个表

如果需要查询某个学生的备注信息，可以用学号（id）来查询。如果需要将学生的学籍信息与备注信息同时显示，可以将 student 表和 student_extra 表进行联表查询，查询语句如下：

```
SELECT * FROM student,student_extra WHERE student.id=student_extra.id;
```

通过这种分解，可以提高 student 表的查询效率。因此，遇到这种字段很多而且有些字段使用不频繁的，可以通过这种分解的方式来优化数据库的性能。

15.3.2　增加中间表

有时需要经常查询某两个表中的几个字段，如果经常进行联表查询，会降低 MySQL 数据库的查询速度。对于这种情况，可以建立中间表来提高查询速度。

先分析经常同时查询哪几个表中的哪些字段。然后将这些字段建立一个中间表，并将原来那几个表的数据插入到中间表中，之后就可以使用中间表来进行查询和统计。

实例 15.6　在学生表 student 和分数表 score 中，经常要查询学生的学号、姓名和成绩，请优化两表，增加中间表。（实例位置：资源包 \Code\15\06）

这两个表的结构如图 15.9 所示。

图 15.9　学生表和成绩表的表结构

经常要查询的字段是学生的学号、姓名和成绩。根据这种情况可以创建一个 temp_score 表。temp_score 表中存储 3 个字段，分别是 no，name 和 grade。CREATE 语句执行如下：

```
CREATE TABLE temp_score(no INT NOT NULL,
Name VARCHAR(20) NOT NULL,
grade FLOAT);
```

然后从 student 表和 score 表中将记录导入到 temp_score 表中。INSERT 语句如下：

```
INSERT INTO temp_score SELECT student.no,student.name,score.grade
FROM student,score WHERE student.no=score.stuno;
```

将这些数据插入到 temp_score 表中以后，可以直接从 temp_score 表中查询学生的学号、姓名和成绩。这样就省去了每次查询时进行表连接，可以提高数据库的查询速度。

15.3.3 优化插入记录的速度

插入记录时，索引、唯一性校验都会影响到插入记录的速度。而且，一次插入多条记录和多次插入记录所耗费的时间是不一样的。根据这些情况，分别进行不同的优化。

（1）禁用索引

插入记录时，MySQL 会根据表的索引对插入的记录进行排序。如果插入大量数据，这些排序会降低插入记录的速度。为了解决这种情况，在插入记录之前先禁用索引，等到记录都插入完毕后再开启索引。禁用索引的语句如下：

```
ALTER TABLE 表名 DISABLE KEYS;
```

重新开启索引的语句如下：

```
ALTER TABLE 表名 ENABLE KEYS;
```

对于新创建的表，可以先不创建索引。等到记录都导入以后再创建索引，这样可以提高导入数据的速度。

（2）禁用唯一性检查

插入数据时，MySQL 会对插入的记录进行校验。这种校验也会降低插入记录的速度。可以在插入记录之前禁用唯一性检查，等到记录插入完毕后再开启。禁用唯一性检查的语句如下：

```
SET UNIQUE_CHECKS=0;
```

重新开启唯一性检查的语句如下：

```
SET UNIQUE_CHECKS=1;
```

（3）优化 INSERT 语句

插入多条记录时，可以采取两种写 INSERT 语句的方式。第一种是一个 INSERT 语句插入多条记录，例如：

```
INSERT INTO food VALUES
(NULL,'果冻','XZL 果冻厂',1.8,'2021','北京'),
(NULL,'咖啡','QC 咖啡厂',25,'2022','天津'),
(NULL,'奶糖','WZ 奶糖',15,'2021','广东');
```

第二种是一个 INSERT 语句只插入一条记录，执行多个 INSERT 语句来插入多条记录，例如：

```
INSERT INTO food VALUES(NULL,'果冻','XZL 果冻厂',1.8,'2021','北京');
INSERT INTO food VALUES(NULL,'咖啡','QC 咖啡厂',25,'2022','天津');
INSERT INTO food VALUES(NULL,'奶糖','WZ 奶糖',15,'2021','广东');
```

第一种方式减少了与数据库之间的连接等操作，速度比第二种方式要快。

总结一下，当插入大量数据时，建议使用一个 INSERT 语句插入多条记录的方式。

15.3.4 分析表、检查表和优化表

分析表主要作用是分析关键字的分布，检查表主要作用是检查表是否存在错误，优化表主要作用是消除删除或者更新造成的空间浪费。

（1）分析表

MySQL 中使用 ANALYZE TABLE 语句来分析表，该语句的基本语法如下：

```
ANALYZE TABLE 表名 1[, 表名 2…];
```

使用 ANALYZE TABLE 分析表的过程中，数据库系统会对表加一个只读锁。在分析期间，只能读取表中的记录，不能更新和插入记录。ANALYZE TABLE 语句能够分析 InnoDB 和 MyISAM 类型的表。

实例 15.7　使用 ANALYZE TABLE 语句分析 student 表。（实例位置：资源包\Code\15\07）

使用 ANALYZE TABLE 语句执行如下命令：

```
ANALYZE TABLE student;
```

分析结果如图 15.10 所示。

Table	Op	Msg_type	Msg_text
db_demo.student	analyze	status	OK

图 15.10　分析表

上面结果显示了 4 列信息，详细介绍如下：

☑ Table：表示表的名称。

☑ Op：表示执行的操作。analyze 表示进行分析操作。check 表示进行检查查找。optimize 表示进行优化操作。

☑ Msg_type：表示信息类型，其显示的值通常是状态、警告、错误和信息的其中之一。

☑ Msg_text：显示信息。

检查表和优化表也会出现这 4 列信息。

（2）检查表

MySQL 中使用 CHECK TABLE 语句来检查表。CHECK TABLE 语句能够检查 InnoDB 和 MyISAM 类型的表是否存在错误。而且，该语句还可以检查视图是否存在错误。该语句的基本语法如下：

```
CHECK TABLE 表名 1[, 表名 2….][option];
```

其中，option 参数有 5 个参数，分别是 QUICK、FAST、CHANGED、MEDIUM 和 EXTENDED。这 5 个参数的执行效率依次降低。option 选项只对 MyISAM 类型的表有效，对 InnoDB 类型的表无效。CHECK TABLE 语句在执行过程中也会给表加上只读锁。

（3）优化表

MySQL 中使用 OPTIMIZE TABLE 语句来优化表。该语句对 InnoDB 和 MyISAM 类型的表都有效。但是，OPTILMIZE TABLE 语句只能优化表中的 VARCHAR、BLOB 或 TEXT 类型的字段。OPTILMIZE TABLE 语句的基本语法如下：

```
OPTIMIZE TABLE 表名 1[, 表名 2…];
```

通过 OPTIMIZE TABLE 语句可以消除删除和更新造成的磁盘碎片，从而减少空间的浪费。OPTIMIZE TABLE 语句在执行过程中也会给表加上只读锁。

15.4 查询缓存

查询缓存用于将执行过的 SELECT 语句和结果缓存在内存中。每次执行查询之前判断是否命中缓存，如果命中则直接返回缓存的结果。这样一来，既提高了查询速率，也起到了优化查询的作用。

实例 15.8 在 MySQL 中，查看服务器变量，检验查询缓存是否开启。（实例位置：资源包 \ Code\15\08）

其代码及其结果如图 15.11 所示。

下面对主要的参数进行说明：

☑ have_query_cache：表明服务器在默认安装条件下，是否已经配置查询高速缓存。

☑ query_cache_size：高速缓存分配空间。如果该空间为 86，则证明分配给高速缓存空间的大小为 86MB。如果该值为 0，则表明查询高速缓存已经关闭。

☑ query_cache_type：判断高速缓存开启状态，其变量值范围为 0 ~ 2。其中当该值为 0 或 OFF 时，表明查询高速缓存已经关闭；当该值为 1 或 ON 时，表明高速缓存已经打开；其值为 2 或 DEMAND 时，表明要根据需要运行有 SQL_CACHE 选项的 SELECT 语句，提供查询高速缓存。

但是在 MySQL 8.0 中的查询结果如图 15.12 所示。

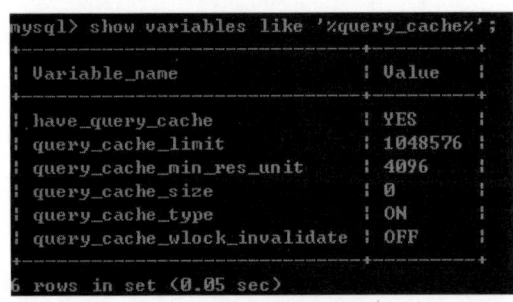

图 15.11 检验查询缓存是否开启

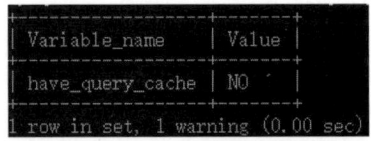

图 15.12 没有配置高速缓存

这是因为在 MySQL 8.0 中去掉了缓存功能。缓存命中需要满足许多条件，比如要求 SQL 语句完全相同，上下文环境相同等。实际上除非是只读应用，查询缓存的失效频率非常高，任何对表的修改都会导致缓存失效。因此，查询缓存功能在 MySQL 8.0 中已经被删除，have_query_cache 的值永远都是 NO。

15.5 子查询优化多表查询

在 MySQL 中，用户可以通过连接来实现多表查询：在查询过程中，用户将表中的一个或多个共同字段进行连接，定义查询条件，返回统一的查询结果。在多表查询中，可以应用子查询来优化多表查询，即在 SELECT 语句中嵌套其他 SELECT 语句。

采用子查询优化多表查询的好处有很多，其中，可以将分步查询的结果整合成一个查询，这样就不需要再执行多个单独查询，从而提高了多表查询的效率。

实例 15.9　优化多表查询：在 student 学生信息表和 score 学生成绩表中，查询成绩大于 80 分的学生姓名、班级和地址。（实例位置：资源包 \Code\15\9）

具体代码及其运行结果如图 15.13 所示。

```
mysql> select name,class,address from student where no
    -> = (select stuno from score where grade > 80);
+--------+-------+---------+
| name   | class | address |
+--------+-------+---------+
| 刘巨锋 | 一班  | 辽宁省  |
+--------+-------+---------+
1 row in set (0.00 sec)
```

图 15.13　应用一般 SELECT 嵌套子查询

下面应用优化算法，以便可以优化查询速度。具体代码及其运行效果见图 15.14。

```
mysql> select name,class,address from student as stu,score as sc
    -> where stu.no = sc.stuno and sc.grade > 80;
+--------+-------+---------+
| name   | class | address |
+--------+-------+---------+
| 刘巨锋 | 一班  | 辽宁省  |
+--------+-------+---------+
1 row in set (0.00 sec)
```

图 15.14　应用算法的优化查询

以上命令的作用是将 student 和 score 表分别设置别名 stu、sc，通过两个表的学号（no、stuno）字段建立连接，并判断 score 表中成绩大于 80 分的内容，并将姓名、班级和地址在屏幕上输出。该语句已经将算法进行优化，以便提高数据库的效率，从而实现查询优化的效果。

用户如果希望避免因出现 SELECT 嵌套而导致代码可读性下降，则可以通过服务器变量来进行优化处理。下面应用 SELECT 嵌套方式来查询数据，在 student 表中查询年龄大于学生平均年龄的学生信息。

代码及其运行结果如图 15.15 所示。

```
mysql> select name from student where age > (select avg(age) from student);
+--------+
| name   |
+--------+
| 张雯晴 |
| 邱天   |
+--------+
2 rows in set (0.00 sec)
```

图 15.15　应用 SELECT 嵌套查询数据

合并两个查询的速率将优越于子查询运行速率。

15.6　优化表设计

在 MySQL 数据库中，为了优化查询，使查询能够更加精炼、高效，在用户设计数据表的同时，也应该考虑如下一些因素。

首先，在设计数据表时应优先考虑使用特定字段长度，后考虑使用变长字段。如在用户创建数据表时，考虑创建某个字段类型为 varchar 而设置其字段长度为 255，但是在实际应用时，该用户所存储的数据根本达不到该字段所设置的最大长度，命令外如设置用户性别的字段，往往可以用 "M" 表示男性，"F" 表示女性，如果给该字段设置长度为 varchar(50)，则该字段占用了过多列宽，这样不仅浪费资源，也会降低数据表的查询效率。适当调整列宽不仅可以减少磁盘空间，同时也可以使数据在进行处理时产生的 I/O 过程减少。将字段长度设置成其可能应用的最大范围可以充分地优化查询效率。

改善性能的另一项技术是使用 OPTIMIZE TABLE 命令处理用户经常操作的表，频繁地操作数据库中的特定表会导致磁盘碎片的增加，降低 MySQL 的效率，故可以应用该命令处理经常操作的数据表，以便于优化访问查询效率。

在考虑改善表性能的同时，要检查用户已经建立的数据表，划分数据的优势在于可以使用户更好地设计数据表，但是过多的表意味着性能降低，故用户应检查这些表，检查这些表是否有可能整合为一个表中，如没有必要整合，在查询过程中，用户可以使用连接，如果连接的列采用相同的数据类型数据类型和长度，同样可以达到查询优化的作用。

15.7 综合案例

（1）案例描述

【综合案例】 查看 MySQL 服务器的连接和查询次数。（实例位置：资源包 \Code\15\ 综合案例）

本案例将使用 SHOW STATUS 语句实现查看 MySQL 服务器的连接和查询次数。查看 MySQL 服务器的连接和查询次数的语句执行效果如图 15.16 所示。

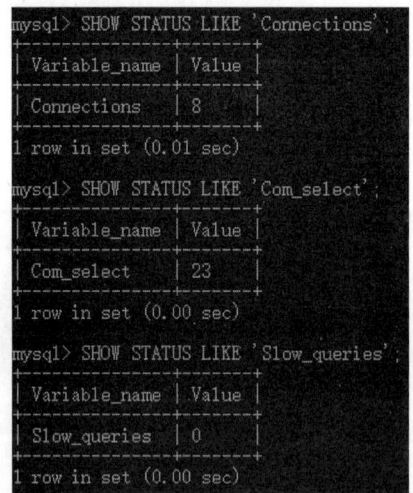

图 15.16　查看 MySQL 服务器的连接和查询次数

（2）实现代码

使用 SHOW STATUS 语句时，可以通过指定统计参数为 Connections、Com_select 和 Slow_queries，来实现显示 MySQL 服务器的连接数、查询次数和慢查询次数的功能。本实例的代码如下：

```
SHOW STATUS LIKE 'Connections';
SHOW STATUS LIKE 'Com_select';
SHOW STATUS LIKE 'Slow_queries';
```

15.8　实战练习

【实战练习】 **优化学生成绩表 score。**（实例位置：资源包 \Code\15\ 实战练习）

MySQL 中使用 OPTIMIZE TABLE 语句来优化表。代码及执行结果如图 15.17 所示。

```
mysql> OPTIMIZE TABLE score;
+--------------+----------+----------+-----------------------------------------------------------------+
| Table        | Op       | Msg_type | Msg_text                                                        |
+--------------+----------+----------+-----------------------------------------------------------------+
| db_demo.score| optimize | note     | Table does not support optimize, doing recreate + analyze instead|
| db_demo.score| optimize | status   | OK                                                              |
+--------------+----------+----------+-----------------------------------------------------------------+
2 rows in set (0.08 sec)
```

图 15.17　优化表

小结

　　本章对数据库优化的含义和查看数据性能参数的方法进行了详细讲解，然后介绍了优化查询的方法、优化数据库结构的方法和优化 MySQL 服务器的方法。优化查询的方法和优化数据库结果是本章的重点内容，优化查询部分主要介绍了索引对查询速度的影响。优化数据库结构部分主要介绍了如何对表进行优化。

第16章
用户和权限管理

扫码享受
全方位沉浸式学习

保护 MySQL 数据库的安全，就如同离开汽车时锁上车门，设置警报器。之所以这么做，主要是因为如果不采取这些基本但很有效的防范措施，那么汽车或者是车中的物品被盗的可能性会大大增加。本章将介绍有效保护 MySQL 数据库安全的一些有效措施。

16.1 用户管理

MySQL 数据库中的表与其他任何关系表没有区别，都可以通过典型的 SQL 命令修改其结构和数据。使用 GRANT 和 REVOKE 命令可以创建和禁用用户，可以在线授予和撤回用户访问权限。由于语法严谨，这消除了由于不好的 SQL 查询（例如，忘记在 UPDATE 查询中加入 WHERE 字句）所带来的潜在危险的错误。

MySQL 5.0 版本开始新增了 2 个命令：CREATE USER 和 DROP USER，可以更容易地增加新用户、删除和重命名用户，还增加了第 3 个命令 RENAME USER 用于重命名现有的用户。

16.1.1 创建用户

CREATE USER 用于创建新的 MySQL 账户。要使用 CREATE USER 语句，必须拥有 MySQL 数据库的全局 CREATE USER 权限，或拥有 INSERT 权限。对于每个账户，CREATE USER 会在没有权限的 mysql.user 表中创建一个新记录。如果账户已经存在，则出现错误。使用自选的 IDENTIFIED BY 子句，可以为账户设置一个密码。user 值和密码的设置方法和 GRANT 语句一样。其命令的原型如下所示。

```
CREATE USER user [IDENTIFIED BY[PASSWORD 'PASSWORD']
[, user [IDENTIFIED BY[PASSWORD 'PASSWORD']]···
```

实例 16.1 应用 CREATE USER 命令创建一个新用户，用户名为 mrsoft，密码为 mrbook。（实例位置：资源包 \Code\16\01）

代码及运行结果如图 16.1 所示。

```
mysql> CREATE USER mrsoft IDENTIFIED BY 'mrbook';
Query OK, 0 rows affected (0.01 sec)
```

图 16.1　创建 mrsoft 的用户

如果创建一个新的用户 dbadmin，这个用户只允许从 localhost 主机并使用密码为 123456 连接到 MySQL 数据库服务器，使用 CREATE USER 语句，如下所示：

```
CREATE USER dbadmin@localhost
IDENTIFIED BY '123456';
```

如果用户 dbadmin 还可以从 IP 为 192.168.1.100 的主机连接到 MySQL 数据库服务器，使用 CREATE USER 语句，如下所示：

```
CREATE USER dbadmin@192.168.1.100
IDENTIFIED BY '123456';
```

如果允许用户账户从任何主机连接，请使用百分比 (%) 通配符，如以下示例所示：

```
CREATE USER superadmin@'%' IDENTIFIED BY 'mypassword';
```

16.1.2　删除用户

如果存在一个或是多个账户被闲置，应当考虑将其删除，确保不会用于可能的违法的活动。利用 DROP USER 命令就能很容易地做到，它将从权限表中删除用户的所有信息，即来自所有授权表的账户权限记录。DROP USER 命令原型如下所示。

```
DROP USER user [, user] ...
```

 说明 DROP USER 不能自动关闭任何打开的用户对话。而且，如果用户有打开的对话，此时取消用户，则命令不会生效，直到用户对话被关闭后才生效。一旦对话被关闭，用户也被取消，此用户再次试图登录时将会失败。

实例 16.2 应用 DROP USER 命令删除用户名为 mrsoft 的用户。（实例位置：资源包 \Code\16\02）

代码及运行结果如图 16.2 所示。

```
mysql> DROP USER mrsoft;
Query OK, 0 rows affected (0.00 sec)
```

图 16.2　使用 DROP USER 删除 mrsoft 的用户

16.1.3　重命名用户

RENAME USER 语句用于对原有 MySQL 账户进行重命名。RENAME USER 语句的命令原型如下。

```
RENAME USER old_user TO new_user
[, old_user TO new_user] ...
```

说明 如果旧账户不存在或者新账户已存在，则会出现错误。

实例16.3 应用 RENAME USER 命令将用户名为 dbadmin 的用户重新命名为 readmin。
（实例位置：资源包 \Code\16\03）

代码及运行结果如图 16.3 所示。

```
mysql> RENAME USER dbadmin TO readmin;
Query OK, 0 rows affected (0.01 sec)
```

图 16.3 使用 RENAME USER 对 mrsoft
的用户重命名

16.2 ▶ 管理访问权限

GRANT 和 REVOKE 命令用来管理访问权限。

16.2.1 查看用户权限

使用 SHOW GRANTS 语句可以查看用户账户的权限，语法如下所示：

```
SHOW GRANTS FOR 用户名 @ 主机名 ;
```

执行上面的查询语句，运行结果如图 16.4 所示。

```
mysql> SHOW GRANTS FOR dbadmin@localhost;
+--------------------------------------------------+
| Grants for dbadmin@localhost                     |
+--------------------------------------------------+
| GRANT USAGE ON *.* TO `dbadmin`@`localhost`      |
+--------------------------------------------------+
1 row in set (0.00 sec)
```

图 16.4 查看用户权限

上面结果中的 *.* 显示 dbadmin 用户账户只能登录到数据库服务器，没有其他权限。

 说明 点 (.) 之前的部分表示数据库，点 (.) 后面的部分表示表，例如 db_database18.tb_bookinfo 等。

16.2.2 设置用户权限

在 MySQL 中，拥有 GRANT 权限的用户才可以执行 GRANT 语句，其语法格式如下：

```
GRANT priv_type [(column_list)] ON database.table
TO user [IDENTIFIED BY [PASSWORD] 'password' ]
[, user[IDENTIFIED BY [PASSWORD] 'password' ]] ...
[WITH with_option [with_option]...]
```

其中：
☑ priv_type：表示权限类型；
☑ columns_list：表示权限作用于哪些列上，省略该参数时，表示作用于整个表；
☑ database.table：用于指定权限的级别；
☑ user：表示用户账户，由用户名和主机名构成，格式是 "'username'@'hostname'"；
☑ IDENTIFIED BY：用来为用户设置密码；
☑ password：是用户的新密码。

WITH 关键字后面带有一个或多个 with_option 参数。这个参数有 5 个选项，详细介绍如下：

☑ GRANT OPTION：被授权的用户可以将这些权限赋予别的用户；

☑ MAX_QUERIES_PER_HOUR count：设置每个小时可以允许执行 count 次查询；

☑ MAX_UPDATES_PER_HOUR count：设置每个小时可以允许执行 count 次更新；

☑ MAX_CONNECTIONS_PER_HOUR count：设置每小时可以建立 count 个连接；

☑ MAX_USER_CONNECTIONS count：设置单个用户可以同时具有的 count 个连接。

MySQL 中可以授予的权限有如下几组：

☑ 列权限，和表中的一个具体列相关。例如，可以使用 UPDATE 语句更新表 students 中 name 列的值的权限。

☑ 表权限，和一个具体表中的所有数据相关。例如，可以使用 SELECT 语句查询表 students 的所有数据的权限。

☑ 数据库权限，和一个具体的数据库中的所有表相关。例如，可以在已有的数据库 mytest 中创建新表的权限。

☑ 用户权限，和 MySQL 中所有的数据库相关。例如，可以删除已有的数据库或者创建一个新的数据库的权限。

对应地，在 GRANT 语句中可用于指定权限级别的值有以下几类格式：

☑ *：表示当前数据库中的所有表。

☑ *.*：表示所有数据库中的所有表。

☑ db_name.*：表示某个数据库中的所有表，db_name 指定数据库名。

☑ db_name.tbl_name：表示某个数据库中的某个表或视图，db_name 指定数据库名，tbl_name 指定表名或视图名。

☑ db_name.routine_name：表示某个数据库中的某个存储过程或函数，routine_name 指定存储过程名或函数名。

☑ TO 子句：如果权限被授予一个不存在的用户，MySQL 会自动执行一条 CREATE USER 语句来创建这个用户，但同时必须为该用户设置密码。

例如，向 super@localhost 用户账户授予所有权限，请使用以下语句：

```
GRANT ALL ON *.* TO 'super'@'localhost' WITH GRANT OPTION;
```

其中，ON *.* 子句表示 MySQL 中的所有数据库和所有对象，更多权限说明如表 16.1 所示。WITH GRANT OPTION 允许 super@localhost 向其他用户授予权限。

表 16.1　GRANT 和 REVOKE 管理权限

权限	意义
ALL [PRIVILEGES]	设置除 GRANT OPTION 之外的所有简单权限
ALTER	允许使用 ALTER TABLE
ALTER ROUTINE	更改或取消已存储的子程序
CREATE	允许使用 CREATE TABLE
CREATE ROUTINE	创建已存储的子程序
CREATE TEMPORARY TABLES	允许使用 CREATE TEMPORARY TABLE
CREATE USER	允许使用 CREATE USER、DROP USER、RENAME USER 和 REVOKE ALL PRIVILEGES

续表

权限	意义
CREATE VIEW	允许使用 CREATE VIEW
DELETE	允许使用 DELETE
DROP	允许使用 DROP TABLE
EXECUTE	允许用户运行已存储的子程序
FILE	允许使用 SELECT…INTO OUTFILE 和 LOAD DATA INFILE
INDEX	允许使用 CREATE INDEX 和 DROP INDEX
INSERT	允许使用 INSERT
LOCK TABLES	允许对拥有 SELECT 权限的表使用 LOCK TABLES
PROCESS	允许使用 SHOW FULL PROCESSLIST
REFERENCES	未被实施
RELOAD	允许使用 FLUSH
REPLICATION CLIENT	允许用户询问从属服务器或主服务器的地址
REPLICATION SLAVE	用于复制型从属服务器（从主服务器中读取二进制日志事件）
SELECT	允许使用 SELECT
SHOW DATABASES	SHOW DATABASES 显示所有数据库
SHOW VIEW	允许使用 SHOW CREATE VIEW
SHUTDOWN	允许使用 mysqladmin shutdown
SUPER	允许使用 CHANGE MASTER、KILL、PURGE MASTER LOGS 和 SET GLOBAL 语句，mysqladmin debug 命令；允许连接（一次），即使已达到 max_connections
UPDATE	允许使用 UPDATE
USAGE	"无权限"的同义词
GRANT OPTION	允许授予权限

实例 16.4 下面创建一个管理员，并为此管理员赋予创建表，插入、查询、修改和删除表权限。（实例位置：资源包 \Code\16\04）

① 登录 root 用户，使用 CREATE USER 命令创建一个管理员 mr，设置密码为"mrsoft"。代码及运行结果如图 16.5 所示。

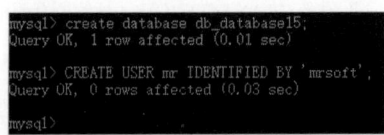

图 16.5　创建 mr 管理员

② 使用 root 赋予 mr 用户在 db_database15 数据库下执行的 INSERT、SELECT、UPDATE、DELETE 权限。

然后使用 SHOW GRANTS 命令查看 mr 管理员的权限。代码及运行结果如图 16.6 所示。

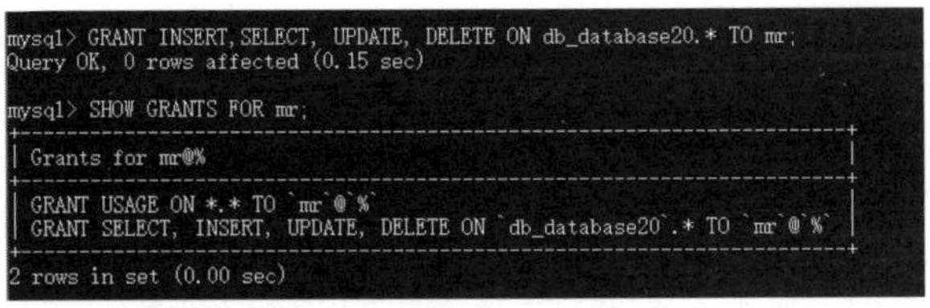

图16.6　授予 mr 管理员权限

③ 新建一个 cmd 窗口，使用 mr 用户登录 MySQL, 执行 CREATE TABLE 命令创建 user
数据表。代码如下：

```
CREATE TABLE user(
id INT PRIMARY KEY AUTO_INCREMENT,
name VARCHAR(255) );
```

运行结果如图 16.7 所示。

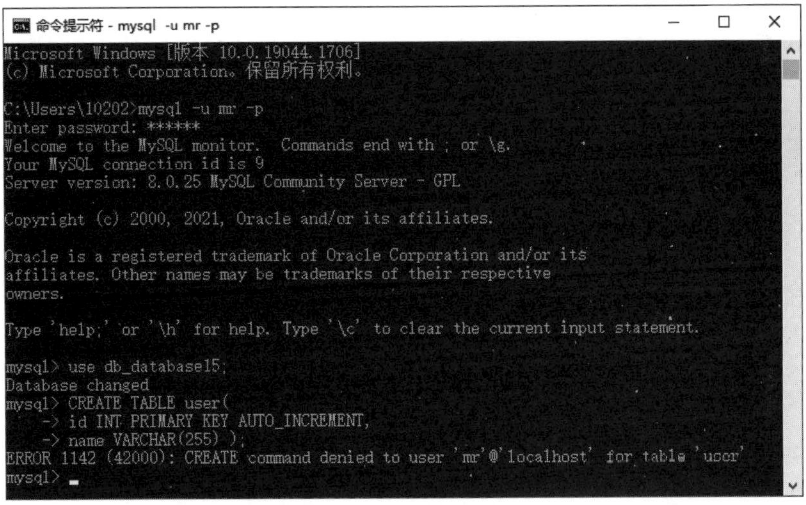

图16.7　mr 用户创建 user 表

在图 16.7 中，提示错误信息 ERROR 1142 (42000): CREATE command denied to user 'mr' @
'localhost' for table 'user'。这是因为 mr 用户并没有 CREATE 创建数据表的权限。

④ 赋予 mr 用户在 db_database15 数据库下执行的 CREATE 的权限，并查看 mr 用户的权限。
代码及运行结果如图 16.8 所示。

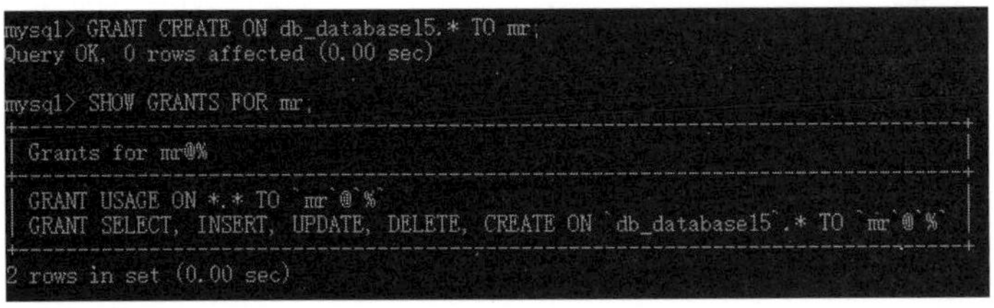

图16.8　赋予 mr 用户 CREATE 权限

⑤ 新建一个 cmd 窗口，使用 mr 用户登录。重新执行创建 user 表的命令，运行结果如
图 16.9 所示。

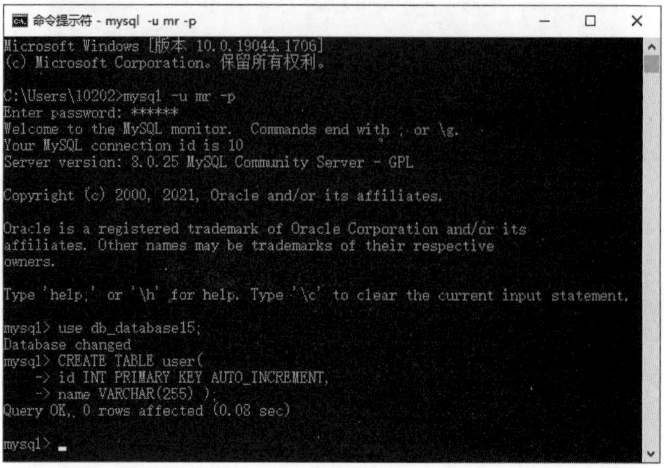

图 16.9　mr 用户成功创建 user 表

REVOKE 命令用于撤销用户某些权限，使用方法与 GRANT 命令相同，不再赘述。

16.3 ▶ MySQL 数据库常见安全问题

16.3.1　权限更改何时生效

MySQL 服务器启动的时候以及使用 GRANT 和 REVOKE 语句的时候，服务器会自动读取 grant 表。但是，既然我们知道这些权限保存在什么地方以及它们是如何保存的，就可以手动修改它们。当手动更新它们的时候，MySQL 服务器将不会注意到它们已经被修改了。

我们必须向服务器指出已经对权限进行了修改，有 3 种方法可以实现这个任务。可以在 MySQL 命令提示符下（必须以管理员的身份登录进入）输入如下命令。

```
flush privileges;
```

这是更新权限最常使用的方法。或者，还可以在操作系统中运行：

```
mysqladmin flush-privileges
```

或者是

```
mysqladmin reload
```

此后，当用户下次再连接的时候，系统将检查全局级别权限；当下一个命令被执行时，将检查数据库级别的权限；而表级别和列级别权限将在用户下次请求的时候被检查。

16.3.2　设置账户密码

有三种方法可以设置账户密码，分别如下。

① 可以用 mysqladmin 命令在 DOS 命令窗口中指定密码。

```
mysqladmin -u user_name -p" oldpwd" -h host_name password "newpwd"
```

mysqladmin 命令重设服务器为 host_name 且用户名为 user_name 的用户的密码，"oldpwd"
为旧密码，"newpwd"为设定后的新密码。

② 通过 set password 命令设置用户的密码。

```
SET PASSWORD FOR 'mr'@'%' = '123456';
```

只有以 root 用户（可以更新 MySQL 数据库的用户）身份登录，才可以更改其他用户的
密码。如果没有以匿名用户连接，省略 for 子句便可以更改自己的密码。

```
SET PASSWORD = '123456';
```

③ 在全局级别下使用 GRANT USAGE 语句（在 *.*）指定某个账户的密码，而不影响
账户当前的权限。

```
GRANT USAGE ON *.* TO 'mr'@'%' IDENTIFIED BY 'mrsoft';
```

16.3.3　如何使密码更安全

① 在管理级别，切记不能将 mysql.user 表的访问权限授予任何非管理账户。
② 采用下面的命令模式来连接服务器，以此来隐藏密码。命令如下：

```
mysql -u francis -p db_name
Enter password: ********
```

"*"字符指示输入密码的地方，输入的密码是不可见的。因为它对其他用户不可见，与
在命令行上指定它相比，这样进入密码更安全。

③ 如果想要从非交互式方式下运行一个脚本调用一个客户端，就没有从终端输入密码的
机会。其最安全的方法是让客户端程序提示输入密码或在适当保护的选项文件中指定密码。

16.4　综合案例

（1）案例描述

【综合案例】　删除名称为 mrkj 的用户。（实例位置：资源包 \Code\16\ 综合案例）

本案例将实现创建一个名称为 mrkj 的用户，再将其删除。实例执行效果如图 16.10 所示。

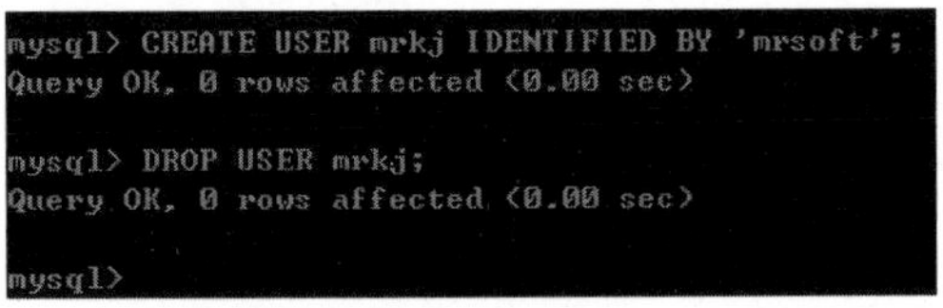

```
mysql> CREATE USER mrkj IDENTIFIED BY 'mrsoft';
Query OK, 0 rows affected (0.00 sec)

mysql> DROP USER mrkj;
Query OK, 0 rows affected (0.00 sec)

mysql>
```

图 16.10　在命令行窗口中的执行效果

（2）实现代码

在 MySQL 的命令行窗口中，首先使用 CREATE USER 创建一个名称为 mrkj 的用户，然
后应用 DROP USER 将其删除。关键代码如下：

```
CREATE USER mrkj IDENTIFIED BY 'mrsoft';
DROP USER mrkj;
```

16.5 实战练习

【实战练习】 为 mr 用户设置密码。(实例位置:资源包 \Code\16\ 实战练习)

使用 set password 命令将创建的 mr 用户的密码设置为 123,效果如图 16.11 所示。

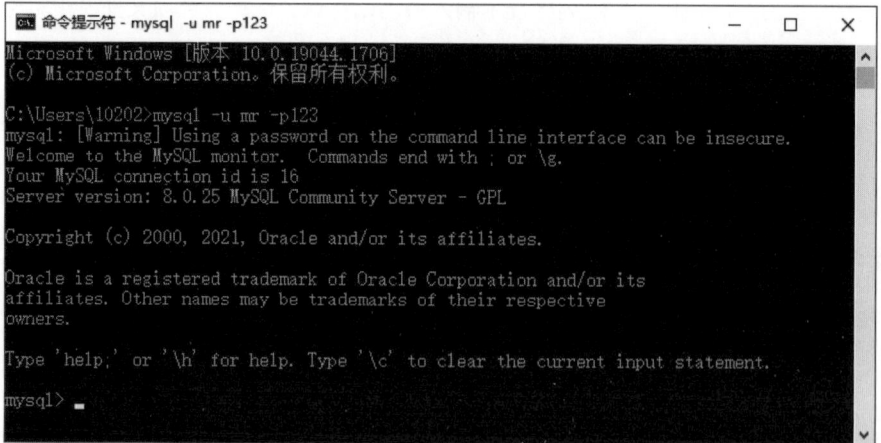

图 16.11　执行效果

① 在命令行窗口中,首先通过 CREATE USER 命令创建一个新的用户 mr,设置密码为 mrsoft,代码如下:

```
CREATE USER mr IDENTIFIED BY 'mrsoft';
```

② 使用 set password 命令修改 mr 用户的密码,将 mr 用户的密码修改为 123,代码如下:

```
set password for 'mr'@'%' = '123';
```

③ 修改 mr 用户的密码后,使用该用户登录的结果如图 16.12 所示。

图 16.12　在 DOS 命令窗口中的执行效果

小结　本章对 MySQL 数据库的用户管理和权限管理的内容进行了详细讲解。这两部分中的密码管理、授权和收回权限是重中之重,因为这些内容涉及 MySQL 数据库的安全。希望读者能够认真学习这部分的内容。

扫码享受
全方位沉浸式学习

第 2 篇
实战篇

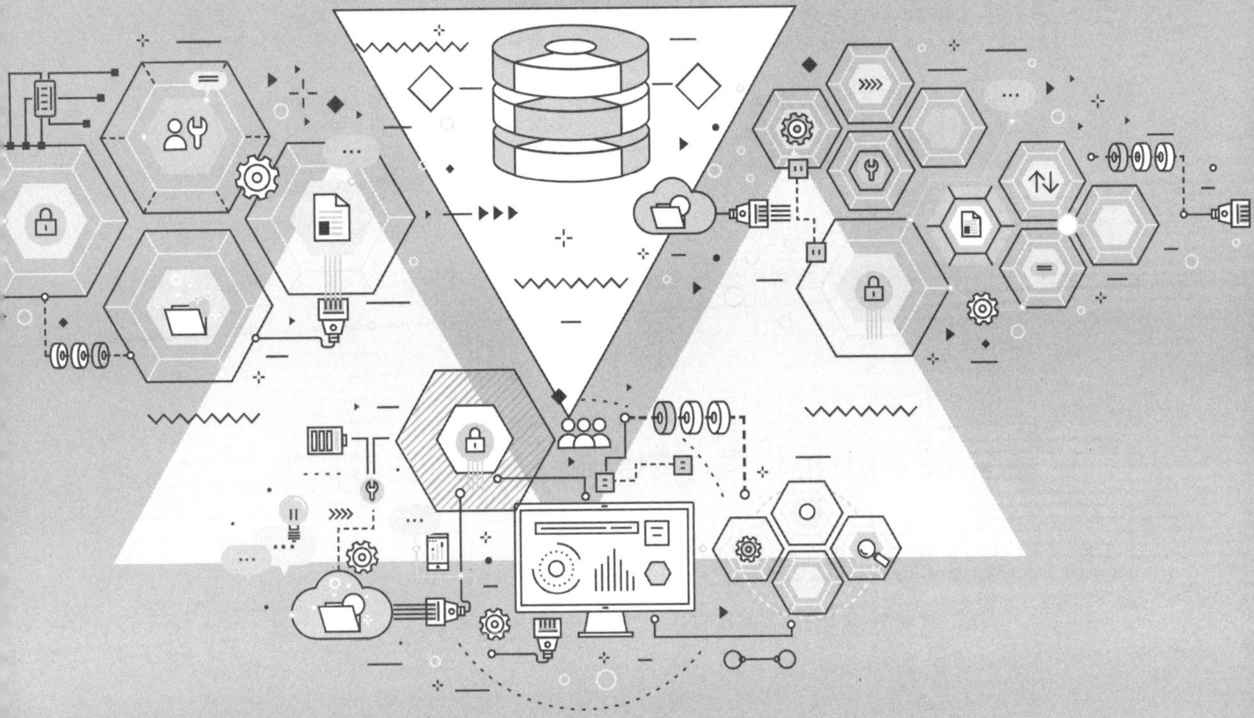

第17章
各种编程语言连接 MySQL 数据库

在项目中如果有大量数据的话，就需要连接数据库了。本章分别介绍了 Python 程序、C 语言程序、Java 程序和 PHP 程序中用到的连接 MySQL 数据库函数和连接 MySQL 数据库的方法。

17.1 ▶ 在 Python 程序中连接 MySQL 数据库

17.1.1 安装 PyMySQL

由于 MySQL 服务器以独立的进程运行，并通过网络对外服务，因此需要支持 Python 的 MySQL 驱动来连接到 MySQL 服务器。在 Python 中支持 MySQL 的数据库模块有很多，我们选择使用 PyMySQL。

PyMySQL 的安装比较简单，具体代码及运行结果见图 17.1。

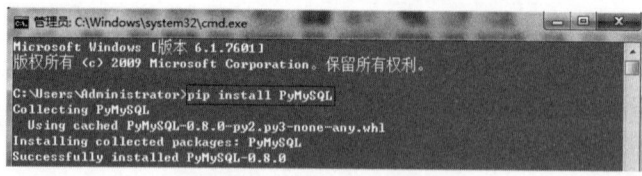

图 17.1　安装 PyMySQL

17.1.2 连接 MySQL 数据库

使用数据库的第一步是连接数据库。接下来使用 PyMySQL 连接数据库。

实例 17.1 使用 PyMySQL 连接数据库。（实例位置：资源包 \Code\17\01）

前面我们已经创建了一个 MySQL 连接 "studyPython"，并且在安装数据库时设置了数据库的用户名"root"和密码"root"。下面就通过以上信息，使用 connect() 方法连接 MySQL 数据库 mrsoft。具体代码如下：

```
01 import pymysql
02
03 # 打开数据库连接 ,host: 主机名或 IP ：user ：用户名；password ：密码；database ：数据库名称
04 db = pymysql.connect(host="localhost",user= "root",password= "root",database= "mrsoft")
05 # 使用 cursor() 方法创建一个游标对象 cursor
06 cursor = db.cursor()
07 # 使用 execute()  方法执行 SQL 查询
08 cursor.execute("SELECT VERSION()")
09 # 使用 fetchone() 方法获取单条数据 .
10 data = cursor.fetchone()
11 print ("Database version : %s" % data)
12 # 关闭数据库连接
13 db.close()
```

上述代码中，首先使用 connect() 方法连接数据库，然后使用 cursor() 方法创建游标，接着使用 excute() 方法执行 SQL 语句查看 MySQL 数据库版本，然后使用 fetchone() 方法获取数据，最后使用 close() 方法关闭数据库连接。运行结果如下：

```
Database version : 5.7.21-log
```

17.1.3　创建 MySQL 数据表

数据库连接成功以后，我们就可以为数据库创建数据表了。下面通过一个实例，使用 execute() 方法来为数据库创建 books 图书表。

实例 17.2 创建 books 图书表。（实例位置：资源包 \Code\17\02）

books 图书表包含 id（主键）、name（图书名称）、category（图书分类）、price（图书价格）和 publish_time（出版时间）5 个字段。创建 books 表的 SQL 语句如下：

```
CREATE TABLE books (
    id int(8) NOT NULL AUTO_INCREMENT,
    name varchar(50) NOT NULL,
    category varchar(50) NOT NULL,
    price decimal(10,2) DEFAULT NULL,
    publish_time date DEFAULT NULL,
    PRIMARY KEY (id)
) ENGINE=MyISAM AUTO_INCREMENT=1 DEFAULT CHARSET=utf8;
```

在创建数据表前，使用如下语句：

```
DROP TABLE IF EXISTS 'books';
```

如果 mrsoft 数据库中已经存在 books，那么先删除 books，再创建 books 数据表。具体代码如下：

```
01 import pymysql
02
03 # 打开数据库连接
04 db = pymysql.connect(host="localhost",user= "root",password= "root",database= "mrsoft")
```

```
05 # 使用 cursor() 方法创建一个游标对象 cursor
06 cursor = db.cursor()
07 # 使用 execute() 方法执行 SQL,如果表存在则删除
08 cursor.execute("DROP TABLE IF EXISTS books")
09 # 使用预处理语句创建表
10 sql = """
11 CREATE TABLE books (
12   id int(8) NOT NULL AUTO_INCREMENT,
13   name varchar(50) NOT NULL,
14   category varchar(50) NOT NULL,
15   price decimal(10,2) DEFAULT NULL,
16   publish_time date DEFAULT NULL,
17   PRIMARY KEY (id)
18 ) ENGINE=MyISAM AUTO_INCREMENT=1 DEFAULT CHARSET=utf8;
19 """
20 # 执行 SQL 语句
21 cursor.execute(sql)
22 # 关闭数据库连接
23 db.close()
```

运行上述代码后,mrsoft 数据库下就已经创建了一个 books 表。打开 Navicat(如果已经打开按下 <F5> 键刷新),发现 mrsoft 数据库下多了一个 books 表,右键单击 books,选择设计表,效果如图 17.2 所示。

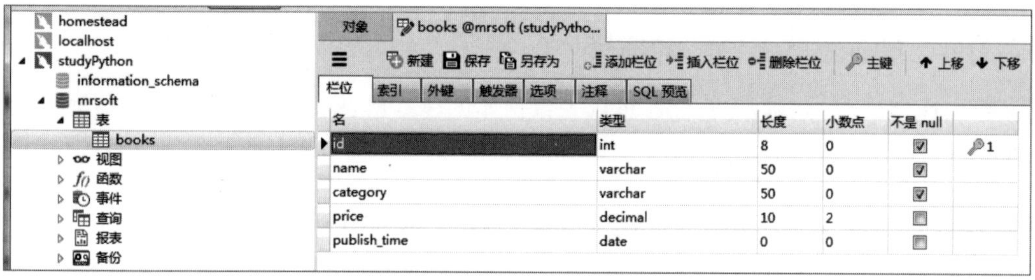

图 17.2　创建 books 表效果

17.1.4　操作 MySQL 数据表

MySQL 数据表的操作主要包括数据的增删改查,与操作 SQLite 类似,这里我们通过一个实例讲解如何向 books 表中新增数据,至于修改、查找和删除数据则不再赘述。

实例 17.3　books 图书表添加图书数据。(实例位置:资源包 \Code\17\03)

在向 books 图书表中插入图书数据时,可以使用 excute() 方法添加一条记录,也可以使用 executemany() 方法批量添加多条记录,executemany() 方法格式如下:

```
executemany(operation, seq_of_params)
```

☑ operation:操作的 SQL 语句。
☑ seq_of_params:参数序列。
executemany() 方法批量添加多条记录的具体代码如下:

```
01 import pymysql
02
```

```
03 # 打开数据库连接
04 db = pymysql.connect(host="localhost",user= "root",password= "root",database= "mrsoft",
charset="utf8")
05 # 使用 cursor() 方法获取操作游标
06 cursor = db.cursor()
07 # 数据列表
08 data = [(" 零基础学 Python",'Python','79.80','2018-5-20'),
09         ("Python 从入门到精通 ",'Python','69.80','2018-6-18'),
10         (" 零基础学 PHP",'PHP','69.80','2017-5-21'),
11         ("PHP 项目开发实战入门 ",'PHP','79.80','2016-5-21'),
12         (" 零基础学 Java",'Java','69.80','2017-5-21'),
13         ]
14 try:
15     # 执行 sql 语句，插入多条数据
16     cursor.executemany("insert into books(name, category, price, publish_time) values
(%s,%s,%s,%s)", data)
17     # 提交数据
18     db.commit()
19 except:
20     # 发生错误时回滚
21     db.rollback()
22
23 # 关闭数据库连接
24 db.close()
```

上述代码中应特别注意以下几点：

① 使用 connect() 方法连接数据库时，额外设置字符集 charset=utf-8，可以防止插入中文时出错。

② 在使用 insert 语句插入数据时，使用 %s 作为占位符，可以防止 SQL 注入。

运行上述代码，在 Navicat 中查看 books 表数据，如图 17.3 所示。

图 17.3　books 表数据

17.2  在 C 语言程序中连接 MySQL 数据库

C 语言连接数据库需要引入关于连接数据库的头文件、依赖文件等。

17.2.1　配置 MySQL 依赖文件及库

在项目中配置 MySQL 依赖文件及库的步骤如下：

（1）找到 MySQL 安装目录

在电脑中找到 MySQL 的安装目录，在 MySQL\MySQL Server 8.0 目录下，找到 include 和 lib 文件夹，如图 17.4 所示。

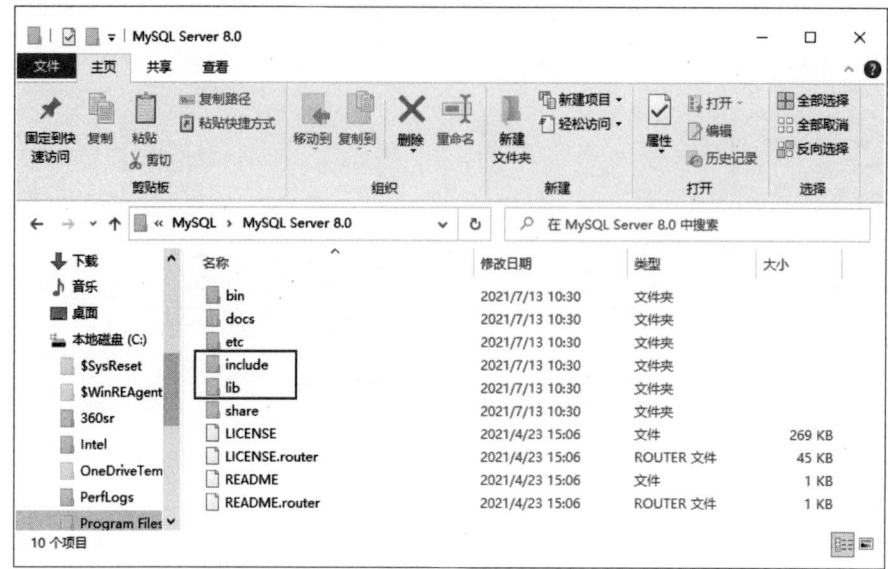

图 17.4　找到 MySQL 安装目录

所需要的头文件和依赖文件就在 include 和 lib 文件夹里，复制到与项目主文件同一级目录下即可。

> **说明** include 文件夹里全部要复制，不能只复制 mysql.h, 因为 mysql.h 需要依赖其他头文件。lib 文件夹里复制 libmysql.dll 和 libmysql.lib 即可。

（2）给项目配置包含目录及库目录

在 visual studio 中，鼠标右键单击项目名，选择配置属性→ VC++ 目录（将对应路径配置），如图 17.5 所示。

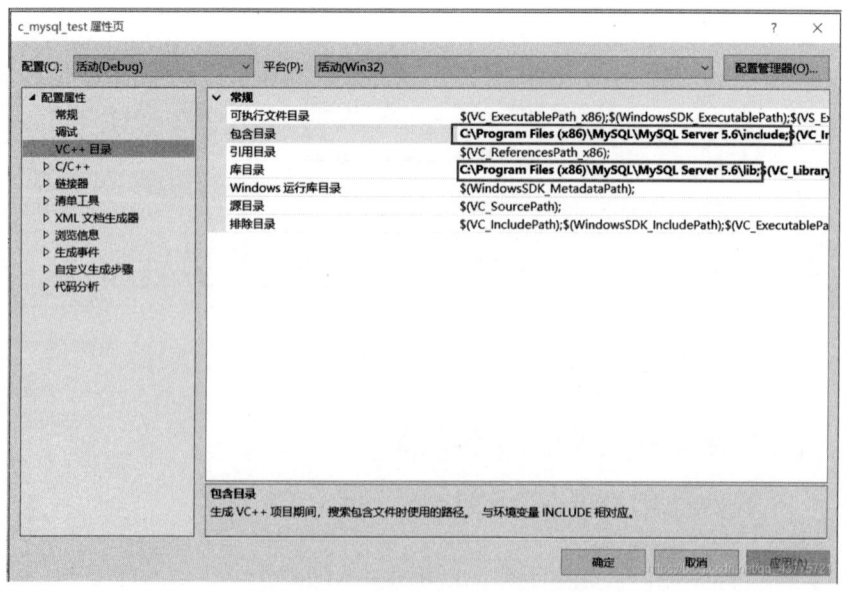

图 17.5　找到 MySQL 安装目录

17.2.2　连接 MySQL 数据库

下面通过一个实例来演示 C 语言程序如何连接 MySQL 数据库。

实例 17.4　连接 MySQL 数据库。（实例位置：资源包 \Code\17\04 ）

① 写入头文件。头文件的代码如下：

```
01 #include<stdio.h>
02 #include<stdlib.h>
03 #include <winsock.h>                 // 网络编程头文件，mysql.h 需要用到，在它前面
04 #include <mysql.h>                    // 数据库头文件
05 #pragma comment (lib, "libmysql.lib")  // 链接库
```

② 编写主函数。在主函数中增加如下代码：

```
01 int main()
02 {
03 MYSQL *conn;                          // 数据库连接句柄
04 MYSQL_RES *res;                       // 执行数据库语言结果
05 MYSQL_ROW row;                        // 存放一个数据记录
06 char* server = "localhost";          // 本地连接
07 char* user = "root";
08 char* password = "root";             //mysql 密码
09 char* database = "jdbctest";         // 数据库名
10 char* query = "select * from user";  // 需要查询的语句
11 conn = mysql_init(NULL);             // 句柄初始化
12 int t;
13 if (!mysql_real_connect(conn, server, user, password, database, 3306, NULL, 0))
                                         // 判断数据库是否连接成功
14 {
15      printf("Error connecting to database:%s\n", mysql_error(conn));
16 }
17 else {
18      printf("Connected...\n");
19 }
20
21 system("pause");
22 return 0;
23 }
```

如果提示报错，如图 17.6 所示，解决方法如下：

图 17.6　主函数中报错

① 打开项目属性→ C/C++ →语言→符合模式改为否。

② 打开项目属性→ C/C++ →代码生成→安全检查→关闭。

如果可以编译运行，则说明连接 MySQL 数据库成功。

17.3　在 Java 程序中连接 MySQL 数据库

想要在 Java 程序中连接 MySQL 数据库的话，必然要学习 JDBC 技术，因为使用 JDBC

技术可以非常方便地操作各种主流数据库。大部分应用程序都是使用数据库存储数据的，通过 JDBC 技术，既可以根据指定条件查询数据库中的数据，又可以对数据库中的数据进行增加、删除、修改等操作。本节将向读者介绍如何使用 JDBC 技术操作 MySQL 数据库。

17.3.1 JDBC 中常用的类和接口

Java 提供了丰富的类和接口用于数据库编程，利用这些类和接口可以方便地访问并处理存储在数据库中的数据。本节将介绍一些常用的 JDBC 接口和类，这些接口和类都在 java.sql 包中。

（1）DriverManager 类

DriverManager 类是 JDBC 的管理层，被用来管理数据库中的驱动程序。在使用 Java 操作数据库之前，须使用 Class 类的静态方法 forName(String className) 加载能够连接数据库的驱动程序。

例如，加载 MySQL 数据库驱动程序（包名为 mysql_connector_java_5.1.36_bin.jar）的代码如下：

```
01 try {                              // 加载 MySQL 数据库驱动
02   Class.forName("com.mysql.jdbc.Driver");
03 } catch (ClassNotFoundException e) {
04   e.printStackTrace();
05 }
```

多学两招：Java SQL 框架允许加载多个数据库驱动程序。例如：

① 加载 Oracle 数据库驱动程序（包名为 ojdbc6.jar）。

```
Class.forName("oracle.jdbc.driver.OracleDriver");
```

② 加载 SQL Server 2000 数据库驱动程序（包名为 msbase.jar、mssqlserver.jar、msutil.jar）。

```
Class.forName("com.microsoft.jdbc.sqlserver.SQLServerDriver");
```

③ 加载 SQL Server 2005 以上版本数据库驱动程序（包名为 sqljdbc4.jar）。

```
Class.forName("com.microsoft.sqlserver.jdbc.SQLServerDriver");
```

加载完连接数据库的驱动程序后，Java 会自动将驱动程序的实例注册到 DriverManager 类中，这时即可通过 DriverManager 类的 getConnection() 方法与指定数据库建立连接。DriverManager 类的常用方法为 getConnection(String url, String user, String password)，根据 3 个入口参数（依次是连接数据库的 URL、用户名、密码），与指定数据库建立连接。

例如，使用 DriverManager 类的 getConnection() 方法，与本地 MySQL 数据库建立连接的代码如下：

```
DriverManager.getConnection("jdbc:mysql://127.0.0.1:3306/test","root","password");
```

说明 127.0.0.1 表示本地 IP 地址，3306 是 MySQL 的默认端口，test 是数据库名称

使用 DriverManager 类的 getConnection() 方法，与本地 SQLServer 2000 数据库建立连接

的代码如下：

```
DriverManager.getConnection("jdbc:microsoft:sqlserver://127.0.0.1:1433;DatabaseName=test",
"sa","password");
```

使用 DriverManager 类的 getConnection() 方法，与本地 SQLServer 2005 以上版本数据库建立连接的代码如下：

```
DriverManager.getConnection("jdbc:sqlserver://127.0.0.1:1433;DatabaseName=test","sa","pas
sword");
```

使用 DriverManager 类的 getConnection() 方法，与本地 Oracle 数据库建立连接的代码如下：

```
DriverManager.getConnection("jdbc:oracle:thin:@//127.0.0.1:1521/test","system","password");
```

（2）Connection 接口

Connection 接口代表 Java 端与指定数据库之间的连接，Connection 接口的常用方法及说明如表 17.1 所示。

表 17.1　Connection 接口的常用方法及说明

函数	作用
createStatement()	创建 Statement 对象
createStatement(int resultSetType, int resultSetConcurrency)	创建一个 Statement 对象，Statement 对象被用来生成一个具有给定类型、并发性和可保存性的 ResultSet 对象
preparedStatement()	创建预处理对象 preparedStatement
prepareCall(String sql)	创建一个 CallableStatement 对象来调用数据库存储过程
isReadOnly()	查看当前 Connection 对象的读取模式是否是只读形式
setReadOnly()	设置当前 Connection 对象的读写模式，默认为非只读模式
commit()	使所有上一次提交 / 回滚后进行的更改成为持久更改，并释放此 Connection 对象当前持有的所有数据库锁
roolback()	取消在当前事务中进行的所有更改，并释放此 Connection 对象当前持有的所有数据库锁
close()	立即释放此 Connection 对象的数据库和 JDBC 资源，而不是等待它们被自动释放

例如，使用 Connection 对象连接 MySQL 数据库，代码如下：

```
01 Connection con;                              // 声明 Connection 对象
02 try {                                        // 加载 MySQL 数据库驱动类
03     Class.forName("com.mysql.jdbc.Driver");
04 } catch (ClassNotFoundException e) {
05     e.printStackTrace();
06 }
07 try {                                        // 通过访问数据库的 URL 获取数据库连接对象
08     con=DriverManager.getConnection("jdbc:mysql://127.0.0.1:3306/test","root","root");
09 } catch (SQLException e) {
10     e.printStackTrace();
11 }
```

（3）Statement 接口

Statement 接口是被用来执行静态 SQL 语句的工具接口，Statement 接口的常用方法及说明如表 17.2 所示。

表 17.2　Statement 接口的常用方法及说明

方法	功能描述
execute(String sql)	执行静态的 SELECT 语句，该语句可能返回多个结果集
executeQuery(String sql)	执行给定的 SQL 语句，该语句返回单个 ResultSet 对象
clearBatch()	清空此 Statement 对象的当前 SQL 命令列表
executeBatch()	将一批命令提交给数据库来执行，如果全部命令执行成功，则返回更新计数组成的数组。数组元素的排序与 SQL 语句的添加顺序对应
addBatch(String sql)	将给定的 SQL 命令添加到此 Statement 对象的当前命令列表中。如果驱动程序不支持批量处理，将抛出异常
close()	释放 Statement 实例占用的数据库和 JDBC 资源

例如，使用连接数据库对象 con 的 createStatement() 方法创建 Statement 对象，代码如下：

```
01 try {
02     Statement stmt = con.createStatement();
03 } catch (SQLException e) {
04     e.printStackTrace();
05 }
```

（4）PreparedStatement 接口

PreparedStatement 接口是 Statement 接口的子接口，是被用来执行动态 SQL 语句的工具接口。PreparedStatement 接口的常用方法及说明如表 17.3 所示。

表 17.3　PreparedStatement 接口的常用方法及说明

方法	功能描述
setInt(int index, int k)	将指定位置的参数设置为 int 值
setFloat(int index, float f)	将指定位置的参数设置为 float 值
setLong(int index, long l)	将指定位置的参数设置为 long 值
setDouble(int index, double d)	将指定位置的参数设置为 double 值
setBoolean(int index, boolean b)	将指定位置的参数设置为 boolean 值
setDate(int index, date date)	将指定位置的参数设置为对应的 date 值
executeQuery()	在此 PreparedStatement 对象中执行 SQL 查询，并返回该查询生成的 ResultSet 对象
setString(int index String s)	将指定位置的参数设置为对应的 String 值
setNull(int index, int sqlType)	将指定位置的参数设置为 SQL NULL
executeUpdate()	执行前面包含的参数的动态 INSERT、UPDATE 或 DELETE 语句
clearParameters()	清除当前所有参数的值

例如，使用连接数据库对象 con 的 prepareStatement() 方法创建 PrepareStatement 对象，其中需要设置一个参数，代码如下：

```
01 PrepareStatement  ps = con.prepareStatement("select * from tb_stu where name = ?");
02 ps.setInt(1, "阿强");  // 将 sql 中第 1 个问号的值设置为 "阿强"
```

（5）ResultSet 接口

ResultSet 接口类似于一个临时表，用来暂时存放对数据库中的数据执行查询操作后的结果。ResultSet 对象具有指向当前数据行的指针，指针开始的位置在第一条记录的前面，通过 next() 方法可向下移动指针。ResultSet 接口的常用方法及说明如表 17.4 所示。

表 17.4　ResultSet 接口的常用方法及说明

方法	功 能 描 述
getInt()	以 int 形式获取此 ResultSet 对象的当前行的指定列值。如果列值是 NULL，则返回值是 0
getFloat()	以 float 形式获取此 ResultSet 对象的当前行的指定列值。如果列值是 NULL，则返回值是 0
getDate()	以 data 形式获取 ResultSet 对象的当前行的指定列值。如果列值是 NULL，则返回值是 null
getBoolean()	以 boolean 形式获取 ResultSet 对象的当前行的指定列值。如果列值是 NULL，则返回 null
getString()	以 String 形式获取 ResultSet 对象的当前行的指定列值。如果列值是 NULL，则返回 null
getObject()	以 Object 形式获取 ResultSet 对象的当前行的指定列值。如果列值是 NULL，则返回 null
first()	将指针移到当前记录的第一行
last()	将指针移到当前记录的最后一行
next()	将指针向下移一行
beforeFirst()	将指针移到集合的开头（第一行位置）
afterLast()	将指针移到集合的尾部（最后一行位置）
absolute(int index)	将指针移到 ResultSet 给定编号的行
isFrist()	判断指针是否位于当前 ResultSet 集合的第一行。如果是，则返回 true，否则返回 false
isLast()	判断指针是否位于当前 ResultSet 集合的最后一行。如果是，则返回 true，否则返回 false
updateInt()	用 int 值更新指定列
updateFloat()	用 float 值更新指定列
updateLong()	用指定的 long 值更新指定列
updateString()	用指定的 string 值更新指定列
updateObject()	用 Object 值更新指定列
updateNull()	将指定的列值修改为 NULL
updateDate()	用指定的 date 值更新指定列
updateDouble()	用指定的 double 值更新指定列
getrow()	查看当前行的索引号
insertRow()	将插入行的内容插入到数据库
updateRow()	将当前行的内容同步到数据表
deleteRow()	删除当前行，但并不同步到数据库中，而是在执行 close() 方法后同步到数据库

 说明　使用 updateXXX() 方法更新数据库中的数据时，并没有将数据库中被操作的数据同步到数据库中，需要执行 updateRow() 方法或 insertRow() 方法才可以更新数据库中的数据。

例如，通过 Statement 对象 sql 调用 executeQuery() 方法，把数据表 tb_stu 中的所有数据存储到 ResultSet 对象中，然后输出 ResultSet 对象中的数据，代码如下：

```
01 ResultSet res = sql.executeQuery("select * from tb_stu");// 获取查询的数据
02 while (res.next()) {                                // 如果当前语句不是最后一条，则进入循环
03     String id = res.getString("id");               // 获取列名是 id 的字段值
04     String name = res.getString("name");           // 获取列名是 name 的字段值
05     String sex = res.getString("sex");             // 获取列名是 sex 的字段值
06     String birthday = res.getString("birthday");   // 获取列名是 birthday 的字段值
07     System.out.print("编号：" + id);                // 将列值输出
08     System.out.print(" 姓名:" + name);
09     System.out.print(" 性别:" + sex);
10     System.out.println(" 生日:" + birthday);
11 }
```

17.3.2 数据库操作

上一小节中介绍了 JDBC 中常用的类和接口，通过这些类和接口可以实现对数据库中的数据进行查询、添加、修改、删除等操作。本节介绍几种常见的数据库操作。

（1）连接数据库

要访问数据库，首先要加载数据库的驱动程序（只需要在第一次访问数据库时加载一次），然后每次访问数据时创建一个 Connection 对象，接着执行操作数据库的 SQL 语句，最后在完成数据库操作后销毁前面创建的 Connection 对象，释放与数据库的连接。

实例 17.5 连接 MySQL 数据库。（实例位置：资源包 \Code\17\05）

在项目中创建类 Conn，并创建 getConnection() 方法，获取与 MySQL 数据库的连接，在主方法中调用 getConnection() 方法连接 MySQL 数据库，代码如下：

```
01 import java.sql.*;                        // 导入 java.sql 包
02 public class Conn {                       // 创建类 Conn
03     Connection con;                       // 声明 Connection 对象
04     public Connection getConnection() {   // 建立返回值为 Connection 的方法
05         try {                             // 加载数据库驱动类
06             Class.forName("com.mysql.jdbc.Driver");
07             System.out.println(" 数据库驱动加载成功 ");
08         } catch (ClassNotFoundException e) {
09             e.printStackTrace();
10         }
11         try {                             // 通过访问数据库的 URL 获取数据库连接对象
12             con = DriverManager.getConnection("jdbc:mysql:"
13                     + "//127.0.0.1:3306/test", "root", "root");
14             System.out.println(" 数据库连接成功 ");
15         } catch (SQLException e) {
16             e.printStackTrace();
17         }
18         return con;                       // 按方法要求返回一个 Connection 对象
19     }
20     public static void main(String[]args){ // 主方法
21         Conn c = new Conn();              // 创建本类对象
22         c.getConnection();               // 调用连接数据库的方法
23     }
24 }
```

运行结果如图 17.7 所示。

图 17.7　连接数据库

 ①本实例中将连接数据库作为单独的一个方法，并以 Connection 对象作为返回值，这样写的好处是在遇到对数据库执行操作的程序时可直接调用 Conn 类的 getConnection() 方法获取连接，提高了代码的重用性。

② 加载数据库驱动程序之前，首先需要确定数据库驱动类是否成功加载到程序中，如果没有加载，可以按以下步骤加载，此处以加载 MySQL 数据库的驱动包为例介绍。

a. 将 MySQL 数据库的驱动包 mysql_connector_java_5.1.36_bin.jar 拷贝到当前项目下。

b. 选中当前项目，单击右键，选择 "Build Path" / "Configure Build Path…" 菜单项，在弹出的对话框中（如图 17.8 所示）左侧选中 "Java Build Path"，然后在右侧选中 Libraries 选项卡，单击 "Add External JARs…" 按钮，在弹出的对话框中选择要加载的数据库驱动包，即可在中间区域显示选择的 JAR 包，最后单击 "Apply" 按钮即可。

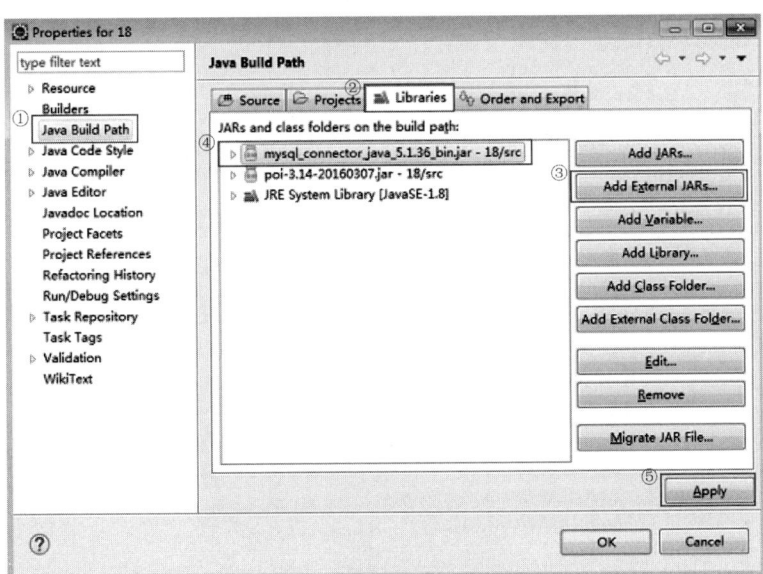

图 17.8　导入数据库驱动包

（2）数据查询

数据查询主要通过 Statement 接口和 ResultSet 接口实现，其中，Statement 接口用来执行 SQL 语句，ResultSet 用来存储查询结果。下面通过一个例子演示如何查询数据表中的数据，编写代码之前要先将 Code\SL\14\02\database 目录下的 test.sql 文件通过 "source 命令" 导入到 MySQL 数据库中。

实例 17.6 查询数据表中的数据并遍历查询的结果。（实例位置：资源包 \Code\17\06）

本实例使用 getConnection() 方法获取与数据库的连接，在主方法中查询数据表 tb_stu 中的数据，把查询的结果存储在 ResultSet 中，使用 ResultSet 中的方法遍历查询的结果。代码如下：

```
01 import java.sql.*;
02 public class Gradation {          // 创建类
03     // 连接数据库方法
04     public Connection getConnection() throws ClassNotFoundException, SQLException {
05         Class.forName("com.mysql.jdbc.Driver");
06         Connection con = DriverManager.getConnection
07             ("jdbc:mysql://127.0.0.1:3306/test", "root", "123456");
08         return con;                                // 返回 Connection 对象
09     }
10     public static void main(String[] args) {       // 主方法
11         Gradation c = new Gradation();              // 创建本类对象
12         Connection con = null;                      // 声明 Connection 对象
13         Statement stmt = null;                      // 声明 Statement 对象
14         ResultSet res = null;                       // 声明 ResultSet 对象
15         try {
16             con = c.getConnection();                // 与数据库建立连接
17             stmt = con.createStatement();           // 实例化 Statement 对象
18             res = stmt.executeQuery("select * from tb_stu");// 执行 SQL 语句，返回结果集
19             while (res.next()) {                    // 如果当前语句不是最后一条则进入循环
20                 String id = res.getString("id");        // 获取列名是 "id" 的字段值
21                 String name = res.getString("name");    // 获取列名是 "name" 的字段值
22                 String sex = res.getString("sex");      // 获取列名是 "sex" 的字段值
23                 String birthday = res.getString("birthday");// 获取列名是 "birthday" 的字段值
24                 System.out.print("编号：" + id);          // 将列值输出
25                 System.out.print(" 姓名：" + name);
26                 System.out.print(" 性别：" + sex);
27                 System.out.println(" 生日：" + birthday);
28             }
29         } catch (Exception e) {
30             e.printStackTrace();
31         } finally {                                 // 依次关闭数据库连接资源
32             if (res != null) {
33                 try {
34                     res.close();
35                 } catch (SQLException e) {
36                     e.printStackTrace();
37                 }
38             }
39             if (stmt != null) {
40                 try {
41                     stmt.close();
42                 } catch (SQLException e) {
43                     e.printStackTrace();
44                 }
45             }
46             if (con != null) {
47                 try {
48                     con.close();
49                 } catch (SQLException e) {
50                     e.printStackTrace();
51                 }
52             }
53         }
54     }
55 }
```

运行结果如图 17.9 所示。

　注意

可以通过列的序号来获取结果集中指定的列值。例如，获取结果集中 id 列的列值，可以写成 getString("id")，由于 id 列是数据表中的第一列，因此也可以写成 getString(1) 来获取。结果集 res 的结构如图 17.10 所示。

图 17.9　查询数据并输出

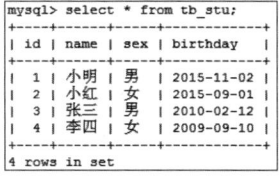

图 17.10　结果集结构

　说明 本例中查询的是 tb_stu 表中的所有数据，如果想要在该表中执行模糊查询，只需要将 Statement 对象的 executeQuery 方法中的 SQL 语句替换为模糊查询的 SQL 语句即可，例如，在 tb_stu 表中查询姓张的同学的信息，代码替换如下：

```
res = stmt.executeQuery("select * from tb_stu where name like ' 张 %'");
```

17.4　在 PHP 程序中连接 MySQL 数据库

17.4.1　PHP 操作 MySQL 数据库的步骤

MySQL 是一款广受欢迎的数据库，由于它是开源的半商业软件，故市场占有率高，备受 PHP 开发者的青睐，一直被认为是 PHP 的最好搭档。PHP 具有强大的数据库支持能力，本节主要讲解 PHP 操作 MySQL 数据库的基本思路。

PHP 操作 MySQL 数据库的步骤如图 17.11 所示。

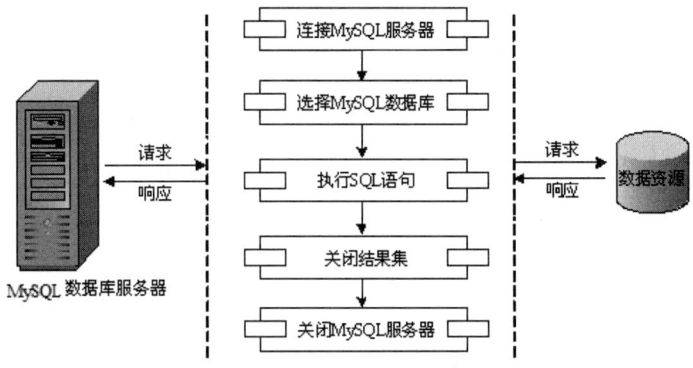

图 17.11　PHP 操作 MySQL 数据库的步骤

17.4.2 使用 PHP 操作 MySQL 数据库

根据 17.4.1 节中介绍的 PHP 操作 MySQL 数据库的步骤，下面详细讲解每个步骤是如何实现的，都应用了哪些函数、方法。

（1）mysql_connect() 函数连接 MySQL 服务器

要操作 MySQL 数据库，必须先与 MySQL 服务器建立连接。PHP 中通过 mysql_connect() 函数连接 MySQL 服务器，函数的语法如下：

```
mysql_connect('hostname','username','password');
```

其中，hostname：MySQL 服务器的主机名（或 IP），如果省略端口号，默认为 3306；
username：登录 MySQL 数据库服务器的用户名；
password：MySQL 服务器的用户密码。

该函数的返回值用于表示这个数据库连接。如果连接成功，则函数返回一个连接标识，失败则返回 FALSE。例如使用 mysql_connect() 函数连接本地 MySQL 服务器，代码如下：

```php
<?php
$conn = mysql_connect("localhost", "root", "111") or die("连接数据库服务器失败! ".mysql_error());
?>
```

为了方便查询因为连接问题而出现的错误，采用 die() 函数生成错误处理机制，使用 mysql_error() 函数提取 MySQL 函数的错误文本，如果没有出错，则返回空字符串，如果浏览器显示 "Warning: mysql_connect()……" 的字样，说明是数据库连接的错误，这样就能迅速地发现错误位置，及时改正。

 说明 在 mysql_connect() 函数前面添加符号 "@"，用于限制这个命令的出错信息的显示。如果函数调用出错，将执行 or 后面的语句。die() 函数表示向用户输出引号中的内容后，程序终止执行。这样是为了防止数据库连接出错时，用户看到一堆莫名其妙的专业名词，而是提示已经设置好的出错信息。但在调试时不要屏蔽出错信息，避免出错后难以找到问题。

（2）mysql_select_db() 函数选择 MySQL 数据库

与 MySQL 服务器建立连接后，然后要确定所要连接的数据库，使用 mysql_select_db() 函数可以连接 MySQL 服务器中的数据库，函数语法如下：

```
mysql_select_db ( string 数据库名 [,resource link_identifier] )
```

其中，string 数据库名：选择的 MySQL 数据库名称；
resource link_identifier：MySQL 服务器的连接标识。

例如，与本地 MySQL 服务器中的 db_database17 数据库建立连接，代码如下：

```php
<?php
$conn=mysql_connect("localhost","root","111");          // 连接 mysql 数据库服务器
$select=mysql_select_db("db_database17",$conn);          // 连接服务器中的 db_database17 表
if($select){                                              // 判断是否连接成功
echo "数据库连接成功! ";
}
?>
```

（3）mysql_query() 函数执行 SQL 语句

在 PHP 中，通常使用 mysql_query() 函数来执行对数据库操作的 SQL 语句。mysql_query() 函数的语法如下：

```
mysql_query ( string query [, resource link_identifier] )
```

参数 query 是传入的 SQL 语句，包括插入数据（insert）、修改记录（update）、删除记录（delete）、查询记录（select）；参数 link_identifier 是 MySQL 服务器的连接标识。

例如，向会员信息表 tb_user 中插入一条会员记录，SQL 语句的代码如下：

```
$result=mysql_query("insert into tb_user values('mr','111')",$conn);
```

例如，修改会员信息 tb_user 表中的会员记录，SQL 语句的代码如下：

```
$result=mysql_query("update tb_user set name='lx' where id='01'",$conn);
```

例如，删除会员信息 tb_user 表中的一条会员记录，SQL 语句的代码如下：

```
$result=mysql_query("delete from tb_user where name='mr'",$conn);
```

例如，查询会员信息 tb_user 表中 name 字段值为 mr 的记录，SQL 语句的代码如下：

```
$result=mysql_query("select * from tb_user where name='mr'",$conn);
```

上面的 SQL 语句代码都是将结果赋给变量 $result。

（4）mysql_fetch_array() 函数将结果集返回到数组中

使用 mysql_query() 函数执行 select 语句时，成功将返回查询结果集，返回结果集后，使用 mysql_fetch_array() 函数可以获取查询结果集信息，并放入到一个数组中，函数语法如下：

```
array mysql_fetch_array ( resource result [, int result_type] )
```

参数 result：资源类型的参数，要传入的是由 mysql_query() 函数返回的数据指针。

参数 result_type：可选项，设置结果集数组的表述方式，默认值是 MYSQL_BOTH。其可选值如下：

☑ MYSQL_ASSOC：表示数组采用关联索引；

☑ MYSQL_NUM：表示数组采用数字索引；

☑ MYSQL_BOTH：同时包含关联和数字索引的数组。

（5）mysql_fetch_row() 函数从结果集中获取一行作为枚举数组

mysql_fetch_row() 函数从结果集中取得一行作为枚举数组。在应用 mysql_fetch_row() 函数逐行获取结果集中的记录时，只能使用数字索引来读取数组中的数据，其语法如下：

```
array mysql_fetch_row ( resource result )
```

mysql_fetch_row() 函数返回根据所取得的行生成的数组，如果没有更多行则返回 FALSE。返回数组的偏移量从 0 开始，即以 $row[0] 的形式访问第一个元素（只有一个元素时也是如此）。

（6）mysql_num_rows() 函数获取查询结果集中的记录数

使用 mysql_num_rows() 函数可以获取由 select 语句查询到的结果集中行的数目，mysql_num_rows() 函数的语法如下：

```
int mysql_num_rows ( resource result )
```

此命令仅对 SELECT 语句有效。要取得被 INSERT、UPDATE 或者 DELETE 语句所影响到的行的数目，要使用 mysql_affected_rows() 函数。

（7）mysql_free_result() 函数释放内存

mysql_free_result() 函数用于释放内存，数据库操作完成后，需要关闭结果集，以释放系统资源，该函数的语法如下：

```
mysql_free_result($result);
```

mysql_free_result() 函数将释放所有与结果标识符 result 所关联的内存。该函数仅需要在考虑到返回很大的结果集时会占用多少内存时调用。在脚本结束后所有关联的内存都会被自动释放。

（8）mysql_close() 函数关闭连接

每使用一次 mysql_connect() 或 mysql_query() 函数，都会消耗系统资源。在少量用户访问 Web 网站时问题还不大，但用户连接超过一定数量时，就会造成系统性能的下降，甚至死机。为了避免这种现象的发生，在完成数据库的操作后，应使用 mysql_close() 函数关闭与 MySQL 服务器的连接，以节省系统资源。mysql_close() 函数的语法如下：

```
mysql_close($conn);
```

在 Web 网站的实际项目开发过程中，经常需要在 Web 页面中查询数据信息。查询后使用 mysql_close() 函数关闭数据源。

17.4.3 PHP 管理 MySQL 数据库中的数据

管理 MySQL 数据库中的数据主要是对数据进行添加、修改、删除、查询等操作，只有熟练地掌握这部分知识，才能够独立开发出基于 PHP 的数据库应用。

（1）向数据库中添加数据

向数据库中添加数据主要通过 mysql_query() 函数和 insert 语句实现。

实例 17.7 发表新闻，填写新闻标题及新闻内容，当用户单击"提交"按钮时，判断新闻标题及内容是否为空，如果不为空，则将数据添加到数据库中。（实例位置：资源包 \Code\17\07）

关键代码如下。

```php
<?php
$conn=mysql_connect("localhost","root","111");
mysql_select_db("db_database17",$conn);
mysql_query("set names uft8");
if(isset($_POST['submit']) and $_POST['name']!=null and $_POST['news']!=null and $_POST
['submit']==" 提交 "){
$insert=mysql_query("insert into tb_news(name,news) values('".$_POST['name']."','".$_POST
['news']."')");
if($insert){
echo "<script> alert(' 发表成功！'); window.location.href='index.php'</script>";
}else{
echo "<script> alert(' 发表失败！'); window.location.href='index.php'</script>";
}
```

```
    }else{
    echo "<script> alert(' 发表失败 !'); window.location.href='index.php'</script>";
    }
    ?>
```

运行结果如图 17.12 所示。

图 17.12　添加新闻

（2）浏览数据库中的数据

浏览数据库中的数据通过 mysql_query() 函数和 select 语句查询数据，使用 mysql_fetch_assoc() 函数将查询结果返回到数组中。

实例 17.8　浏览 tb_news 表中的新闻信息。（实例位置：资源包 \Code\17\08）

具体代码如下。

```
<?php
/* 连接数据库 */
$conn=mysql_connect("localhost","root","111");        // 连接数据库服务器
mysql_select_db("db_database17",$conn);               // 选择数据库
mysql_query("set names uft8");                        // 设置编码格式
$arr=mysql_query("select * from tb_news",$conn);      // 执行查询语句
/* 使用 while 语句循环 mysql_fetch_assoc() 函数返回的数组 */
while($result=mysql_fetch_assoc($arr)){               // 循环输出查询结果
?>
<tr>
    <td height="25"><?php echo $result['name'];?>  </td>    <!-- 输出新闻标题 -->
        <td height="25"><?php echo $result['news'];?> </td>      <!-- 输出新闻内容 -->
      </tr>
<?php
    }                        // 结束 while 循环
?>
```

运行结果如图 17.13 所示。

（3）编辑数据库数据

编辑数据主要通过 mysql_query() 函数和 update 语句实现。

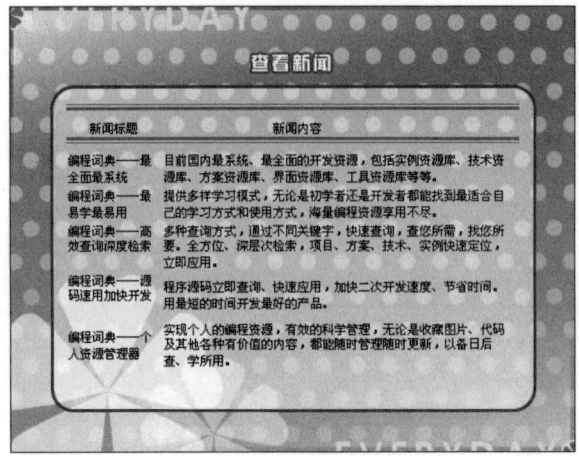

图 17.13 浏览新闻信息

实例 17.9 编辑新闻信息表中的新闻信息。（实例位置：资源包 \Code\17\09）

具体步骤如下。

① 创建数据库连接文件 conn.php，代码如下：

```php
<?php
$conn=mysql_connect("localhost","root","111");        // 连接数据库服务器
mysql_select_db("db_database17",$conn);               // 连接 db_database17 数据库
mysql_query("set names uft8");                        // 设置数据库编码格式
?>
```

② 创建 index.php 文件，显示所有新闻信息，代码如下：

```php
<?php
include("conn.php");                                  // 包含 conn.php 文件
$arr=mysql_query("select * from tb_news",$conn);      // 查询数据
/* 使用 while 语句循环 mysql_fetch_array() 函数返回的数组 */
while($result=mysql_fetch_array($arr)){
?>
        <tr>
        <td height="25"><?php echo $result['name'];?><!-- 输出新闻标题 --> </td>
        <td><?php echo $result['news'];?>            <!-- 输出新闻内容 -->
    </td>
        <td><label>
          <input type="hidden" name="id" value="<?php echo $result['id'];?>" />
          <div align="center"><a href="update.php?id=<?php echo $result['id'];?>">编辑
</a></div>
        </label></td>
        </tr>
<?php
    }                 // 结束 while 循环
?>
```

③ 创建 update.php 文件，显示要编辑的新闻内容，代码如下：

```php
<form id="form1" name="form1" method="post" action="update_ok.php">
<?php
include("conn.php");                                  // 包含 conn.php 文件
```

```php
$arr=mysql_query("select * from tb_news where id='".$_GET['id']."'",$conn);  // 定义查询语句
$select=mysql_fetch_array($arr);                                    // 循环输出查询内容
?>
<input name="name" type="text" size="40" value="<?php echo $select['name'];?>"/>
    <textarea name="news" cols="40" rows="10"><?php echo $select['news'];?></textarea>
    <input type="submit" name="Submit" value=" 保存 " />
    <input type="hidden" name="id" value="<?php echo $select['id'];?>" />
</form>
```

④ 创建 update_ok.php 文件，完成新闻信息的编辑操作，代码如下：

```php
<?php
include("conn.php");                                    // 包含 conn.php 文件
if(isset($_POST['id']) and isset($_POST['Submit']) and $_POST['Submit']==" 保存 "){
$update=mysql_query("update tb_news set name='".$_POST['name']."',news='".$_
POST['news']."' where id='".$_POST['id']."'",$conn);
if($update){
    echo  "<script> alert(' 修改成功 !'); window.location.href='index.php'</script>";
}else{
    echo  "<script> alert(' 修改失败 !'); window.location.href='index.php'</script>";
}
}
?>
```

运行结果如图 17.14 所示。

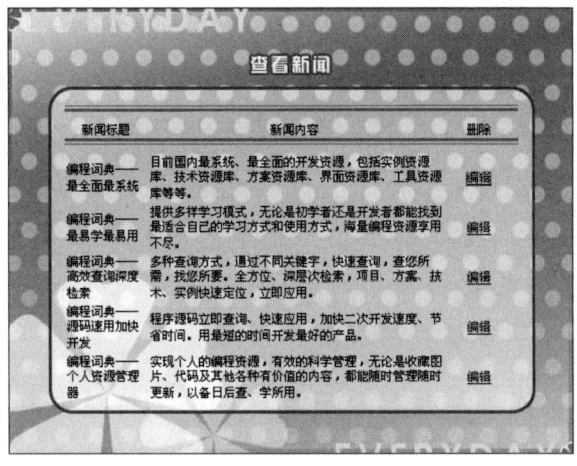

图 17.14　编辑新闻信息

（4）删除数据

数据的删除应用 delete 语句，而在 PHP 中需要通过 mysql_query() 函数来执行这个 delete 删除语句，完成 MySQL 数据库中数据的删除操作。

实例 17.10 删除新闻信息表中的新闻信息。（实例位置：资源包 \Code\17\10）

具体步骤如下。

① 创建数据库连接文件 conn.php，代码如下：

```php
<?php
$conn=mysql_connect("localhost","root","111");          // 连接数据库服务器
```

```
        mysql_select_db("db_database17",$conn);              // 连接 db_database17 数据库
        mysql_query("set names uft8");                       // 设置数据库编码格式
        ?>
```

② 创建 delete.php 文件，显示所有新闻信息，代码如下：

```php
        <?php
        include("conn.php");                                 // 包含 conn.php 文件
        $arr=mysql_query("select * from tb_news",$conn);     // 查询数据
        /* 使用 while 语句循环 mysql_fetch_array() 函数返回的数组 */
        while($result=mysql_fetch_array($arr)){
        ?>
                <tr>
                    <td height="25"><?php echo $result['name'];?> <!-- 输出新闻标题 --> </td>
                    <td><?php echo $result['news'];?>                <!-- 输出新闻内容 -->        </td>
                    <td><label>
                      <input type="hidden" name="id" value="<?php echo $result['id'];?>" />
                       <div align="center"><a href="delete_ok.php?id=<?php echo $result['id'];?>">
        删除 </a></div>
                    </label></td>
                </tr>
        <?php
            }            // 结束 while 循环
        ?>
```

③ 在 delete_ok.php 文件，根据超级链接传递的 ID 值，完成删除新闻信息操作，代码如下：

```php
        <?php
        include("conn.php");                                 // 包含 conn.php 文件
        $delete=mysql_query("delete from tb_news where id='".$_GET['id']."'",$conn);  // 执行删除操作
        if($delete){
            echo  "<script> alert(' 删除成功！'); window.location.href='delete.php'</script>";
        }else{
            echo  "<script> alert(' 删除失败！'); window.location.href='delete.php'</script>";
        }
        ?>
```

执行程序，运行结果如图 17.15 所示。

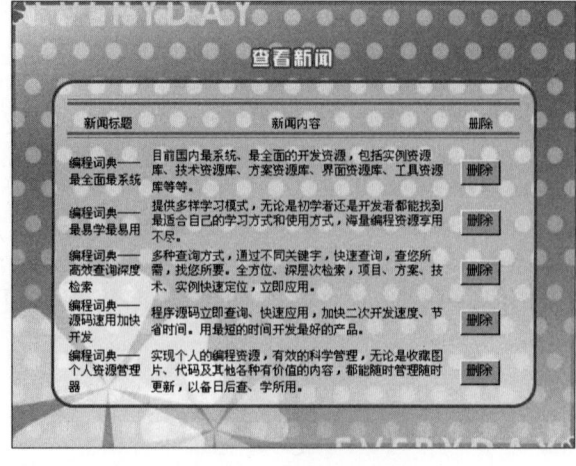

图 17.15　删除新闻信息

（5）批量删除数据

对数据库中的数据进行管理的过程中，如果要删除的数据非常多，执行单条删除数据的操作就不适合了，这时应该使用批量删除数据来实现数据库中信息的删除。通过数据的批量删除可以快速地删除多条数据，减少操作执行的时间。

实例 17.11　**批量清理新闻信息表中陈旧的新闻信息。**（实例位置：资源包 \Code\17\11）

具体步骤如下。

① 创建数据库连接文件 conn.php，代码如下：

```php
<?php
$conn=mysql_connect("localhost","root","111");        // 连接数据库服务器
mysql_select_db("db_database17",$conn);               // 连接 db_database17 数据库
mysql_query("set names uft8");                        // 设置数据库编码格式
?>
```

② 创建 pl_delete.php 文件，显示所有新闻信息，代码如下：

```php
<?php
include("conn.php");
$arr=mysql_query("select * from tb_news",$conn);       // 查询数据
/* 使用 while 语句循环 mysql_fetch_array() 函数返回的数组 */
while($result=mysql_fetch_array($arr)){
?>
        <tr>
         <td><label>
           <label>
           <input type="checkbox" name="checkbox[]" value="<?php echo $result['id'];?>" />
           </label>
         </label></td>
         <td height="25"><?php echo $result['name'];?><!-- 输出新闻标题 --></td>
         <td><?php echo $result['news'];?><!-- 输出新闻内容 --></td>
        </tr>
<?php
    }             // 结束 while 循环
?>
```

③ 创建 pl_delete1.php 页面，完成批量删除操作，代码如下：

```php
<?php
include("conn.php");                            // 包含 conn.php 文件
if(isset($_POST['Submit']) and $_POST['Submit']=="删除 " and $_POST['checkbox']!=""){ // 判断是否执行删除操作
for($i=0;$i<count($_POST['checkbox']);$i++){    // 遍历复选框获取到的新闻 id 序号
    $sql=mysql_query("delete from tb_news where id='".$_POST['checkbox'][$i]."'",$conn);
// 执行删除操作
}
if($sql){
    echo   "<script> alert(' 删除成功！'); window.location.href='pl_delete.php'</script>";
}else{
    echo   "<script> alert(' 删除失败！'); window.location.href='pl_delete.php'</script>";
}
}else{
    echo   "<script> alert(' 请选择要删除的内容！'); window.location.href='pl_delete.php'</script>";
}
?>
```

执行程序，运行结果如图 17.16 所示。

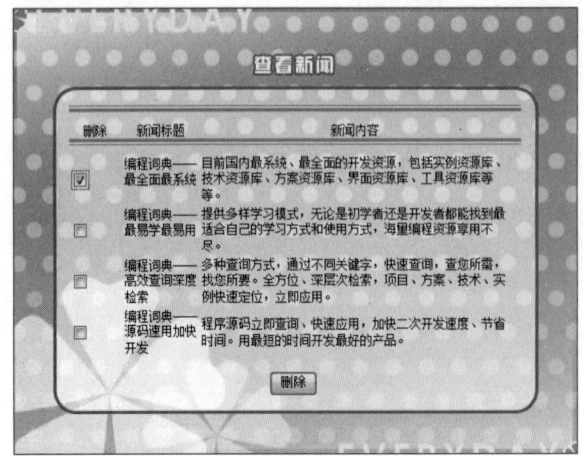

图 17.16　批量删除数据信息

小结　本章内容对于在程序中如何连接 MySQL 数据库十分重要，希望读者多加练习。

第18章
操作数据表

扫码享受
全方位沉浸式学习

SELECT 是最常用的 SQL 语句。除此之外，还有其他三个常用的 SQL 语句，分别是 INSERT 插入语句、UPDATE 更新语句和 DELETE 删除语句。本章主要介绍应用 INSERT 插入语句、UPDATE 更新语句和 DELETE 删除语句的案例。

18.1 ▶ 插入单行数据

在 SQL 中，使用 INSERT 语句可以向数据表中插入数据。向数据表中插入数据有三种形式：一是插入完整的一条数据；二是插入一条数据的一部分；三是一次向表中插入多条数据。本节将用实例的方式来演示如何向数据表中插入单条数据。

18.1.1 插入整行数据

用户有时会给数据表的所有列都插入值，即 VALUES 后要包含所有列的值。而表名后的 column_list 参数有两种情况：一种是依次列出所有的列名；另一种是省略列名列表。尽管采用第二种情况输入更快，但采用第一种情况更易于理解和维护。

实例 18.1 在 goods 商品信息表中，应用 INSERT 语句插入一条商品名称为"红双喜乒乓球拍"的完整数据。（实例位置：资源包 \Code\18\01）

本例详细步骤如下：

① 创建本章使用的数据库 db_shop，然后选择使用此数据库。代码及执行结果如图 18.1 所示。

```
mysql> create database db_shop;
Query OK, 1 row affected (0.01 sec)

mysql> use db_shop;
Database changed
```

图 18.1 创建并使用数据库

② 创建商品信息表 goods，代码及执行结果如图 18.2 所示。

图 18.2　创建商品信息表 goods

③ 插入一条商品名称为"红双喜乒乓球拍"的完整数据。代码及执行结果如图 18.3 所示。

```
mysql> insert into goods(id,category_id,name,keyword,price,stock,sell_count) values(10010,2,
'红双喜乒乓球拍','体育用品',128,20,70);
Query OK, 1 row affected (0.01 sec)

mysql>
```

图 18.3　插入单条数据

在向数据表中插入数据之后，应用 SELECT 语句查询 goods 表中的商品信息，查看数据插入是否成功。代码及执行结果如图 18.4 所示。

```
mysql> SELECT * FROM goods;
+-------+-------------+-------------------+-----------+--------+-------+------------+
| id    | category_id | name              | keyword   | price  | stock | sell_count |
+-------+-------------+-------------------+-----------+--------+-------+------------+
| 10010 |           2 | 红双喜乒乓球拍    | 体育用品  | 128.00 |    20 |         70 |
+-------+-------------+-------------------+-----------+--------+-------+------------+
1 row in set (0.00 sec)
```

图 18.4　查询新插入的数据

注意

> 插入各值的数据类型必须与表中对应列的数据类型一致，否则系统将输出错误提示。

本实例在向商品信息表中插入数据时，列出了数据表中的所有列名，因为提供了列名，所以必须保证 VALUES 后的各数据项和列名列表的顺序一致。在向数据表中插入整行数据时，列名列表也可以省略。省略所有列名的 SQL 语句如下：

```
insert into goods values(10010,2,'红双喜乒乓球拍','体育用品',128,20,70);
```

如果采用这种省略列名列表的方式，则必须为每一列提供一个值，各列必须以它们在表中出现的次序进行填充。如果某一列没有值且该列允许为 NULL 值，则可以使用 NULL 值对该列进行填充。

18.1.2　插入部分行数据

在向数据表中插入数据时，如果某一列定义为允许 NULL 值，则可以在 INSERT 语句中省略该列。因此在使用 INSERT 语句插入数据时，可以只给某些列提供值，给允许 NULL 值的列不提供值。

实例 18.2 在 goods 商品信息表中，应用 INSERT 语句插入一条商品名称为"三星 s21 手机"的部分数据。（实例位置：资源包 \Code\18\02）

插入的数据省略了库存量和销量，代码及执行结果如图 18.5 所示。

图 18.5 插入部分行数据

在该实例中，由于 goods 表中的 stock 列和 sell_count 列允许为 NULL 值，因此并没有为该列提供值，在 INSERT 语句中省略了这两列及其对应的值。

在向数据表中插入数据之后，应用 SELECT 语句查询 goods 表，查看新插入的商品信息。代码及执行结果如图 18.6 所示。

图 18.6 查询新插入的数据

18.2 ▶ 批量插入数据

应用 INSERT 语句通常只插入一行数据。实际上，通过使用 INSERT 语句中的 VALUES 关键字可以一次向数据表中插入多行数据。

18.2.1 通过 VALUES 关键字插入多行数据

通过使用 VALUES 关键字一次向数据表中插入多行数据的语法如下：

```
INSERT [INTO] table_name
[(column_list)]
VALUES
(data11,data12,…),(data21,data22,…),…
```

参数说明：

☑ table_name：数据表的名称。

☑ column_list：由逗号分隔的列名列表。

☑ (data11,data12,…),(data21,data22,…),…：插入多行数据的值。

实例 18.3 在 goods 商品信息表中，分别插入商品名称为"儿童卡通图案背心"和"尤尼克斯羽毛球拍"的两条数据。（实例位置：资源包 \Code\18\03）

省略库存量和销量，代码及执行结果如图 18.7 所示。

图 18.7　通过 VALUES 关键字插入多行数据

在向数据表中插入这两行数据之后，应用 SELECT 语句查询 goods 表，查看新插入的商品信息。代码及执行结果如图 18.8 所示。

图 18.8　查询新插入的数据

18.2.2　通过查询语句插入多行数据

INSERT 语句还存在另一种形式，这种形式由一条 INSERT 语句和一条 SELECT 语句组成，可以利用它将 SELECT 语句的查询结果插入到数据表中。通过这种形式也可以一次给数据表添加多行数据（即批量插入数据）。使用 INSERT SELECT 批量插入数据时，INSERT 语句后的 VALUES 子句指定的是一个 SELECT 查询的结果集。

应用 INSERT SELECT 批量插入数据的语法格式如下：

```
INSERT [INTO] table_name
SELECT {* | fieldname1 [,fieldname2…]}
FROM table_source [WHERE search_condition]
```

参数说明：

☑ table_name：数据表的名称。

☑ SELECT：表示其后是一个查询语句。

实例 18.4　创建一个新的商品表 goods_new，将 goods 商品信息表中商品种类 id 是 2 的商品信息插入到数据表 goods_new 中。（实例位置：资源包 \Code\18\04）

本例详细步骤如下：

① 创建新的商品信息表 goods_new，代码及执行结果如图 18.9 所示。

图 18.9　创建数据表 goods_new

注意

> goods_new 表的结构需要和 goods 商品信息表的结构完全一致。

② 然后，应用 INSERT SELECT 查询 goods 商品信息表中商品种类 id 是 2 的商品信息，并将查询结果插入到数据表 goods_new 中，代码及执行结果如图 18.10 所示。

```
mysql> INSERT INTO goods_new
    -> SELECT * FROM goods
    -> WHERE category_id = 2;
Query OK, 2 rows affected (0.01 sec)
Records: 2  Duplicates: 0  Warnings: 0
```

图 18.10　批量插入数据

③ 在向 goods_new 数据表中插入数据之后，应用 SELECT 语句查询 goods_new 表，查看新插入的商品信息。代码及执行结果如图 18.11 所示。

```
mysql> SELECT * FROM goods_new;
+-------+-------------+----------------+---------+--------+-------+------------+
| id    | category_id | name           | keyword | price  | stock | sell_count |
+-------+-------------+----------------+---------+--------+-------+------------+
| 10010 |           2 | 红双喜乒乓球拍  | 体育用品 | 128.00 |    20 |         70 |
| 10020 |           2 | 尤尼克斯羽毛球拍 | 体育用品 | 399.00 |    10 |         70 |
+-------+-------------+----------------+---------+--------+-------+------------+
2 rows in set (0.00 sec)
```

图 18.11　查询新插入的数据

说明
① INSERT SELECT 中的 SELECT 语句可以包含 WHERE 子句，以筛选插入的数据。
② 虽然 goods_new 数据表和 goods 商品信息表的结构需要一致，但是并不要求列名匹配。

18.3　修改数据

UPDATE 语句用来修改表中的数据，使用 UPDATE 语句通常有两种形式：一种是更新表中指定的行；另一种是更新表中的所有行。

18.2.1　使用 UPDATE 语句更新列值

更新数据表中的列值通常有两种情况：一是只更新一行数据（包含 WHERE 子句）；二是更新表中的所有数据（不包含 WHERE 子句）。

（1）更新一行数据单个列

实例 18.5　在 goods 商品信息表中，修改红双喜乒乓球拍的库存量，修改为 10。
（实例位置：资源包 \Code\18\05）

代码及执行结果如图 18.12 所示。

在对 goods 数据表修改之后，应用 SELECT 语句查询 goods 表，查看新修改的商品信息。

```
SELECT * FROM goods;
```

```
mysql> UPDATE goods
    -> SET stock = 10
    -> WHERE name = '红双喜乒乓球拍';
Query OK, 1 row affected (0.01 sec)
Rows matched: 1  Changed: 1  Warnings: 0.
```

图18.12　更新一行数据单个列

执行结果如图 18.13 所示。

```
| id    | category_id | name         | keyword | price   | stock | sell_count |
| 10010 |             | 红双喜乒乓球拍   | 体育用品  | 128.00  | 20    | 70         |
| 10020 | <更新前>      | 三星s21手机    | 手机    | 4299.00 | NULL  | NULL       |
| 10010 | 1           | 儿童卡通图案背心 | 儿童服饰  | 19.80   | 50    | 322        |
| 10020 | 2           | 尤尼克斯羽毛球拍 | 体育用品  | 399.00  | 10    | 70         |
```

⬇

```
| id    | category_id | name         | keyword | price   | stock | sell_count |
| 10010 |             | 红双喜乒乓球拍   | 体育用品  | 128.00  | 10    | 70         |
| 10020 | <更新后>      | 三星s21手机    | 手机    | 4299.00 | NULL  | NULL       |
| 10010 | 1           | 儿童卡通图案背心 | 儿童服饰  | 19.80   | 50    | 322        |
| 10020 | 2           | 尤尼克斯羽毛球拍 | 体育用品  | 399.00  | 10    | 70         |
```

图18.13　查询新插入的数据（1）

（2）更新一行数据多个列

实例 18.6 在 goods 商品信息表中，将 keyword 关键字为"儿童服饰"的商品名称改为"儿童卡通图案 T 恤"，价格改为 39.8。（实例位置：资源包 \Code\18\06）

代码及执行结果如图 18.14 所示。

```
mysql> UPDATE goods
    -> SET name = '儿童卡通图案T恤', price = 39.8
    -> WHERE keyword = '儿童服饰';
Query OK, 1 row affected (0.01 sec)
Rows matched: 1  Changed: 1  Warnings: 0
```

图18.14　更新一行数据多个列

在更新数据之后，应用 SELECT 语句查询 goods 表，查看数据是否更新成功。

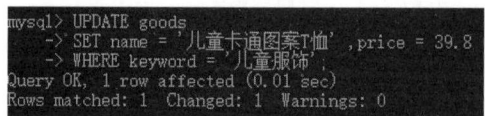

```
SELECT * FROM goods;
```

执行结果如图 18.15 所示。

```
| id    | category_id | name         | keyword | price   | stock | sell_count |
| 10010 |             | 红双喜乒乓球拍   | 体育用品  | 128.00  | 10    | 70         |
| 10020 | <更新前>      | 三星s21手机    | 手机    | 4299.00 | NULL  | NULL       |
| 10010 | 1           | 儿童卡通图案背心 | 儿童服饰  | 19.80   | 50    | 322        |
| 10020 | 2           | 尤尼克斯羽毛球拍 | 体育用品  | 399.00  | 10    | 70         |
```

⬇

```
| id    | category_id | name         | keyword | price   | stock | sell_count |
| 10010 |             | 红双喜乒乓球拍   | 体育用品  | 128.00  | 10    | 70         |
| 10020 | <更新后>      | 三星s21手机    | 手机    | 4299.00 | NULL  | NULL       |
| 10010 | 1           | 儿童卡通图案T恤 | 儿童服饰  | 39.80   | 50    | 322        |
| 10020 | 2           | 尤尼克斯羽毛球拍 | 体育用品  | 399.00  | 10    | 70         |
4 rows in set (0.00 sec)
```

图18.15　查询新插入的数据（2）

18.3.2 依据外表值更新数据

虽然 UPDATE 语句只允许改变单个表中的列值，但在 UPDATE 语句的 WHERE 子句中可以使用任何可用的表。因此可根据其他表中的相关值来决定目标表中要更新的数据行。

实例 18.7 在 goods 商品信息表中，应用 UPDATE 语句对所有体育用品的商品库存数量进行更新，将商品的库存数量增加 100。（实例位置：资源包 \Code\18\07）

首先，创建商品分类表，并插入数据，代码及执行结果如图 18.16 所示。

```
mysql> create table good_category(
    -> id int(10) not null comment '商品种类id',
    -> name varchar(20) comment '种类名称'
    -> );
Query OK, 0 rows affected, 1 warning (0.06 sec)

mysql> insert into good_category values(1,'服装');
Query OK, 1 row affected (0.01 sec)

mysql> insert into good_category values(2,'体育用品');
Query OK, 1 row affected (0.01 sec)

mysql> insert into good_category values(3,'文具');
Query OK, 1 row affected (0.01 sec)

mysql> insert into good_category values(4,'电子数码');
Query OK, 1 row affected (0.01 sec)

mysql> insert into good_category values(5,'食品');
Query OK, 1 row affected (0.00 sec)

mysql> insert into good_category values(6,'电器');
Query OK, 1 row affected (0.01 sec)
```

图 18.16 创建商品分类表并插入数据

然后，应用 UPDATE 语句对商品分类为"体育用品"的所有行的 stock 列进行更新，将该列的值增加 100。

代码及执行结果如图 18.17 所示。

```
mysql> UPDATE goods
    -> SET stock = stock + 100
    -> WHERE category_id = (SELECT id FROM good_category WHERE name = '体育用品');
Query OK, 2 rows affected (0.01 sec)
Rows matched: 2  Changed: 2  Warnings: 0
```

图 18.17 依据外表值更新数据

在更新数据之后，应用 SELECT 语句查询 goods 表，查看数据是否更新成功。

```
SELECT * FROM goods;
```

执行结果如图 18.18 所示。

图 18.18 更新之后的数据

18.4 ▶ 删除数据

DELETE 语句用来删除表中的数据，使用 DELETE 语句通常有两种形式：一种是删除
表中指定的行；另一种是删除表中的所有行。

18.4.1 使用 DELETE 语句删除数据

删除数据表中的数据通常有三种情况：第一种是只删除表中的一行数据（包含 WHERE
子句）；第二种是删除表中的多行数据（包含 WHERE 子句）；第三种是删除表中的所有数据
（不包含 WHERE 子句）。

（1）删除一行数据

使用 DELETE 语句删除单行数据时 WHERE 子句不能省略（除非数据表中只包含一行
数据），如果省略了 WHERE 子句，将使数据表中的所有数据都被删除。

实例 18.8 在 goods 商品信息表中，应用 DELETE 语句删除商品名称为"尤尼克
斯羽毛球拍"的商品信息。（实例位置：资源包 \Code\18\08）

代码及执行结果如图 18.19 所示。

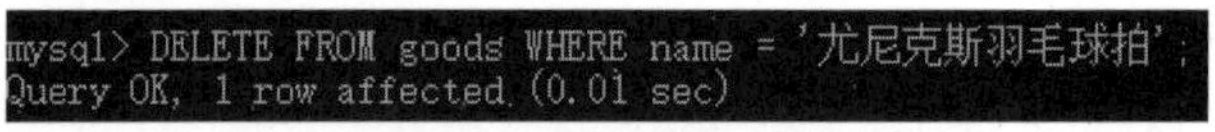

```
mysql> DELETE FROM goods WHERE name = '尤尼克斯羽毛球拍';
Query OK, 1 row affected (0.01 sec)
```

图 18.19　删除一行数据

在删除数据之后，应用 SELECT 语句查询 goods 表，查看数据是否删除成功。

```
SELECT * FROM goods;
```

执行结果如图 18.20 所示。

图 18.20　查询删除之后的数据

由图 18.20 可见，商品名称为"尤尼克斯羽毛球拍"的商品信息已经被删除了。

（2）删除多行数据

使用 DELETE 语句删除多行数据，同样需要在 WHERE 子句中设置过滤条件，对满足
指定条件的数据进行删除。

实例 18.9　在 goods 商品信息表中，应用 DELETE 语句删除商品名称为“三星 s21 手机”和“儿童卡通图案 T 恤”的商品信息。（实例位置：资源包 \Code\18\09）

代码及执行结果如图 18.21 所示。

```
mysql> DELETE FROM goods WHERE name IN ('三星s21手机','儿童卡通图案T恤');
Query OK, 2 rows affected (0.01 sec)
```

图 18.21　删除多行数据

在删除数据之后，应用 SELECT 语句查询 goods 表，查看数据是否删除成功。

```
SELECT * FROM goods;
```

执行结果如图 18.22 所示。

```
<删除前>
     gory_id | name           | keyword  | price   | stock | sell_count |
| 10010 |  2 | 红双喜乒乓球拍 | 体育用品 |  128.00 |   110 |         70 |
| 10020 |  4 | 三星s21手机    | 手机     | 4299.00 |  NULL |       NULL |
| 10010 |  1 | 儿童卡通图案T恤 | 儿童服饰 |   39.80 |    50 |        322 |
3 rows in set (0.00 sec)

<删除后>
     gory_id | name           | keyword  | price   | stock | sell_count |
| 10010 |  2 | 红双喜乒乓球拍 | 体育用品 |  128.00 |   110 |         70 |
1 row in set (0.00 sec)
```

图 18.22　删除之后的数据（1）

由图 18.22 可见，商品名称为“三星 s21 手机”和“儿童卡通图案 T 恤”的商品信息已经被删除。

（3）删除所有行数据

实例 18.10　应用 DELETE 语句删除 goods_new 商品信息表中全部的数据。（实例位置：资源包 \Code\18\10）

代码及执行结果如图 18.23 所示。

在删除数据之后，应用 SELECT 语句查询 newgoods_type 表中的数据，查看数据是否已经被删除。

代码及执行结果如图 18.24 所示。

```
mysql> DELETE FROM goods_new;
Query OK, 2 rows affected (0.02 sec)
```

图 18.23　删除所有行数据

```
mysql> select * from goods_new;
Empty set (0.00 sec)
```

图 18.24　删除之后的数据（2）

由图 18.24 可见，goods_new 表中的所有行都已经被删除。

18.4.2　使用 TRUNCATE TABLE 语句删除数据

TRUNCATE TABLE 语句用来删除表中的所有行。如果要删除表中的所有数据，使用 TRUNCATE TABLE 语句与 DELETE 语句相比，不但删除了数据，而且所删除的数据在事务处理日志中还会做相应的记录。

TRUNCATE TABLE 语句的语法格式如下:

```
TRUNCATE TABLE table_name
```

其中, table_name 为数据表的名称。

例如, 删除 goods_new 表中所有行的代码如下:

```
TRUNCATE TABLE goods_new;
```

 TRUNCATE TABLE 语句实现的结果等同于不带 WHERE 子句的 DELETE 语句。如果要删除表中的所有行,建议使用 TRUNCATE TABLE 语句,因为使用 TRUNCATE TABLE 语句比 DELETE 语句效率更高。

小结   本章主要介绍了如何将数据插入到数据库表中、如何使用 UPDATE 语句更新表中的数据,以及如何使用 DELETE 语句删除表中的数据。其中详细介绍了使用 INSERT 插入语句的几种方法,并了解了在 UPDATE 语句和 DELETE 语句中使用 WHERE 子句的重要性。通过本章的学习,读者可以对插入单行数据和插入多行数据、对数据表中的数据进行更新或者删除等操作有一定的了解。

第19章
数据查询

在对表中数据进行查询时，常常会用到模糊查询和范围查询。模糊查询可以轻松地查询出比较模糊的数据，范围查询可以查询指定范围的数据，这两种查询在数据库中都是比较常用的。

19.1 模糊查询

在对表中数据进行查询时，常常会用到模糊查询。模糊查询可以轻松查询出比较模糊的数据。例如，查询姓名中姓"诸葛"的数据、查询用户邮箱列中含有"qq"的数据等。

19.1.1 LIKE 谓词

前面介绍的所有操作符都是针对已知的值进行过滤的。无论是匹配一个值还是多个值，或者查询某个范围的值，在过滤数据时提供的这些值都是已知的。而有时在查询表中数据时需要返回符合某种匹配格式的所有记录，这时就需要使用 LIKE 或 NOT LIKE 谓词来指定模糊查询条件。定义模糊查询条件需要使用通配符在字符串内查找指定的搜索模式，所以读者需要了解通配符及其含义。通配符即用来匹配值的一部分的特殊字符。常用的通配符及其含义如表 19.1 所示。

表 19.1 LIKE 关键字中的通配符及其含义

通配符	说明
%	由零个或更多字符组成的任意字符串
_	任意单个字符

19.1.2 "%"通配符的使用

在对表中的数据进行查询时，可能需要查询一些比较模糊的数据。例如，查询用户表中的手机号码列中以"15"开头的数据，这时就可以使用"%"通配符将该列中以"15"开头的所有手机号码查询出来，如"15%"。

"%"通配符表示由零个或多个字符组成的字符串。在使用 LIKE 查询时，可以在查询条件的任意位置使用"%"通配符来代表任意长度的字符串。在查询条件中也可以使用两个"%"通配符进行查询。例如，在用户表中的手机号码列中查询出包含"3236"的数据，在查询条件中可以使用"%3236%"进行查询。

实例 19.1 在 goods 商品信息表中，查询商品名称包含"三星"的商品的 id、商品名称和商品价格。（实例位置：资源包 \Code\19\01）

代码及执行结果如图 19.1 所示。

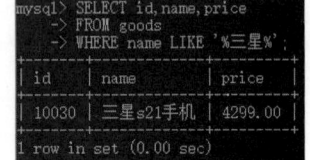

图 19.1 使用"%"通配符查询商品名称

19.1.3 "_"通配符的使用

在对表中的数据进行查询时，可能会忘记想要查询数据的具体信息。例如，查询表中姓名列中的一条数据，要查询的姓名是三个字，但是只记得该姓名前两个字为"张学"，最后一个字忘记了。这时可以使用"_"通配符来完成查询。"_"通配符表示任意单个字符，该通配符只能匹配一个字符。"_"通配符可以出现在查询条件的任意位置，也可以出现多个。

实例 19.2 在 user 用户表中，查询收货人名称（consignee）为 3 个字符的用户地址（address）、收货人名称和电话（mobile）。（实例位置：资源包 \Code\19\02）

首先创建用户表 user，并向 user 表插入数据，代码及执行结果如图 19.2 所示。

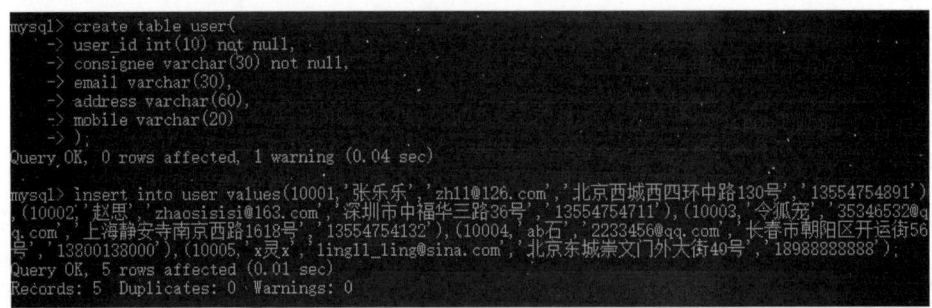

图 19.2 创建用户表 user，并向 user 插入数据

使用"_"通配符进行数据查询，代码及执行结果如图 19.3 所示。

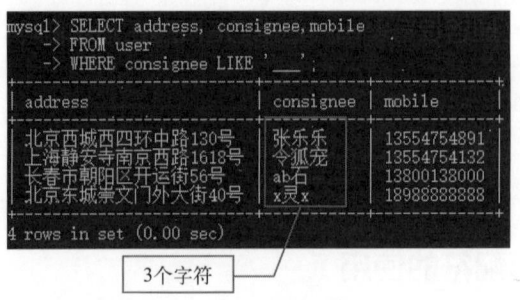

图 19.3 使用"_"通配符查询收货人名称

其中，like 谓词后的 '___'，为三个"_"相连，表示 consignee 有三个字符。

19.1.4　使用 ESCAPE 定义转义字符

在使用通配符查询数据时，数据中可能也包含着通配符。例如，表中的某个列可能存储着包含百分号“%”的折扣值，此时如果使用“%”通配符进行数据查询，可能会查不到想要查询的数据，这时可以使用 ESCAPE 关键字定义转义字符来解决这个问题。

当把定义的转义字符放在通配符之前时，该通配符就被解释为普通字符。例如，查询出某列中以字符串“10%”结尾的数据，代码如下：

```
WHERE 列名 LIKE '%10#%' ESCAPE '#'
```

上述代码中，第一个“%”为通配符，“#”为定义的转义字符，其后面的“%”即被解释为普通字符。

实例 19.3　在 user 用户信息表中，查询用户注册邮箱（email）中含有字符“_”的用户 id（user_id）、注册邮箱和用户电话（mobile）。（实例位置：资源包 \Code\19\03）

查询代码及执行结果如图 19.4 所示。

```
mysql> SELECT user_id,email,mobile
    -> FROM user
    -> WHERE email LIKE '%/_%' ESCAPE '/';
+---------+----------------------+-------------+
| user_id | email                | mobile      |
+---------+----------------------+-------------+
|   10005 | ling11_ling@sina.com | 18988888888 |
+---------+----------------------+-------------+
1 row in set (0.00 sec)
```

图 19.4　使用 ESCAPE 转义字符查询用户注册邮箱

本例中使用 ESCAPE 定义的转义字符为“/”，如果不使用 ESCAPE 定义转义字符的话，会将表中所有数据都查询出来。

代码及执行结果如图 19.5 所示。

```
mysql> SELECT user_id,email,mobile
    -> FROM user
    -> WHERE email LIKE '%_%';
+---------+----------------------+-------------+
| user_id | email                | mobile      |
+---------+----------------------+-------------+
|   10001 | zh11@126.com         | 13554754891 |
|   10002 | zhaosisisi@163.com   | 13554754711 |
|   10003 | 35346532@qq.com      | 13554754132 |
|   10004 | 2233456@qq.com       | 13800138000 |
|   10005 | ling11_ling@sina.com | 18988888888 |
+---------+----------------------+-------------+
5 rows in set (0.00 sec)
```

图 19.5　不使用转义字符出现的查询结果

出现错误结果的原因，是因为没有使用转义字符，like 关键字后的 '%_%' 中，“_”是通配符，表示一个字符，此限制条件相当于没有任何限制。

本题中，要查询的是 email 中有“_”的用户信息，就需要“_”表示本来的意思，即下画线，而不是表示通配符，所以就需要使用 ESCAPE 定义一个转义字符，将“_”进行转义。

19.2　查询日期型数据

在 MySQL 数据库中，系统提供了许多用于处理日期和时间的函数，通过这些函数可以实现计算需要的特定日期和时间。

19.2.1　转换日期格式

有时数据库表中存储的日期可能会是不规范的日期形式，如"22.09.22"。为了方便用户查看，需要将日期转化为四位的年份，同时改变日期格式如"2022-09-22"（年、月、日格式）。为了解决这一问题，从下面两点来进行介绍。

（1）把长日期格式数据转化为短日期格式数据

函数表达式 CONVERT(now(),char(10)) 可以将日期转化成 yyyy-mm-dd 日期格式。now()函数可以获取当前时间，char(10) 是指取出前 10 位字符。

> **MySQL 注意**
>
> MySQL 中的 CONVERT 函数的参数与 SQL Server 中的 CONVERT 函数参数不一致，使用的时候需要特别注意。

（2）将日期格式中的"-"转化为"/"

REPLACE() 函数可以实现寻找列值中的"-"并将其替换成"/"的功能。

实例 19.4　在图书出版表 bookpub 中，将出版日期的日期格式进行转换，将如"2020-11-30 16:00:00"的日期格式转换成如"2020/11/30"的日期格式。（实例位置：资源包 \Code\19\04）

首先创建图书出版表 bookpub（包含书号，书名，作者，售价，出版日期和下一次出版日期），并向表中插入数据，代码及运行结果见图 19.6。

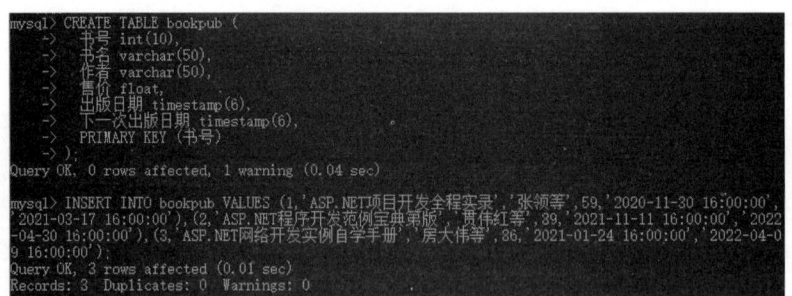

图 19.6　创建图书出版表 bookpub，并插入数据

使用 REPLACE() 函数将出版日期中的"-"替换成"/"。代码及查询结果如图 19.7 所示。

图 19.7　转换日期格式

19.2.2 计算两个日期的间隔天数

要想计算两个日期的间隔天数，可以使用 DATEDIFF() 函数实现。

```
DATEDIFF(startdate, enddate)
```

☑ startdate：计算的开始日期。其返回值为 datetime 或 smalldatetime 值或日期格式字符串的表达式。

☑ enddate：计算的终止日期。返回值为 datetime 或 smalldatetime 值或日期格式字符串的表达式。

该函数返回起始时间 expr1 和结束时间 expr2 之间的天数。expr1 和 expr2 为日期或 date-and-time 表达式。计算中只用到这些值的日期部分。

📁 **注意**

> startdate 从 enddate 中减去，如果 startdate 比 enddate 晚，则返回负值；当结果超出整数值范围时，DATEDIFF 产生错误。

实例 19.5 计算 bookpub 图书出版表中当前出版图书的日期与下一次图书出版日期之间相差的天数。（实例位置：资源包 \Code\19\05）

查询语句及结果见图 19.8。

图 19.8 计算两个日期间的天数

19.2.3 按指定日期查询数据

（1）Day() 函数
Day() 函数返回代表指定日期的天的日期部分的整数。其语法格式如下：

```
DAY(date)
```

参数说明：
date：类型为 datetime 或 smalldatetime 的表达式。
其返回值的数据类型为 int。
（2）MONTH() 函数
要实现按月查询数据可以使用日期函数 MONTH()。该函数的语法格式如下：

> MONTH(date)

参数说明：

date 返回 date 或 smalldatetime 值或日期格式字符串的表达式。仅对 1753 年 1 月 1 日后的日期使用 datetime 数据类型。其返回值的数据类型为 int。

MONTH() 函数能够将日期时间表达式 date 中的月份返回，返回的月份以数值 1 ~ 12 来表示，1 代表一月，2 代表二月，依次类推。

（3）YEAR() 函数

YEAR() 函数用于返回表示指定日期中的年份的整数。

其语法格式如下：

> YEAR(date)

参数说明：

date：datetime 或 smalldatetime 类型的表达式。

其返回值的数据类型为 int。

实例 19.6 按指定日期的月和年查询 bookpub 图书出版表中图书的出版日期在 2021 年 11 月份的图书信息。（实例位置：资源包 \Code\19\06）

查询语句及查询结果如图 19.9 所示。

图 19.9　按指定日期查询数据

19.3 查询指定范围的数据

范围查询用来查询两个给定的值之间的值，通常使用 BETWEEN…AND 和 NOT BETWEEN…AND 来指定范围条件。

使用 BETWEEN…AND 查询条件时，指定的第一个值必须小于第二个值。因为 BETWEEN…AND 实质是查询条件"大于等于第一个值，并且小于等于第二个值"的简写形式。即 BETWEEN…AND 要包括两端的值，等价于比较运算符">=...<="。

19.3.1 查询两值之间的数据

查询两值之间的数据可以使用 BETWEEN 来实现，使用 BETWEEN 可以方便编写查询条件。

实例 19.7 在 goods 商品信息表中，查询售价在 10 元与 100 元之间的商品信息。（实例位置：资源包 \Code\19\07）

查询语句及查询结果如图 19.10 所示。

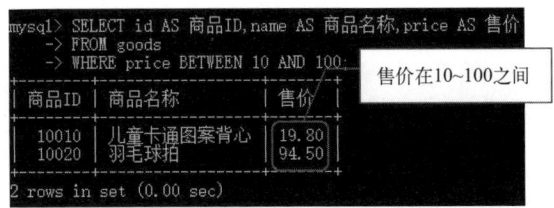

图 19.10　查询两数之间的数据

19.3.2　查询两个日期之间的数据

查询两个日期之间的数据也可以使用 BETWEEN 来实现，在 BETWEEN 中也可以使用日期类型的数据作为查询的条件。下面的实例通过使用 BETWEEN 查询出日期在 2017 年 12 月 1 日和 2018 年 12 月 1 日之间的数据。

实例 19.8　在 bookpub 图书出版表中，查询时间在 2021 年 1 月 1 日和 2021 年 12 月 1 日之间的图书信息。（实例位置：资源包 \Code\19\08）

查询语句及查询结果如图 19.11 所示。

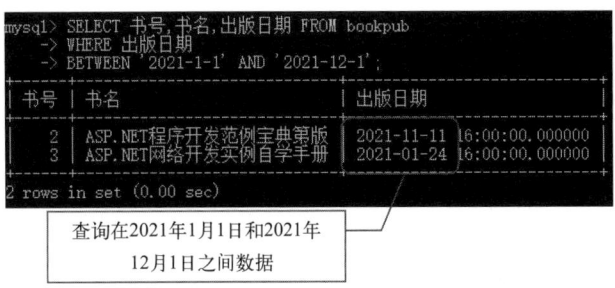

图 19.11　查询两个日期之间的数据

19.3.3　在 BETWEEN 中使用日期函数

下面的实例通过使用日期函数作为条件进行查询。通过使用 now() 函数和 DATE_SUB() 函数，获取到今天的日期和昨天的日期，再通过使用 BETWEEN 来查询出在这两个日期之间的数据。

获得当前日期，代码如下：

```
SELECT now();
```

查询结果为：

```
2022-06-18 09:50:22
```

实例 19.9　在 emp 员工信息表中，查询入职时间在昨天和今天之间的员工信息。
（实例位置：资源包 \Code\19\09）

首先创建员工信息表 emp（包含员工号、员工姓名、职位、入职时间、薪水、部门号），并向表中插入数据，代码及执行结果如图 19.12 所示。

查询入职时间在昨天和今天之间的员工信息，代码如下。

```
mysql> create table emp(
    -> empno int(10) not null,
    -> ename varchar(50),
    -> job varchar(30),
    -> hirdate date,
    -> sal int(10),
    -> deptno int(10)
    -> );
Query OK, 0 rows affected, 3 warnings (0.07 sec)

mysql> insert into emp values(1111,'阿朱','文员','2022-06-17',4500,10),
    -> (1112,'刘娜','销售','2022-06-18',5100,30),
    -> (1113,'张靖飞','经理','2022-03-08',4900,20),
    -> (1114,'李平平','销售','2022-05-14',4600,30);
Query OK, 4 rows affected (0.01 sec)
Records: 4  Duplicates: 0  Warnings: 0
```

图 19.12　创建员工信息表 emp，并插入数据

```
SELECT empno,ename,hirdate FROM emp WHERE hirdate
BETWEEN
DATE_SUB(now(),interval 2 DAY)
AND
now();
```

查询结果如图 19.13 所示。

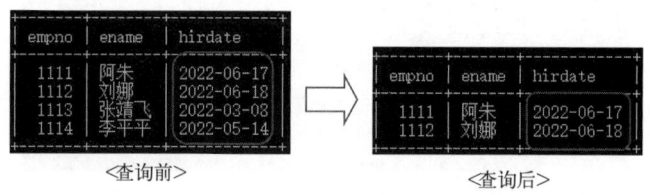

图 19.13　在 BETWEEN 中使用日期函数

注意

　　本示例在查询时的当天日期为 2022 年 6 月 18 日，所以能够得到符合条件的查询结果；在其他日期进行查询的话，是没有符合条件的查询结果的。

19.3.4　查询不在两数之间的数据

　　使用 BETWEEN…AND 可以查询出在一定范围内的数据，如果需要查询出不在指定范围内的数据，可以使用 NOT BETWEEN…AND 来实现。

实例 19.10 在 goods 商品信息表中，查询商品售价不在"10"元与"100"元之间的商品信息。（实例位置：资源包 \Code\19\10）

查询语句如下：

```
SELECT id AS 商品 ID,name AS 商品名称 ,price AS 售价
FROM goods
WHERE price NOT BETWEEN 10 AND 100;
```

查询结果如图 19.14 所示。

图 19.14　查询不在指定范围内的数据

本章主要讲解了什么是通配符，如何在 WHERE 子句中使用通配符，以及如何使用 BETWEEN…AND 语句进行范围查询，可以查询数字、日期之间的范围。除了范围查询之外，还介绍了日期时间的查询语句及用到的时间日期函数。

第 20 章
数据汇总

扫码享受
全方位沉浸式学习

　　保存数据的目的是为了对数据进行统计和分析，统计的作用是对过去的工作进行总结，分析的作用是通过总结过去来谋划未来。

　　本章将深入学习通过 SQL 语句对数据进行统计分析的方法。本章主要学习 SUM() 函数、AVG() 函数、MAX() 函数、MIN() 函数的使用方法。

20.1　多列求和

　　在 SQL 中使用 SUM() 函数获取数值表达式的和。SUM() 函数将表达式中所有非 NULL 的值进行相加操作，然后向结果集中返回最后得到的总和。

> **注意**
>
> 　　如果所有行的表达式的值都为 NULL 值或 FROM 子句和 WHERE 子句共同返回一个空的结果集，那么 SUM() 函数返回一个空值。

实例 20.1　**在 goods 商品信息表中，计算所有商品价格总和。**（实例位置：资源包 \Code\20\01）

　　使用 SUM() 函数来计算所有商品的价格综合，代码如下：

```
SELECT SUM(price) AS 所有商品价格总和
FROM goods;
```

　　结果如图 20.1 所示。

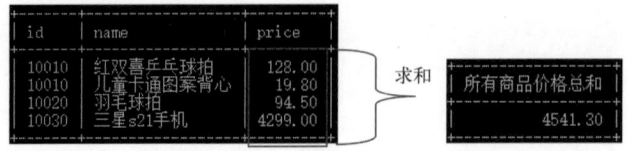

图 20.1　所有商品价格总和

260

在此实例中，SUM() 函数的参数使用的只是简单的数据表列，除此之外，SUM() 函数的参数也可以使用表达式。

实例 20.2　在 good_price 商品价格表中，计算所有商品的总盈利。（实例位置：资源包 \ Code\20\02）

创建 good_price 商品价格表，并向表中插入数据，代码及结果如图 20.2 所示。

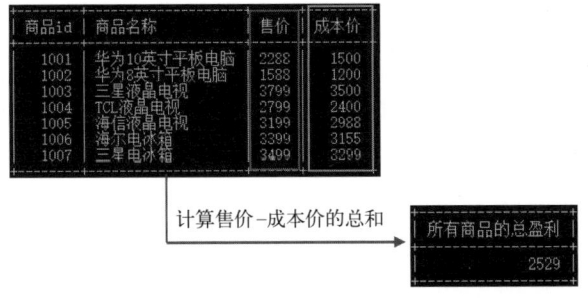

图 20.2　创建 good_price 商品价格表，并向表中插入数据

在商品价格表中，要计算商品的盈利，只需计算售价 – 成本价的值即可。所以计算所有商品的总盈利，可以在 SUM() 函数中使用"售价 – 成本价"表达式，代码如下。

```
SELECT SUM( 售价 – 成本价 ) AS 所有商品的总盈利
FROM good_price;
```

结果如图 20.3 所示。

商品id	商品名称	售价	成本价
1001	华为10英寸平板电脑	2288	1500
1002	华为8英寸平板电脑	1588	1200
1003	三星液晶电视	3799	3500
1004	TCL液晶电视	2799	2400
1005	海信液晶电视	3199	2988
1006	海尔电冰箱	3399	3155
1007	三星电冰箱	3499	3299

计算售价–成本价的总和 → 所有商品的总盈利　2529

图 20.3　在商品表 goods 中计算所有商品的总盈利

在 SUM() 函数的参数中也可以使用 DISTINCT 关键字来获取唯一值。如果 SUM() 函数参数列的值有重复现象，当使用 DISTINCT 关键字后就可以去掉重复值然后做加和操作。

可以在 SUM() 函数中使用如下语句进行设置：

```
SUM(DISTINCT num);
```

20.2　求平均值

通过聚合函数 AVG() 可以获得指定表达式的平均值。由于 AVG() 函数是将一列中的值加起来，再将和除以非 NULL 值的数目，因此 AVG() 函数的参数也必须为数值类型。

20.2.1　AVG() 函数的普通用法

AVG() 函数不能与一个非数字值表达式一起使用，如果对字符串、日期、时间使用这个函数，大多数的数据库系统都会显示出错。

请看如下 SQL 语句：

```
SELECT AVG(price*num) AS totalPrice
FROM tablename;
```

上述语句中的 price 与 num 必须包含实际值，这样才能被 AVG() 函数处理。否则，数字表达式的结果将会是空值，而 AVG() 函数则会忽略整行数据，返回一个空的结果集。

📘 注意

> AVG() 函数只能用于单个列或多个列的计算值（如 AVG(price*num)），如果要获得多个列的平均值，只能使用多个 AVG() 函数。

实例 20.3　在 good_price 商品价格表中，查询所有商品售价的平均值。（实例位置：资源包 \Code\20\03）

使用 AVG() 函数计算所有商品的平均售价，代码及结果如图 20.4 所示。

多学两招：在上述代码中可以看到查询结果为 "2938.714285714286"，如果对此结果只保留两位小数，可以使用 ROUND() 函数，进行如下输入，代码及结果如图 20.5 所示。

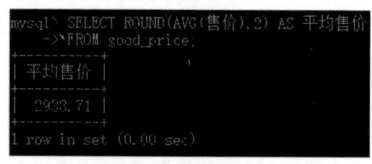

图 20.4　商品信息表中所有商品价格的平均值　　　图 20.5　对结果保留两位小数

如果要获得商品价格中非重复值的平均值，可以使用 DISTINCT 关键字，通过以下 SELECT 语句实现：

```
SELECT AVG(DISTINCT 售价) AS 平均售价
FROM good_price;
```

在对数值列求平均值时，如果该列存在空值，在计算平均值时将忽略该行记录。

20.2.2　使用 WHERE 子句限制 AVG() 函数统计的行

AVG() 函数返回一个数据表中列的所有数据值的平均值，如果不希望对列中所有值进行求平均值的操作，可以使用 WHERE 子句来限制包含在 AVG() 函数中计算的行。

实例 20.4　在 good_price 商品价格表中，计算商品售价大于 3000 的平均价格。
（实例位置：资源包 \Code\20\04）

注意题目中的条件，要计算的平均价格是售价大于 3000 的商品，所以需要在 WHERE

子句中设置条件过滤出所有商品价格高于"3000"的行，然后对这些行中商品价格列进行取平均值的操作。代码如下。

```
SELECT AVG( 售价 ) AS 平均售价
FROM good_price
WHERE 售价 > 3000;
```

结果如图 20.6 所示。

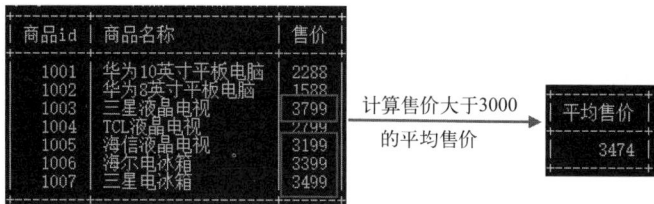

图 20.6　计算商品售价大于 3000 的平均售价

除了可以显示表中某些或所有行列的平均值之外，还可以把 AVG() 函数作为 SELECT 查询的 WHERE 子句的一部分。

实例 20.5　在 good_price 商品价格表中，显示商品售价大于平均售价的商品信息。
（实例位置：资源包 \Code\20\05）

如果想要显示商品售价大于平均售价的商品信息，可以使用如下语句进行查询，这里用到了子查询操作，代码如下。

```
SELECT 商品 ID, 商品名称 , 售价
FROM good_price
WHERE( 售价 > (SELECT AVG( 售价 ) FROM good_price));
```

在上述查询语句的 WHERE 子句中使用子查询与"售价"字段进行判断，通过实例 20.3 的结果可知，商品的平均售价为 2938.71，那么此题会将售价大于 2938.71 的结果显示出来，如图 20.7 所示。

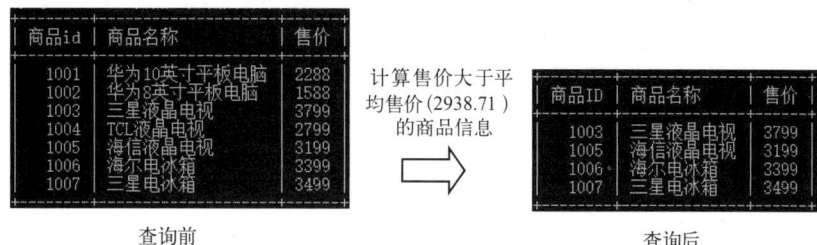

图 20.7　显示商品售价大于平均售价的商品信息

20.3　求最大值与最小值

在 SQL 中可以是使用 MAX() 函数获取数据集合中的最大值，同时可以使用 MIN() 函数获取数据集合中的最小值。

实例 **20.6** 在 good_price 商品价格表中，计算液晶电视不包括最高售价与最低售价的平均值。（实例位置：资源包 \Code\20\06）

本实例在商品信息表 goods 中查询去掉最高售价与最低售价后计算平均售价。最高售价值与最低售价值的获取可以使用如下语句：

```
SELECT MIN(售价) AS 最小值 FROM good_price WHERE 商品名称 LIKE '%液晶电视%';
SELECT MAX(售价) AS 最大值 FROM good_price WHERE 商品名称 LIKE '%液晶电视%';
```

为了在去掉最高售价值与最低售价值的数据集合中查询平均售价，需要在查询语句的WHERE 子句中进行设置。由于聚合函数不可以进行比较操作，因此在 WHERE 子句只可以使用子查询，这里使用 IN 关键字调用最高售价值与最低售价值的子查询，并在 WHERE 子句判断"售价"字段是否在上述子查询中。代码如下。

```
SELECT AVG(售价) AS 去掉最大值与最小值的平均值 FROM good_price
WHERE 商品名称 LIKE '%液晶电视%'
AND 售价 NOT IN(
(SELECT MIN(售价) AS 最小值 FROM good_price WHERE 商品名称 LIKE '%液晶电视%')
UNION
(SELECT max(售价) AS 最大值 FROM good_price WHERE 商品名称 LIKE '%液晶电视%'));
```

结果如图 20.8 所示。

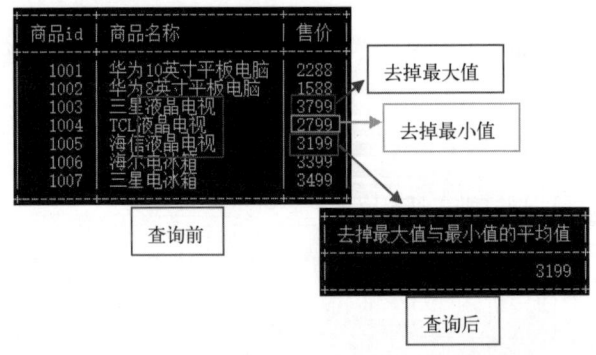

图 20.8　计算液晶电视不包括最高价格与最低价格的平均值

为了可以在 WHERE 子句中使用两个以上的子查询，上述语句使用 UNION 关键字。使用这个关键字实质上是将两个子查询合并，使售价字段的判断范围变大。最后在 SELECT 语句中使用 AVG() 函数查询在 WHERE 子句中限制完成的数据集，并在这个数据集中进行获取平均值的操作。

小结

本章介绍了如何进行数据汇总。数据汇总可以借助的函数有 SUM()、AVG()、MAX() 及 MIN() 函数。使用这些函数会提高计算效率，节省工作时间。

第 21 章
多表查询的应用

SQL 最强大的功能之一就是在查询数据的时候能够连接多个表。在 SQL 的查询语句中，连接是非常重要的操作。通过连接可以实现更多、更复杂的查询。本章将会对 SQL 中的多表连接进行介绍，主要包括合并多个结果集、子查询和内连接。通过对本章的学习，读者将会对比较复杂的数据查询有更深入的了解。

21.1 ▶ 合并多个结果集

通过前面的学习可知，UNION 和 UNION ALL 关键字可以合并多个结果集。两者的不同点在于：UNION 关键字是将所有的查询结果合并到一起，然后去除相同记录；而 UNION ALL 关键字则只是简单地将结果合并到一起。下面分别介绍这两种合并方法的实例。

21.1.1 UNION 操作符

使用 UNION 操作符进行组合查询很简单，只需要给出每个 SELECT 语句，并在各个语句之间放上关键字 UNION。

实例 21.1 goods 商品信息表中，首先查询商品分类 id（category_id）为 2 的所有商品信息，然后查询商品名称（name）包含"三星"的所有商品信息，最后对两个查询结果进行合并。（实例位置：资源包 \Code\21\01）

本实例中总共查询三个 SQL 语句，下面分别进行讲解。

① 查询商品分类 id（category_id）为 2 的所有商品信息，代码如下：

```
SELECT id,category_id,name
FROM goods
WHERE category_id = 2;
```

查询结果如图 21.1 所示。

id	category_id	name
10010	2	红双喜乒乓球拍
10020	2	羽毛球拍

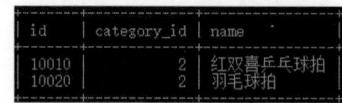

图 21.1 商品分类 id 为 2 的所有商品信息

② 查询商品名称（name）包含“三星”的所有商品信息，代码如下：

```
SELECT id,category_id,name
FROM goods
WHERE name LIKE '% 三星 %';
```

查询结果如图 21.2 所示。

id	category_id	name
10030	4	三星s21手机

图 21.2 商品名称包含“三星”的所有商品信息

③ 应用 UNION 操作符组合两个查询语句，代码如下：

```
SELECT id,category_id,name
FROM goods
WHERE category_id = 2
UNION
SELECT id,category_id,name
FROM goods
WHERE name LIKE '% 三星 %';
```

查询结果如图 21.3 所示。

id	category_id	name
10010	2	红双喜乒乓球拍
10020	2	羽毛球拍

id	category_id	name
10030	4	三星s21手机

UNION

id	category_id	name
10010	2	红双喜乒乓球拍
10020	2	羽毛球拍
10030	4	三星s21手机

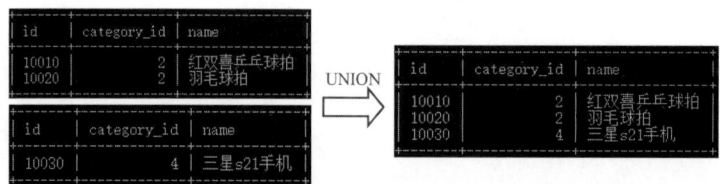

图 21.3 UNION 操作符合并两个查询语句

在本实例中，应用 UNION 对一个表中的数据进行了组合查询，除此之外，使用 UNION 还可以对不同表中的数据进行组合查询。

实例 21.2 在goods 商品信息表中，查询商品价格（price）小于 200 元的商品信息，在 sports_goods 体育用品表中，查询商品价格（price）大于 100 的商品信息，并对两个查询结果进行合并。（实例位置：资源包 \Code\21\02）

本实例中总共查询三个 SQL 语句，下面分别进行讲解。

① 在 goods 商品信息表中，查询商品价格（price）小于 200 元的商品信息，代码如下：

```
SELECT id,name,price
FROM goods
WHERE price < 200;
```

查询结果如图 21.4 所示。

图 21.4 商品价格小于 100 元的商品信息

② 创建 sports_goods 体育用品表，并插入数据，代码如下：

```
CREATE TABLE sports_goods(
id int(10) not null comment '商品 id',
name varchar(30) comment '名称',
price decimal(10,2) comment '价格',
stock int(10) comment '库存量',
sell_count int(10) comment '销量'
);
INSERT INTO sports_goods VALUES(10040,'跳绳',26,900,563),
(10050,'篮球护腕',10.5,232,988),
(10060,'儿童拍拍球',25,33,120),
(10070,'尤尼克斯羽毛球拍',560,10,45),
(10010,'红双喜乒乓球拍',128,110,70);
```

在 sports_goods 体育用品表中，查询商品价格（price）大于 100 的商品信息，代码如下：

```
SELECT id,name,price
FROM sports_goods
WHERE price > 100;
```

查询结果如图 21.5 所示。

图 21.5 商品价格大于 100 的商品信息

③ 应用 UNION 操作符组合两个查询语句，代码如下：

```
SELECT id,name,price
FROM goods
WHERE price < 200
UNION
SELECT id,name,price
FROM sports_goods
WHERE price > 100;
```

查询结果如图 21.6 所示。

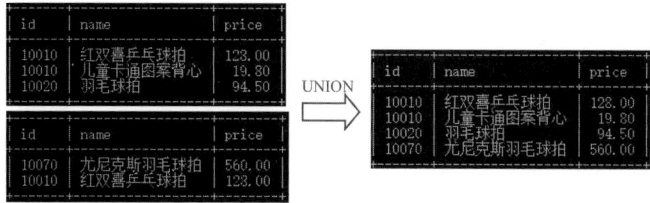

图 21.6 UNION 操作符合并两个不同表的查询结果

21.1.2 通过 UNION ALL 返回重复的行

在实例 20.2 中，第一个 SELECT 语句的查询结果返回 3 行商品信息，第二个 SELECT 语句的查询结果返回两行商品信息，而在应用 UNION 操作符组合查询后，只返回 4 行商品信息。由此可见，使用 UNION 操作符会从最后的结果集中自动去除重复的行。如果希望返回重复的行，需要使用 UNION ALL 而不是 UNION。

实例 21.3 在 goods 商品信息表中，查询商品价格（price）小于 200 元的商品信息，在 sports_goods 体育用品表中，查询商品价格（price）大于 100 的商品信息，并对两个查询结果进行合并，结果中不去除重复的行。（实例位置：资源包 \Code\21\03）

应用 UNION ALL 操作符组合两个查询语句，代码如下：

```
SELECT id,name,price
FROM goods
WHERE price < 200
UNION ALL
SELECT id,name,price
FROM sports_goods
WHERE price > 100;
```

查询结果如图 21.7 所示。

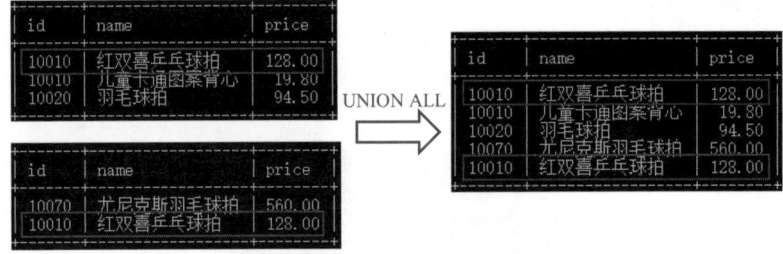

图 21.7　通过 UNION ALL 合并查询结果

由图 21.7 可见，使用 UNION ALL 进行组合查询会保留结果中重复的行。

21.2  使用子查询关联数据

子查询的类型有很多种，本节介绍几种比较典型的实例。

实例 21.4 通过 emp 员工表，获取各个职务中最高工资的员工信息。（实例位置：资源包 \Code\21\04）

此实例有两种做法，分别为成对比较的多列子查询和非成对比较的多列子查询，下面分别介绍。

方法一：成对比较的多列子查询，代码如下。

```
SELECT ename, job, sal
FROM emp
WHERE (sal,job) IN (SELECT MAX(sal), job FROM emp GROUP BY job);
```

通过子查询返回各个职务中的最高工资和职务，然后在主查询每一行中的工资和职务都要与子查询返回列表中的最高工资和职务相比较，只有当两者完全匹配时才能显示该数据行。这就是成对比较的多列子查询。

方法二：非成对比较的多列子查询，代码如下。

```
SELECT ename, job, sal
FROM emp
WHERE sal in(SELECT MAX(sal) FROM emp GROUP BY job)
AND
job IN(SELECT  distinct job FROM emp);
```

查询结果如图 21.8 所示。

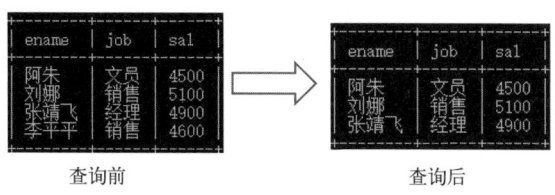

图 21.8　查询各个职务中最高工资的员工信息

非成对比较的多列子查询的条件相对于成对比较的多列子查询要宽松，因为非成对比较的多列子查询并不要求再把主查询的工资和职务与子查询返回列表中的最高工资和职务进行比较，直至两者完全相匹配，只要主查询工资和职务在子查询返回列表中出现即可。

实例 21.5　**查询商品表 goods 中服装类的商品价格小于 50 元的商品信息。**（实例位置：资源包 \Code\21\02）

实例中要求查询的是商品种类是"服装"的商品价格小于 50 元的商品信息，那么商品种类（name）是 good_category 商品种类表中的，商品价格（price）是 goods 商品信息表中的，所以需要用子查询将这两张表连接起来。

```
SELECT id,name,price
FROM goods
WHERE category_id=(
    SELECT id
    FROM good_category
    WHERE name='服装'
);
```

此实例也可以使用 IN 运算符来实现，代码如下：

```
SELECT id,name,price
FROM goods
WHERE category_id IN(
    SELECT id
    FROM good_category
    WHERE name='服装'
);
```

两种方法的查询语句的结果是一样的，如图 21.9 所示。

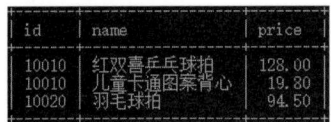

图 21.9　服装类的商品价格小于 50 元的商品信息

实例 21.6 在 goods 商品信息表中，获取所有商品的售价低于此类商品的平均售价的商品信息。（实例位置：资源包 \Code\21\06）

此实例可以使用 all 操作符，all 操作符比较子查询返回列表中的每一个值。"<all"为小于最小的，">all"为大于最大的。代码如下：

```
SELECT id,name,price
FROM goods
WHERE price < all(
     SELECT AVG(price)
     FROM goods);
```

查询结果如图 21.10 所示。

```
| id    | name        | price  |
| 10010 | 红双喜乒乓球拍 | 128.00 |
| 10010 | 儿童卡通图案背心 | 19.80 |
| 10020 | 羽毛球拍     | 94.50  |
```

图 21.10　使用 all 操作符的多行子查询

21.3　内连接查询数据

内连接就是使用比较运算符进行表与表之间列数据的比较操作，并列出这些表中与连接条件相匹配的数据行。内连接可以用来组合两个或者多个表中的数据。

在内连接中，根据使用的比较方式不同，可以将内连接分为以下 3 种。

① 等值连接：在连接条件中使用等于运算符比较被连接的列。

② 不等值连接：在连接条件中使用除等于运算符外的其他比较运算符比较被连接的列。

③ 自然连接：它是等值连接的一种特殊情况，用来把目标中重复的属性列去掉。

21.3.1　等值连接

等值连接是指在连接条件中使用等于（"="）运算符比较被连接的列，其查询结果中将列出被连接表中的所有列，包括重复列。在连接条件中的各个连接列的类型必须是可比的，但不一定是相同的。例如：可以都是字符型或者都是日期型；也可以一个是整型，一个是实型，因为它们都是数值型。

虽然连接条件中各列的类型可以不同，但是在应用中最好还是使用相同的类型，因为系统在进行类型转换时要花费很多时间。

实例 21.7 在 goods 商品信息表和 good_category 商品种类表中，通过等值连接查询每件商品的详细信息和商品种类信息。（实例位置：资源包 \Code\21\07）

SQL 语句如下：

```
SELECT goods.*,good_category.*
FROM goods,good_category
WHERE goods.category_id = good_category.id;
```

查询结果如图 21.11 所示。

图 21.11　等值连接

21.3.2　不等值连接

在 SQL 中既支持等值连接，也支持不等值连接。不等值连接是指在连接条件中使用除等于运算符以外的其他比较运算符比较被连接的列值。可以使用的运算符包括："＞""＞=""＜=""＜""!＞""!＜"和"＜＞"。

实例 21.8　在 goods 商品信息表和 sports_goods 体育用品信息表中，查询 goods 表中商品价格比 sports_goods 表中商品价格高的商品信息。（实例位置：资源包\Code\21\08）

SQL 语句如下：

```
SELECT goods.id,goods.name,goods.price,sports_goods.id,sports_goods.name, sports_goods.price
FROM goods,sports_goods
WHERE goods.price> sports_goods.price;
```

查询结果如图 21.12 所示。

图 21.12　不等值连接

21.3.3　自然连接

自然连接是等值连接的一种特殊形式。如果是按照两个表中的相同属性进行等值连接，且目标中去除重复的列，保留所有不重复的列，则可以称之为自然连接。自然连接只有在两表中有相同名称的列且列的含义相似时才能使用。

实例 21.9　以 goods 商品信息表和 good_category 商品种类表为例，通过自然连接查询图书和图书作者的信息。（实例位置：资源包\Code\21\09）

在本实例中，两表中涉及一个相同的列名 category_id，所以在进行查询的过程中可以应用自然连接，对两表中重复的列进行删除。

SQL 语句如下：

```
SELECT goods.id,goods.category_id,good_category.name as category_name,goods.name as good_
name,goods.price
FROM goods inner join good_category
ON goods.category_id=good_category.category_id;
```

查询结果如图 21.13 所示。

图 21.13 自然连接

小结

　　本章主要介绍了 SQL 查询语句中多表连接的操作，通过本章的学习，读者可以对 UNION 合并多个结果集、子查询和内连接有一定的了解，可以实现一些更加复杂的查询操作。

第 22 章
处理重复数据

在 MySQL 数据表中可能存在重复的记录，有些情况是允许重复数据存在的，但是大多时候是不允许出现重复数据的。本章主要介绍如何防止数据表出现重复数据，以及如何删除数据表中的重复数据。

22.1 ▶ 防止表中出现重复数据

防止表中出现重复数据很关键，这是从源头来解决重复数据出现的办法。本节主要介绍 4 种方法防止表中出现重复数据。

（1）设置主键

在数据表中为指定的字段设置主键（PRIMARY KEY）或者唯一（UNIQUE）索引来保证数据的唯一性。

可以在创建数据表的同时设置主键。

实例 22.1 创建 student 学生信息表，将学号 no 设置为主键。（实例位置：资源包\Code\22\01）

创建数据表 student 的代码及执行结果如图 22.1 所示。

```
mysql> USE db_demo;
Database changed
mysql> CREATE TABLE student(
    -> no int NOT NULL,
    -> name varchar(20),
    -> age int,
    -> class varchar(20),
    -> address varchar(50),
    -> primary key(no)
    -> );
Query OK, 0 rows affected (0.05 sec)
```

图 22.1　创建数据表 student

向表中插入两条一样的数据，代码及运行结果见图 22.2。

因为在 student 表中有主键的存在，所以插入两条 no 列值一样的数据，就会出现如图 22.2 所示的错误。

```
mysql> INSERT INTO student VALUES(20220817,'王双双',19,'一班','吉林省长春市');
Query OK, 1 row affected (0.01 sec)
mysql> INSERT INTO student VALUES(20220817,'刘锋',18,'三班','辽宁省');
ERROR 1062 (23000): Duplicate entry '20220817' for key 'student.PRIMARY'
mysql>
```

图 22.2　插入重复数据出错

主键的存在可以有效地防止重复数据的插入，上面的例子是在创建数据表的同时设置主键，但如果想对已经存在的没有主键的表设置主键的话，可以使用下面的代码：

```
ALTER TABLE student ADD primary key(no);
```

（2）insert ignore 语句

insert ignore 语句会自动忽略数据库已经存在的数据（根据主键或唯一索引判断），如果没有数据就插入数据，如果有数据就跳过插入这条数据。

实例 22.2　使用 insert ignore 语句向 student 学生信息表插入数据。（实例位置：资源包\Code\22\02）

使用 insert ignore 语句插入两条数据，其中一条是重复数据，代码及执行结果如图 22.3 所示。

```
mysql> INSERT IGNORE INTO student VALUES(20220817,'刘锋',18,'三班','辽宁省'), (20220820,'张菊',18,'二班','黑龙江省');
Query OK, 1 row affected, 1 warning (0.01 sec)
Records: 2  Duplicates: 1  Warnings: 1
```

图 22.3　使用 insert ignore 语句插入重复数据

通过结果信息可知，只有 1 行受影响，也就是说只插入了 1 行数据。因为显示"Duplicates: 1"，有 1 行是重复的。

查询 student 表中数据，结果如图 22.4 所示。

```
| no       | name   | age | class | address      |
| 20220817 | 王双双 | 19  | 一班  | 吉林省长春市 |
```
〈insert ignore插入数据前〉

```
mysql> select * from student;
| no       | name   | age | class | address      |
| 20220817 | 王双双 | 19  | 一班  | 吉林省长春市 |
| 20220820 | 张菊   | 18  | 二班  | 黑龙江省     |
2 rows in set (0.00 sec)
```
〈插入数据后〉

图 22.4　student 表中数据

由图 22.4 中可知，数据表中只插入了 no 为 20220820 的数据，因表中存在 no 为 20220817 的数据，所以这条数据被忽略了。

（3）replace into 语句

使用 replace into 语句插入数据到表中时，如果此表中已经有此条数据（根据主键或唯一索引判断），则先删除此条数据，然后插入新的数据。

实例 22.3　使用 replace into 语句向 student 学生信息表插入数据。（实例位置：资源包\Code\22\03）

使用 replace into 语句插入两条数据，其中一条是重复数据，代码及执行结果如图 22.5 所示。

图 22.5　使用 replace into 语句插入重复数据

查询 student 表中数据，结果如图 22.6 所示。

图 22.6　student 表中数据（1）

由图 22.6 中可知，在进行插入操作时，no 为 20220817 的数据发生了改变，进行了更新操作，同时新增了 no 为 20220830 的数据。

（4）insert on deplicate key update 语句

如果在 INSERT INTO 语句的末尾指定了 on deplicate key update+ 字段更新，则会出现重复数据（根据主键或唯一索引判断）的时候按照后面字段更新的内容进行更新操作。如果插入的数据与现有表中记录主键或者唯一索引不重复，则执行新记录插入操作。

实例 22.4　使用 insert on deplicate key update 语句向 student 学生信息表插入数据。（实例位置：资源包 \Code\22\04）

使用 insert on deplicate key update 语句插入一条重复数据，代码及执行结果如图 22.7 所示。

图 22.7　使用 insert on deplicate key update 语句插入重复数据

查询 student 表中数据，结果如图 22.8 所示。

图 22.8　student 表中数据（2）

通过图 22.8 可知，插入的数据是重复数据，在进行插入操作时，no 为 20220817 的数据发生了改变，进行了更新操作。

以上就是防止 MySQL 重复插入数据的四种方法的详细介绍，可以根据实际情况选择使用。

22.2 过滤重复数据

如果想要读取不重复的数据，有两种方法可以实现。一种是使用 DISTINCT 关键字来过滤重复数据；另一种方式是使用 GROUP BY 读取不重复的数据。下面分别介绍。

实例 22.5 查询 student 学生信息表中的学生住址信息，要求不显示重复地址。（实例位置：资源包 \Code\22\05）

向 student 表中插入一条数据，代码如下：

```
INSERT INTO student VALUES(20220821,' 邓美人 ',18,' 三班 ',' 辽宁省 ');
```

查看 student 表中数据，结果如图 22.9 所示。

no	name	age	class	address
20220317	刘巨锋	18	一班	辽宁省
20220320	张菊	18	二班	黑龙江省
20220821	邓美人	18	三班	辽宁省
20220330	邱天	19	一班	吉林省

图 22.9　student 表中的 address 列中有重复数据

由图 22.9 可知，student 表中的 address 列中有重复数据，下面查询 student 表中地址信息，不显示重复信息。

方法一：使用 DISTINCT 关键字来过滤重复数据，代码如下：

```
SELECT  DISTINCT address FROM student;
```

结果如图 22.10 所示。

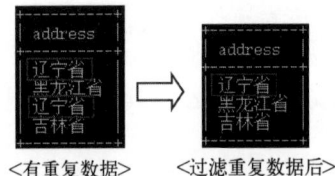

图 22.10　使用 DISTINCT 关键字过滤重复数据

方法二：使用 GROUP BY 读取不重复的数据，代码如下：

```
SELECT address FROM student GROUP BY address;
```

结果如图 22.11 所示。

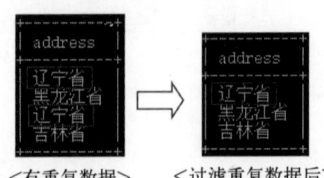

图 22.11　使用 GROUP BY 过滤重复数据

22.3 统计重复数据的数量

实例  student 学生信息表中的学生住址有重复信息，统计重复信息的数量。（实例位置：资源包 \Code\22\06）

向 student 表中插入三条数据，代码如下：

```
INSERT INTO student VALUES(20220822,' 周州 ',18,' 一班 ',' 辽宁省 '),(20220823,' 张雯晴 ',19,' 二班 ',' 辽宁省 '),(20220824,' 刘夏风 ',18,' 一班 ',' 吉林省 ');
```

查询 student 表信息，结果如图 22.12 所示。

no	name	age	class	address
20220817	刘巨锋	18	一班	辽宁省
20220820	张莉	18	二班	黑龙江省
20220821	邓美人	18	三班	辽宁省
20220822	周州	18	一班	辽宁省
20220823	张雯晴	19	二班	辽宁省
20220824	刘夏风	18	一班	吉林省
20220830	邱天	19	一班	吉林省

图 22.12　查询 student 表信息

可以从图 22.12 中看到，address 学生住址列存在重复信息，下面统计重复住址信息的数量，代码如下。

```
SELECT address,count(address) FROM student GROUP BY address HAVING(count(address)>1);
```

结果如图 22.13 所示。

address	count(address)
辽宁省	4
吉林省	2

图 22.13　统计重复信息的数量

一般情况下，统计重复的值的数量，可以进行如下操作：
① 确定哪列包含重复的值；
② 使用 count() 函数统计总数；
③ 在 GROUP BY 子句中列出有重复值的列；
④ 在 HAVING 子句中设置重复数大于 1。

22.4 移除表中的重复数据

如果想要删除表中的重复数据的话，可以将表中不重复的数据存到临时表中，然后删除原表，并将临时表重命名为原表。

实例 22.7 删除 student 学生信息表中的重复学生姓名的数据。（实例位置：资源包 \Code\22\07）
向 student 表中插入有重复姓名的数据，代码如下：

```
INSERT INTO student VALUES(20220825,'邱天 ',19,' 一班 ',' 吉林省 ');
```

查询 student 表信息，如图 22.14 所示。

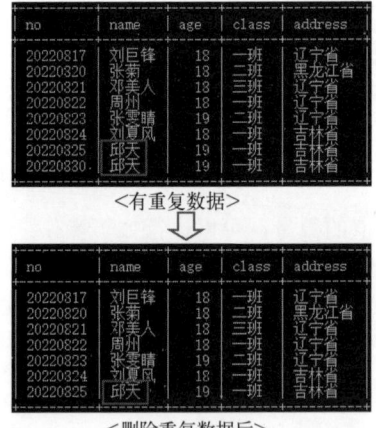

图 22.14　查询 student 表信息

删除 student 学生信息表中的重复学生姓名的数据，步骤如下。
① 将表中的不重复数据存放到新表中，代码如下：

```
CREATE TABLE tmp SELECT * FROM student GROUP BY name;
```

② 删除 student 学生信息表，代码如下：

```
DROP TABLE student;
```

③ 将临时表 tmp 重命名为 student，代码如下：

```
ALTER TABLE tmp RENAME TO student;
```

再来查询 student 表信息，结果如图 22.15 所示。

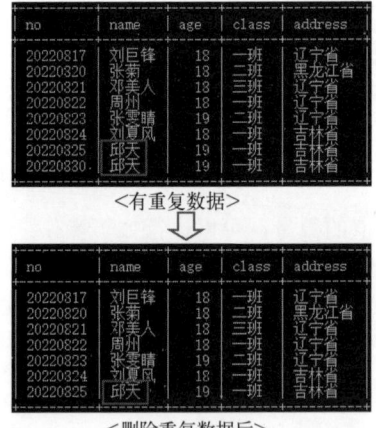

＜有重复数据＞

＜删除重复数据后＞

图 22.15　查询新的 student 表信息

这样 student 表中就没有重复的学生姓名了。

小结

　　本章主要介绍了如何处理数据表中的重复数据，首先要防止表中出现重复数据，
如果出现了重复数据，可以使用 DISTINCT 关键字来过滤；还介绍了如何统计重复
数据的数量和如何删除表中的重复数据。

扫码享受
全方位沉浸式学习

第 3 篇
强化篇

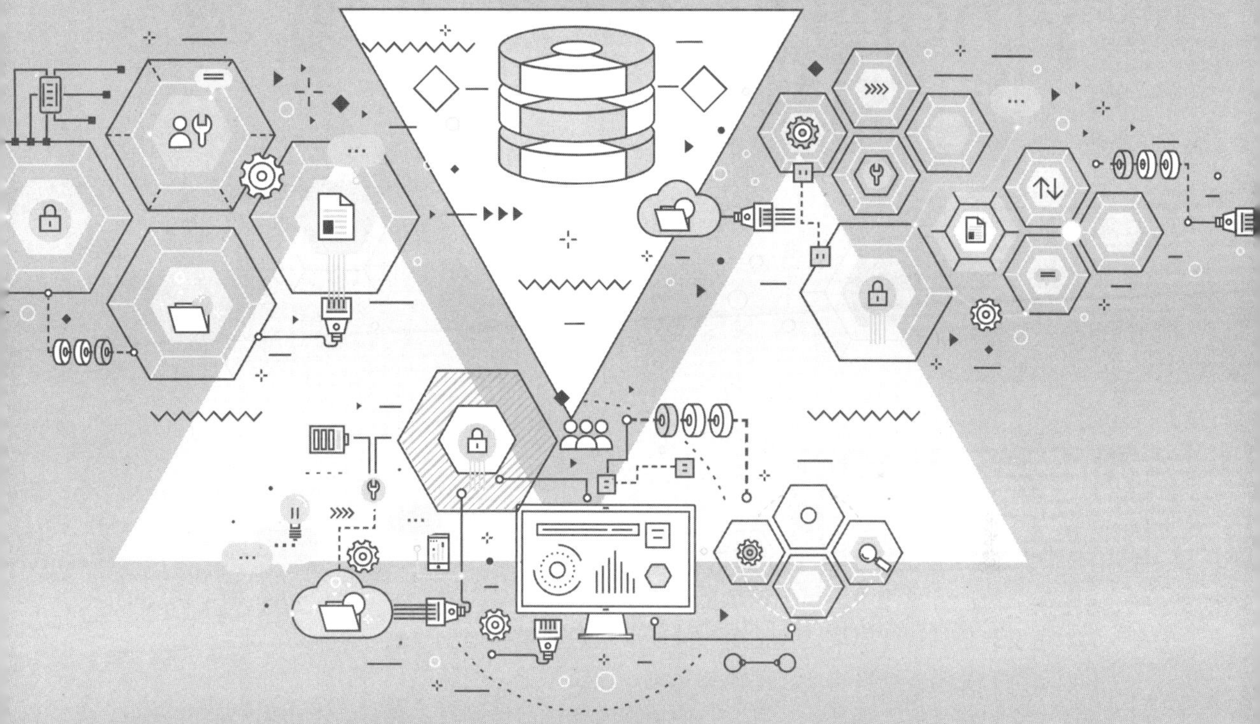

第23章
Python+MySQL 实现
在线学习笔记

扫码享受
全方位沉浸式学习

对于程序员而言，编程技术浩如烟海，新技术又层出不穷，对知识消化吸收并不易遗忘的最佳方式就是记录学习笔记。而程序员又是一个特别的群体，喜欢使用互联网的方式记录笔记，所以，本章带领大家开发一个基于 Flask 的在线学习笔记。

23.1 ▶ 需求分析

在线学习笔记应具备具有以下功能：
① 每个用户可以注册会员，记录自己的学习笔记。
② 完整的会员管理模块，包括用户注册、用户登录和退出登录等功能。
③ 完整的笔记管理模块，包括添加笔记、编辑笔记、删除笔记等。
④ 完善的会员权限管理，只有登录的用户才能访问控制台，并且管理该用户的笔记。
⑤ 响应式布局，用户在 Web 端和移动端都能达到较好的阅读体验。

23.2 ▶ 系统设计

（1）系统功能结构
在线学习笔记的功能结构主要包括两部分：用户管理和笔记管理。详细的功能结构如图 23.1 所示。
（2）系统业务流程
用户访问在线学习笔记项目时，可以使用游客的身份浏览笔记首页以及笔记内容。但是如果需要管理笔记（如添加笔记、编辑笔记等），就必须先注册为网站会员，登录网站后才能执行相应的操作。系统业务流程图如图 23.2 所示。

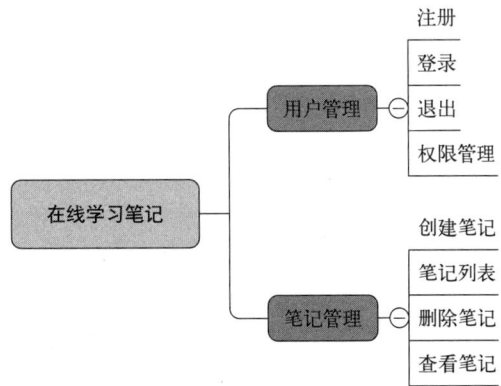

图 23.1　系统功能结构

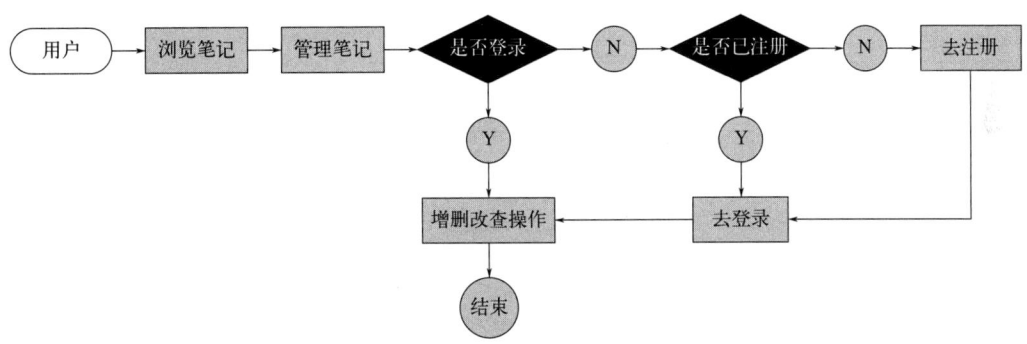

图 23.2　系统业务流程

（3）系统预览

用户首次使用在线学习笔记时，需要注册新用户，效果如图 23.3 所示。注册成功后，页面跳转到登录页，用户输入用户名和密码进行登录，效果如图 23.4 所示。

图 23.3　用户注册　　　　　　　　　图 23.4　用户登录

查看最新笔记运行效果如图 23.5 所示。

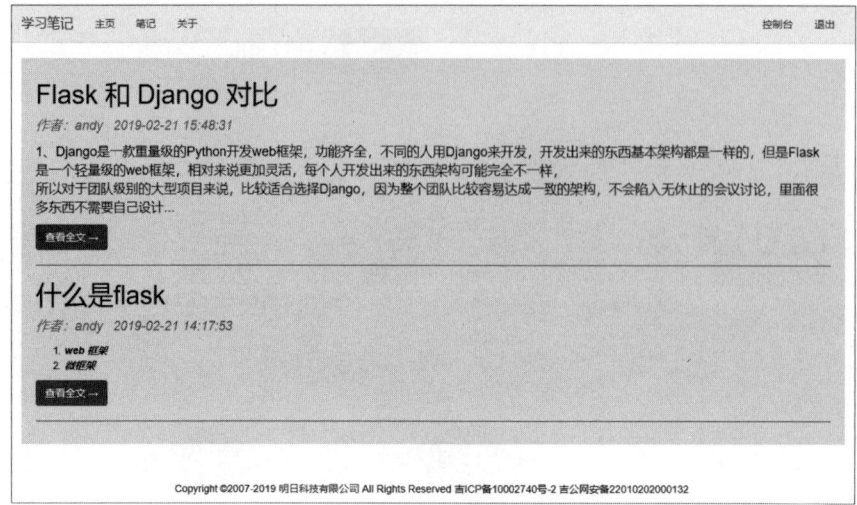

图 23.5 查看最新笔记

查看笔记内容运行效果如图 23.6 所示。

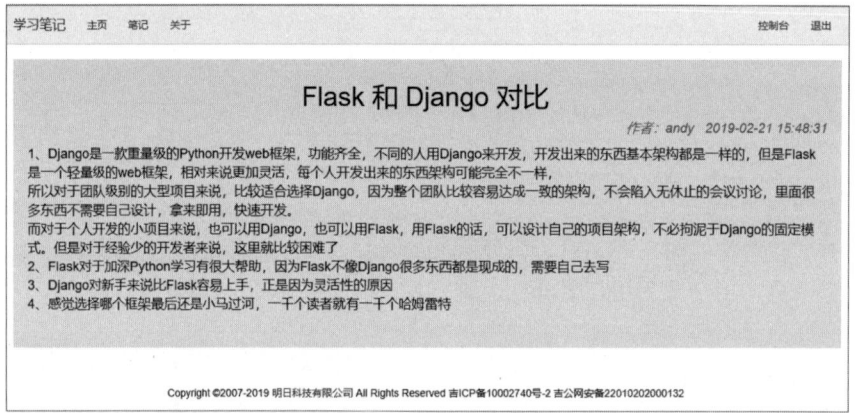

图 23.6 查看笔记内容

控制台管理页面运行效果如图 23.7 所示。

图 23.7 控制台管理页面

23.3　系统开发必备

（1）开发工具准备

本系统的软件开发及运行环境具体如下：

① 操作系统：Windows 7 及以上。

② 开发工具：PyCharm。

③ 数据库：MySQL+PyMySQL 驱动。

④ 第三方模块：WTForms，passlib。

（2）文件夹组织结构

在线学习笔记项目的入口文件为 manage.py，在入口文件中引入所需要的各种包文件，文件组织结构如图 23.8 所示。

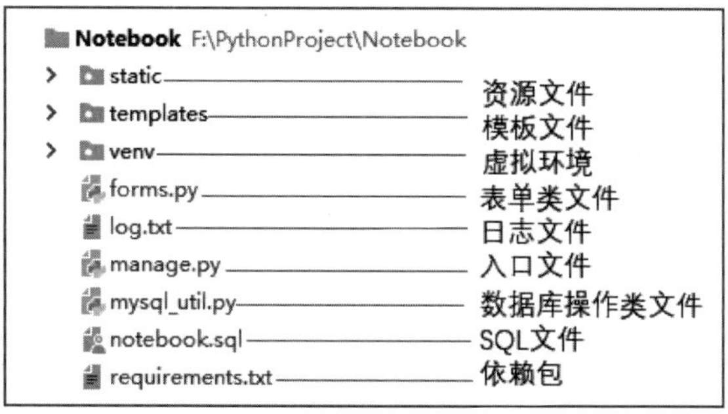

```
Notebook  F:\PythonProject\Notebook
> static ————————————————— 资源文件
> templates ——————————————— 模板文件
> venv ————————————————— 虚拟环境
  forms.py ————————————————— 表单类文件
  log.txt ————————————————— 日志文件
  manage.py ————————————————— 入口文件
  mysql_util.py ——————————————— 数据库操作类文件
  notebook.sql ——————————————— SQL文件
  requirements.txt ————————————— 依赖包
```

图 23.8　项目文件结构

（3）项目使用说明

运行在线学习笔记项目，需要先执行如下步骤：

① 使用 virtualenv 创建一个名为 venv 的虚拟环境，命令如下：

```
virtualenv venv
```

② 启动 venv 虚拟环境，命令如下：

```
venv\Scripts\activate
```

③ 安装依赖包，命令如下：

```
pip install -r requirements.txt
```

④ 创建数据库。创建一个名为 notebook 的数据库，并执行 notebook.sql 中的 SQL 语句创建数据表。

⑤ 运行启动文件。执行如下命令：

```
python manage.py
```

运行成功后，访问 http://127.0.0.1:5000 即可进入在线学习笔记网站。

23.4 技术准备

23.4.1 PyMySQL 模块

由于 MySQL 服务器以独立的进程运行，并通过网络对外服务，因此需要支持 Python 的 MySQL 驱动来连接到 MySQL 服务器。在 Python 中支持 MySQL 的数据库模块有很多，本书中我们选择使用简单方便的 PyMySQL 驱动。

（1）安装 PyMySQL

我们使用 pip 工具来安装 PyMySQL，安装方式非常简单，在 venv 虚拟环境下使用如下命令：

```
pip  install  PyMySQL
```

（2）连接 MySQL

接下来使用 PyMySQL 连接数据库。首先需要导入 PyMySQL 模块，然后使用 PyMSQL 的 connect() 方法来连接数据库。关键代码如下：

```
01 import pymysql
02
03 # 打开数据库连接，参数1：主机名或IP；参数2：用户名；参数3：密码；参数4：数据库名称
04 db = pymysql.connect("localhost", "root", "root", "studyPython")
05 … 省略部分代码
06 # 关闭数据库连接
07 db.close()
```

上述代码中，重点关注 connect() 函数的参数。

```
db = pymysql.connect("localhost", "root", "root", "studyPython")
```

等价于下面的代码：

```
01 connection = pymysql.connect(
02 host='localhost',                    # 主机名
03 user='root',                         # 用户名
04 password='root',                     # 密码
05 db='studyPython'                     # 数据库名称
06 )
```

此外，connect() 函数还有两个常用参数设置：

☑ charset:utf8，用于设置 MySQL 字符集为 UTF-8;

☑ cursorclass: pymysql.cursors.DictCursor，用于设置游标类型为字典类型，默认为元组类型。

（3）PyMySQL 的基本使用

操作 MySQL 的基本流程如下：连接 MySQL →创建游标→执行 SQL 语句→关闭连接。

根据以上流程，我们通过下面的例子来熟悉一下 PyMySQL 的基本使用。代码如下：

```
01 import pymysql
02
03 # 打开数据库连接，参数1：主机名或IP；参数2：用户名；参数3：密码；参数4：数据库名称
```

```
04 db = pymysql.connect("localhost", "root", "root", "studyPython")
05 # 使用 cursor() 方法创建一个游标对象 cursor
06 cursor = db.cursor()
07 # 使用 execute()  方法执行 SQL 查询
08 cursor.execute("SELECT VERSION()")
09 # 使用 fetchone() 方法获取单条数据.
10 data = cursor.fetchone()
11 print ("Database version : %s " % data)
12 # 关闭数据库连接
13 db.close()
```

上述代码中，首先使用 connect() 方法连接数据库，然后使用 cursor() 方法创建游标，接着使用 excute() 方法执行 SQL 语句查看 MySQL 数据库版本，然后使用 fetchone() 方法获取数据，最后使用 close() 方法关闭数据库连接。运行结果如下：

```
Database version : 5.7.21-log
```

23.4.2　WTForms 模块

（1）下载安装

使用 pip 工具下载安装 WTForms 模块的方式比较简单，运行如下命令即可：

```
pip  install  WTForms
```

（2）主要概念

使用 WTForms 前，我们先来了解一下 WTForms 中涉及的几个主要概念，说明如下：

☑ Forms：Forms 类是 WTForms 的核心容器。表单（Forms）表示域（Fields）的集合，域能通过表单的字典形式或者属性形式访问。

☑ Fields：Fields（域）做最繁重的工作。每个域（Field）代表一个数据类型，并且域操作强制表单输入为相应的数据类型。例如，InputRequired 和 StringField 表示两种不同的数据类型。域除了包含的数据之外，还包含大量有用的属性，例如标签、描述、验证错误的列表。

☑ Validators：Validators（验证器）只是接受输入，验证它是否满足某些条件，比如字符串的最大长度，然后返回。或者，如果验证失败，则引发 ValidationError。这个系统非常简单和灵活，允许在字段上链接任意数量的验证器。

☑ Widget：Widget（组件）的工作是渲染域（field）的 HTML 表示。每个域可以指定 Widget 实例，但每个域默认拥有一个合理的 Widget。

☑ CSRF：CSRF（Cross-site request forgery）跨站请求伪造。也被称为 one-click attack 或者 session riding，通常缩写为 CSRF 或者 XSRF，是一种挟制用户在当前已登录的 Web 应用程序上执行非本意的操作的攻击方法。跟跨网站脚本（XSS）相比，XSS 利用的是用户对指定网站的信任，CSRF 利用的是网站对用户网页浏览器的信任。

（3）基本使用

① 创建表单类。代码如下：

```
01 from wtforms import Form, BooleanField, StringField, validators
02
03 class RegisterForm(Form):
04     username     = StringField('Username', [validators.Length(min=4, max=25)])
```

```
05    email        = StringField('Email Address', [validators.Length(min=6, max=35)])
06    accept_rules = BooleanField('I accept the site rules', [validators.InputRequired()])
```

上述代码中，定义了 3 个属性：username、email 和 accept_rules，它们对应着表单中的
3 个字段。我们分别设置了这些字段的类型以及验证规则。例如，username 是字符串类型数
据，它的长度是 4 ~ 25 个字符。

②实例化表单类，验证表单。代码如下：

```
01 @app.route('/register', methods=['GET', 'POST'])
02 def register():
03     form = RegisterForm(request.form) # 实例化表单类
04     if request.method == 'POST' and form.validate(): # 如果提交表单，并字段验证通过
05         # 获取字段内容
06         email = form.email.data
07         username = form.username.data
08         accept_rules = form.accept.data
09         # 省略其余代码
10     return render_template('register.html', form=form) # 渲染模板
```

上述代码中，我们使用 form.validate() 函数来验证表单。如果用户填写的表单内容全部
满足 RegisterForm 中 validators 设置的规则，结果返回 True，否则返回 False。此外，使用
form.email.data 来获取表单中用户填写的 email 值。

③模板中渲染域。创建 register.html 文件关键代码如下：

```
01 <form method="POST" action="/login">
02     <div>{{ form.email.label }}: {{ form.email() }}</div>
03 <div>{{ form.username.label }}: {{ form.username() }}</div>
04     <div>{{ form. accept_rules.label }}: {{ form. accept_rules() }}</div>
05 </form>
```

上述代码中，使用 form.username.label 来获取 RegisterForm 类的 username 的名称，使用
form.username 来获取表单中的 username 域信息。

23.5 数据库设计

23.5.1 数据库概要说明

本项目采用 MySQL 数据库，数据库名称为 notebook。读者可以使用 MySQL 命令行方
式或 MySQL 可视化管理工具（如 Navicat）创建数据库。使用命令行方式如下：

```
CREATE DATABASE notebook default character set utf8;
```

23.5.2 创建数据表

本项目中主要涉及用户和笔记两部分，所以在 notebook 数据库创建 2 个表，数据表名称
及作用如下：

☑ users：用户表，用户存储用户信息。
☑ articles：笔记表，用户存储笔记信息。

创建这两个数据表的 SQL 语句如下：

```
01 DROP TABLE IF EXISTS 'users';
02 CREATE TABLE 'users' (
03   'id' int(8) NOT NULL AUTO_INCREMENT,
04   'username' varchar(255) DEFAULT NULL,
05   'email' varchar(255) DEFAULT NULL,
06   'password' varchar(255) DEFAULT NULL,
07   PRIMARY KEY ('id')
08 ) ENGINE=InnoDB DEFAULT CHARSET=utf8;
09
10 DROP TABLE IF EXISTS 'articles';
11 CREATE TABLE 'articles' (
12   'id' int(8) NOT NULL AUTO_INCREMENT,
13   'title' varchar(255) DEFAULT NULL,
14   'content' text,
15   'author' varchar(255) DEFAULT NULL,
16   'create_date' datetime DEFAULT NULL,
17   PRIMARY KEY ('id')
18 ) ENGINE=InnoDB DEFAULT CHARSET=utf8;
```

读者可以在 MySQL 命令行下或 MySQL 可视化管理工具（如 Navicat）下执行上述 SQL 语句创建数据表。创建完成后，users 表数据结构如图 23.9 所示。articles 表数据结构如图 23.10 所示。

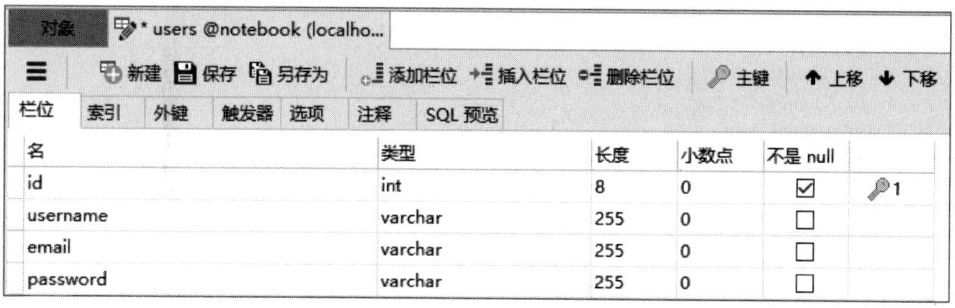

图 23.9　users 表数据结构

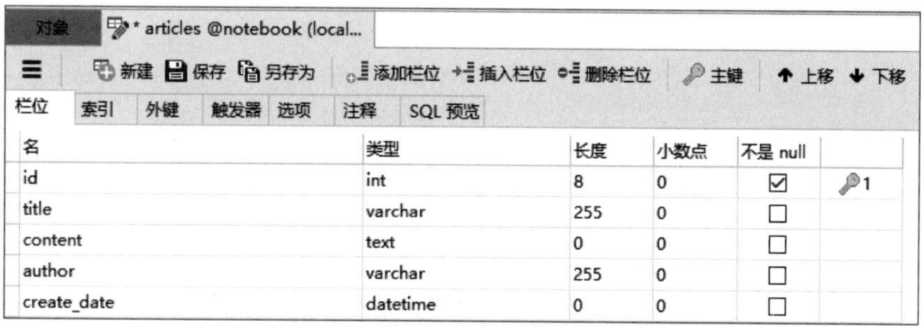

图 23.10　articles 表数据结构

23.5.3　数据库操作类

在本项目中使用 PyMySQL 来驱动数据库，并实现对笔记的增删改查功能。每次执行数据表操作时都需要遵循如下流程：连接数据库→执行 SQL 语句→关闭数据库。

为了复用代码，我们单独创建一个 mysql_uitl.py 文件，文件中包含一个 MysqlUtil 类，用于实现基本的增删改查方法。代码如下：

源码位置：资源包 \Code\23\NoteBook\mysql_util.py

```
01  import pymysql    # 引入 pymysql 模块
02  import traceback  # 引入 python 中的 traceback 模块，跟踪错误
03  import sys         # 引入 sys 模块
04
05  class MysqlUtil():
06      def __init__(self):
07          '''
08              初始化方法，连接数据库
09          '''
10          host = '127.0.0.1'      # 主机名
11          user = 'root'           # 数据库用户名
12          password = 'root'       # 数据库密码
13          database = 'notebook'   # 数据库名称
14          self.db = pymysql.connect(host=host,user=user,password=password,db=database) # 建立
连接
15          self.cursor = self.db.cursor(cursor=pymysql.cursors.DictCursor) # 设置游标，并将
游标设置为字典类型
16
17      def insert(self, sql):
18          '''
19              插入数据库
20              sql: 插入数据库的 sql 语句
21          '''
22          try:
23              # 执行 sql 语句
24              self.cursor.execute(sql)
25              # 提交到数据库执行
26              self.db.commit()
27          except Exception:   # 方法一：捕获所有异常
28              # 如果发生异常，则回滚
29              print(" 发生异常 ", Exception)
30              self.db.rollback()
31          finally:
32              # 最终关闭数据库连接
33              self.db.close()
34
35      def fetchone(self, sql):
36          '''
37              查询数据库：单个结果集
38              fetchone(): 该方法获取下一个查询结果集。结果集是一个对象
39          '''
40          try:
41              # 执行 sql 语句
42              self.cursor.execute(sql)
43              result = self.cursor.fetchone()
44          except:  # 方法二：采用 traceback 模块查看异常
45              # 输出异常信息
46              traceback.print_exc()
47              # 如果发生异常，则回滚
48              self.db.rollback()
49          finally:
50              # 最终关闭数据库连接
51              self.db.close()
52          return result
53
54      def fetchall(self, sql):
55          '''
56              查询数据库：多个结果集
```

```
57              fetchall(): 接收全部的返回结果行
58          '''
59          try:
60              # 执行 sql 语句
61              self.cursor.execute(sql)
62              results = self.cursor.fetchall()
63          except:  # 方法三：采用 sys 模块回溯最后的异常
64              # 输出异常信息
65              info = sys.exc_info()
66              print(info[0], ":", info[1])
67              # 如果发生异常，则回滚
68              self.db.rollback()
69          finally:
70              # 最终关闭数据库连接
71              self.db.close()
72          return results
73
74      def delete(self, sql):
75          '''
76              删除结果集
77          '''
78          try:
79              # 执行 sql 语句
80              self.cursor.execute(sql)
81              self.db.commit()
82          except:  # 把这些异常保存到一个日志文件中，来分析这些异常
83              # 将错误日志输入到目录文件中
84              f = open("\log.txt", 'a')
85              traceback.print_exc(file=f)
86              f.flush()
87              f.close()
88              # 如果发生异常，则回滚
89              self.db.rollback()
90          finally:
91              # 最终关闭数据库连接
92              self.db.close()
93
94      def update(self, sql):
95          '''
96              更新结果集
97          '''
98          try:
99              # 执行 sql 语句
100             self.cursor.execute(sql)
101             self.db.commit()
102         except:
103             # 如果发生异常，则回滚
104             self.db.rollback()
105         finally:
106             # 最终关闭数据库连接
107             self.db.close()
```

在使用 MysqlUtil 类时，我们只需要引入 MysqlUtil 类，实例化该类，并调用相应方法即可。

23.6 用户模块设计

用户模块主要包括 4 部分功能：用户注册、用户登录、退出登录和用户权限管理。这里

的用户权限管理是指只有登录后用户才能访问某些页面（如控制台）。下面来分别介绍一下每个功能的实现。

23.6.1 用户注册功能实现

用户注册模块主要用于实现在线学习笔记的注册新用户功能。在该页面中，需要填写用户名、邮箱、密码和确认密码。如果没有输入用户名、邮箱、密码或者确认密码，系统都将给予错误提示。此外，如果填写的格式错误也将给予错误提示。登录流程如图 23.11 所示。

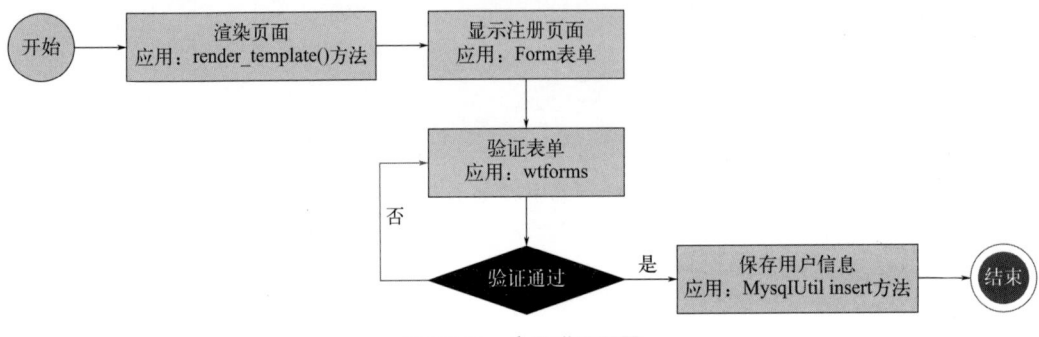

图 23.11 会员登录页面

（1）创建注册路由

首先，需要创建用户注册的路由。在 manage.py 这个入口文件中，创建一个名为 app 的 Flask 实例，然后调用 app.route() 函数创建路由，关键代码如下：

源码位置：资源包 \Code\23\NoteBook\manage.py

```
01 app = Flask(__name__) # 创建应用
02 # 用户注册
03 @app.route('/register', methods=['GET', 'POST'])
04 def register():
05     form = RegisterForm(request.form) # 实例化表单类
06
07     # 省略部分代码
08     return render_template('register.html', form=form) # 渲染模板
```

在上述代码中，@app.route() 函数第一个参数为 "/register" 是对应的 URL 的 path 部分；第二个参数 methods 是请求方式，这里使用列表接受 "GET" 和 "POST" 两种方式。接下来，在 register() 函数中实例化 RegisterForm 类，并使用 render_template() 函数渲染模板。

（2）创建模板文件

render_template() 函数默认查找的模板文件路径为 "/templates/"，所以，需要在该路径下创建 register.html 模板文件。代码如下：

源码位置：资源包 \Code\23\NoteBook\templates\register.html

```
01 {% extends 'layout.html' %}
02
03 {% block body %}
04 <div class="content">
05   <h1 class="title-center"> 用户注册 </h1>
06   {% from "includes/_formhelpers.html" import render_field %}
07   <form method="POST" action="">
```

```
08      <div class="form-group">
09          {{render_field(form.email, class_="form-control")}}
10      </div>
11      <div class="form-group">
12          {{render_field(form.username, class_="form-control")}}
13      </div>
14      <div class="form-group">
15          {{render_field(form.password, class_="form-control")}}
16      </div>
17      <div class="form-group">
18          {{render_field(form.confirm, class_="form-control")}}
19      </div>
20      <p><input type="submit" class="btn btn-primary" value=" 注册 "></p>
21  </form>
22 </div>
23 {% endblock %}
```

在上述代码中，使用了 extends 标签来引入公共文件 layout.html，该文件包含了网站模板的基础框架，也称为父模板。网站页面包含很多通用的部分，如导航栏和底部信息等，将这些通用信息写入父模板，然后，使每个页面继承通用信息，并使用 block 标签来覆盖特有的信息，这样就简化了代码，达到了代码复用的目的。

此外，使用 WTForm 模块的 render_filed() 函数来渲染表单中的字段。render_filed() 函数第一个参数是 form 类的属性，该 form 类是通过使用 render_tempalte() 函数传递过来的，也就是 RegisterForm 类。第二个参数 "_class" 是模板中 class 名称。

（3）实现注册功能

在 register.html 注册页面中，form 表单的 action 属性值为空，即表示当用户单击"注册"按钮时，表单提交到当前页面。所以，需要在 manage.py 文件的 register() 函数中继续编写提交表单的代码。

register() 函数的完整代码如下：

源码位置：资源包 \Code\23\NoteBook\manage.py

```
01 # 用户注册
02 @app.route('/register', methods=['GET', 'POST'])
03 def register():
04     form = RegisterForm(request.form) # 实例化表单类
05     if request.method == 'POST' and form.validate(): # 如果提交表单，且字段验证通过
06         # 获取字段内容
07         email = form.email.data
08         username = form.username.data
09         password = sha256_crypt.encrypt(str(form.password.data)) # 对密码进行加密
10         db = MysqlUtil() # 实例化数据库操作类
11         sql = "INSERT INTO users(email,username,password) \
12                 VALUES ('%s', '%s', '%s')" % (email,username,password) # user 表中插入记录
13         db.insert(sql)
14         flash(' 您已注册成功, 请先登录 ', 'success') # 闪存信息
15         return redirect(url_for('login')) # 跳转到登录页面
16     return render_template('register.html', form=form) # 渲染模板
```

上述代码的 if 语句中，先通过 reques.method 等于 "POST" 来判断用户是否提交了表单。如果用户已经提交表单，接着使用 form.validate() 判断是否通过 RegisterForm 类的全部验证规则。两个条件同时满足，然后获取用户提交的注册信息，并对密码进行加密。接下来，实

例化 MysqlUtil 类，将用户信息写入到 users 表。最后，跳转到登录页面，并使用 flash 闪存注册成功信息。如果用户没有提交表单或是字段验证失败，则执行 render_template() 函数显示注册页面。

用户注册失败的页面效果如图 23.12 所示，注册成功的页面效果如图 23.13 所示。

图 23.12　用户注册失败

图 23.13　用户注册成功

23.6.2　用户登录功能实现

用户登录功能主要用于实现网站的会员登录。用户需要填写正确的用户名和密码，单击"登录"按钮，即可实现会员登录。如果没有输入用户名或者密码，都将给予错误提示。另外，输入用户名和密码长度错误也将给予错误提示。登录流程如图 23.14 所示。

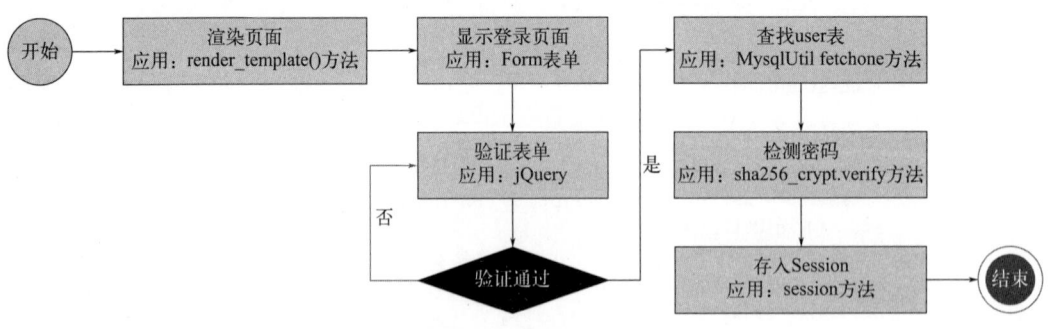

图 23.14　用户登录流程

（1）创建模板文件

在"/templates/"路径下创建 login.html 模板文件。由于登录页面表单比较简单，只有 2 个字段，因此这里没有使用 wtform 类对于字段的验证，而是直接通过 jQuery 来实现，具体代码如下：

源码位置：资源包 \Code\23\NoteBook\templates\login.html

```
01 {% extends 'layout.html' %}
02
03 {% block body %}
04 <div class="content">
05   <h1 class="title-center">用户登录</h1>
06   <form action="" method="POST" onsubmit="return checkLogin()">
07     <div class="form-group">
08       <label>用户名</label>
09       <input type="text" name="username" class="form-control" value={{request.form.
username}}>
10     </div>
11     <div class="form-group">
12       <label>密码</label>
13       <input type="password" name="password" class="form-control" value="">
14     </div>
15     <button type="submit" class="btn btn-primary">登录</button>
16   </form>
17 </div>
18
19 <script>
20   function checkLogin(){
21       var username = $("input[name='username']").val()
22       var password = $("input[name='password']").val()
23       // 检测用户名长度
24       if ( username.length < 2  || username.length > 25){
25         alert('用户名长度在 2～25 个字符之间 ')
26         return false;
27       }
28       // 检测密码长度
29       if ( username.length < 2  || username.length > 25){
30         alert('密码长度在 6～20 个字符之间 ')
31         return false;
32       }
33   }
34 </script>
35
36 {% endblock %}
```

上述代码中，由于需要对用户名、密码长度进行验证，因此在 Form 表单中设置 onsubmit 属性验证表单。当单击"登录"按钮时，调用 checkLogin() 函数。如果 checkLogin() 函数返回 false，则表示验证没有通过，不进行表单的提交，否则正常提交表单。

（2）实现登录功能

当用户填写登录信息后，还需要验证用户名是否存在，以及用户名和密码是否匹配等内容。如果验证全部通过，需要将登录标识和 username 写入到 session 中，为后面判断用户是否登录做准备。此外，我们还需要在用户访问 "/login" 路由时判断用户是否已经登录，如果用户之前已经登录过，则不需要再次登录，而是直接跳转到控制台。具体代码如下：

源码位置：资源包 \Code\23\NoteBook\manage.py

```
01 # 用户登录
02 @app.route('/login', methods=['GET', 'POST'])
03 def login():
04     if "logged_in" in session:  # 如果已经登录，则直接跳转到控制台
05         return redirect(url_for("dashboard"))
06
```

```
07        if request.method == 'POST': # 如果提交表单
08            # 从表单中获取字段
09            username = request.form['username']
10            password_candidate = request.form['password']
11            sql = "SELECT * FROM users  WHERE username = '%s'" % (username) # 根据用户名查找
user 表中记录
12            db = MysqlUtil() # 实例化数据库操作类
13            result = db.fetchone(sql) # 获取一条记录
14            if result : # 如果查到记录
15                password = result['password']  # 用户填写的密码
16                # 对比用户填写的密码和数据库中记录的密码是否一致
17                if sha256_crypt.verify(password_candidate, password): # 调用 verify 方法验证，
如果为真，验证通过
18                    # 写入 session
19                    session['logged_in'] = True
20                    session['username'] = username
21                    flash(' 登录成功！ ', 'success') # 闪存信息
22                    return redirect(url_for('dashboard')) # 跳转到控制台
23                else:  # 如果密码错误
24                    error = ' 用户名和密码不匹配 '
25                    return render_template('login.html', error=error)# 跳转到登录页，并提示错误信息
26            else:
27                error = ' 用户名不存在 '
28                return render_template('login.html', error=error)
29    return render_template('login.html')
```

上述代码中，先来判断 logged_in（登录标识）是否存在于 session 中。如果存在，则说明用户已经登录，直接跳转到控制台。如果不存在，后续判断如果用户名和密码都正确时，通过 session['logged_in'] 等于 True 语句将 logged_in 标识存入 session，方便下次使用。

此外，还需要注意的是在判断用户提交的密码和数据库中的密码是否匹配时，使用 sha256_crypt.verify() 进行判断。verify() 方法第一个参数是用户输入的密码，第二个参数是数据库中加密后的密码，如果返回 True，则表示密码相同，否则密码不同。

登录时用户名不存在页面效果如图 23.15 所示，用户名和密码不匹配的页面效果如图 23.16 所示，登录成功的页面效果如图 23.17 所示。

图 23.15　用户名不存在

图 23.16　用户名和密码不匹配

图 23.17　用户登录成功

23.6.3　退出登录功能实现

退出功能的实现比较简单，只是清空登录时 session 中的值即可。使用 session.clear() 函数来实现该功能。具体代码如下：

源码位置：资源包 \Code\23\NoteBook\manage.py

```
01 # 退出
02 @app.route('/logout')
03 @is_logged_in
04 def logout():
05     session.clear()
06     flash(' 您已成功退出 ', 'success')   # 闪存信息
07     return redirect(url_for('login')) # 跳转到登录页面
```

退出成功后，页面跳转到登录页。运行效果如图 23.18 所示。

图 23.18　退出登录页面效果

23.6.4 用户权限管理功能实现

在线读书笔记项目中，需要用户登录后才能访问的路由及说明如下：

☑ "/dashboard"：控制台。

☑ "/add_article"：添加笔记。

☑ "/edit_article"：编辑笔记。

☑ "/delete_article"：删除笔记。

☑ "/logout"：退出登录。

对于这些路由，可以在每一个方法中都添加如下的代码：

```
01 if 'logged_in' not in session:        # 如果用户没有登录
02     return redirect(url_for('login'))  # 跳转到登录页面
```

如果需要用户登录才能访问的页面很多，显然这种方式不够优雅。在此，我们可以使用装饰器的方式来简化代码。在 manage.py 文件中实现一个 is_logged_in 装饰器。代码如下：

源码位置：资源包 \Code\23\NoteBook\manage.py

```
01 # 如果用户已经登录
02 def is_logged_in(f):
03     @wraps(f)
04     def wrap(*args, **kwargs):
05         if 'logged_in' in session:           # 判断用户是否登录
06             return f(*args, **kwargs)          # 如果登录，继续执行被装饰的函数
07         else:                                 # 如果没有登录，提示无权访问
08             flash(' 无权访问，请先登录 ', 'danger')
09             return redirect(url_for('login'))
10     return wrap
```

定义完装饰器以后，我们就可以为需要用户登录的函数添加装饰器。例如，可以为 dashborad() 函数添加装饰器，关键代码如下：

源码位置：资源包 \Code\23\NoteBook\manage.py

```
01 @app.route('/dashboard')
02 @is_logged_in
03 def dashboard():
04     Pass
```

通过使用装饰器的方式，当执行 dashboard() 函数时，会优先执行 is_logged_in() 函数判断用户是否登录。如果用户没有登录，在浏览器中直接访问"/dashboard"，运行结果如图 23.19 所示。

图 23.19　未登录提示无权访问

23.7 ▶ 笔记模块设计

笔记模块主要包括 4 部分功能：笔记列表、添加笔记、编辑笔记和删除笔记。用户必须登录后才能执行相应的操作，所以在每一个方法前添加 @is_logged_in 装饰器来判断用户是否登录，如果没有登录，则跳转到登录页面。下面来分别介绍一下每个功能的实现。

23.7.1　笔记列表功能实现

在控制台的笔记列表页面中，需要展示该用户的所有笔记信息。实现该功能的代码如下：

源码位置：资源包 \Code\23\NoteBook\manage.py

```
01 # 控制台
02 @app.route('/dashboard')
03 @is_logged_in
04 def dashboard():
05     db = MysqlUtil() # 实例化数据库操作类
06     sql = "SELECT * FROM articles WHERE author = '%s' ORDER BY create_date DESC" %
(session['username']) # 根据用户名查找用户笔记信息，并根据时间降序排序
07     result = db.fetchall(sql) # 查找所有笔记
08     if result: # 如果笔记存在，赋值给 articles 变量
09         return render_template('dashboard.html', articles=result)
10     else:       # 如果笔记不存在，提示暂无笔记
11         msg = ' 暂无笔记信息 '
12         return render_template('dashboard.html', msg=msg)
```

在上述代码中，需要注意的地方就是使用 session 函数来获取用户名。如果用户登录成功，我们使用 session['username'] = username 将 username 存入 session。所以，此时可以使用 session('username') 来获取用户姓名。

接下来，使用 render_template() 函数渲染模板文件。关键代码如下：

源码位置：资源包 \Code\23\NoteBook\templates\dashboard.html

```
01 {% for article in articles %}
02   <tr>
03     <td>{{article.id}}</td>
04     <td>{{article.title}}</td>
05     <td>{{article.author}}</td>
06     <td>{{article.create_date}}</td>
07     <td><a href="edit_article/{{article.id}}" class="btn btn-default pull-right">Edit
</a></td>
08     <td>
09       <form action="{{url_for('delete_article', id=article.id)}}" method="post">
10         <input type="hidden" name="_method" value="DELETE">
11         <input type="submit" value="Delete" class="btn btn-danger">
12       </form>
13     </td>
14   </tr>
15 {% endfor %}
```

上述代码中，articles 变量表示所有笔记对象，通过使用 for 标签来遍历每一个笔记对象。运行效果如图 23.20 所示。

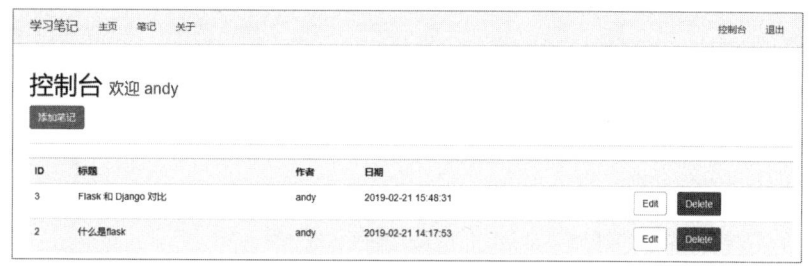

图 23.20　笔记列表页面

23.7.2　添加笔记功能实现

在控制台列表页面单击"添加笔记"按钮，即可进入添加笔记页面。在该页面中，用户需要填写笔记标题和笔记内容。实现该功能的关键代码如下：

源码位置：资源包 \Code\23\NoteBook\manage.py

```
01 # 添加笔记
02 @app.route('/add_article', methods=['GET', 'POST'])
03 @is_logged_in
04 def add_article():
05     form = ArticleForm(request.form) # 实例化 ArticleForm 表单类
06     if request.method == 'POST' and form.validate(): # 如果用户提交表单，并且表单验证通过
07         # 获取表单字段内容
08         title = form.title.data
09         content = form.content.data
10         author = session['username']
11         create_date = time.strftime("%Y-%m-%d %H:%M:%S", time.localtime())
12         db = MysqlUtil() # 实例化数据库操作类
13         sql = "INSERT INTO articles(title,content,author,create_date) \
14                 VALUES ('%s', '%s', '%s','%s')" % (title,content,author,create_date) #
插入数据的 SQL 语句
15         db.insert(sql)
16         flash(' 创建成功 ', 'success') # 闪存信息
17         return redirect(url_for('dashboard'))          # 跳转到控制台
18     return render_template('add_article.html', form=form)  # 渲染模板
```

上述代码中，接收表单的字段只包含标题和内容，此外，还需要使用 session() 函数来获取用户名，使用 time 模块来获取当前时间。

在填写笔记内容时，我们使用了 CKEditor 编辑器替换普通的 Text 文本框。CKEditor 编辑器和普通的 textarea 文本框对比效果如图 23.21 所示。

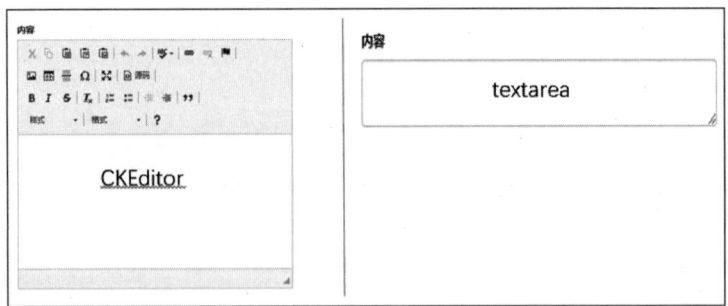

图 23.21　CKEditor 和 textarea 效果对比

在 add_article.html 模板中使用 CKEditor 的关键代码如下：

源码位置：资源包 \Code\23\NoteBook\templates\add_article.html

```
01 {% block body %}
02   <h1> 添加笔记 </h1>
03   {% from "includes/_formhelpers.html" import render_field %}
04   <form method="POST" action="">
05     <div class="form-group">
06       {{ render_field(form.title, class_="form-control") }}
07     </div>
08     <div class="form-group">
```

```
09          {{ render_field(form.content, class_="form-control content-text", id="editor") }}
10      </div>
11      <p><input class="btn btn-primary" type="submit" value=" 提交 ">
12  </form>
13
14      <script src="//cdn.ckeditor.com/4.11.2/standard/ckeditor.js"></script>
15      <script type="text/javascript">
16          CKEDITOR.replace( 'editor')
17      </script>
18 {% endblock %}
```

上述代码中，首先在 Form 表单的文本域中设置 id="editor"，然后引入 ckeditor.js，最后在 JavaScript 中使用 CKEDITOR.replace( ) 函数关联。replace 函数的参数就是表单中文本域字段的 ID 值。

添加笔记的运行效果如图 23.22 所示。

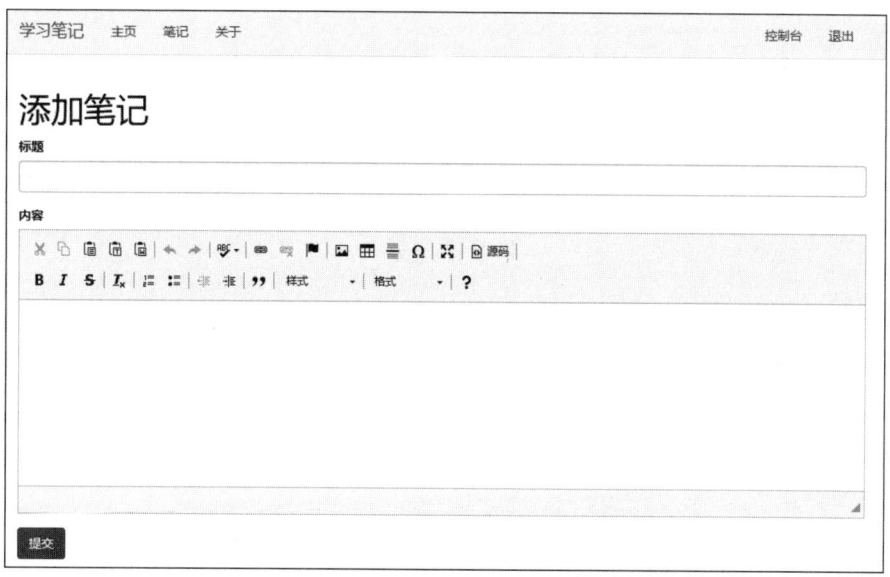

图 23.22　添加笔记

23.7.3　编辑笔记功能实现

在控制台列表中，单击笔记标题右侧的"Edit"按钮，即可根据笔记的 ID 进入该笔记的编辑页面。编辑页面和新增页面类似，只是编辑页面需要展示被编辑笔记的标题和内容。实现该功能的关键代码如下：

源码位置：资源包 \Code\23\NoteBook\manage.py

```
01 # 编辑笔记
02 @app.route('/edit_article/<string:id>', methods=['GET', 'POST'])
03 @is_logged_in
04 def edit_article(id):
05     db = MysqlUtil()  # 实例化数据库操作类
06     fetch_sql = "SELECT * FROM articles WHERE id = '%s' and author = '%s'" %
(id,session['username']) # 根据笔记 ID 查找笔记信息
07     article = db.fetchone(fetch_sql) # 查找一条记录
```

3 第3篇
强化篇

```
08      # 检测笔记不存在的情况
09      if not article:
10          flash('ID 错误', 'danger') # 闪存信息
11          return redirect(url_for('dashboard'))
12      # 获取表单
13      form = ArticleForm(request.form)
14      if request.method == 'POST' and form.validate(): # 如果用户提交表单，并且表单验证通过
15          # 获取表单字段内容
16          title = request.form['title']
17          content = request.form['content']
18          update_sql = "UPDATE articles SET title='%s', content='%s' WHERE id='%s' and
author = '%s'" % (title, content, id,session['username'])
19          db = MysqlUtil() # 实例化数据库操作类
20          db.update(update_sql) # 更新数据的 SQL 语句
21          flash('更改成功', 'success') # 闪存信息
22          return redirect(url_for('dashboard')) # 跳转到控制台
23
24      # 从数据库中获取表单字段的值
25      form.title.data = article['title']
26      form.content.data = article['content']
27      return render_template('edit_article.html', form=form) # 渲染模板
```

上述代码中，首先根据笔记的 ID 查找 articles 表中笔记的信息。如果 articles 表中没有此 ID，则提示错误信息。接下来，判断用户是否提交表单，并且表单验证通过。如果同时满足以上 2 个条件，则修改该 ID 的笔记信息，并跳转到控制台。否则，获取笔记信息后渲染模板。

编辑笔记的运行效果如图 23.23 所示。

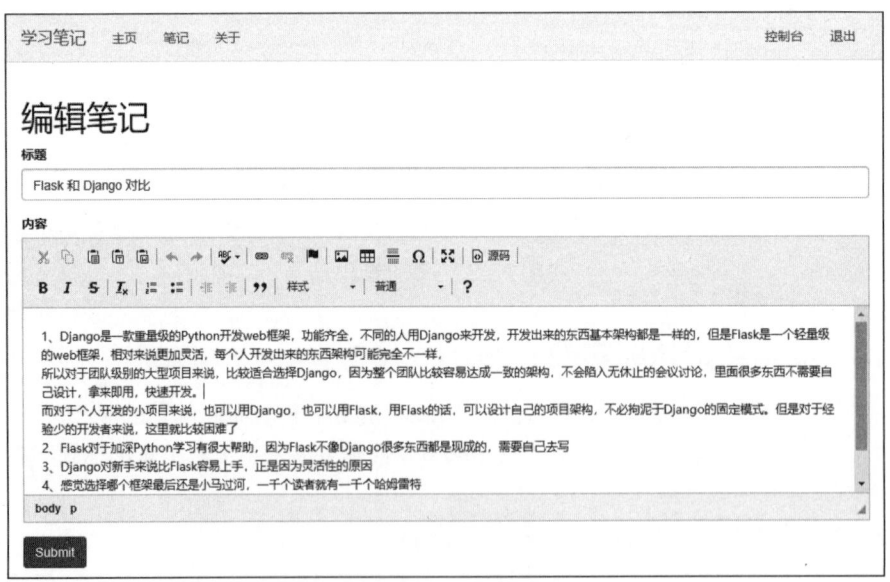

图 23.23　编辑笔记

23.7.4　删除笔记功能实现

在控制台列表中，单击笔记标题右侧的"Delete"按钮，即可根据笔记 ID 删除该笔记。删除成功后，页面跳转到控制台。实现该功能的关键代码如下：

300

源码位置：资源包 \Code\23\NoteBook\manage.py

```
01 # 删除笔记
02 @app.route('/delete_article/<string:id>', methods=['POST'])
03 @is_logged_in
04 def delete_article(id):
05     db = MysqlUtil() # 实例化数据库操作类
06     sql = "DELETE FROM articles WHERE id = '%s' and author = '%s'" %
(id,session['username']) # 执行删除笔记的 SQL 语句
07     db.delete(sql) # 删除数据库
08     flash(' 删除成功 ', 'success') # 闪存信息
09     return redirect(url_for('dashboard')) # 跳转到控制台
```

上述代码中，执行删除的 SQL 语句一定要添加 WHERE id 限定条件，否则，将删除所有笔记。

小结　　本章主要使用 Python 和 MySQL 开发一个在线学习笔记的网站。在该项目中，我们首先介绍网站的用户模块，主要包括用户注册、登录、退出登录和权限管理功能。接下来，介绍笔记模块的增删改查功能。本项目中使用了很多开发中常用的模块和方法，例如，使用 WTFomrs 模块验证表单，使用 passlib 模块对密码加密，使用装饰器判断用户是否登录等。通过本章的学习，希望读者能够了解 Flask 开发流程并掌握 Web 开发中常用的模块。

第 24 章
Struts 2 + Spring + Hibernate + MySQL
实现网络商城

扫码享受
全方位沉浸式学习

　　喜欢网上购物的读者一定登录过淘宝，也一定被网页上琳琅满目的商品所吸引，忍不住拍一个自己喜爱的商品。如今也有越来越多的人加入到网购的行列，做网上店铺的老板，做新时代的购物潮人，你是否也想过开发一个自己的网上商城？下面我们将一起进入天下淘网络商城开发的旅程。

24.1 ▶ 开发背景

　　随着 Internet 的迅速崛起，互联网用户的爆炸式增长以及互联网对传统行业的冲击让其成为人们快速获取、发布和传递信息的重要渠道，于是电子商务逐渐流行起来，越来越多的商家在网上建起网上商城，向消费者展示出一种全新的购物理念，同时也有越来越多的网友加入到了网上购物的行列。阿里巴巴旗下的淘宝的成功，展现了电子商务网站强大的生命力和更加光明的未来。

　　笔者充分利用 Internet 平台，实现一种全新的购物方式——网上购物，其目的是方便广大网友购物，让网友足不出户就可以逛商城买商品，为此构建天下淘商城系统。

24.2 ▶ 需求分析

　　天下淘商城系统是基于 B/S 模式的电子商务网站，用于满足不同人群的购物需求。笔者通过对现有的商务网站的考察和研究，从经营者和消费者的角度出发，以高效管理、满足消费者需求为原则，要求本系统满足以下要求：

　　① 统一友好的操作界面，具有良好的用户体验；

② 商品分类详尽，可按不同类别查看商品信息；

③ 推荐产品、人气商品以及热销产品的展示；

④ 会员信息的注册及验证；

⑤ 用户可通过关键字搜索指定的产品信息；

⑥ 用户可通过购物车一次购买多件商品；

⑦ 实现收银台的功能，用户选择商品后可以在线提交订单；

⑧ 提供简单的安全模型，用户必须先登录，才允许购买商品；

⑨ 用户可查看自己的订单信息；

⑩ 设计网站后台，管理网站的各项基本数据；

⑪ 系统运行安全稳定、响应及时。

24.3　系统设计

24.3.1　功能结构

　　天下淘商城系统分为前台和后台两个部分的操作。前台主要有两大功能，分别是展示产品信息的各种浏览操作和会员用户购买商品的操作，当会员成功登录后，就可以使用购物车进行网上购物。天下淘商城前台功能结构图如图 24.1 所示。

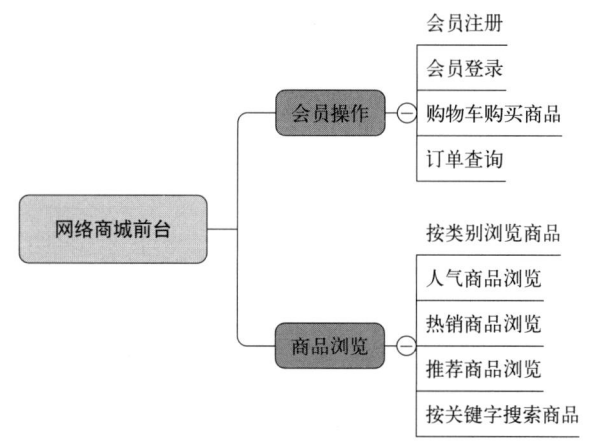

图 24.1　天下淘商城系统前台功能结构图

　　后台的主要功能是当管理员成功登录后台后，用户可以对网站的基本信息进行维护。例如，管理员可以对商品的类别进行管理，删除和添加产品的类别；可以对商品信息进行维护，添加、删除、修改和查询产品信息，并上传产品的相关图片；可以对会员的订单进行集中管理，管理员可以对订单信息进行自定义的条件查询并修改制定的产品信息。天下淘商城系统后台功能结构如图 24.2 所示。

24.3.2　系统流程图

　　在天下淘商城中只有会员才允许进行购物操作，所以初次登录网站的游客如果想进行购物操作，必须注册为天下淘商城的会员。成功注册为会员后，会员可以使用购物车选择自己

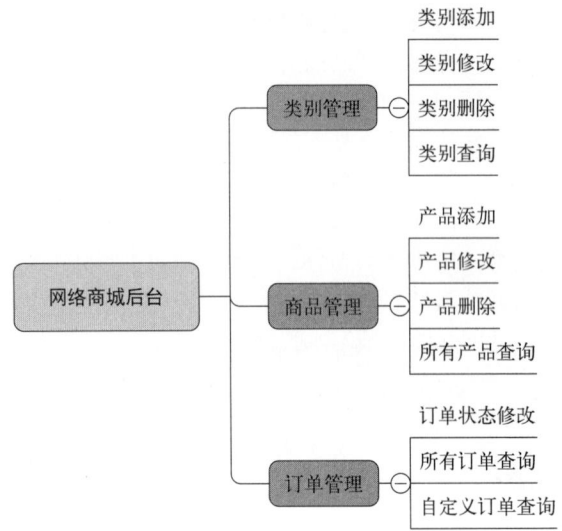

图 24.2　天下淘商城系统后台功能结构

需要的商品，在确认订单付款后，系统将自动生成此次交易的订单基本信息。网站基本信息的维护由网站管理员负责，由管理员负责对商品信息、商品类别信息以及订单信息进行维护，关于订单的维护只能修改订单的状态，并不能修改订单的基本信息，因为订单确认之后就是用户与商家之间交易的凭证，第三方无权修改。

天下淘商城的系统流程图如图 24.3 所示。

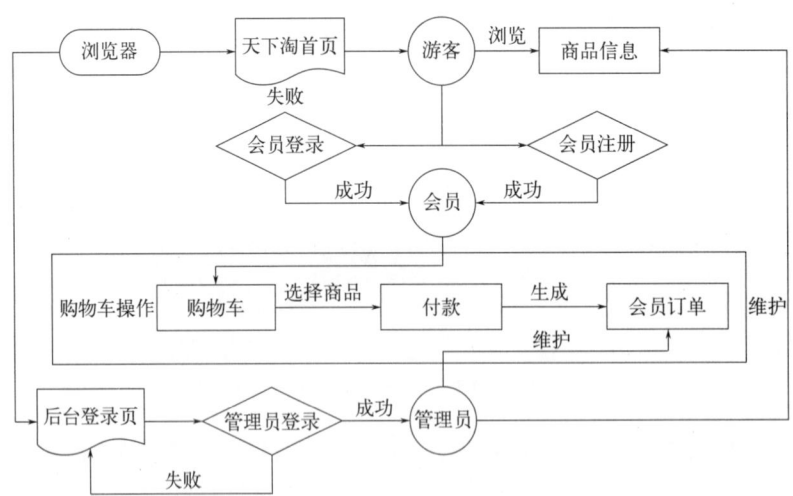

图 24.3　天下淘商城系统流程图

24.3.3　开发环境

本系统的软件开发及运行环境具体如下：

☑ 操作系统：Windows 7/10。

☑ JDK 环境：Java SE Development Kit (JDK) version 8。

☑ 开发工具：Eclipse for Java EE 4.7（Oxygen）。

☑ Web 服务器：Tomcat 9.0。

☑ 数据库：MySQL 8 数据库。

☑ 浏览器：推荐 Google Chrome 浏览器。

☑ 分辨率：最佳效果为 1440×900 像素。

24.3.4　系统预览

　　系统预览将以用户交易为例，列出几个关键的页面，商品交易是天下淘商城的核心模块之一，通过该预览的展示，读者可以对天下淘商城有个基本的了解。

　　用户在地址栏中输入天下淘商城的域名，就可以进入天下淘商城，首页将商品的类别信息分类展现给用户，并在首页展示部分的人气商品、推荐商品、热销商品以及上市新品，如图 24.4 所示。

图 24.4　天下淘商城首页效果图

　　如果用户为会员，登录后就可以直接进行产品的选购，当用户在商品信息详细页面中单击"直接购买"超链接，就会将该商品放入购物车中，同时用户也可以使用购物车选购多种商品，购物车同时可以保存多件会员采购的商品信息，图 24.5 为用户选购多件产品的效果。

图24.5　天下淘商城购物车页面效果图

当用户到收银台付款后，系统将自动生成订单，会员可通过单击左侧导航栏中的"我的订单"超链接查看自己的订单信息，如图24.6所示。

图24.6　天下淘商城会员订单信息效果图

24.3.5　文件夹组织结构

在编写代码之前，可以把系统中可能用到的文件夹先创建出来（例如，创建一个名为 images 的文件夹，用于保存网站中所使用的图片），这样不但可以方便以后的开发工作，也可以规范网站的整体架构。本系统的文件夹组织结构如图24.7所示。

图 24.7　天下淘商城文件夹组织结构

24.4　数据库设计

　　整个应用系统的运行离不开数据库的支持，数据库可以说是应用系统的灵魂，没有了数据库的支撑，系统只能说是一个空架子，它将很难完成与用户之间的交互。由此可见，数据库在系统中占有十分重要的地位。本系统采用的是 MySQL 数据库，通过 Hibernate 实现系统的持久化操作。

　　本节将根据天下淘商城网站的核心实体类，分别设计对应的 E-R 图和数据表。

24.4.1　数据库概念设计

　　所谓的数据库概念化设计，就是将现实世界中的对象以 E-R 图的形式展现出来，本节将对程序所应用到的核心实体对象设计对应的 E-R 图。

　　会员信息表 tb_customer 的 E-R 图如图 24.8 所示。

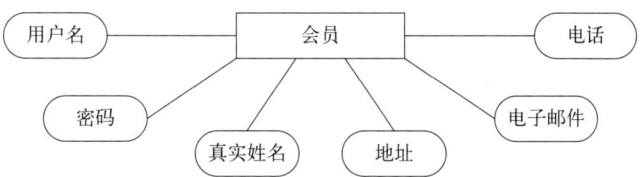

图 24.8　会员信息表 tb_customer 的 E-R 图

订单信息表 tb_order 的 E-R 图如图 24.9 所示。

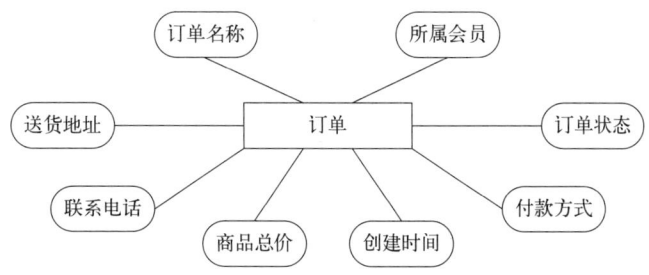

图 24.9　订单信息表 tb_order 的 E-R 图

订单条目信息表 tb_orderitem 的 E-R 图如图 24.10 所示。

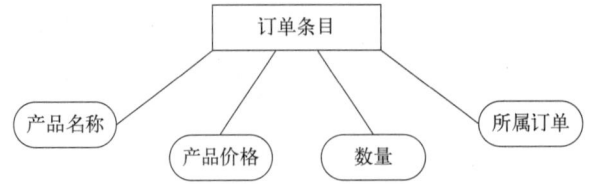

图 24.10　订单条目信息表 tb_orderitem 的 E-R 图

商品信息表 tb_productinfo 的 E-R 图如图 24.11 所示。

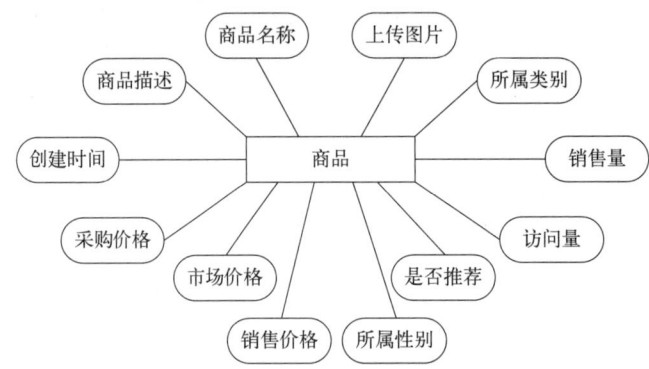

图 24.11　商品信息表 tb_productinfo 的 E-R 图

商品类别信息表 tb_productcategory 的 E-R 图如图 24.12 所示。

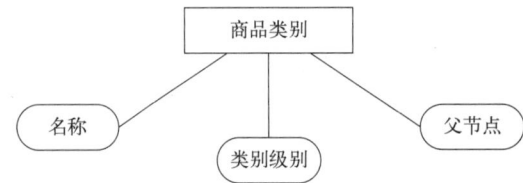

图 24.12　商品类别信息表 tb_productcategory 的 E-R 图

24.4.2　创建数据库及数据表

本系统采用 MySQL 数据库，创建的数据库名称为 db_shop，数据库 db_shop 中包含 7 张数据表。所有数据表的定义如下：

① tb_customer（会员信息表）：用于存储会员的注册信息，该表的结构如表 24.1 所示。

表 24.1　tb_customer 信息表的表结构

字段名	数据类型	是否为空	是否主键	默认值	说明
id	INT(11)	否	是	NULL	系统自动编号
username	VARCHAR(50)	否	否	NULL	会员名称
password	VARCHAR(50)	否	否	NULL	登录密码
realname	VARCHAR(20)	是	否	NULL	真实姓名

续表

字段名	数据类型	是否为空	是否主键	默认值	说明
address	VARCHAR(200)	是	否	NULL	地址
email	VARCHAR(50)	是	否	NULL	电子邮件
mobile	VARCHAR(11)	是	否	NULL	电话号码

② tb_order（订单信息表）：用于存储会员的订单信息，该表的结构如表 24.2 所示。

表 24.2　tb_order 信息表的表结构

字段名	数据类型	是否为空	是否主键	默认值	说明
id	INT(11)	否	是	NULL	系统自动编号
name	VARCHAR(50)	否	否	NULL	订单名称
address	VARCHAR(200)	否	否	NULL	送货地址
mobile	VARCHAR(11)	否	否	NULL	电话
totalPrice	FLOAT	是	否	NULL	采购价格
createTime	DATETIME	是	否	NULL	创建时间
paymentWay	VARCHAR(15)	是	否	NULL	支付方式
orderState	VARCHAR(10)	是	否	NULL	订单状态
customerId	INT(11)	是	否	NULL	会员 ID

③ tb_orderitem（订单条目信息表）：用于存储会员订单的条目信息，该表的结构如表 24.3 所示。

表 24.3　tb_orderitem 信息表的表结构

字段名	数据类型	是否为空	是否主键	默认值	说明
id	INT(11)	否	是	NULL	系统自动编号
productId	INT(11)	否	否	NULL	商品 ID
productName	VARCHAR(200)	否	否	NULL	商品名称
productPrice	FLOAT	否	否	NULL	商品价格
amount	INT(11)	是	否	NULL	商品数量
orderId	VARCHAR(30)	是	否	NULL	订单 ID

④ tb_productinfo（商品信息表）：用于存储商品信息，该表的结构如表 24.4 所示。

表 24.4　tb_productinfo 信息表的表结构

字段名	数据类型	是否为空	是否主键	默认值	说明
id	INT(11)	否	是	NULL	系统自动编号
name	VARCHAR(100)	否	否	NULL	商品名称
description	TEXT	是	否	NULL	商品描述
createTime	DATETIME	是	否	NULL	创建时间
baseprice	FLOAT	是	否	NULL	采购价格

续表

字段名	数据类型	是否为空	是否主键	默认值	说明
marketprice	FLOAT	是	否	NULL	市场价格
sellprice	FLOAT	是	否	NULL	销售价格
sexrequest	VARCHAR(5)	是	否	NULL	所属性别
commend	BIT(1)	是	否	NULL	是否推荐
clickcount	INT(11)	是	否	NULL	浏览量
sellCount	INT(11)	是	否	NULL	销售量
categoryId	INT(11)	是	否	NULL	商品类别 ID
uploadFile	INT(11)	是	否	NULL	上传文件 ID

⑤ tb_productcategory（商品类别信息表）：用于存储商品的类别信息，该表的结构如表 24.5 所示。

表 24.5　tb_productcategory 信息表的表结构

字段名	数据类型	是否为空	是否主键	默认值	说明
id	INT(11)	否	是	NULL	系统自动编号
name	VARCHAR(50)	否	否	NULL	类别名称
level	INT(11)	是	否	NULL	类别级别
pid	INT(11)	是	否	NULL	父节点类别 ID

⑥ tb_user（管理员信息表）：用于存储网站后台管理员信息，该表的结构如表 24.6 所示。

表 24.6　tb_user 信息表的表结构

字段名	数据类型	是否为空	是否主键	默认值	说明
id	INT(11)	否	是	NULL	系统自动编号
username	VARCHAR(50)	否	否	NULL	用户名
password	VARCHAR(50)	否	否	NULL	登录密码

⑦ tb_uploadfile（上传文件信息表）：用于存储上传文件的路径信息，该表的结构如表 24.7 所示。

表 24.7　tb_uploadfile 信息表的表结构

字段名	数据类型	是否为空	是否主键	默认值	说明
id	INT(11)	否	是	NULL	系统自动编号
path	VARCHAR(255)	否	是	NULL	文件路径信息

24.5　公共模块的设计

在项目中经常会有一些公共类，例如 Hibernate 的初始化类，一些自定义的字符串处理方法，抽取系统中公共模块更加有利于代码重用，同时也能提高程序的开发效率，在进行正式开发时首先要进行的就是公共模块的编写。下面介绍天下淘商城的公共类。

24.5.1　泛型工具类

Hibernate 提供了高效的对象到关系型数据库的持久化服务，通过面向对象的思想进行数据持久化的操作，Hibernate 的操作对象就是数据表所对应的实体对象，为了将一些公用的持久化方法提取出来，首先需要实现获取实体对象的类型方法，在本应用中通过自定义创建一个泛型工具类 GenericsUtils 来达到此目的，关键代码如下：

源码位置：资源包 \Code\24\Shop\src\com\lyq\util\GenericsUtils.java

```
01 public class GenericsUtils {
02     /**
03      * 获取泛型的类型
04      * @param clazz
05      * @return Class
06      */
07     @SuppressWarnings("unchecked")
08     public static Class getGenericType(Class clazz){
09         Type genType = clazz.getGenericSuperclass();// 得到泛型父类
10         Type[] types = ((ParameterizedType) genType).getActualTypeArguments();
11         if (!(types[0] instanceof Class)) {
12             return Object.class;
13         }
14         return (Class) types[0];
15     }
16     /**
17      * 获取对象的类名称
18      * @param clazz
19      * @return 类名称
20      */
21     @SuppressWarnings("unchecked")
22     public static String getGenericName(Class clazz){
23         return clazz.getSimpleName();
24     }
25 }
```

24.5.2　数据持久化类

在本应用中利用 DAO 模式实现数据库基本操作方法的封装，数据库中最为基本的操作就是增、删、改、查，据此自定义数据库操作的公共方法。由控制器负责获取请求参数并控制转发，由 DAOSupport 类组织 SQL 语句。

根据自定义的数据库操作的公共方法，创建接口 BaseDao<T>，关键代码如下：

源码位置：资源包 \Code\24\ Shop\src\com\lyq\dao\BaseDao.java

```
01 public interface BaseDao<T> {
02     // 基本数据库操作方法
03     public void save(Object obj);                       // 保存数据
04     public void saveOrUpdate(Object obj);               // 保存或修改数据
05     public void update(Object obj);                     // 修改数据
06     public void delete(Serializable ... ids);           // 删除数据
07     public T get(Serializable entityId);                // 加载实体对象
08     public T load(Serializable entityId);               // 加载实体对象
09     public Object uniqueResult(String hql, Object[] queryParams);// 使用 hql 语句操作
10     …                                                   // 此处省略了其他的方法代码 }
```

　　创建类 DaoSupport，该类继承 BaseDao<T> 接口，在类中实现接口中自定义的方法，其关键代码如下：

源码位置：资源包 \Code\24\Shop\src\com\lyq\dao\DaoSupport.java

```java
01 @Transactional
02 @SuppressWarnings("unchecked")
03 public class DaoSupport<T> implements BaseDao<T> {
04     // 泛型的类型
05     protected Class<T> entityClass = GenericsUtils.getGenericType(this.getClass());
06     // 采用 Spring 的自动装配注解注入 SessionFactory
07     @Autowired
08     public SessionFactory sessionfactory;
09     /**
10      * 获取与当前线程绑定的 session
11      *
12      * @return
13      */
14     public Session getSession() {
15         return sessionfactory.getCurrentSession();
16     }
17     @Override
18     public void delete(Serializable... ids) {
19         for (Serializable id : ids) {
20             T t = (T) getSession().load(this.entityClass, id);
21             getSession().delete(t);
22         }
23     }
24     /**
25      * 利用 get() 方法加载对象，获取对象的详细信息
26      */
27     @Transactional(propagation = Propagation.NOT_SUPPORTED, readOnly = true)
28     public T get(Serializable entityId) {
29         return (T) getSession().get(this.entityClass, entityId);
30     }
31     /**
32      * 利用 load() 方法加载对象，获取对象的详细信息
33      */
34     @Transactional(propagation = Propagation.NOT_SUPPORTED, readOnly = true)
35     public T load(Serializable entityId) {
36         return (T) getSession().load(this.entityClass, entityId);
37     }
38     /**
39      * 利用 hql 语句查找单条信息
40      */
41     @Override
42     @Transactional(propagation = Propagation.NOT_SUPPORTED, readOnly = true)
43     public Object uniqueResult(final String hql, final Object[] queryParams) {
44         Query query = getSession().createQuery(hql);// 执行查询
45         setQueryParams(query, queryParams);// 设置查询参数
46         return query.uniqueResult();
47     }
48     /**
49      * 获取指定对象的信息条数
50      */
51     @Transactional(propagation = Propagation.NOT_SUPPORTED, readOnly = true)
52     public long getCount() {
53         String hql = "select count(*) from " + GenericsUtils.getGenericName(this.entityClass);
54         return (Long) uniqueResult(hql, null);
55     }
```

```
56      /**
57       * 利用 save() 方法保存对象的详细信息
58       */
59      @Override
60      public void save(Object obj) {
61          getSession().save(obj);
62      }
63      @Override
64      public void saveOrUpdate(Object obj) {
65          getSession().saveOrUpdate(obj);
66      }
67      /**
68       * 利用 update() 方法修改对象的详细信息
69       */
70      @Override
71      public void update(Object obj) {
72          getSession().update(obj);
73      }
```

24.5.3　分页操作

分页查询是 Java Web 开发中十分常用的技术。在数据库量非常大的情况下，不适合将所有数据显示到一个页面之中，否则既给查看带来不便，又占用程序及数据库的资源，此时就需要对数据进行分页查询。本系统应用 Hibernate 的 find() 方法实现数据分页的操作，将分页的方法封装在创建类 DaoSupport 中，下面将介绍 Hibernate 分页实现的方法。

（1）分页实体对象

首先定义分页的实体对象，封装分页基本属性信息和在分页过程中使用的获取页码的方法。

源码位置：资源包 \Code\24\Shop\src\com\lyq\model\PageModel.java

```
01  public class PageModel<T> {
02      private int totalRecords;                // 总记录数
03      private List<T> list;                    // 结果集
04      private int pageNo;                      // 当前页
05      private int pageSize;                    // 每页显示多少条
06      /**
07       * 取得第一页
08       * @return 第一页
09       */
10      public int getTopPageNo() {
11          return 1;
12      }
13      /**
14       * 取得上一页
15       * @return 上一页
16       */
17      public int getPreviousPageNo() {
18          if (pageNo <= 1) {
19              return 1;
20          }
21          return pageNo -1;
22      }
23      /**
24       * 取得下一页
25       * @return 下一页
26       */
```

```
27    public int getNextPageNo() {
28        if (pageNo >= getTotalPages()) {
29            return getTotalPages() == 0 ? 1 : getTotalPages();
30        }
31        return pageNo + 1;
32    }
33    /**
34     * 取得最后一页
35     * @return 最后一页
36     */
37    public int getBottomPageNo() {
38        return getTotalPages() == 0 ? 1 : getTotalPages();
39    }
40    /**
41     * 取得总页数
42     * @return
43     */
44    public int getTotalPages() {
45        return (totalRecords + pageSize - 1) / pageSize;
46    }
47    ……                              // 省略的 Setter 和 Getter 方法
48 }
```

在页面的实体对象中，封装了几个重要的页码获取方法，即获取第一页、上一页、下一页、最后一页以及总页数的方法。

在取得上一页页码的方法 getPreviousPageNo() 中，如果当前页的页码数为首页，那么上一页返回的页码数为1。

在获取最后一页的方法 getBottomPageNo() 中，通过三目运算符进行选择判断返回的页码，如果总页数为 0 则返回 1，反之返回总页数。当数据库中没有任何信息的时候，总页数为 0。

（2）实现自定义分页方法

在公共接口中定义几种不同的分页方法，这些方法定义使用了相同的分页方法，不同的参数，自定义分页方法关键代码如下：

源码位置：资源包 \Code\24\Shop\src\com\lyq\dao\BaseDao.java

```
01 public interface BaseDao<T> {
02    ……                              // 基本数据库操作方法
03    // 分页操作
04    public long getCount();              // 获取总信息数
05    public PageModel<T> find(int pageNo, int maxResult);// 普通分页操作
06    public PageModel<T> find(int pageNo, int maxResult,String where, Object[]
queryParams);                        // 搜索信息分页方法
07    public PageModel<T> find(int pageNo, int maxResult,Map<String, String> orderby);
                                      // 按指定条件排序分页方法
08    public PageModel<T> find(String where, Object[] queryParams,
09        Map<String, String> orderby, int pageNo, int maxResult);// 按指定条件分页和排
序的分页方法
10 }
```

24.5.4 实体映射

由于本程序中使用了 Hibernate 框架，所以需要创建实体对象并通过 Hibernate 的映射文件将实体对象与数据库中相应的数据表进行关联。在天下淘商城中有 5 个主要的实体对象，

分别是会员实体对象、订单实体对象、订单条目实体对象、商品实体对象以及商品类别实体对象。

（1）实体对象总体设计

实体对象是 Hibernate 中非常重要的一个环节，因为 Hibernate 只有通过映射文件建立实体对象与数据库数据表之间的关系，才能进行系统的持久化操作。在天下淘商城网站中主要实体对象及其关系如图 24.13 所示。

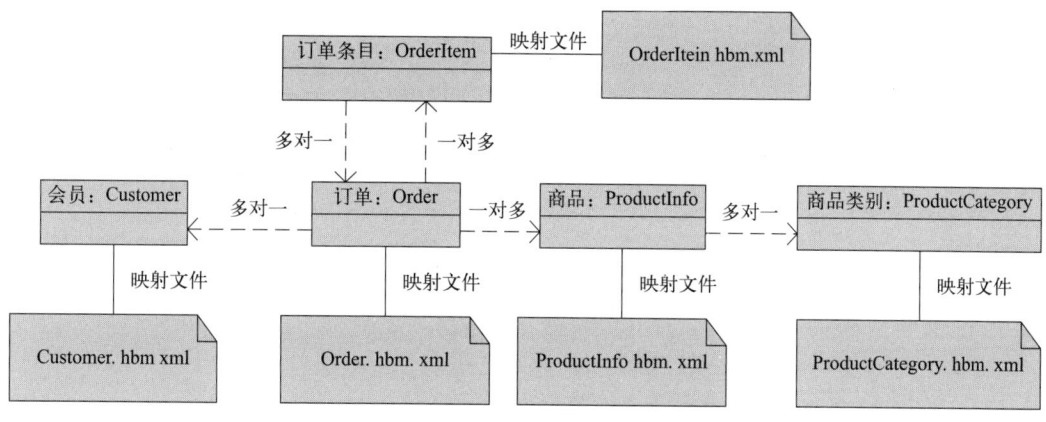

图 24.13　天下淘商城主要实体对象及其关系

从图 24.13 中可以看到，该项目主要有五个实体对象，分别是会员实体对象 Customer 类、订单实体对象 Order 类、订单条目实体对象 OrderItem 类、商品实体对象 ProductInfo 类和商品类别实体对象 ProductCategory 类。

从中可以看到会员与订单是一对多的关系，一个会员可以对应多张订单，但是每张订单只能对应一个会员；订单条目与订单为多对一的关系，一张订单中可以包含多个订单条目，但是每个订单条目只能对应一张订单；订单与产品是一对多关系，一张订单可以对应多个商品；商品与商品类别是多对一关系，多件商品可以对应一个商品类别。

其中的"*.hbm.xml"文件为实体对象的 Hibernate 映射文件。

（2）会员信息

Customer 类为会员信息实体类，用于封装会员的注册信息，其关键代码如下：

源码位置：资源包 \Code\24\Shop\src\com\lyq\user\Customer.java

```
01 public class Customer implements Serializable{
02      private Integer id;                    // 用户编号
03      private String username;               // 用户名
04      private String password;               // 密码
05      private String realname;               // 真实姓名
06      private String email;                  // 邮箱
07      private String address;                // 住址
08      private String mobile;                 // 手机
09      ……                                     // 省略的 Setter 和 Getter 方法
10 }
```

创建会员信息实体类的映射文件 Customer.hbm.xml，在映射文件中配置会员实体类属性与数据表 tb_customer 响应字段的关联，并声明用户编号的主键生成策略为自动增长，配置文件中的关键代码如下：

源码位置: 资源包 \Code\24\Shop\src\com\lyq\user\Customer.hbm.xml

```
01 <?xml version="1.0" encoding="UTF-8"?>
02 <!DOCTYPE hibernate-mapping PUBLIC
03     "-//Hibernate/Hibernate Mapping DTD 3.0//EN"
04     "http://hibernate.sourceforge.net/hibernate-mapping-3.0.dtd" >
05 <hibernate-mapping package="com.lyq.model.user">
06     <class name="Customer" table="tb_customer">
07     <id name="id">
08     <generator class="native"/>
09     </id>
10     <property name="username" not-null="true" length="50"/>
11     <property name="password" not-null="true" length="50"/>
12     <property name="realname" length="20"/>
13     <property name="address" length="200"/>
14     <property name="email" length="50"/>
15     <property name="mobile" length="11"/>
16     </class>
17 </hibernate-mapping>
```

（3）订单信息

Order 类为订单信息实体类，用于封装订单的基本信息，但是不包括详细的订购信息，其关键代码如下：

源码位置: 资源包 \Code\24\Shop\src\com\lyq\model\order\Order.java

```
01 public class Order implements Serializable {
02     private String orderId;              // 订单编号（手动分配）
03     private Customer customer;           // 所属用户
04     private String name;                 // 收货人姓名
05     private String address;              // 收货人住址
06     private String mobile;               // 收货人手机
07     private Set<OrderItem> orderItems;   // 所买商品
08     private Float totalPrice;            // 总额
09     private PaymentWay paymentWay;       // 支付方式
10     private OrderState orderState;       // 订单状态
11     private Date createTime = new Date(); // 创建时间
12     ……                                   // 省略的 Setter 和 Getter 方法
13 }
```

创建订单信息实体类的映射文件 Order.hbm.xml，在映射文件中配置订单实体类属性与数据表 tb_order 字段的关联，声明主键 orderId 的主键生成策略为手动分配，并配置订单与会员的多对一关系，订单与订单项的一对多关系，其关键代码如下：

源码位置: 资源包 \Code\24\Shop\src\com\lyq\model\order\Order.hbm.xml

```
01 <?xml version="1.0" encoding="UTF-8"?>
02 <!DOCTYPE hibernate-mapping PUBLIC
03     "-//Hibernate/Hibernate Mapping DTD 3.0//EN"
04     "http://hibernate.sourceforge.net/hibernate-mapping-3.0.dtd" >
05 <hibernate-mapping package="com.lyq.model.order">
06     <class name="Order" table="tb_order">
07     <id name="orderId" type="string" length="30">
08     <generator class="assigned"/>
09     </id>
10     <property name="name" not-null="true" length="50"/>
11     <property name="address" not-null="true" length="200"/>
```

```
12        <property name="mobile" not-null="true" length="11"/>
13        <property name="totalPrice"/>
14        <property name="createTime" />
15        <property name="paymentWay" type="com.lyq.util.hibernate.PaymentWayType" length="15"/>
16        <property name="orderState" type="com.lyq.util.hibernate.OrderStateType" length="10"/>
17        <!-- 多对一映射用户 -->
18        <many-to-one name="customer" column="customerId"/>
19        <!-- 映射订单项 -->
20        <set name="orderItems" inverse="true" lazy="extra" cascade="all">
21        <key column="orderId"/>
22        <one-to-many class="OrderItem"/>
23        </set>
24        </class>
25 </hibernate-mapping>
```

（4）订单条目信息

OrderItem 类为订单条目的实体对象，用于封装一个订单中的一条详细商品采购信息，其关键代码如下：

源码位置：资源包 \Code\24\Shop\src\com\lyq\model\order\OrderItem.java

```
01 public class OrderItem implements Serializable{
02        private Integer id;                          // 商品条目编号
03        private Integer productId;                   // 商品 id
04        private String productName;                  // 商品名称
05        private Float productMarketprice;            // 市场价格
06        private Float productPrice;                  // 商品销售价格
07        private Integer amount=1;                    // 购买数量
08        private Order order;                         // 所属订单
09        ……                                          // 省略的 Setter 和 Getter 方法
10 }
```

创建订单条目信息实体类的映射文件 OrderItem.hbm.xml，在映射文件中配置订单条目实体类属性与数据表 tb_orderitem 字段的关联，声明主键 id 的主键生成策略为自动增长，并配置订单条目与订单的多对一关系，其关键代码如下：

源码位置：资源包 \Code\24\Shop\src\com\lyq\model\order\OrderItem.hbm.xml

```
01 <?xml version="1.0" encoding="UTF-8"?>
02 <!DOCTYPE hibernate-mapping PUBLIC
03      "-//Hibernate/Hibernate Mapping DTD 3.0//EN"
04      "http://hibernate.sourceforge.net/hibernate-mapping-3.0.dtd" >
05 <hibernate-mapping package="com.lyq.model.order">
06      <class name="OrderItem" table="tb_orderItem">
07      <id name="id">
08      <generator class="native"/>
09      </id>
10      <property name="productId" not-null="true"/>
11      <property name="productName" not-null="true" length="200"/>
12      <property name="productPrice" not-null="true"/>
13      <property name="amount"/>
14      <!-- 多对一映射订单 -->
15      <many-to-one name="order" column="orderId"/>
16      </class>
17 </hibernate-mapping>
```

（5）商品信息

ProductInfo 类为商品信息实体类，主要用于封装商品相关的基本信息，它是整个系统中最为重要的一个实体对象，也是应用最多的一个实体对象，整个网站的业务流程都以商品为核心进行展开，其关键代码如下：

源码位置：资源包 \Code\24\Shop\src\com\lyq\model\product\ProductInfo.java

```java
01 public class ProductInfo implements Serializable {
02     private Integer id;                        // 商品编号
03     private String name;                       // 商品名称
04     private String description;                // 商品说明
05     private Date createTime = new Date();      // 上架时间
06     private Float baseprice;                   // 商品采购价格
07     private Float marketprice;                 // 现在市场价格
08     private Float sellprice;                   // 商城销售价格
09     private Sex sexrequest;                    // 所属性别
10     private Boolean commend = false;           // 是否是推荐商品（默认值为 false）
11     private Integer clickcount = 1;            // 访问量（统计受欢迎的程度）
12     private Integer sellCount = 0;             // 销售数量（统计热销商品）
13     private ProductCategory category;          // 所属类别
14     private UploadFile uploadFile;             // 上传文件
15     ……                                        // 省略的 Setter 和 Getter 方法
16 }
```

创建商品信息实体类的映射文件 ProductInfo.hbm.xml，在映射文件中配置商品实体类属性与数据表 tb_productinfo 字段的关联，并声明其主键 id 的生成策略为自动增长，并配置商品与商品类别多对一关联关系、商品与商品上传文件的多对一关联关系，其关键代码如下：

源码位置：资源包 \Code\24\Shop\src\com\lyq\model\product\ProductInfo.hbm.xml

```xml
01 <?xml version="1.0" encoding="UTF-8"?>
02 <!DOCTYPE hibernate-mapping PUBLIC
03     "-//Hibernate/Hibernate Mapping DTD 3.0//EN"
04     "http://hibernate.sourceforge.net/hibernate-mapping-3.0.dtd" >
05 <hibernate-mapping package="com.lyq.model.product">
06     <class name="ProductInfo" table="tb_productInfo">
07     <id name="id">
08     <generator class="native"/>
09     </id>
10     <property name="name" not-null="true" length="100"/>
11     <property name="description" type="text"/>
12     <property name="createTime"/>
13     <property name="baseprice"/>
14     <property name="marketprice"/>
15     <property name="sellprice"/>
16     <property name="sexrequest" type="com.lyq.util.hibernate.SexType" length="5"/>
17     <property name="commend"/>
18     <property name="clickcount"/>
19     <property name="sellCount"/>
20     <!-- 多对一映射类别 -->
21     <many-to-one name="category" column="categoryId"/>
22     <!-- 多对一映射上传文件 -->
23     <many-to-one name="uploadFile" unique="true" cascade="all" lazy="false"/>
24     </class>
25 </hibernate-mapping>
```

24.6　项目环境搭建

在项目正式开发的第一步就是搭建项目的环境以及项目集成的框架等，俗话说"万丈高楼平地起"，从此开始将踏上万里征程的第一步，在此之前需要将 Spring、Struts 2、Hibernate 以及系统应用的其他 jar 包导入到项目的 lib 文件下。

24.6.1　配置 Struts 2

struts.xml 文件是 Struts 2 重要的配置文件，通过对该文件的配置实现程序的 Action 与用户请求之间的映射、视图映射等重要的配置信息。在项目的 ClassPath 下创建 struts.xml 文件，其配置代码如下：

源码位置：资源包 \Code\24\Shop\src\struts.xml

```
01 <?xml version="1.0" encoding="UTF-8"?>
02 <!DOCTYPE struts PUBLIC
03         "-//Apache Software Foundation//DTD Struts Configuration 2.5//EN"
04         "http://struts.apache.org/dtds/struts-2.5.dtd">
05 <struts>
06     <!-- 前后台公共视图的映射 -->
07     <include file="com/lyq/action/struts-default.xml" />
08     <!-- 后台管理的 Struts 2 配置文件 -->
09     <include file="com/lyq/action/struts-admin.xml" />
10     <!-- 前台台管理的 Struts 2 配置文件 -->
11     <include file="com/lyq/action/struts-front.xml" />
12 </struts>
```

为了便于程序的维护和管理，将前后台的 Struts 2 配置文件进行分开处理，然后通过 include 标签加载在系统默认加载的 Struts 2 配置文件中。在此将 Struts 2 配置文件分为三个部分，struts-default.xml 文件为前后台公共的视图映射配置文件，其代码如下：

源码位置：资源包 \Code\24\Shop\src\com\lyq\action\struts-default.xml

```
01 <?xml version="1.0" encoding="UTF-8"?>
02 <!DOCTYPE struts PUBLIC
03         "-//Apache Software Foundation//DTD Struts Configuration 2.5//EN"
04         "http://struts.apache.org/dtds/struts-2.5.dtd">
05 <struts>
06     <!-- OGNL 可以使用静态方法 -->
07     <constant name="struts.ognl.allowStaticMethodAccess" value="true"/>
08     <package name="shop-default" abstract="true" extends="struts-default" >
09         <global-results>
10             ……<!—省略的配置信息 -->
11         </global-results>
12         <global-exception-mappings>
13             <exception-mapping result="error" exception="com.lyq.util.AppException">
14             </exception-mapping>
15         </global-exception-mappings>
16     </package>
17 </struts>
```

后台管理的 Struts 2 配置文件 struts-admin.xml 主要负责后台用户请求的 Action 和视图映射，其代码如下：

源码位置：资源包 \Code\24\Shop\src\com\lyq\action\struts-admin.xml

```xml
01 <?xml version="1.0" encoding="UTF-8"?>
02 <!DOCTYPE struts PUBLIC
03        "-//Apache Software Foundation//DTD Struts Configuration 2.5//EN"
04        "http://struts.apache.org/dtds/struts-2.5.dtd">
05 <struts>
06     <!-- 后台管理 -->
07     <package name="shop.admin" namespace="/admin" extends="shop-default"
08                                         strict-method-invocation="false">
09         <!-- 配置拦截器 -->
10         <interceptors>
11             <!-- 验证用户登录的拦截器 -->
12             <interceptor name="LoginInterceptor"
13                 class="com.lyq.action.interceptor.UserLoginInterceptor"/>
14             <interceptor-stack name="adminDefaultStack">
15                 <interceptor-ref name="LoginInterceptor"/>
16                 <interceptor-ref name="defaultStack"/>
17             </interceptor-stack>
18         </interceptors>
19         <action name="admin_*" class="indexAction" method="{1}">
20             <result name="top">/WEB-INF/pages/admin/top.jsp</result>
21                     ……<!—省略的 Action 配置 -->
22                 <interceptor-ref name="adminDefaultStack"/>
23         </action>
24     </package>
25     <package name="shop.admin.user" namespace="/admin/user" extends="shop-default"
26                                         strict-method-invocation="false">
27         <action name="user_*" method="{1}" class="userAction"></action>
28     </package>
29     <!-- 栏目管理 -->
30 <package name="shop.admin.category" namespace="/admin/product" extends="shop.admin"
31                                         strict-method-invocation="false">
32         <action name="category_*" method="{1}" class="productCategoryAction">
33             ……<!—省略的 Action 配置 -->
34             <interceptor-ref name="adminDefaultStack"/>
35         </action>
36     </package>
37     <!-- 商品管理 -->
38 <package name="shop.admin.product" namespace="/admin/product" extends="shop.admin"
39                                         strict-method-invocation="false">
40         <action name="product_*" method="{1}" class="productAction">
41             ……<!—省略的 Action 配置 -->
42             <interceptor-ref name="adminDefaultStack"/>
43         </action>
44     </package>
45     <!-- 订单管理 -->
46 <package name="shop.admin.order" namespace="/admin/product" extends="shop.admin"
47                                         strict-method-invocation="false">
48         <action name="order_*" method="{1}" class="orderAction">
49             ……<!—省略的 Action 配置 -->
50             <interceptor-ref name="adminDefaultStack"/>
51         </action>
52     </package>
53 </struts>
```

前台管理的 Struts 2 配置文件 struts-front.xml 主要负责后台用户请求的 Action 和视图映射，其代码如下：

源码位置： 资源包 \Code\24\Shop\src\com\lyq\action\struts-front.xml

```xml
01 <?xml version="1.0" encoding="UTF-8"?>
02 <!DOCTYPE struts PUBLIC
03     "-//Apache Software Foundation//DTD Struts Configuration 2.1//EN"
04     "http://struts.apache.org/dtds/struts-2.1.dtd" >
05 <struts>
06     <!-- 程序前台 -->
07     <package name="shop.front" extends="shop-default" strict-method-invocation="false">
08         <!-- 配置拦截器 -->
09         <interceptors>
10             <!-- 验证用户登录的拦截器 -->
11             <interceptor name="LoginInterceptor"
12                 class="com.lyq.action.interceptor.CustomerLoginIntecptor"/>
13             <interceptor-stack name="customerDefaultStack">
14                 <interceptor-ref name="loginInterceptor"/>
15                 <interceptor-ref name="defaultStack"/>
16             </interceptor-stack>
17         </interceptors>
18         <action name="index" class="indexAction">
19             <result>/WEB-INF/pages/index.jsp</result>
20         </action>
21     </package>
22     <!-- 消费者 Action -->
23     <package name="shop.customer" extends="shop-default" namespace="/customer"
24                                         strict-method-invocation="false">
25         <action name="customer_*" method="{1}" class="customerAction"></action>
26     </package>
27     <!-- 商品 Action -->
28     <package name="shop.product" extends="shop-default" namespace="/product"
29                                         strict-method-invocation="false">
30         <action name="product_*" class="productAction" method="{1}">
31             ……<!—省略的 Action 配置 -->
32         </action>
33     </package>
34     <!-- 购物车 Action -->
35     <package name="shop.cart" extends="shop.front" namespace="/product"
36                                         strict-method-invocation="false">
37         <action name="cart_*" class="cartAction" method="{1}">
38             ……<!—省略的 Action 配置 -->
39             <interceptor-ref name="customerDefaultStack"/>
40         </action>
41     </package>
42     <!-- 订单 Action -->
43     <package name="shop.order" extends="shop.front" namespace="/product"
44                                         strict-method-invocation="false">
45         <action name="order_*" class="orderAction" method="{1}">
46             ……<!—省略的 Action 配置 -->
47             <interceptor-ref name="customerDefaultStack"/>
48         </action>
49     </package>
50 </struts>
```

24.6.2　配置 Hibernate

Hibernate 配置文件主要用于配置数据库连接和 Hibernate 运行时所需的各种属性，这个配置文件位于应用程序或 Web 程序的类文件夹 classes 中。Hibernate 配置文件支持两种形式：一种是 Xml 格式的配置文件；另一种是 Java 属性文件格式的配置文件，采用"键 = 值"的形式。建议采用 Xml 格式的配置文件。

在 Hibernate 的配置文件中配置连接的数据库的连接信息，数据库方言以及打印 SQL 语句等属性，其关键代码如下：

源码位置：资源包 \Code\24\Shop\src\hibernate.cfg.xml

```
01 <?xml version="1.0" encoding="UTF-8"?>
02 <!DOCTYPE hibernate-configuration PUBLIC
03     "-//Hibernate/Hibernate Configuration DTD 3.0//EN"
04     "http://hibernate.sourceforge.net/hibernate-configuration-3.0.dtd" >
05 <hibernate-configuration>
06     <session-factory>
07         <!-- 数据库方言 -->
08         <property name="hibernate.dialect">org.hibernate.dialect.MySQLDialect</property>
09         <!-- 数据库驱动 -->
10         <property name="hibernate.connection.driver_class">com.mysql.jdbc.Driver</property>
11         <!-- 数据库连接信息 -->
12         <property name="hibernate.connection.url">jdbc:mysql://localhost:3306/db_shop</property>
13         <property name="hibernate.connection.username">root</property>
14         <property name="hibernate.connection.password">root</property>
15         <property name="hibernate.show_sql">false</property>      <!-- 不打印 SQL 语句 -->
16         <!-- 不格式化 SQL 语句 -->
17         <property name="hibernate.format_sql">false</property>
18         <!-- C3P0 JDBC 连接池 -->
19         <property name="hibernate.c3p0.max_size">20</property>
20         <property name="hibernate.c3p0.min_size">5</property>
21         <property name="hibernate.c3p0.timeout">120</property>
22         <property name="hibernate.c3p0.max_statements">100</property>
23         <property name="hibernate.c3p0.idle_test_period">120</property>
24         <property name="hibernate.c3p0.acquire_increment">2</property>
25         <property name="hibernate.c3p0.validate">true</property>
26         <!-- 映射文件 -->
27         <mapping resource="com/lyq/model/user/User.hbm.xml"/>
28         ……<!—省略的映射文件 -->
29     </session-factory>
30 </hibernate-configuration>
```

24.6.3 配置 Spring

利用 Spring 加载 Hibernate 的配置文件以及 Session 管理类，所以在配置 Spring 的时候，只需要配置 Spring 的核心配置文件 applicationContext-common.xml，其代码如下：

源码位置：资源包 \Code\24\Shop\src\applicationContext-common.xml

```
01 <?xml version="1.0" encoding="UTF-8"?>
02 <beans xmlns="http://www.springframework.org/schema/beans"
03     xmlns:context="http://www.springframework.org/schema/context"
04     xmlns:xsi="http://www.w3.org/2001/XMLSchema-instance" xmlns:tx="http://www.springframework.org/schema/tx"
05     xmlns:aop="http://www.springframework.org/schema/aop"
06     xsi:schemaLocation="http://www.springframework.org/schema/beans
07     http://www.springframework.org/schema/beans/spring-beans-4.0.xsd
08     http://www.springframework.org/schema/context
09     http://www.springframework.org/schema/context/spring-context-4.0.xsd
10     http://www.springframework.org/schema/aop
11     http://www.springframework.org/schema/aop/spring-aop-4.0.xsd
```

```
12        http://www.springframework.org/schema/tx
13        http://www.springframework.org/schema/tx/spring-tx-4.0.xsd">
14    <context:annotation-config/>
15    <context:component-scan base-package="com.lyq"/>
16    <!-- 配置 sessionFactory -->
17    <bean id="sessionFactory"
18        class="org.springframework.orm.hibernate4.LocalSessionFactoryBean">
19        <property name="conf igLocation">
20            <value>classpath:hibernate.cfg.xml</value>.
21        </property>
22    </bean>
23    <!-- 配置事务管理器 -->
24    <bean id="transactionManager"
25        class="org.springframework.orm.hibernate4.HibernateTransactionManager">
26        <property name="sessionFactory">
27            <ref bean="sessionFactory" />
28        </property>
29        <property name="dataSource" ref="datasource"></property>
30    </bean>
31    <tx:annotation-driven transaction-manager="transactionManager" />
32    <!-- 配置数据源 -->
33    <bean id="datasource"
34        class="org.springframework.jdbc.datasource.DriverManagerDataSource">
35        <property name="driverClassName" value="com.mysql.jdbc.Driver" />
36        <property name="url" value="jdbc:mysql://localhost:3306/db_shop" />
37        <property name="username" value="root" />
38        <property name="password" value="root" />
39    </bean>
40 </beans>
```

24.6.4　配置 web.xml

任何 MVC 框架都需要与 Servlet 应用整合，而 Servlet 则必须在 web.xml 文件中进行配置。web.xml 的配置文件是项目的基本配置文件，通过该文件设置实例化 Spring 容器、过滤器、配置 Struts 2 以及设置程序默认执行的操作，其关键代码如下：

源码位置：资源包 \Code\24\Shop\WebContent\WEB-INF\web.xml

```
01 <?xml version="1.0" encoding="UTF-8"?>
02 <web-app xmlns:xsi="http://www.w3.org/2001/XMLSchema-instance"
03     xmlns="http://xmlns.jcp.org/xml/ns/javaee"
04     xsi:schemaLocation="http://xmlns.jcp.org/xml/ns/javaee http://xmlns.jcp.org/xml/ns/
javaee/web-app_3_1.xsd"
05     id="WebApp_ID" version="3.1">
06     <display-name>Shop</display-name>
07     <!-- 对 Spring 容器进行实例化 -->
08     <listener>
09       <listener-class>org.springframework.web.context.ContextLoaderListener</listener-class>
10     </listener>
11     <context-param>
12         <param-name>contextConfigLocation</param-name>
13         <param-value>classpath:applicationContext-*.xml</param-value>
14     </context-param>
15     <!-- OpenSessionInViewFilter 过滤器 -->
16     <filter>
17         <filter-name>openSessionInViewFilter</filter-name>
18         <filter-class>org.springframework.orm.hibernate4.support.OpenSessionInViewFilter</
filter-class>
```

```
19    </filter>
20    <filter-mapping>
21        <filter-name>openSessionInViewFilter</filter-name>
22        <url-pattern>/*</url-pattern>
23    </filter-mapping>
24    <!-- Struts 2 配置 -->
25    <filter>
26        <filter-name>Struts2</filter-name>
27        <filter-class>org.apache.struts2.dispatcher.filter.StrutsPrepareAndExecuteFilter</
filter-class>
28    </filter>
29    <filter-mapping>
30        <filter-name>struts2</filter-name>
31        <url-pattern>/*</url-pattern>
32    </filter-mapping>
33    <!-- 设置程序的默认欢迎页面 -->
34    <welcome-file-list>
35        <welcome-file>index.jsp</welcome-file>
36    </welcome-file-list>
37 </web-app>
```

24.7　前台商品信息查询模块设计

商品是天下淘商城的灵魂，只有好的商品展示以及丰富的商品信息才能吸引顾客的眼球，提高网站的关注度，这也是为企业创造效益的决定性因素，所以天下淘商城的前台商品展示在整个系统中占有非常重要的地位。

24.7.1　前台商品信息查询模块概述

根据前台的页面设计将前台商品信息查询模块划分为 5 个模块，主要包括商品类别分级查询、人气商品查询、热销商品查询、推荐商品查询以及商品模糊查询，如图 24.14 所示。

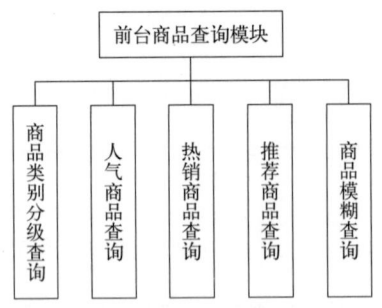

图 24.14　前台商品信息查询模块框架图

24.7.2　前台商品信息查询模块技术分析

在前台的首页商品展示中，首先展现给用户的就是商品类别的分级显示，方便用户按类别对商品进行查询，同时也能体现出天下淘商城产品种类的丰富多样。

实现商品类别的分级查询，首先需要查询所有的一级节点，通过公共模块持久化类中封装的 find() 方法实现该功能，在首页的 Action 请求 IndexAction 的 execute() 方法中，调用封装的 find() 方法，其关键代码如下：

源码位置：资源包 \Code\24\Shop\src\com\lyq\action\IndexAction.java

```
01 public String execute() throws Exception {
02     // 查询所有类别
03     String where = "where parent is null";
04     categories = categoryDao.find(-1, -1, where, null).getList();
05     ……                    // 省略的 Setter 和 Getter 方法
06 }
```

在 find() 方法中含有 4 个参数，其中 "−1" 参数分别代表当前页数和每页显示的记录数，根据这两个参数，"where" 参数代表的是查询条件，"null" 参数代表的是数据排序的条件参数。find() 方法会根据提供的两个 "−1" 参数执行以下代码：

```
01 // 如果 maxResult<0，则查询所有
02 if(maxResult < 0 && pageNo < 0){
03     list = query.list();                    // 将查询结果转化为 List 对象
04 }
```

24.7.3　前台商品信息查询模块实现过程

在天下淘商城中主要实现普通搜索，在对数据表的简单搜索中，当搜索表单中没有输入任何数据时，单击"搜索"按钮后，可以对数据表中的所有内容进行查询；当在关键字文本框中输入要搜索的内容，单击"搜索"按钮后，可以按关键字内容查询数据表中所有的内容。该功能方便了用户对商品信息的查找，用户可以在首页的文本输入框中输入关键字搜索指定的商品信息，如图 24.15 所示。

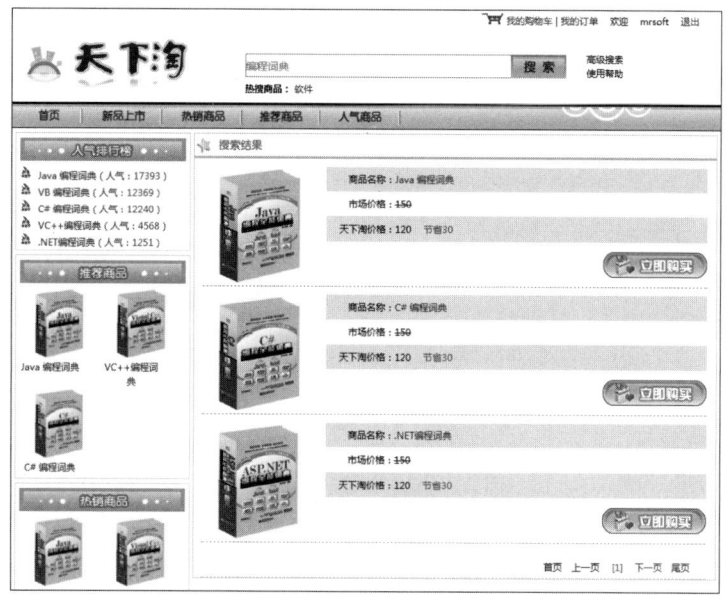

图 24.15　商品搜索的效果

商品搜索的方法封装在 ProductAction 类中，通过 HQL 的 like 条件语句实现商品的模糊查询的功能，其关键代码如下：

源码位置：资源包 \Code\24\Shop\src\com\lyq\action\product\ProductAction.java

```
01 public String findByName() throws Exception {
02     if(product.getName() != null){
03     String where = "where name like ?";                    // 查询的条件语句
04     Object[] queryParams = {"%" + product.getName() + "%"};  // 为参数赋值
05     pageModel = productDao.find(pageNo, pageSize, where, queryParams );// 执行查询方法
06     }
07     return LIST;                                            // 返回列表首页
08 }
```

在商品的列表页面中，通过 Struts 2 的 <s:iterator> 标签遍历返回的商品 List 集合，其关键代码如下：

源码位置：资源包 \Code\24\Shop\WebContent\WEB-INF\pages\product\product_list.jsp

```
01 <s:iterator value="pageModel.list">
02     <ul>
03         <li>
04         <table border="0" width="100%" cellpadding="0" cellspacing="0">
05             <tr>
06                 <td rowspan="5" width="160">
07                     <s:a action="product_select" namespace="/product">
08                     <s:param name="id" value="id"></s:param>
09                     <img width="150" height="150"src="<s:property
10                     value="#request.get('javax.servlet.forward.context_path')"/>/upload
11                     /<s:property value="uploadFile.path"/>">
12                     </s:a></td>
13             </tr>
14             <tr bgcolor="#f2eec9">
15                 <td align="right" width="90"> 商品名称: </td>
16                 <td><s:a action="product_select" namespace="/product">
17                     <s:param name="id" value="id"></s:param>
18                     <s:property value="name" />
19                 </s:a></td>
20             </tr>
21             <tr>
22                 <td align="right" width="90"> 市场价格: </td>
23                 <td><font style="text-decoration: line-through;">
24                 <s:property value="marketprice" /> </font></td>
25             </tr>
26             <tr bgcolor="#f2eec9">
27                 <td align="right" width="90"> 天下淘价格: </td>
28                 <td><s:property value="sellprice" />
29                     <s:if test="sellprice <= marketprice">
30                     <font color="red"> 节省
31                     <s:property value="marketprice-sellprice" /></font>
32                 </s:if></td>
33             </tr>
34             <tr>
35                 <td colspan="2" align="right">
36                     <s:a action="product_select" namespace="/product">
37                     <s:param name="id" value="id"></s:param>
38                     <img src="${context_path}/css/images/gm_06.gif" width="136"
39                         height="32" />
40                 </s:a></td>
41             </tr>
42         </table>
43         </li>
44     </ul>
45 </ s:iterator >
```

24.8 ▶ 购物车模块设计

购物车是商务网站中必不可少的功能，购物车的设计很大程度上会决定网站是否受到用户的关注。商务网站中的购物车会将用户选购的未结算的商品保存一段时间，防止错误操作或意外发生时购物车中的商品丢失，方便了用户的使用。所以在天下淘商城中购物车也是必不可少的一个模块。

24.8.1 购物车模块概述

天下淘商城购物车实现的主要功能包括添加选购的新商品、自动更新选购的商品数量、清空购物车、自动调整商品总价格以及生成订单信息等。本模块实现的购物车的功能结构如图 24.16 所示。

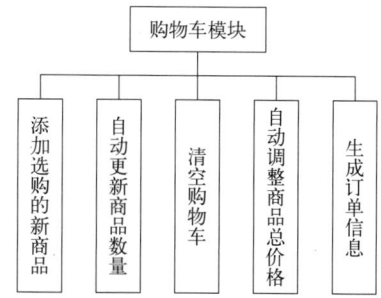

图 24.16 购物车模块的功能结构图

如果用户需要选购商品，必须登录，否则用户无法使用购物车功能。当用户进入购物车后，可以进行结算、清空购物车以及继续选购等操作。当用户进入结算操作后，需要填写订单信息，并选择支付方式，当用户确认支付时系统会生成相应的订单信息。其功能流程图如图 24.17 所示。

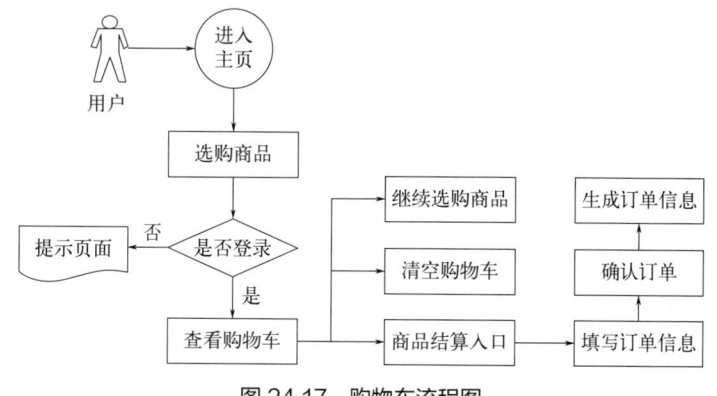

图 24.17 购物车流程图

24.8.2 购物车模块技术分析

在开发时一定要注意有时加入购物车中没有任何的商品采购信息，当用户确认订单的时候，系统同样会生成一个消费金额为 0.0 元且无任何订单条目的订单信息，在系统中的该信息是没有任何意义的，而且有可能导致系统不可预知的错误。为了避免这种情况的发生，需要修改前台订单的保存方法，即 OrderAction 类中的 save() 方法，判断购物车对象是否为空，如果为空，则返回错误信息的提示页面，不进行任何的后续操作。在 save() 方法中添加如下代码：

源码位置：资源包 \Code\24\Shop\src\com\lyq\action\order\OrderAction.java

```
01 public String save() throws Exception {
02     ……                                    // 省略的代码
03     Set<OrderItem> cart = getCart();      // 获取购物车
04     if(cart.isEmpty()){                   // 判断条目信息是否为空
05     return ERROR;                         // 返回订单信息错误提示页面
06     }
07     ……                                    // 省略的代码
08 }
```

创建前台订单错误的提示页面 order_error.jsp，用户误操作导致的系统生成的错误订单信息将不会保存到数据库中，而是跳转到错误提示页面。

24.8.3 购物车基本功能实现过程

购物车的基本功能包括向购物车中添加商品、清空购物车以及删除购物车中指定的商品订单条目信息三项功能，购物车的功能是基于 Session 变量实现的，Session 充当了一个临时信息存储平台，当 Session 失效后，其保存的购物车信息也将全部丢失。其效果图如图 24.18 所示。

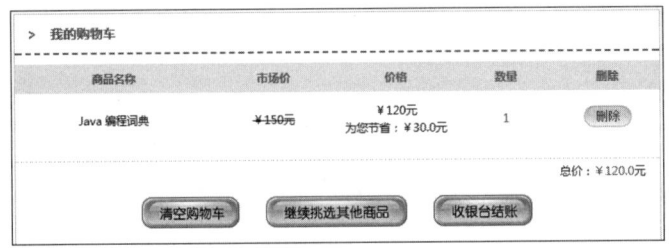

图 24.18　购物车内的商品信息

（1）向购物车添加商品

购物车的主要工作就是保存用户的商品购买信息，当登录会员浏览商品详细信息，并单击页面上的"立即购买"超链接时，系统就会将该商品放入购物车内，如图 24.18 所示。

在本系统中，将购物车的信息保存在 Session 变量中，其保存的是商品的购买信息，也就是订单的条目信息。所以在向购物车添加商品时，首先要获取商品 ID 并进行判断，如果购物车中存在相同的 ID 值，就修改该商品的数量，自动加 1；如果购物车中无相同 ID，则向购物车中添加新的商品购买信息，向购物车添加商品信息的方法封装在 CartAction 类中，其关键代码如下：

源码位置：资源包 \Code\24\Shop\src\com\lyq\action\order\CartAction.java

```
01 public String add() throws Exception {
02     if(productId != null && productId > 0){
03     Set<OrderItem> cart = getCart();      // 获取购物车
04     // 标记添加的商品是否是同一件商品
05     boolean same = false;                 // 定义 same 布尔变量
```

```
06      for (OrderItem item : cart) {                    // 遍历购物车中的信息
07      if(item.getProductId() == productId){
08          // 购买相同的商品, 更新数量
09          item.setAmount(item.getAmount() + 1);
10          same = true;                                 // 设置 same 变量为 "true"
11          }
12      }
13      // 不是同一件商品
14      if(!same){
15      OrderItem item = new OrderItem();                // 实例化订单条目信息实体对象
16      ProductInfo pro = productDao.load(productId);    // 加载商品对象
17      item.setProductId(pro.getId());                  // 设置 ID
18      item.setProductName(pro.getName());              // 设置商品名称
19      item.setProductPrice(pro.getSellprice());        // 设置商品销售价格
20      item.setProductMarketprice(pro.getMarketprice()); // 设置商品市场价格
21      cart.add(item);                                  // 将信息添加到购物车中
22      }
23      session.put("cart", cart);                       // 将购物车保存在 Session 对象中
24      }
25      return LIST;
26 }
```

程序运行结束后将返回订单条目信息的列表页面，即 cart_list.jsp，代码如下：

源码位置：资源包 \Code\24\Shop\WebContent\WEB-INF\pages\cart\cart_list.jsp

```
01 // 遍历 Session 对象: 通过 Struts 2 的 <s:iterator> 标签遍历 Session 对象中存放的订单条目信息
02 <s:iterator value="#session.cart">
03     <s:set value="%{#sumall +productPrice*amount}" var="sumall" />
04     ……<!-- 省略的布局代码 -->
05     <td width="213" height="30" align="center">
06     <s:property value="productName" /></td>
07     <td width="130" align="center">
08     <span style="text-decoration: line-through;"> ¥
09     <s:property value="productMarketprice" /> 元 </span></td>
10     <td width="130" align="center"> ¥
11     <s:property value="productPrice" /> 元 <br> 为您节省: ¥
12     // 计算 " 为您节省 " 金额: 其金额的计算公式为（市场价格 - 销售价格）
13     <s:propertyvalue="productMarketprice*amount - productPrice*amount" /> 元 </td>
14     <td width="104" align="center" class="red">
15         <s:property value="amount" /></td>
16     <td width="111" align="center"><s:a action="cart_delete" namespace="/product">
17         <s:param name="productId" value="productId"></s:param>
18         <img src="${context_path}/css/images/zh03_03.gif" width="52" height="23" />
19     </s:a></td>
20     ……<!-- 省略的布局代码 -->
21 </s:iterator >
```

（2）删除购物车中指定商品订单条目信息

当用户想删除购物车中的某个商品的订单条目信息时，可以单击信息后的 "删除" 超链接，就会自动清除该商品的订单条目信息。实现该方法的关键代码如下：

源码位置：资源包 \Code\24\Shop\src\com\lyq\action\order\CartAction.java

```
01 public String delete() throws Exception {
02     Set<OrderItem> cart = getCart();                    // 获取购物车
03     // 此处使用 Iterator, 否则出现 java.util.ConcurrentModificationException
04     Iterator<OrderItem> it = cart.iterator();
```

```
05        while(it.hasNext()){              // 使用迭代器遍历商品订单条目信息
06            OrderItem item = it.next();
07            if(item.getProductId() == productId){
08                it.remove();              // 移除商品订单条目信息
09            }
10        }
11        session.put("cart", cart);        // 将清空后的信息重新放入 Session 中
12        return LIST;                      // 返回购物车页面
13 }
```

（3）清空购物车

清空购物车的实现较为简单，因信息是暂时存放于 Session 对象中，所以用户在执行清空购物车操作时，直接清空 Session 对象即可。当用户单击购物车页面中的"清空购物车"超链接时，系统会向服务器发送一个 cart_clear.html 的 URL 请求，该请求执行的是 CartAction 类中的 clear() 方法。

源码位置：资源包 \Code\24\Shop\src\com\lyq\action\order\CartAction.java

```
01 public String clear() throws Exception {
02     session.remove("cart");            // 移除信息
03     return LIST;                       // 返回订单列表页面
04 }
```

（4）查找购物信息

当用户登录后，可以单击首页顶部的"购物车"链接，查看自己的购物车的相关信息。

当用户单击"购物车"超链接后，系统会发送一个 cart_list.html 的 URL 请求，该请求执行的是 CartAction 中的 list() 方法，实现该方法的关键代码如下：

源码位置：资源包 \Code\24\Shop\src\com\lyq\action\order\CartAction.java

```
01 public String list() throws Exception {
02     return LIST;                       // 返回购物车页面
```

在购物车页面中是通过 Struts 2 的 <s:iterator> 标签遍历 Session 对象中购物车的相关信息的，在程序模块中并不需要执行任何的操作，只需要返回购物车页面即可。

在 Struts 2 的前台 Action 配置文件 struts-front.xml 中，配置购物车管理模块的 Action 以及视图映射关系，关键代码如下：

源码位置：资源包 \Code\24\Shop\src\com\lyq\action\struts-front.xml

```
01 <!-- 购物车 Action -->
02 <package name="shop.cart" extends="shop.front" namespace="/product" strict-method-
invocation="false">
03     <action name="cart_*" class="cartAction" method="{1}">
04     <result name="list">/WEB-INF/pages/cart/cart_list.jsp</result>
05     <interceptor-ref name="customerDefaultStack"/>
06     </action>
07 </package>
```

24.8.4　订单相关功能实现过程

要为选购的商品进行结算，就需要先生成一个订单，订单信息中包括收货人信息、送货方式、支付方式、购买的商品以及订单总价格，当用户在购物车中单击"收银台结账"超链

接后，将进入到订单填写的页面，其中包含了订单的基本信息，例如收货人姓名、收货人地址、收货人电话以及支付方式，该页面为 order_add.jsp，如图 24.19 所示。下面介绍实现过程。

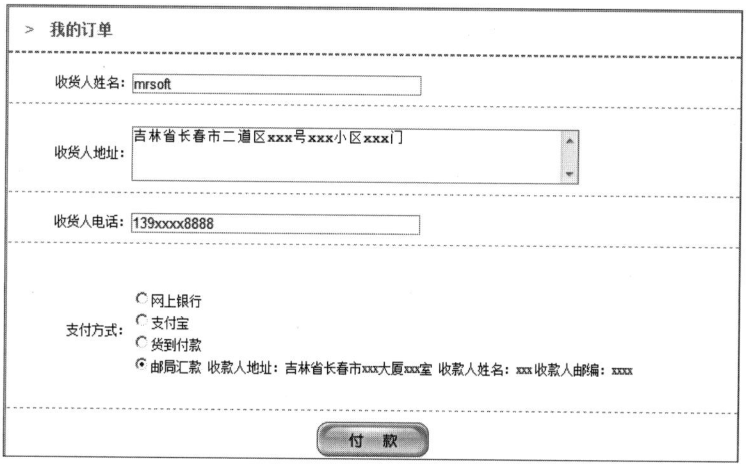

图 24.19　天下淘商城订单信息添加页面

（1）下订单操作

当用户单击购物车"收银台结账"超链接时，系统将发送一个 order_add.html 的 URL 请求，该请求执行的是 OrderAction 类中的 add() 方法，通过该方法将用户的基本信息从 Session 对象中取出，添加到订单表单中指定的位置，并跳转到我的订单页面，其关键代码如下：

源码位置：资源包 \Code\24\Shop\src\com\lyq\action\order\OrderAction.java

```
01 public String add() throws Exception {
02     order.setName(getLoginCustomer().getUsername());        // 设置收货人姓名
03     order.setAddress(getLoginCustomer().getAddress());      // 设置收货人地址
04     order.setMobile(getLoginCustomer().getMobile());        // 设置收货人电话
05     return ADD;                                              // 返回我的订单页面
06 }
```

（2）订单确认

在我的订单页面单击"付款"超链接，如图 24.19 所示，将进入订单确认的页面，如图 24.20 所示，在该页面将显示订单的条目信息，也就是用户购买商品的信息清单，以便用户进行确认。

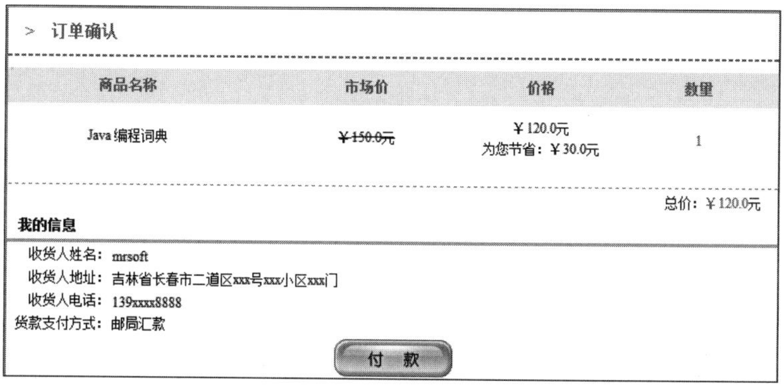

图 24.20　订单确认页面

当用户单击我的订单页面中的"付款"超链接时，系统将发送一个 order_confirm.html 的 URL 请求，该请求执行的是 OrderAction 类中的 confirm() 方法，该方法中只是实现的页面的跳转操作，其关键代码如下：

源码位置: 资源包 \Code\24\Shop\src\com\lyq\action\order\OrderAction.java

```
01 public String confirm() throws Exception {
02     return "confirm";                          // 返回订单确认页面
03 }
```

该方法将返回 order_confirm.jsp，该页面即为订单确认页面，其订单条目信息的显示与购物车页面中订单条目信息显示的方法相同。

（3）订单保存

在订单确认页面单击"付款"超链接时，系统将正式生成用户的购物订单，标志着正式的交易开始进行，该链接将会触发 OrderAction 类中的 save() 方法，save() 方法将把订单信息保存到数据库，其关键代码如下：

源码位置: 资源包 \Code\24\Shop\src\com\lyq\action\order\OrderAction.java

```
01 public String save() throws Exception {
02     if(getLoginCustomer() != null){                                      // 如果用户已登录
03     order.setOrderId(StringUitl.createOrderId());                        // 设置订单号
04     order.setCustomer(getLoginCustomer());                               // 设置所属用户
05     Set<OrderItem> cart = getCart();                                     // 获取购物车
06     // 依次将更新订单项中的商品的销售数量
07     for(OrderItem item : cart){                                          // 遍历购物车中的订单条目信息
08     Integer productId = item.getProductId();                             // 获取商品 ID
09     ProductInfo product = productDao.load(productId);                    // 装载商品对象
10     product.setSellCount(product.getSellCount() + item.getAmount());     // 更新商品销售数量
11     productDao.update(product);                                          // 修改商品信息
12     }
13     order.setOrderItems(cart);                                           // 设置订单项
14     order.setOrderState(OrderState.DELIVERED);                           // 设置订单状态
15     float totalPrice = 0f;                                               // 计算总额的变量
16     for (OrderItem orderItem : cart) {                                   // 遍历购物车中的订单条目信息
17     totalPrice += orderItem.getProductPrice() * orderItem.getAmount();   // 商品单价×商品数量
18     }
19     order.setTotalPrice(totalPrice);                                     // 设置订单的总价格
20     orderDao.save(order);                                                // 保存订单信息
21     session.remove("cart");                                              // 清空购物车
22 }
23     return findByCustomer();                                             // 返回消费者订单查询的方法
24 }
```

执行 save() 方法后将返回订单查询的方法 findByCustomer()，在该方法中将以登录用户的 ID 为查询条件，查询该用户的所有订单信息，其关键代码如下：

源码位置: 资源包 \Code\24\Shop\src\com\lyq\action\order\OrderAction.java

```
01 public String findByCustomer() throws Exception {
02     if(getLoginCustomer() != null){                                       // 如果用户已登录
03     String where = "where customer.id = ?";                              // 将用户 ID 设置为查询条件
04 Object[] queryParams = {getLoginCustomer().getId()};                     // 创建对象数组
05     Map<String, String> orderby = new HashMap<String, String>(1);        // 创建 Map 集合
06     orderby.put("createTime", "desc");                                   // 设置排序条件及方式
```

```
07      pageModel = orderDao.find(where, queryParams, orderby, pageNo, pageSize);  // 执行查询方法
08    }
09    return LIST;                                        // 返回订单列表页面
10 }
```

该方法将返回用户的订单列表页面 order_list.jsp。

在 Struts 2 的前台 Action 配置文件 struts-front.xml 中，配置前台订单管理模块的 Action 以及视图映射关系，关键代码如下：

源码位置：资源包 \Code\24\Shop\src\com\lyq\action\struts-front.xml

```
01 <!-- 订单 Action -->
02 <package name="shop.order" extends="shop.front" namespace="/product">
03    <action name="order_*" class="orderAction" method="{1}">
04    <result name="add">/WEB-INF/pages/order/order_add.jsp</result>
05    <result name="confirm">/WEB-INF/pages/order/order_confirm.jsp</result>
06    <result name="list">/WEB-INF/pages/order/order_list.jsp</result>
07    <result name="error">/WEB-INF/pages/order/order_error.jsp</result>
08    <interceptor-ref name="customerDefaultStack"/>
09    </action>
10 </package>
```

24.9　后台商品管理模块设计

商品是天下淘商城的"灵魂"，如何管理好琳琅满目的商品信息也是天下淘商城后台管理的一个难题。良好的后台商品管理机制是一个商务网站的基石，如果没有商品信息维护，商务网站将没有意义。

24.9.1　后台商品管理模块概述

根据商务网站的基本要求，天下淘商城网站的商品管理模块主要实现商品信息查询、修改商品信息、删除商品信息以及添加商品信息等功能。后台商品管理模块的框架如图 24.21 所示。

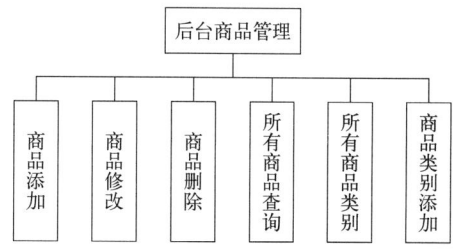

图 24.21　后台商品管理模块框架

24.9.2　后台商品管理模块技术分析

解决 Struts 2 的乱码问题可以在 struts.properties 文件进行如下配置。

```
struts.i18n.encoding=UTF-8
```

　　"struts.i18n.encoding"用来设置 Web 的默认编码方式，天下淘商城使用了 UTF-8 作为默认的编码方式。虽然该方法可以有效解决表单的中文乱码问题，但是该模式要求表单的 method 属性必须为 post，由于 Struts 2 中的 form 表单标签默认的 method 属性就为 post，因此不必再进行额外的设置，如果页面中的表单没有使用 Struts 2 的表单标签，需要在表单中指定 method 的属性值。

24.9.3　商品管理功能实现过程

　　在商品管理的基本模块中，包括商品的查询、修改、删除以及添加等功能。

　　（1）后台商品查询

　　在天下淘商城的后台管理页面中，单击左侧导航栏中的"查看所有商品"超链接，显示所有商品查询页面的运行效果如图 24.22 所示。

ID	商品名称	所属类别	采购价格	销售价格	是否推荐	适应性别	编辑	删除
1	Java 编程词典	软件	98	120	true	男	📝	✖
2	C# 编程词典	软件	98	120	true	男	📝	✖
3	.NET编程词典	软件	98	120	true	男	📝	✖

首页　上一页　[1]　下一页　尾页

图 24.22　后台商品信息列表页面

　　后台商品列表页面实现的关键代码如下：

源码位置：资源包 \Code\24\Shop\WebContent\WEB-INF\pages\admin\product\product_list.jsp

```
01 < table width="693" height="29" border="0" class="word01">
02    <tr>
03    <td width="37" height="27" align="center">ID</td>
04    <td width="120" align="center"> 商品名称 </td>
05    <td width="78" align="center"> 所属类别 </td>
06    <td width="79" align="center"> 采购价格 </td>
07    <td width="79" align="center"> 销售价格 </td>
08    <td width="79" align="center"> 是否推荐 </td>
09    <td width="79" align="center"> 适应性别 </td>
10    <td width="52" align="center"> 编辑 </td>
11    <td width="52" align="center"> 删除 </td>
12    </tr>
13 </table>
14 </div>
15 <div id="right_mid">
16 <div id="tiao">
17 <table width="693" height="29" border="0">
18    <s:iterator value="pageModel.list">
19    <tr>
20    <td width="37" height="27" align="center"><s:property value="id" /></td>
21    <td width="120" align="center"><s:a action="product_edit" namespace="/admin/product">
22    <s:param name="id" value="id"></s:param><s:property value="name" /></s:a></td>
23    <td width="78" align="center"><s:property value="category.name" /></td>
24    <td width="79" align="center"><s:property value="baseprice" /></td>
25    <td width="79" align="center"><s:property value="sellprice" /></td>
26    <td width="79" align="center"><s:property value="commend" /></td>
27    <td width="79" align="center"><s:property value="sexrequest.name" /></td>
28    <td width="52" align="center"><s:a action="product_edit" namespace="/admin/product">
29    <s:param name="id" value="id"></s:param>
```

```
30      <img src="${context_path}/css/images/rz_119.gif" width="21" height="16" /></s:a></td>
31      <td width="52" align="center"><s:a action="product_del" namespace="/admin/product">
32      <s:param name="id" value="id"></s:param>
33      <img src="${context_path}/css/images/rz_17.gif" width="15"height="16" /></s:a></td>
34      </tr>
35      </s:iterator>
36  </table>
```

当用户单击该链接时系统将会发送一个 product_list.html 的 URL 请求，该请求执行的是 ProductAction 类中的 list() 方法，ProductAction 类继承了 BaseAction 类和 ModelDriven 接口，其关键代码如下：

源码位置：资源包 \Code\24\Shop\src\com\lyq\action\order\ProductAction.java

```
01  public String list() throws Exception{
02  pageModel = productDao.find(pageNo, pageSize);          // 调用公共的查询方法
03      return LIST;                                       // 返回后台商品列表页面
04  }
```

当用户单击列表中的商品名称超链接或是列表中的 图标时，将进入商品信息的编辑页面，如图 24.23 所示，在该页面可以对商品的信息进行修改，该操作触发的是商品详细信息的查找方法，ProductAction 类中的 edit() 方法，该方法将以商品的 ID 值作为查询条件，其关键代码如下：

源码位置：资源包 \Code\24\Shop\src\com\lyq\action\order\ProductAction.java

```
01  public String edit() throws Exception{
02      this.product = productDao.get(product.getId());    // 执行封装的查询方法
03      createCategoryTree();                              // 生成商品的类别树
04      return EDIT;                                       // 返回商品信息编辑页面
05  }
```

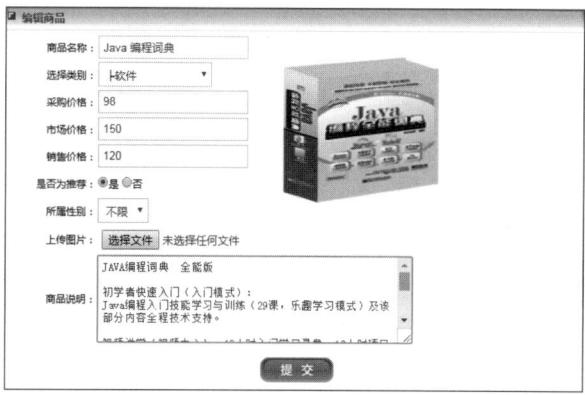

图 24.23　商品信息编辑页面

商品编辑页面与商品添加页面的实现代码是基本相同的，区别是在编辑页面中需要显示查询到的商品信息，商品编辑页面的关键代码如下：

源码位置：资源包 \Code\24\Shop\WebContent\WEB-INF\pages\admin\product\product_edit.jsp

```
01  商品名称：<s:textfield name="name"></s:textfield>
02      <img width="270" height="180" border="1" src="<s:property
```

```
03        value="#request.get('javax.servlet.forward.context_path')"/>
04        /upload/<s:property value="uploadFile.path"/>">
05  选择类别: <s:select name="category.id" list="map" value="category.id"></s:select>
06  采购价格: <s:textfield name="baseprice"></s:textfield>
07  市场价格: <s:textfield name="marketprice"></s:textfield>
08  销售价格: <s:textfield name="sellprice"></s:textfield>
09  是否为推荐: <s:radio name="commend" list="#{'true':'是','false':'否'}"
value="commend"></s:radio>
10  所属性别: <s:select name="sexrequest" list="@com.lyq.model.Sex@getValues()"
11        value="sexrequest.getName()"></s:select>
12  上传图片: <s:file id="file" name="file"  cssStyle="border:0px;"></s:file>
13  商品说明: <s:textarea name="description" cols="50" rows="6"></s:textarea> 商品修改
```

当用户编辑完商品信息，单击页面的"提交"超链接，系统将会把用户修改后的信息保存到数据库中，该操作会发送一个 product_save.html 的 URL 请求，它会调用 ProductAction 类中的 save() 方法，在 save() 方法包括图片的上传和向数据表中添加数据的操作，其具体的实现代码如下：

源码位置： 资源包 \Code\24\Shop\src\com\lyq\action\order\ProductAction.java

```
01 public String save() throws Exception{
02    if(file != null ){                                      // 如果文件路径不为空
03    // 获取服务器的绝对路径
04    String path = ServletActionContext.getServletContext().getRealPath("/upload");
05    File dir = new File(path);
06    if(!dir.exists()){                                      // 如果文件夹不存在
07    dir.mkdir();                                            // 创建文件夹
08    }
09    String fileName = StringUitl.getStringTime() + ".jpg";  // 自定义图片名称
10    FileInputStream fis = null;                             // 输入流
11    FileOutputStream fos = null;                            // 输出流
12    try {
13        fis = new FileInputStream(file);       // 根据上传文件创建 InputStream 实例
14        fos = new FileOutputStream(new File(dir,fileName)); // 创建写入服务器地址的输出流对象
15        byte[] bs = new byte[1024 * 4];                     // 创建字节数组实例
16        int len = -1;
17        while((len = fis.read(bs)) != -1){                  // 循环读取文件
18            fos.write(bs, 0, len);                          // 向指定的文件夹中写数据
19            }
20        UploadFile uploadFile = new UploadFile();           // 实例化对象
21        uploadFile.setPath(fileName);                       // 设置文件名称
22        product.setUploadFile(uploadFile);                  // 设置上传路径
23    } catch (Exception e) {
24        e.printStackTrace();
25    }finally{
26        fos.flush();
27        fos.close();
28        fis.close();
29    }
30    }
31    // 如果商品类别和商品类别 ID 不为空，则保存商品类别信息
32    if(product.getCategory() != null && product.getCategory().getId() != null){
33        product.setCategory(categoryDao.load(product.getCategory().getId()));
34    }
35    // 如果上传文件和上传文件 ID 不为空，则保存文件的上传路径信息
36    if(product.getUploadFile() != null && product.getUploadFile().getId() != null){
37    product.setUploadFile(uploadFileDao.load(product.getUploadFile().getId()));
38    }
```

```
39 productDao.saveOrUpdate(product);        // 保存商品信息
40    return list();                        // 返回商品的查询方法
41 }
```

　　文件的上传是网络中应用最为广泛的一种技术，在 Web 应用中实现文件上传需要通过 Form 表单实现，此时表单必须以 POST 方式提交（Struts 2 标签的 form 表单默认提交方式为 POST），并且必须设置 enctype ="multipart/form-data" 属性，在表单中需要实现一个或多个文件选择框供用户选择文件。当提交表单后，选择的文件内容会通过流的方式进行传递，在接收表单的 Servlet 或 JSP 页面中获取该流并将流中的数据读到一个字节数组中，此时字节数组中存储了表单请求中的内容，其中包括了所有上传文件的内容，因此还需要从中分离出每个文件自己的内容，最后将分离出的这些文件写到磁盘中，完成上传操作。需要注意的是在进行分离的过程中，操作的内容是以字节形式存在的。

　　（2）商品删除

　　用户单击列表中的 ✖ 图标，将执行商品信息的删除操作，该操作将会向系统发送一个 product_del.html 的 URL 请求，它将触发 ProductAction 类中的 del() 方法，该方法将以商品的 ID 为参数，执行持久化类中封装的 delete() 方法，delete() 方法中调用的是 Hibernate 的 Session 对象中的 delete() 方法，其关键代码如下：

　　源码位置：资源包 \Code\24\Shop\src\com\lyq\action\order\ProductAction.java

```
01 public String del() throws Exception{
02    productDao.delete(product.getId());    // 执行删除操作
03    return list();                         // 返回商品列表查找方法
04 }
```

　　（3）商品添加

　　当用户单击后台管理页面左侧导航栏中的"商品添加"超链接时，将会进入商品添加的页面，如图 24.24 所示。

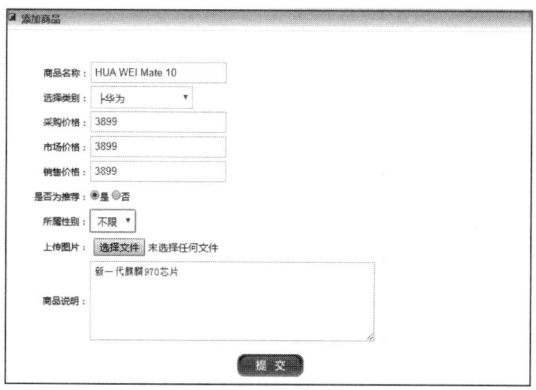

图 24.24　商品的添加页面

　　用户编辑完商品信息，单击页面中的"提交"超链接，该操作将会向系统发送一个 product_save.html 的 URL 请求，它与商品修改触发的是一个方法，都是 ProductAction 类中的 save() 方法。

　　在 Struts 2 的后台 Action 配置文件 struts-admin.xml 中，配置商品管理模块的 Action 以及视图映射关系，关键代码如下：

源码位置：资源包 \Code\24\Shop\src\com\lyq\action\struts-admin.xml

```
01 <!-- 商品管理 -->
02 <package name="shop.admin.product" namespace="/admin/product" extends="shop.admin"
03     strict-method-invocation="false">
04     <action name="product_*" method="{1}" class="productAction">
05     <result name="list">/WEB-INF/pages/admin/product/product_list.jsp</result>
06     <result name="input">/WEB-INF/pages/admin/product/product_add.jsp</result>
07     <result name="edit">/WEB-INF/pages/admin/product/product_edit.jsp</result>
08     <interceptor-ref name="adminDefaultStack"/>
09     </action>
10 </package>
```

24.9.4 商品类别管理功能实现过程

商品类别的维护中主要包括商品类别的查询、修改、删除以及添加。

（1）商品类别查询

商品类别查询在后台中分为两种，分别是商品类别树形下拉框的查询以及商品类别列表信息的查询，商品类别树形下拉框的查询的实现较为复杂一些，通过迭代的方式遍历所有的节点。

在后台的商品类别查询中，通过树形下拉框的形式展现给用户，如图 24.25 所示。

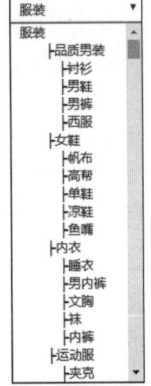

图 24.25　商品添加页面中的商品类别树形下拉框

在进入商品页面的 edit() 方法中，调用了 createCategoryTree() 方法用来创建商品类别树，其关键代码如下：

源码位置：资源包 \Code\24\Shop\src\com\lyq\action\product\ProductAction.java

```
01 private void createCategoryTree(){
02 String where = "where level=1";                    // 查询一级节点
03     PageModel<ProductCategory> pageModel = categoryDao.find(-1, -1,where ,null);  // 执行查询方法
04     List<ProductCategory> allCategorys = pageModel.getList();
05     map = new LinkedHashMap<Integer, String>();        // 创建新的集合
06     for(ProductCategory category : allCategorys){       // 遍历所有的一级节点
07     setNodeMap(map,category,false);                    // 将其子节点添加到集合中
08     }
09 }
```

在 setNodeMap() 方法中，首先判断节点是否为空，如果节点为空则停止遍历，程序中根据获取的节点级别为类别名称添加字符串和空格，用以生成渐进的树形结构，将拼接后的节点放入 Map 集合中，并获取其子节点重新调用 setNodeMap() 方法，直到遍历的节点为空为止，其关键代码如下：

源码位置：资源包 \Code\24\Shop\src\com\lyq\action\product\ProductAction.java

```
01 private void setNodeMap(Map<Integer, String> map,ProductCategory node,boolean flag){
02     if (node == null) {                                // 如果节点为空
03     return;                                            // 返回空，结束程序运行
04     }
05     int level = node.getLevel();                       // 获取节点级别
06     StringBuffer sb = new StringBuffer();              // 定义字符串对象
07     if (level > 1) {                                   // 如果不是根节点
```

```
08        for (int i = 0; i < level; i++) {
09            sb.append(" ");                              // 添加空格
10        }
11        sb.append(flag ? "├" : "└");                     // 如果为末节点则添加 "└"，反之添加 "├"
12    }
13    map.put(node.getId(), sb.append(node.getName()).toString());   // 将节点添加的集合中
14    Set<ProductCategory> children = node.getChildren();// 获取其子节点
15    // 包含子类别
16    if(children != null && children.size() > 0){         // 如果节点不为空
17        int i = 0;
18        // 遍历子类别
19        for (ProductCategory child : children) {
20            boolean b = true;
21            if(i == children.size()-1){                  // 如果子节点长度减 1 为 i，说明为末节点
22                b = false;                               // 设置布尔常量为 false
23            }
24            setNodeMap(map,child,b);                     // 重新调用该方法
25        }
26    }
27 }
```

在商品添加页面中，通过 <s:select> 标签将商品类别树显示在下拉框中，其关键代码如下：

源码位置：资源包 \Code\24\Shop\WebContent\WEB-INF\pages\admin\product\product_add.jsp

```
01 <tr>
02    <td width="119" height="22" bgcolor="#c6e8ff" align="right">选择类别：</td>
03    <td><s:select list="map" name="category.id"></s:select></td>
04 </tr>
```

当用户单击后台管理页面左侧导航栏中的"查询所有类别"超链接时，会向系统发送一个 category_list.html 的 URL 请求，它将会触发 ProductCategoryAction 类中的 list() 方法，其关键代码如下：

源码位置：资源包 \Code\24\Shop\src\com\lyq\action\product\ProductCategoryAction.java

```
01 public String list() throws Exception{
02    Object[] params = null;                          // 对象数组为空
03    String where;                                    // 查询条件变量
04    if(pid != null && pid > 0 ){                      // 如果有父节点
05        where = "where parent.id =?";                 // 执行查询条件
06        params = new Integer[]{pid};                  // 设置参数值
07    }else{
08        where = "where parent is null";               // 查询根节点
09    }
10    pageModel = categoryDao.find(pageNo,pageSize,where,params);// 执行封装的查询方法
11    return LIST;                                      // 返回后台类别列表页面
12 }
```

该方法将返回后台的商品类别列表页面，如图 24.26 所示。

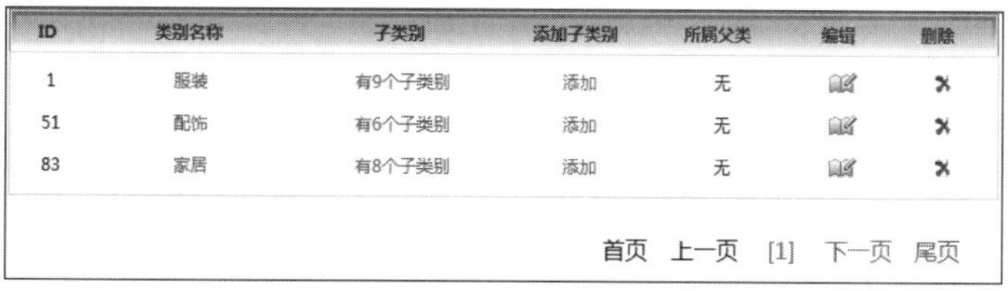

ID	类别名称	子类别	添加子类别	所属父类	编辑	删除
1	服装	有9个子类别	添加	无		✖
51	配饰	有6个子类别	添加	无		✖
83	家居	有8个子类别	添加	无		✖

首页　上一页　[1]　下一页　尾页

图 24.26　后台商品类别信息列表

（2）商品类别添加

单击导航栏中"添加商品类别"或是商品类别列表页面中的"添加"超链接时，会进入到商品类别的添加页面，如图 24.27 所示。

图 24.27　商品类别添加页面

在类别名称中输入类别名称后，单击"提交"超链接，将会触发 ProductCategoryAction 类中的 save() 方法，在 save() 方法首先判断该节点的父节点参数是否存在，如果存在则先设置其父节点属性，再保存商品类别信息，其关键代码如下：

源码位置：资源包 \Code\24\Shop\src\com\lyq\action\product\ProductCategoryAction.java

```
01 public String save() throws Exception{
02     if(pid != null && pid > 0 ){              // 如果有父节点
03         category.setParent(categoryDao.load(pid));   // 设置其父节点
04     }
05     categoryDao.saveOrUpdate(category);       // 添加类别信息
06     return list();                            // 返回类别列表的查找方法
07 }
```

（3）商品类别修改

当网站管理员单击商品类别列表中 超链接时，将进入商品类别修改的页面，如图 24.28 所示。

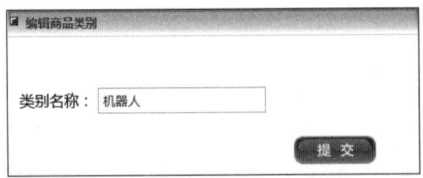

图 24.28　商品类别修改页面

修改商品类别信息完毕后，单击页面中的"提交"超链接，其触发的也是商品类别添加中 ProductCategoryAction 类的 save() 方法。

（4）商品类别删除

当用户单击商品类别列表中的 图标，将执行商品类别信息的删除操作，该操作将会向系统发送一个 category_del.html 的 URL 请求，它将触发 ProductCategoryAction 类中的 del() 方法，该方法将以商品类别的 ID 为参数，执行持久化类中封装的 delete() 方法，删除指定的信息，其关键代码如下：

源码位置：资源包 \Code\24\Shop\src\com\lyq\action\product\ProductCategoryAction.java

```
01 public String del() throws Exception{
02     if(category.getId() != null && category.getId() > 0){   // 判断是否获得 ID 参数
03         categoryDao.delete(category.getId());               // 执行删除操作
04     }
```

```
05     return list();                              // 返回商品类别列表的查找方法
06 }
```

在商品类别管理中添加、修改以及删除的操作实现都较为简单，商品类别信息的查询方法支持无限级的树形分级查询。

在 Struts 2 的后台 Action 配置文件 struts-admin.xml 中，配置商品类别管理模块的 Action 以及视图映射关系，关键代码如下：

源码位置：资源包 \Code\24\Shop\src\com\lyq\action\struts-admin.xml

```
01 <!-- 类别管理 -->
02 <package name="shop.admin.category" namespace="/admin/product" extends="shop.admin"
03     strict-method-invocation="false">
04     <action name="category_*" method="{1}" class="productCategoryAction">
05     <result name="list">/WEB-INF/pages/admin/product/category_list.jsp</result>
06     <result name="input">/WEB-INF/pages/admin/product/category_add.jsp</result>
07     <result name="edit">/WEB-INF/pages/admin/product/category_edit.jsp</result>
08     <interceptor-ref name="adminDefaultStack"/>
09     </action>
10 </package>
```

小结

　　本系统只是实现了电子商务网站一些基本的功能，真正的商务网站的开发难度和工作量要比本系统复杂和烦琐得多，但是希望通过本系统的开发，可以让读者了解网站的开发简单流程、SSH2 框架的整合以及 MVC 的设计模式，相信读者可以融会贯通。